TABELLENBUCH

zur Umrechnung metrischer Maße
in englische Maße

TABLES

for the Conversion metric system of measurement
to the British System

Zusammengestellt von:
Compiled by:
Hans-W. Schleiden

1961
TECHNISCHER VERLAG HERBERT CRAM BERLIN

Satz und Druck: Rotaprint AG., Berlin

Rotaprint-Druck W. Hildebrand

Walter de Gruyter & Co., Berlin

Zum Geleit!

Die wirtschaftlichen und technischen Beziehungen der Länder untereinander verdichten sich in zunehmendem Maße. Die Lektüre wissenschaftlicher Werke, die Ausarbeitung von Briefen und Schriften im Vertrieb industrieller Güter wird zur Aufgabe eines immer grösser werdenden Personenkreises.

Im Verkehr mit englisch sprechenden Ländern ist es hierbei unerläßlich, englische Maße in metrische Maße umzurechnen bzw. eine umgekehrte Rechnung vorzunehmen.

Die Verschiedenheit der beiden Systeme, metrisches Maßsystem und Imperial-System ist schon oft von beiden Seiten bedauert worden. Sowohl der Kaufmann wie der Ingenieur muß dieses Nebeneinander als unabänderlich hinnehmen. Zahlreiche Tabellenwerke sind zusammengestellt worden, um dem Benutzer die zeitraubende Arbeit für die Umrechnung zu ersparen und Fehlerquellen bei der Umrechnung auszuschalten.

Es wird hier ein neues Tabellenwerk vorgelegt, dessen Berechtigung darin zu sehen ist, daß jetzt sämtliche Werte beider Systeme von 1 - 1ooo aufgeführt und sofort ablesbar sind. Damit wird dem Benutzer die Ermittlung vieler Werte erleichtert.
In einer nur von 1 - 1oo gehenden Tabelle müssen mehr als zweistellige Werte aus zwei Werten zusammengesetzt, oder durch Multiplikation mit dem entsprechenden Multiplikationsfaktor errechnet werden. Diese Arbeit entfällt bei der Benutzung der vorliegenden Tabellen.

Wir hoffen, daß dieses Zahlenwerk den Umgang mit dem englischen Maßsystem erleichtert und dem Benutzer eine Zeitersparnis und ein wertvolles Hilfsmittel werden wird.

Foreword

The ever-growing network of economic and technical relations between the countries, with the necessity of reading scientific literature, and of drawing up literature and correspondence for the sale of industrial products, is more and more affecting our tasks and activities.

When corresponding with the English-speaking world, it is indispensable to convert their measurements to the metric system and vice versa.

The difference between the two system of measurements has been often regretted, but cannot be ignored. Numerous tables have been compiled to save the user lengthy calculations and avoid conversion errors.

The present volume has its justification by the fact that all values of both system are quoted from 1 - 1ooo and can be looked up at once, which facilitates the user's work.

A table covering the values from 1 - 1oo would require figures of more than two digits to be composed of two values or to be gained by multiplication with the corresponding factor, a work which is now eliminated by the present tables.

We will be glad if these tables facilitate the difficult task of converting measurements of both systems and offer time-savings to the user.

INHALTSVERZEICHNIS
INDEX

BENUTZUNGSHINWEIS

Instruction for use

Gegebener Wert
Given unit

DEUTSCH metric system z. B. e. g. mm → / ENGLISCH Imperial system z. B. Zoll e. g. inch →	ENGLISCH Imperial system: Zoll inch	DEUTSCH metric system: mm
3	0.118110	76.200
10	0.393701	254.000
125	4.921268	3174.995
535	21.063029	13588.976
999	39.370147	25399.956

Allgemeine Umrechnungsfaktoren
General conversion factors 1

Umrechnungsfaktoren für technische Einheiten aus dem Zoll-Maßsystem in das metrische Maßsystem wie auch im umgekehrten Sinne.

Conversion factors for technical units for converting from the British system of measurement into the metric system and vice-versa.

Gegebene Einheit: Given unit:	Gesuchte Einheit: Wanted unit:	Faktor: Factor:
Acres	Hektar (ha)	0.404684
Acres	Kilometer^2 (km^2)	0.00104684
Ares	Fuß^2 (ft^2)	1076.39
Atmosphären	kg/cm^2	1.033
Atmosphären	mm Q.-S.	7.60
Atmosphären	Pfund/Zoll^2 (lbs/in^2)	14.7
Brit.Thermal Units (BTU)	kcal	0.252
B.Th.U.	Wattstunde	0.293
B.Th.U./ft.^{3}	kcal/m^3	8.9
B.Th.U./lbs.	kcal/kg	0.5556
Celsiusgrade	Réaumurgrade	C^o x 4/5
Celsiusgrade	Fahrenheitgrade	C^o x 9/5 + 32
cm	Fuß (ft)	0.032808
cm	Zoll (in.)	0.3937
cm^2	Zoll^2 (in.^{2})	0.155
cm^3	Fuß^3 (ft.^{3})	3.53149 x 10^{-5}
cm^3	Zoll^3 (in.^{3})	0.06102
Fahrenheitgrade	Celsiusgrade	(F^o-32) x 5/9
Fahrenheitgrade	Réaumurgrade	(F^o-32) x 4/9
Fuß (ft.)	cm	30.48
Fuß^2 (ft.^{2})	m^2	0.092903
Fuß^3 (ft.^{3})	cm^3	2.8317 x 10^4
Fuß^3 (ft.^{3})	m^3	0.028317
Fuß^3 (ft.^{3})	Gallone, Brit.Imp.	6.25
Fuß^3 (ft.^{3})	Liter (l)	28.33
Fuß^3 (ft.^{3})	tons, Brit.Shipping	2.38095 x 10^{-2}
Fuß^3 (ft.^{3})	tons, N.S. Shipping	0.025
Fuß/lbs.	Joules	1.356
Fuß/lbs.	kg/m	0.13826
Gallons brit.Imp.	US Gallons	1.20091
Gallons, US	Liter (l)	3.78533
Gallons, brit.Imp.	Liter (l)	4.54345
Gallons, US	Gallons, brit.Imp.	0.832702
Gallons	Fuß^3 (ft.^{3})	0.160538

Gegebene Einheit: Given unit:	Gesuchte Einheit: Wanted unit:	Faktor: Factor:
Grains (gr)	Gramm (g)	0.0648
Gramm (g)	Grains (gr)	15.44
Gramm (g)	Pfund (lbs.)	0.0022046
Gramm (g)	Ounces (ou)	0.0353
Gramm cm^3	Pfund $Zoll^3$ (lbs./$in.^3$)	0.0361
Gramm cm^3	Pfund $Fuß^3$ (lbs./$ft.^3$)	62.4
Hektar (ha)	Acres	2.47106
Hektar (ha)	$Fuß^2$ ($ft.^2$)	107639.48
Hektar (ha)	$Yard^2$	11960
Hektoliter (hl)	$Fuß^3$ ($ft.^3$)	3.5315
Hektoliter (hl)	Bushels	2.75
Horse Power (H.P.)	PS	0.98632
Horse Power (H.P.) USA	PS (met)	1.01387
H.P.	B.Th.U./s	0.707
H.P.	kcal/s	0.178
H.P.	Kilowatt (kW)	0.746
Inches (Zoll-in.)	cm	2.54
Joules	Fuß-Pfund (ft./lbs.)	0.738
Joules	kcal	0.000239
kcal	kg/m	426.9
kcal	B.Th.U.	3.97
kcal	Joules	4184
kcal/m^3	B.Th.U./$ft.^3$	0.1124
kcal/Kilogramm (kg)	B.Th.U./Pfund (lbs.)	1.8
kg	Pfund (lbs.)	2.2046
kg	long tons (lg.ton.)	0.00098421
kg	short tons (sh.ton.)	0.00110231
kg/cm^2	Pfund/$Zoll^2$ (lbs./$in.^2$)	14.2233
kg/m	Fuß/Pfund (ft./lbs.)	7.233
kg/m	Pfund/Fuß (lbs./ft.)	0.672
kg/m^2	Pfund/$Fuß^2$ (lbs./$ft.^2$)	0.205
kg/m^3	Pfund/$Fuß^3$ (lbs./$ft.^3$)	0.0624
kg/PS	Pfund/H.P.	2.235
km	Miles (engl.Meile)	0.6214
km	Fuß (ft.)	3280.846
km/h	Knoten (Kn)	0.54
Kilowatt (kW)	B.Th.U./s	0.948
Kilowatt (kW)	kcal/s	0.293
Kilowatt (kW)	Fuß/Pfund/s (ft.lbs./s)	738

Gegebene Einheit: Given unit:	Gesuchte Einheit: Wanted unit:	Faktor: Factor:
Kilowatt (kW)	H.P.	1.341
Kilowatt (kW)	PS	1.36
Kilowattstunde (kWh)	kcal	860
Knoten (Kn)	Meilen/h	1.151
Liter (l)	Fuß^3 (ft.^{3})	0.035315
Liter (l)	US Gallons	0.26417
Liter (l)	Imp. Gallons	0.220
Liter (l)	Pints	1.76
Liter (l)	Zoll^3 (in.^{3})	61.024
Meter (m)	Fuß (ft.)	3.281
m	Zoll (in.)	39.37
m	Yards	1.09362
m^2	Fuß^2 (ft.^{2})	10.76
m^2	Yards^2	1.196
m^3	Fuß^3 (ft.^{3})	35.3
m^3	Yards^3	1.308
m^3	Imp.Gallons	220.097
m^3	US Gallons	264.17
m^3/kg	Fuß^3 (ft.^{3})/Pfund	16.1
Miles (engl.Meile)	Kilometer (km)	1.60934
Miles^2	km^2	2.59
Miles/h	Fuß/s	1.467
Miles/h	Knoten	0.869
mm	Zoll (in.)	0.03937
mm^2	Zoll^2 (in.^{2})	0.00155
Ounces	Gramm (g)	28.35
Ounces (troy)	Gramm (g)	31.09
Pints	Liter (l)	0.568
Pfund (lbs.)	kg	0.454
Pfund Fuß^2 (ft.^{2})	kg/m^2	4.882
Pfund/Fuß^3 (ft.^{3})	Gramm/cm^3	0.016
Pfund/Zoll^2 (in.^{2})	kg/cm^2	0.0703
Quarts	Liter (l)	1.136
Réaumurgrade	Celsiusgrade	R^o x 5/4
Réaumurgrade	Fahrenheitgrade	R^o x 9/4 + 32
Therm. B.Th.U.	kcal	25200
Tonne, long ton (to)	kg	1016
Tonne, long ton (to)	Pounds	2240
tons long (to)	tons short	1.120
Tonne, short ton (sh.to)	kg	907

Gegebene Einheit: Given unit:	Gesuchte Einheit: Wanted unit:	Faktor: Factor:
Tonne/Zoll^2 (in.^{2})	kg/cm^2	157.5
Tonne/Zoll^2 (in.^{2})	atm.	152.4
tons, british Shipp.	Fuß^3 (ft.^{3})	42
tons, british Shipp.	U.S. Shipping	0.952381
tons, U.S. Shipp.	Fuß^3 (ft.^{3})	40
tons, U.S. Shipp.	tons, british Shipp.	1.05
Watt	H.P.	0.00134
Watt	P.S.	0.00136
Watt	Fuß/Pfund/s	0.7373
Wattstunde	B.Th.U.	3.415
Yards	Meter (m)	0.9144
Yards^2	m^2	0.836
Yards^3	m^3	0.765
Zoll (in.)	cm	2.54
Zoll^2 (in.^{2})	cm^2	6.4516
Zoll^3 (in.^{3})	cm^3	16.4
Zoll^4 (in.^{4})	cm^4	41.623
Zoll-Quecks.-Säule	atm.	0.0333
Zoll-Quecks.-Säule	Zoll-Wassersäule	13.6
Zoll-Quecks.-Säule	Pfund/zoll^2 (in.^{2})	0.49
Zoll-Wassersäule	Zoll-Quecks.-Säule	0.0735
Zoll-Wassersäule	Pfund/Zoll^2 (in.^{2})	0.036

Arbeit

1 HPh	= 1980000	ft. lbs.
	= 2545	B.Th.U.
	= 0.7457	kWh
	= 1.014	PSh
	= 641.3	kcal
	= 273800	mkg
1 B.Th.U.	= 778.6	ft.lbs.
	= 0.000392	HPh
	= 0.252	kcal
	= 107.6	mkg

Leistung

1 ft.lbs./s.	= 0.1383	mkg/s
	= 1.3557	Watt
1 HP	= 550	ft.lbs./s.
	= 0.7073	B.Th.U./s.
	= 76.04	mkg/s.
	= 1,014	PS
	= 0.7457	kW
	= 0.1782	kcal/s.
1 B.Th.U./s.	= 778.104	ft.lbs./s.
	= 1.4147	HP
	= 107.57	mkg/s.
	= 1.434	PS
	= 1.054	kW
1 Poncelet	= 723.300	ft.lbs./s.
	= 1.31	HP
	= 1.33	PS
	= 100	mkg/s.

Millimeter in Zoll (gemeiner Bruch)
millimeters into inches (common fraction)

2

Umrechnung mm in Zollbrüche
Conversion mm into inch fractions

1 mm = 3/64 in

mm	in	mm	in	mm	in	mm	in
1	3/64	51	2 1/64	1o1	3 31/32	151	5 15/16
2	5/64	52	2 3/64	1o2	4 1/64	152	5 63/64
3	1/8	53	2 3/32	1o3	4 1/16	153	6 1/32
4	5/32	54	2 1/8	1o4	4 3/32	154	6 1/16
5	13/64	55	2 11/64	1o5	4 9/64	155	6 7/64
6	15/64	56	2 13/64	1o6	4 11/64	156	6 9/64
7	9/32	57	2 1/4	1o7	4 7/32	157	6 3/16
8	5/16	58	2 9/32	1o8	4 1/4	158	6 7/32
9	23/64	59	2 21/64	1o9	4 19/64	159	6 17/64
1o	25/64	6o	2 23/64	11o	4 21/64	16o	6 19/64
11	7/16	61	2 13/32	111	4 3/8	161	6 11/32
12	15/32	62	2 7/16	112	4 13/32	162	6 3/8
13	33/64	63	2 31/64	113	4 29/64	163	6 27/64
14	35/64	64	2 33/64	114	4 31/64	164	6 29/64
15	19/32	65	2 9/16	115	4 17/32	165	6 1/2
16	5/8	66	2 19/32	116	4 9/16	166	6 17/32
17	43/64	67	2 41/64	117	4 39/64	167	6 37/64
18	45/64	68	2 43/64	118	4 41/64	168	6 39/64
19	3/4	69	2 23/32	119	4 11/16	169	6 21/32
2o	25/32	7o	2 3/4	12o	4 23/32	17o	6 11/16
21	53/64	71	2 51/64	121	4 49/64	171	6 47/64
22	55/64	72	2 53/64	122	4 51/64	172	6 49/64
23	29/32	73	2 7/8	123	4 27/32	173	6 13/16
24	15/16	74	2 29/32	124	4 7/8	174	6 27/32
25	63/64	75	2 61/64	125	4 59/64	175	6 57/64
26	1 1/32	76	2 63/64	126	4 61/64	176	6 59/64
27	1 1/16	77	3 1/32	127	5	177	6 31/32
28	1 7/64	78	3 5/64	128	5 3/64	178	7 1/64
29	1 9/64	79	3 7/64	129	5 5/64	179	7 3/64
3o	1 3/16	8o	3 5/32	13o	5 1/8	18o	7 3/32
31	1 7/32	81	3 11/64	131	5 5/32	181	7 1/8
32	1 17/64	82	3 15/64	132	5 13/64	182	7 11/64
33	1 19/64	83	3 17/64	133	5 15/64	183	7 13/64
34	1 11/32	84	3 5/16	134	5 9/32	184	7 1/4
35	1 3/8	85	3 11/32	135	5 5/16	185	7 9/32
36	1 27/64	86	3 25/64	136	5 23/64	186	7 21/64
37	1 29/64	87	3 27/64	137	5 25/64	187	7 23/64
38	1 1/2	88	3 15/32	138	5 7/16	188	7 13/32
39	1 17/32	89	3 1/2	139	5 15/32	189	7 7/16
4o	1 37/64	9o	3 35/64	14o	5 33/64	19o	7 31/64
41	1 39/64	91	3 37/64	141	5 35/64	191	7 33/64
42	1 21/32	92	3 5/8	142	5 19/32	192	7 9/16
43	1 11/16	93	3 21/32	143	5 5/8	193	7 19/32
44	1 47/64	94	3 45/64	144	5 43/64	194	7 41/64
45	1 49/64	95	3 47/64	145	5 45/64	195	7 43/64
46	1 13/16	96	3 25/32	146	5 3/4	196	7 23/32
47	1 27/32	97	3 13/16	147	5 25/32	197	7 3/4
48	1 57/64	98	3 55/64	148	5 53/64	198	7 51/64
49	1 59/64	99	3 57/64	149	5 55/64	199	7 53/64
5o	1 31/32	1oo	3 15/16	15o	5 29/32	2oo	7 7/8

Umrechnung mm in Zollbrüche
Conversion mm into inch fractions
1 mm = 3/64 in

mm	in	mm	in	mm	in	mm	in
2o1	7 29/32	251	9 7/8	3o1	11 27/32	351	13 13/16
2o2	7 61/64	252	9 59/64	3o2	11 57/64	352	13 55/64
2o3	7 63/64	253	9 61/64	3o3	11 59/64	353	13 57/64
2o4	8 1/32	254	1o	3o4	11 31/32	354	13 15/16
2o5	8 5/64	255	1o 3/64	3o5	12 1/64	355	13 31/32
2o6	8 7/64	256	1o 5/64	3o6	12 3/64	356	14 1/64
2o7	8 5/32	257	1o 1/8	3o7	12 3/32	357	14 1/16
2o8	8 3/16	258	1o 5/32	3o8	12 1/8	358	14 3/32
2o9	8 15/64	259	1o 13/64	3o9	12 11/64	359	14 9/64
21o	8 17/64	26o	1o 15/64	31o	12 13/64	36o	14 11/64
211	8 15/16	261	1o 9/32	311	12 1/4	361	14 7/32
212	8 11/32	262	1o 5/16	312	12 9/32	362	14 1/4
213	8 25/64	263	1o 23/64	313	12 21/64	363	14 19/64
214	8 27/64	264	1o 25/64	314	12 23/64	364	14 21/64
215	8 15/32	265	1o 7/16	315	12 13/32	365	14 3/8
216	8 1/2	266	1o 15/32	316	12 7/16	366	14 13/32
217	8 35/64	267	1o 33/64	317	12 31/64	367	14 29/64
218	8 37/64	268	1o 35/64	318	12 33/64	368	14 31/64
219	8 5/8	269	1o 19/32	319	12 9/16	369	14 17/32
22o	8 21/32	27o	1o 5/8	32o	12 19/32	37o	14 9/16
221	8 45/64	271	1o 43/64	321	12 41/64	371	14 39/64
222	8 47/64	272	1o 45/64	322	12 43/64	372	14 41/64
223	8 25/32	273	1o 3/4	323	12 23/32	373	14 11/16
224	8 13/16	274	1o 25/32	324	12 3/4	374	14 23/32
225	8 55/64	275	1o 53/64	325	12 51/64	375	14 49/64
226	8 57/64	276	1o 55/64	326	12 53/64	376	14 51/64
227	8 15/16	277	1o 29/32	327	12 7/8	377	14 27/32
228	8 31/32	278	1o 15/16	328	12 29/32	378	14 7/8
229	9 1/64	279	1o 63/64	329	12 61/64	379	14 59/64
23o	9 1/16	28o	11 1/32	33o	13	38o	14 61/64
231	9 3/32	281	11 1/16	331	13 1/32	381	15
232	9 9/64	282	11 7/64	332	13 5/64	382	15 1/32
233	9 11/64	283	11 9/64	333	13 7/64	383	15 5/64
234	9 7/32	284	11 3/16	334	13 5/32	384	15 1/8
235	9 1/4	285	11 7/32	335	13 3/16	385	15 5/32
236	9 19/64	286	11 17/64	336	13 15/64	386	15 13/64
237	9 21/64	287	11 19/64	337	13 17/64	387	15 15/64
238	9 3/8	288	11 11/32	338	13 5/16	388	15 9/32
239	9 13/32	289	11 3/8	339	13 11/32	389	15 5/16
24o	9 29/64	29o	11 27/64	34o	13 25/64	39o	15 23/64
241	9 31/64	291	11 29/64	341	13 27/64	391	15 25/64
242	9 17/32	292	11 1/2	342	13 15/32	392	15 7/16
243	9 9/16	293	11 17/32	343	13 1/2	393	15 15/32
244	9 39/64	294	11 37/64	344	13 35/64	394	15 33/64
245	9 41/64	295	11 39/64	345	13 37/64	395	15 35/64
246	9 11/16	296	11 21/32	346	13 5/8	396	15 19/32
247	9 23/32	297	11 11/16	347	13 21/32	397	15 5/8
248	9 49/64	298	11 47/64	348	13 45/64	398	15 43/64
249	9 51/64	299	11 49/64	349	13 47/64	399	15 45/64
25o	9 27/32	3oo	11 13/16	35o	13 25/32	4oo	15 3/4

Umrechnung mm in Zollbrüche
Conversion mm into inch fractions

1 mm = 3/64 in

mm	in	mm	in	mm	in	mm	in
401	15 25/32	451	17 3/4	501	19 23/32	551	21 11/16
402	15 53/64	452	17 51/64	502	19 49/64	552	21 47/64
403	15 55/64	453	17 53/64	503	19 51/64	553	21 49/64
404	15 29/32	454	17 7/8	504	19 27/32	554	21 13/16
405	15 15/16	455	17 59/64	505	19 7/8	555	21 27/32
406	15 63/64	456	17 61/64	506	19 59/64	556	21 51/64
407	16 1/32	457	17 63/64	507	19 61/64	557	21 59/64
408	16 1/16	458	18 1/32	508	20	558	21 31/32
409	16 7/64	459	18 5/64	509	20 1/32	559	22
410	16 9/64	460	18 7/64	510	20 5/64	560	22 3/64
411	16 3/16	461	18 5/32	511	20 1/8	561	22 5/64
412	16 7/32	462	18 3/16	512	20 5/32	562	22 1/8
413	16 17/64	463	18 15/64	513	20 13/64	563	22 11/64
414	16 19/64	464	18 17/64	514	20 15/64	564	22 13/64
415	16 11/32	465	18 5/16	515	20 9/32	565	22 1/4
416	16 3/8	466	18 11/32	516	20 5/16	566	22 9/32
417	16 27/64	467	18 25/64	517	20 23/64	567	22 21/64
418	16 29/64	468	18 27/64	518	20 25/64	568	22 23/64
419	16 1/2	469	18 15/32	519	20 7/16	569	22 13/32
420	16 17/32	470	18 1/2	520	20 15/32	570	22 7/16
421	16 37/64	471	18 35/64	521	20 33/64	571	22 31/64
422	16 39/64	472	18 37/64	522	20 35/64	572	22 33/64
423	16 21/32	473	18 5/8	523	20 19/32	573	22 9/16
424	16 11/16	474	18 21/32	524	20 5/8	574	22 19/32
425	16 47/64	475	18 45/64	525	20 43/64	575	22 41/64
426	16 49/64	476	18 47/64	526	20 45/64	576	22 43/64
427	16 13/16	477	18 25/32	527	20 3/4	577	22 23/32
428	16 27/32	478	18 13/16	528	20 25/32	578	22 3/4
429	16 57/64	479	18 55/64	529	20 53/64	579	22 51/64
430	16 59/64	480	18 57/64	530	20 55/64	580	22 53/64
431	16 31/32	481	18 15/16	531	20 29/32	581	22 7/8
432	17 1/64	482	18 31/32	532	20 15/16	582	22 29/32
433	17 3/64	483	19 1/64	533	20 63/64	583	22 61/64
434	17 3/32	484	19 1/16	534	21 1/64	584	22 63/64
435	17 1/8	485	19 3/32	535	21 1/16	585	23 1/32
436	17 11/64	486	19 9/64	536	21 7/64	586	23 1/16
437	17 13/64	487	19 11/64	537	21 9/64	587	23 7/64
438	17 3/16	488	19 7/32	538	21 3/16	588	23 5/32
439	17 1/4	489	19 1/4	539	21 7/32	589	23 3/16
440	17 21/64	490	19 19/64	540	21 17/64	590	23 15/64
441	17 23/64	491	19 21/64	541	21 19/64	591	23 17/64
442	17 13/32	492	19 3/8	542	21 11/32	592	23 5/16
443	17 7/16	493	19 13/32	543	21 3/8	593	23 11/32
444	17 31/64	494	19 29/64	544	21 27/64	594	23 25/64
445	17 33/64	495	19 31/64	545	21 29/64	595	23 27/64
446	17 9/16	496	19 17/32	546	21 1/2	596	23 15/32
447	17 19/32	497	19 9/16	547	21 17/32	597	23 1/2
448	17 41/64	498	19 39/64	548	21 37/64	598	23 35/64
449	17 43/64	499	19 41/64	549	21 39/64	599	23 37/64
450	17 23/32	500	19 11/16	550	21 57/64	600	23 5/8

Umrechnung mm in Zollbrüche
Conversion mm into inch fractions

1 mm = 3/64 in

mm	in	mm	in	mm	in	mm	in
601	23 21/32	651	25 5/8	701	27 19/32	751	29 9/16
602	23 45/64	652	25 13/64	702	27 11/64	752	29 39/64
603	23 47/64	653	25 15/64	703	27 13/64	753	29 41/64
604	23 25/32	654	25 3/4	704	27 23/32	754	29 11/16
605	23 13/16	655	25 25/32	705	27 3/4	755	29 23/32
606	23 55/64	656	25 53/64	706	27 51/64	756	29 49/64
607	23 57/64	657	25 55/64	707	27 53/64	757	29 51/64
608	23 15/16	658	25 29/32	708	27 7/8	758	29 27/32
609	23 31/32	659	25 15/16	709	27 29/32	759	29 7/8
610	24 1/64	660	25 63/64	710	27 61/64	760	29 59/64
611	24 3/64	661	26 1/64	711	27 63/64	761	29 61/64
612	24 3/32	662	26 1/16	712	28 1/32	762	30
613	24 9/64	663	26 3/32	713	28 5/64	763	30 1/32
614	24 11/64	664	26 9/64	714	28 7/64	764	30 5/64
615	24 7/32	665	26 3/16	715	28 5/32	765	30 7/64
616	24 1/4	666	26 7/32	716	28 3/16	766	30 5/32
617	24 19/64	667	26 17/64	717	28 15/64	767	30 13/64
618	24 21/64	668	26 19/64	718	28 17/64	768	30 15/64
619	24 3/8	669	26 11/32	719	28 5/16	769	30 9/32
620	24 13/32	670	26 3/8	720	28 11/32	770	30 5/16
621	24 29/64	671	26 27/64	721	28 25/64	771	30 23/64
622	24 31/64	672	26 29/64	722	28 27/64	772	30 25/64
623	24 17/32	673	26 1/2	723	28 15/32	773	30 7/16
624	24 9/16	674	26 17/32	724	28 1/2	774	30 15/32
625	24 39/64	675	26 37/64	725	28 35/64	775	30 33/64
626	24 41/64	676	26 39/64	726	28 37/64	776	30 35/64
627	24 11/16	677	26 21/32	727	28 5/8	777	30 19/32
628	24 23/32	678	26 11/16	728	28 21/32	778	30 5/8
629	24 49/64	679	26 17/64	729	28 45/64	779	30 43/64
630	24 51/64	680	26 19/64	730	28 47/64	780	30 45/64
631	24 27/32	681	26 13/16	731	28 25/32	781	30 3/4
632	24 7/8	682	26 27/32	732	28 13/16	782	30 25/32
633	24 59/64	683	26 57/64	733	28 55/64	783	30 53/64
634	24 61/64	684	26 59/64	734	28 57/64	784	30 55/64
635	25	685	26 31/32	735	28 15/16	785	30 29/32
636	25 1/32	686	27	736	28 31/32	786	30 15/16
637	25 5/64	687	27 3/64	737	29 1/64	787	30 63/64
638	25 7/64	688	27 5/64	738	29 3/64	788	31 1/32
639	25 5/32	689	27 1/8	739	29 3/32	789	31 1/16
640	25 13/64	690	27 11/64	740	29 1/8	790	31 3/32
641	25 15/64	691	27 13/64	741	29 11/64	791	31 9/64
642	25 9/32	692	27 1/4	742	29 7/32	792	31 3/16
643	25 5/16	693	27 9/32	743	29 1/4	793	31 7/32
644	25 23/64	694	27 21/64	744	29 19/64	794	31 17/64
645	25 25/64	695	27 23/64	745	29 21/64	795	31 19/64
646	25 7/16	696	27 13/32	746	29 3/8	796	31 11/32
647	25 15/32	697	27 7/16	747	29 13/32	797	31 3/8
648	25 33/64	698	27 31/64	748	29 29/64	798	31 27/64
649	25 35/64	699	27 33/64	749	29 31/64	799	31 29/64
650	25 19/32	700	27 9/16	750	29 17/32	800	31 1/2

Umrechnung mm in Zollbrüche
Conversion mm into inch fractions
1 mm = 3/64 in

mm	in	mm	in	mm	in	mm	in
801	31 17/32	851	33 1/2	901	35 15/32	951	37 7/16
802	31 37/64	852	33 35/64	902	35 33/64	952	37 31/64
803	31 39/64	853	33 37/64	903	35 35/64	953	37 33/64
804	31 21/32	854	33 5/8	904	35 19/32	954	37 9/16
805	31 11/16	855	33 21/32	905	35 5/8	955	37 19/32
806	31 47/64	856	33 45/64	906	35 43/64	956	37 41/64
807	31 49/64	857	33 47/64	907	35 45/64	957	37 43/64
808	31 13/16	858	33 25/32	908	35 3/4	958	37 23/32
809	31 27/32	859	33 13/16	909	35 25/32	959	37 3/4
810	31 57/64	860	33 55/64	910	35 53/64	960	37 51/64
811	31 59/64	861	33 57/64	911	35 55/64	961	37 53/64
812	31 31/32	862	33 15/16	912	35 29/32	962	37 7/8
813	32	863	33 31/32	913	35 15/16	963	37 29/32
814	32 3/64	864	34 1/64	914	35 63/64	964	37 61/64
815	32 5/64	865	34 3/64	915	36 1/64	965	37 63/64
816	32 1/8	866	34 3/32	916	36 1/16	966	38 1/32
817	32 11/64	867	34 1/8	917	36 3/32	967	38 1/16
818	32 13/64	868	34 11/64	918	36 9/64	968	38 7/64
819	32 1/4	869	34 7/32	919	36 3/16	969	38 9/64
820	32 9/32	870	34 1/4	920	36 7/32	970	38 3/16
821	32 21/64	871	34 19/64	921	36 17/64	971	38 15/64
822	32 23/64	872	34 21/64	922	36 19/64	972	38 17/64
823	32 13/32	873	34 3/8	923	36 11/32	973	38 5/16
824	32 7/16	874	34 13/32	924	36 3/8	974	38 11/32
825	32 31/64	875	34 29/64	925	36 27/64	975	38 25/64
826	32 33/64	876	34 31/64	926	36 29/64	976	38 27/64
827	32 9/16	877	34 17/32	927	36 1/2	977	38 15/32
828	32 19/32	878	34 9/16	928	36 17/32	978	38 1/2
829	32 41/64	879	34 39/64	929	36 37/64	979	38 35/64
830	32 43/64	880	34 41/64	930	36 39/64	980	38 37/64
831	32 23/32	881	34 11/16	931	36 24/32	981	38 5/8
832	32 3/4	882	34 23/32	932	36 11/16	982	38 21/32
833	32 51/64	883	34 49/64	933	36 17/64	983	38 45/64
834	32 53/64	884	34 51/64	934	36 19/64	984	38 47/64
835	32 7/8	885	34 27/32	935	36 13/16	985	38 25/32
836	32 29/32	886	34 7/8	936	36 27/32	986	38 13/16
837	32 61/64	887	34 59/64	937	36 57/64	987	38 55/64
838	32 63/64	888	34 61/64	938	36 59/64	988	38 57/64
839	33 1/32	889	35	939	36 31/32	989	38 15/16
840	33 1/16	890	35 1/32	940	37	990	38 31/32
841	33 7/64	891	35 5/64	941	37 3/64	991	39 1/64
842	33 9/64	892	35 7/64	942	37 5/64	992	39 3/64
843	33 3/16	893	35 5/32	943	37 1/8	993	39 3/32
844	33 15/64	894	35 13/64	944	37 5/32	994	39 1/8
845	33 17/64	895	35 15/64	945	37 13/64	995	39 11/64
846	33 5/16	896	35 9/32	946	37 1/4	996	39 7/32
847	33 11/32	897	35 5/16	947	37 9/32	997	39 1/4
848	33 25/64	898	35 23/64	948	37 21/64	998	39 19/64
849	33 27/64	899	35 25/64	949	37 23/64	999	39 21/64
850	33 15/32	900	35 7/16	950	37 13/32	1000	39 3/8

Zoll in Millimeter (gemeiner Bruch)
inches into millimeters (common fraction) 3

inch	mm	inch	mm	inch	mm
0		4	101.6000	8	203.2000
1/16	1.5875	1/16	103.1875	1/16	204.7875
1/8	3.1750	1/8	104.7750	1/8	206.3750
3/16	4.7625	3/16	106.3625	3/16	207.9625
1/4	6.3500	1/4	107.9500	1/4	209.5500
5/16	7.9375	5/16	109.5375	5/16	211.1375
3/8	9.5250	3/8	111.1250	3/8	212.7250
7/16	11.1125	7/16	112.7125	7/16	214.3125
1/2	12.7000	1/2	114.3000	1/2	215.9000
9/16	14.2875	9/16	115.8875	9/16	217.4875
5/8	15.8750	5/8	117.4750	5/8	219.0750
11/16	17.4625	11/16	119.0625	11/16	220.6625
3/4	19.0500	3/4	120.6500	3/4	222.2500
13/16	20.6375	13/16	122.2375	13/16	223.8375
7/8	22.2250	7/8	123.8250	7/8	225.4250
15/16	23.8125	15/16	125.4125	15/16	227.0125
1	25.4000	5	127.0000	9	228.6000
1/16	26.9875	1/16	128.5875	1/16	230.1875
1/8	28.5750	1/8	130.1750	1/8	231.7750
3/16	30.1625	3/16	131.7625	3/16	233.3625
1/4	31.7500	1/4	133.3500	1/4	234.9500
5/16	33.3375	5/16	134.9375	5/16	236.5375
3/8	34.9250	3/8	136.5250	3/8	238.1250
7/16	36.5125	7/16	138.1125	7/16	239.7125
1/2	38.1000	1/2	139.7000	1/2	241.3000
9/16	39.6875	9/16	141.2875	9/16	242.8875
5/8	41.2750	5/8	142.8750	5/8	244.4750
11/16	42.8625	11/16	144.4625	11/16	246.0625
3/4	44.4500	3/4	146.0500	3/4	247.6500
13/16	46.0375	13/16	147.6375	13/16	249.2375
7/8	47.6250	7/8	149.2250	7/8	250.8250
15/16	49.2125	15/16	150.8125	15/16	252.4125
2	50.8000	6	152.4000	10	254.0000
1/16	52.3875	1/16	153.9875	1/16	255.5875
1/8	53.9750	1/8	155.5750	1/8	257.1750
3/16	55.5625	3/16	157.1625	3/16	258.7625
1/4	57.1500	1/4	158.7500	1/4	260.3500
5/16	58.7375	5/16	160.3375	5/16	261.9375
3/8	60.3250	3/8	161.9250	3/8	263.5250
7/16	61.9125	7/16	163.5125	7/16	265.1125
1/2	63.5000	1/2	165.1000	1/2	266.7000
9/16	65.0875	9/16	166.6875	9/16	268.2875
5/8	66.6750	5/8	168.2750	5/8	269.8750
11/16	68.2625	11/16	169.8625	11/16	271.4625
3/4	69.8500	3/4	171.4500	3/4	273.0500
13/16	71.4375	13/16	173.0375	13/16	274.6375
7/8	73.0250	7/8	174.6250	7/8	276.2250
15/16	74.6125	15/16	176.2125	15/16	277.8125
3	76.2000	7	177.8000	11	279.4000
1/16	77.7875	1/16	179.3875	1/16	280.9875
1/8	79.3750	1/8	180.9750	1/8	282.5750
3/16	80.9625	3/16	182.5625	3/16	284.1625
1/4	82.5500	1/4	184.1500	1/4	285.7500
5/16	84.1375	5/16	185.7375	5/16	287.3375
3/8	85.7250	3/8	187.3250	3/8	288.9250
7/16	87.3125	7/16	188.9125	7/16	290.5125
1/2	88.9000	1/2	190.5000	1/2	292.1000
9/16	90.4875	9/16	192.0875	9/16	293.6875
5/8	92.0750	5/8	193.6750	5/8	295.2750
11/16	93.6625	11/16	195.2625	11/16	296.8625
3/4	95.2500	3/4	196.8500	3/4	298.4500
13/16	96.8375	13/16	198.4375	13/16	300.0375
7/8	98.4250	7/8	200.0250	7/8	301.6250
15/16	100.0125	15/16	201.6125	15/16	303.2125
4	101.6000	8	203.2000	12	304.8000

inch	mm	inch	mm	inch	mm
1/16	306.3875	1/16	407.9875	1/16	509.5875
1/8	307.9750	1/8	409.5750	1/8	511.1750
3/16	309.5625	3/16	411.1625	3/16	512.7625
1/4	311.1500	1/4	412.7500	1/4	514.3500
5/16	312.7375	5/16	414.3375	5/16	515.9375
3/8	314.3250	3/8	415.9250	3/8	517.5250
7/16	315.9125	7/16	417.5125	7/16	519.1125
1/2	317.0000	1/2	419.1000	1/2	520.7000
9/16	319.0875	9/16	420.6875	9/16	522.2875
5/8	320.6750	5/8	422.2750	5/8	523.8750
11/16	322.2625	11/16	423.8625	11/16	525.4625
3/4	323.8500	3/4	425.4500	3/4	527.0500
13/16	325.4375	13/16	427.0375	13/16	528.6375
7/8	327.0250	7/8	428.6250	7/8	530.2250
15/16	328.6125	15/16	430.2125	15/16	531.8125
13	330.2000	17	431.8000	21	533.4000
1/16	331.7875	1/16	433.3875	1/16	534.9875
1/8	333.3750	1/8	434.9750	1/8	536.5750
3/16	334.9625	3/16	436.5625	3/16	538.1625
1/4	336.5500	1/4	438.1500	1/4	539.7500
5/16	338.1375	5/16	439.7375	5/16	541.3375
3/8	339.7250	3/8	441.3250	3/8	542.9250
7/16	341.3125	7/16	442.9125	7/16	544.5125
1/2	342.9000	1/2	444.5000	1/2	546.1000
9/16	344.4875	9/16	446.0875	9/16	547.6875
5/8	346.0750	5/8	447.6750	5/8	549.2750
11/16	347.6625	11/16	449.2625	11/16	550.8625
3/4	349.2500	3/4	450.8500	3/4	552.4500
13/16	350.8375	13/16	452.4375	13/16	554.0375
7/8	352.4250	7/8	454.0250	7/8	555.6250
15/16	354.0125	15/16	455.6125	15/16	557.2125
14	355.6000	18	457.2000	22	558.8000
1/16	357.1875	1/16	458.7875	1/16	560.3875
1/8	358.7750	1/8	460.3750	1/8	561.9750
3/16	360.3625	3/16	461.9625	3/16	563.5625
1/4	361.9500	1/4	463.5500	1/4	565.1500
5/16	363.5375	5/16	465.1375	5/16	566.7375
3/8	365.1250	3/8	466.7250	3/8	568.3250
7/16	366.7125	7/16	468.3125	7/16	569.9125
1/2	368.3000	1/2	469.9000	1/2	571.5000
9/16	369.8875	9/16	471.4875	9/16	573.0375
5/8	371.4750	5/8	473.0750	5/8	574.6750
11/16	373.0625	11/16	474.6625	11/16	576.2625
3/4	374.6500	3/4	476.2500	3/4	577.8500
13/16	376.2375	13/16	477.8375	13/16	579.4375
7/8	377.8250	7/8	479.4250	7/8	581.0250
15/16	379.4125	15/16	481.0125	15/16	582.6125
15	381.0000	19	482.6000	23	584.2000
1/16	382.5875	1/16	484.1875	1/16	585.7875
1/8	384.1750	1/8	485.7750	1/8	587.3750
3/16	385.7625	3/16	487.3625	3/16	588.9626
1/4	387.3500	1/4	488.9500	1/4	590.5500
5/16	388.9375	5/16	490.5375	5/16	592.1375
3/8	390.5250	3/8	492.1250	3/8	593.7250
7/16	392.1125	7/16	493.7125	7/16	595.3125
1/2	393.7000	1/2	495.3000	1/2	596.9000
9/16	395.2875	9/16	496.8875	9/16	598.4875
5/8	396.8750	5/8	498.4750	5/8	600.0750
11/16	398.4625	11/16	500.0625	11/16	601.6625
3/4	400.0500	3/4	501.6500	3/4	603.2500
13/16	401.6375	13/16	503.2375	13/16	604.8375
7/8	403.2250	7/8	504.8250	7/8	606.4250
15/16	404.8125	15/16	506.4125	15/16	608.0125
16	406.4000	20	508.0000	24	609.6000

inch	mm	inch	mm	inch	mm
1/16	611.1875	1/16	712.7875	1/16	814.3875
1/8	612.7750	1/8	714.3750	1/8	815.9750
3/16	614.3625	3/16	715.9625	3/16	817.5625
1/4	615.9500	1/4	717.5500	1/4	819.1500
5/16	617.5375	5/16	719.1375	5/16	820.7375
3/8	619.1250	3/8	720.7250	3/8	822.3250
7/16	620.7125	7/16	722.3125	7/16	823.9125
1/2	622.3000	1/2	723.9000	1/2	825.5000
9/16	623.8875	9/16	725.4875	9/16	827.0875
5/8	625.4750	5/8	727.0750	5/8	828.6750
11/16	627.0625	11/16	728.6625	11/16	830.2625
3/4	628.6500	3/4	730.2500	3/4	831.8500
13/16	630.2375	13/16	731.8375	13/16	833.4375
7/8	631.8250	7/8	733.4250	7/8	835.0250
15/16	633.4125	15/16	735.0125	15/16	836.6125
25	635.0000	29	736.6000	33	838.2000
1/16	636.5875	1/16	738.1875	1/16	839.7875
1/8	638.1750	1/8	739.7750	1/8	841.3750
3/16	639.7625	3/16	741.3625	3/16	842.9625
1/4	641.3500	1/4	742.9500	1/4	844.5500
5/16	642.9375	5/16	744.5375	5/16	846.1375
3/8	644.5250	3/8	746.1250	3/8	847.7250
7/16	646.1125	7/16	747.7125	7/16	849.3125
1/2	647.7000	1/2	749.3000	1/2	850.9000
9/16	649.2875	9/16	750.8875	9/16	852.4875
5/8	650.8750	5/8	752.4750	5/8	854.0750
11/16	652.4625	11/16	754.0625	11/16	855.6625
3/4	654.0500	3/4	755.6500	3/4	857.2500
13/16	655.6375	13/16	757.2375	13/16	858.8375
7/8	657.2250	7/8	758.8250	7/8	860.4250
15/16	658.8125	15/16	760.4125	15/16	862.0125
26	660.4000	30	762.0000	34	863.6000
1/16	661.9875	1/16	763.5875	1/16	865.1875
1/8	663.5750	1/8	765.1750	1/8	866.7750
3/16	665.1625	3/16	766.7625	3/16	868.3625
1/4	666.7500	1/4	768.3500	1/4	869.9500
5/16	668.3375	5/16	769.9375	5/16	871.5375
3/8	669.9250	3/8	771.5250	3/8	873.1250
7/16	671.5125	7/16	773.1125	7/16	874.7125
1/2	673.1000	1/2	774.7000	1/2	876.3000
9/16	674.6875	9/16	776.2875	9/16	877.8875
5/8	676.2750	5/8	777.8750	5/8	879.4750
11/16	677.8625	11/16	779.4625	11/16	881.0625
3/4	679.4500	3/4	781.0500	3/4	882.6500
13/16	681.0375	13/16	782.6375	13/16	884.2375
7/8	682.6250	7/8	784.2250	7/8	885.8250
15/16	684.2125	15/16	785.8125	15/16	887.4125
27	685.8000	31	787.4000	35	889.0000
1/16	687.3875	1/16	788.9875	1/16	890.5875
1/8	688.9750	1/8	790.5750	1/8	892.1750
3/16	690.5625	3/16	792.1625	3/16	893.7625
1/4	692.1500	1/4	793.7500	1/4	895.3500
5/16	693.7375	5/16	795.3375	5/16	896.9375
3/8	695.3250	3/8	796.9250	3/8	898.5250
7/16	696.9125	7/16	798.5125	7/16	900.1125
1/2	698.5000	1/2	800.1000	1/2	901.7000
9/16	700.0875	9/16	801.6875	9/16	903.2875
5/8	701.6750	5/8	803.2750	5/8	904.8750
11/16	703.2625	11/16	804.8625	11/16	906.4625
3/4	704.8500	3/4	806.4500	3/4	908.0500
13/16	706.4375	13/16	808.0375	13/16	909.6375
7/8	708.0250	7/8	809.6250	7/8	911.2250
15/16	709.6125	15/16	811.2125	15/16	912.8125
28	711.2000	32	812.8000	36	914.4000

inch	mm	inch	mm	inch	mm
1/16	915.9875	1/16	1017.5875	1/16	1119.1875
1/8	917.5750	1/8	1019.1750	1/8	1120.7750
3/16	919.1625	3/16	1020.7625	3/16	1122.3625
1/4	920.7500	1/4	1022.3500	1/4	1123.9500
5/16	922.3375	5/16	1023.9375	5/16	1125.5375
3/8	923.9250	3/8	1025.5250	3/8	1127.1250
7/16	925.5125	7/16	1027.1125	7/16	1128.7125
1/2	927.1000	1/2	1028.8000	1/2	1130.3000
9/16	928.6875	9/16	1030.2875	9/16	1131.8875
5/8	930.2750	5/8	1031.8750	5/8	1133.4750
11/16	931.8625	11/16	1033.4625	11/16	1135.0625
3/4	933.4500	3/4	1035.0500	3/4	1136.6500
13/16	935.0375	13/16	1036.6375	13/16	1138.2375
7/8	936.6250	7/8	1038.2250	7/8	1139.8250
15/16	938.2125	15/16	1039.8125	15/16	1141.4125
37	939.8000	41	1041.4000	45	1143.0000
1/16	941.3875	1/16	1042.9875	1/16	1144.5875
1/8	942.9750	1/8	1044.5750	1/8	1146.1750
3/16	944.5625	3/16	1046.1625	3/16	1147.7625
1/4	946.1500	1/4	1047.7500	1/4	1149.3500
5/16	947.7375	5/16	1049.3375	5/16	1150.9375
3/8	949.3250	3/8	1050.9250	3/8	1152.5250
7/16	950.9125	7/16	1052.5125	7/16	1154.1125
1/2	952.5000	1/2	1054.1000	1/2	1155.7000
9/16	954.0875	9/16	1055.6875	9/16	1157.2875
5/8	955.6750	5/8	1057.2750	5/8	1158.8750
11/16	957.2625	11/16	1058.8625	11/16	1160.4625
3/4	958.8500	3/4	1060.4500	3/4	1162.0500
13/16	960.4375	13/16	1062.0375	13/16	1163.6375
7/8	962.0250	7/8	1063.6250	7/8	1165.2250
15/16	963.6125	15/16	1065.2125	15/16	1166.8125
38	965.2000	42	1066.8000	46	1168.4000
1/16	966.7875	1/16	1068.3875	1/16	1169.9875
1/8	968.3750	1/8	1969.9750	1/8	1171.5750
3/16	969.9625	3/16	1071.5625	3/16	1173.1625
1/4	971.5500	1/4	1073.1500	1/4	1174.7500
5/16	973.1375	5/16	1074.7375	5/16	1176.3375
3/8	974.7250	3/8	1076.3250	3/8	1177.9250
7/16	976.3125	7/16	1077.9125	7/16	1179.5125
1/2	977.9000	1/2	1079.5000	1/2	1181.1000
9/16	979.4875	9/16	1081.0875	9/16	1182.6875
5/8	981.0150	5/8	1082.6750	5/8	1184.2750
11/16	982.6625	11/16	1084.2625	11/16	1185.8625
3/4	984.2500	3/4	1085.8500	3/4	1187.4500
13/16	985.8375	13/16	1087.4375	13/16	1189.0375
7/8	987.4250	7/8	1089.0250	7/8	1190.6250
15/16	989.0125	15/16	1090.6125	15/16	1192.2125
39	990.6000	43	1092.2000	47	1193.8000
1/16	992.1875	1/16	1093.7875	1/16	1195.3875
1/8	993.7750	1/8	1095.3750	1/8	1196.9750
3/16	995.3625	3/16	1096.9625	3/16	1198.5625
1/4	996.9500	1/4	1098.5500	1/4	1200.1500
5/16	998.5375	5/16	1100.1375	5/16	1201.7375
3/8	1000.1250	3/8	1101.7250	3/8	1203.3250
7/16	1001.7125	7/16	1103.3125	7/16	1204.9125
1/2	1003.3000	1/2	1104.9000	1/2	1206.5000
9/16	1004.8875	9/16	1106.4875	9/16	1208.0875
5/8	1006.4750	5/8	1108.0750	5/8	1209.6750
11/16	1008.0625	11/16	1109.6625	11/16	1211.2625
3/4	1009.6500	3/4	1111.2500	3/4	1212.8500
13/16	1011.2375	13/16	1112.8375	13/16	1214.4375
7/8	1012.8250	7/8	1114.4250	7/8	1216.0250
15/16	1014.4125	15/16	1116.0125	15/16	1217.6125
40	1016.0000	44	1117.6000	48	1219.2000

inch	mm	inch	mm	inch	mm
1/16	1220.7875	1/16	1322.3875	1/16	1423.9875
1/8	1222.3750	1/8	1323.9750	1/8	1425.5750
3/16	1223.9625	3/16	1325.5625	3/16	1427.1625
1/4	1225.5500	1/4	1327.1500	1/4	1428.7500
5/16	1227.1375	5/16	1328.7375	5/16	1430.3375
3/8	1228.7250	3/8	1330.3250	3/8	1431.9250
7/16	1230.3125	7/16	1331.9125	7/16	1433.5125
1/2	1231.9000	1/2	1333.5000	1/2	1435.1000
9/16	1233.4875	9/16	1335.0875	9/16	1436.6875
5/8	1235.0750	5/8	1336.6750	5/8	1438.2750
11/16	1236.6625	11/16	1338.2625	11/16	1439.8625
3/4	1238.2500	3/4	1339.8500	3/4	1441.4500
13/16	1239.8375	13/16	1341.4375	13/16	1443.0375
7/8	1241.4250	7/8	1343.0250	7/8	1444.6250
15/16	1243.0125	15/16	1344.6125	15/16	1446.2125
49	1244.6000	53	1346.2000	57	1447.8000
1/16	1246.1875	1/16	1347.7875	1/16	1449.3875
1/8	1247.7750	1/8	1349.3750	1/8	1450.9750
3/16	1249.3625	3/16	1350.9625	3/16	1452.5625
1/14	1250.9500	1/4	1352.5500	1/4	1454.1500
5/16	1252.5375	5/16	1354.1375	5/16	1455.7375
3/8	1254.1250	3/8	1355.7250	3/8	1457.3250
7/16	1255.7125	7/16	1357.3125	7/16	1458.9125
1/2	1257.3000	1/2	1358.9000	1/2	1460.5000
9/16	1258.8875	9/16	1360.4875	9/16	1462.0875
5/8	1260.4750	5/8	1362.0750	5/8	1463.6750
11/16	1262.0625	11/16	1363.6625	11/16	1465.2625
3/4	1263.6500	3/4	1365.2500	3/4	1466.8500
13/16	1265.2375	13/16	1366.8375	13/16	1468.4375
7/8	1266.8250	7/8	1368.4250	7/8	1470.0250
15/16	1268.4125	15/16	1370.0125	15/16	1471.6125
50	1270.0000	54	1371.6000	58	1473.2000
1/16	1271.5875	1/16	1373.1875	1/16	1474.7875
1/8	1273.1750	1/8	1374.7750	1/8	1476.3750
3/16	1274.7625	3/16	1376.3625	3/16	1477.9625
1/4	1276.3500	1/4	1377.9500	1/4	1479.5500
5/16	1277.9375	5/16	1379.5375	5/16	1481.1375
3/8	1279.5250	3/8	1381.1250	3/8	1482.7250
7/16	1281.1125	7/16	1382.7125	7/16	1484.3125
1/2	1282.7000	1/2	1384.3000	1/2	1485.9000
9/16	1284.2875	9/16	1385.8875	9/16	1487.4875
5/8	1285.8750	5/8	1387.4750	5/8	1489.0750
11/16	1287.4625	11/16	1389.0625	11/16	1490.6625
3/4	1289.0500	3/4	1390.6500	3/4	1492.2500
13/16	1290.6375	13/16	1392.2375	13/16	1493.8375
7/8	1292.2250	7/8	1393.8250	7/8	1495.4250
15/16	1293.8125	15/16	1395.4125	15/16	1497.0125
51	1295.4000	55	1397.0000	59	1498.6000
1/16	1296.9875	1/16	1398.5875	1/16	1500.1875
1/8	1298.5750	1/8	1400.1750	1/8	1501.7750
3/16	1300.1625	3/16	1401.7625	3/16	1503.3625
1/4	1301.7500	1/4	1403.3500	1/4	1504.9500
5/16	1303.3375	5/16	1404.9375	5/16	1506.5375
3/8	1304.9250	3/8	1406.5250	3/8	1508.1250
7/16	1306.5125	7/16	1408.1125	7/16	1509.7125
1/2	1308.1000	1/2	1409.7000	1/2	1511.3000
9/16	1309.6875	9/16	1111.2875	9/16	1512.8875
5/8	1311.2750	5/8	1412.8750	5/8	1514.4750
11/16	1312.8625	11/16	1414.4625	11/16	1516.0625
3/4	1314.4500	3/4	1416.0500	3/4	1517.6500
13/16	1316.0375	13/16	1417.6375	13/16	1519.2375
7/8	1317.6250	7/8	1419.2250	7/8	1520.8250
15/16	1319.2125	15/16	1420.8125	15/16	1522.4125
52	1320.8000	56	1422.4000	60	1524.0000

inch	mm	inch	mm	inch	mm
1/16	1525.5875	1/16	1627.1875	1/16	1728.7875
1/8	1527.1750	1/8	1628.7750	1/8	1730.3750
3/16	1528.7625	3/16	1630.3625	3/16	1731.9625
1/4	1530.3500	1/4	1631.9500	1/4	1733.5500
5/16	1531.9375	5/16	1633.5375	5/16	1735.1375
3/8	1533.5250	3/8	1635.1250	3/8	1736.7250
7/16	1535.1125	7/16	1636.7125	7/16	1738.3125
1/12	1536.7000	1/2	1638.3000	1/2	1739.9000
9/16	1538.2875	9/16	1639.8875	9/16	1741.4875
5/8	1539.8750	5/8	1641.4750	5/8	1743.0750
11/16	1541.4625	11/16	1643.0625	11/16	1744.6625
3/4	1543.0500	3/4	1644.6500	3/4	1746.2500
13/16	1544.6375	13/16	1646.2375	13/16	1747.8375
7/8	1546.2250	7/8	1647.8250	7/8	1749.4250
15/16	1547.8125	1 5/16	1649.4125	15/16	1751.0125
61	1549.4000	65	1651.0000	69	1752.6000
1/16	1550.9875	1/16	1652.5875	1/16	1754.1875
1/8	1552.5750	1/8	1654.1750	1/8	1755.7750
3/16	1554.1625	3/16	1655.7625	3/16	1757.3625
1/4	1555.7500	1/4	1675.3500	1/4	1758.9500
5/16	1557.3375	5/16	1658.9375	5/16	1760.5375
3/8	1558.9250	3/8	1660.5250	3/8	1762.1250
7/16	1560.5125	7/16	1662.1125	7/16	1763.7125
1/2	1562.1000	1/2	1663.7000	1/2	1765.3000
9/16	1563.6875	9/16	1665.2875	9/16	1766.8875
5/8	1565.2750	5/8	1666.8750	5/8	1768.4750
11/16	1566.8625	11/16	1668.4625	11/16	1770.0625
3/4	1568.4500	3/4	1670.0500	3/4	1771.6500
13/16	1570.0375	13/16	1671.6375	13/16	1773.2375
7/8	1571.6250	7/8	1673.2250	7/8	1774.8250
15/16	1573.2125	15/16	1674.8125	15/16	1776.4125
62	1574.8000	66	1676.4000	70	1778.0000
1/16	1576.3875	1/16	1677.9875	1/16	1779.5875
1/8	1577.9750	1/8	1679.5750	1/8	1781.1750
3/16	1579.5625	3/16	1681.1625	3/16	1782.7625
1/4	1581.1500	1/4	1682.7500	1/4	1784.3500
5/16	1582.7375	5/16	1684.3375	5/16	1785.9375
3/8	1584.3250	3/8	1685.9250	3/8	1787.5250
7/16	1585.9125	7/16	1687.5125	7/16	1789.1125
1/2	1587.5000	1/2	1689.1000	1/2	1790.7000
9/16	1589.0875	9/16	1690.6875	9/16	1792.2875
5/8	1590.6750	5/8	1692.2750	5/8	1793.8750
11/16	1592.2625	11/16	1693.8625	11/16	1795.4625
3/4	1593.8500	3/4	1695.4500	3/4	1797.0500
13/16	1595.4375	13/16	1697.0375	13/16	1798.6375
7/8	1597.0250	7/8	1698.6250	7/8	1800.2250
15/16	1598.6125	15/16	1700.2125	15/16	1801.8125
63	1600.2000	67	1701.8000	71	1803.4000
1/1 6	1601.7875	1/16	1703.3875	1/16	1804.9875
1/8	1603.3750	1/8	1704.9750	1/8	1806.5750
3/16	1604.9625	3/16	1706.5625	3/16	1808.1625
1/4	1606.5500	1/4	1708.1500	1/4	1809.7500
5/16	1608.1375	5/16	1709.7375	5/16	1811.3375
3/8	1609.7250	3/8	1711.3250	3/8	1812.9250
7/16	1611.3125	7/16	1712.9125	7/16	1814.5125
1/2	1612.9000	1/2	1714.5000	1/2	1816.1000
9/16	1614.4875	9/16	1716.0875	9/16	1817.6875
5/8	1616.0750	5/8	1717.6750	5/8	1819.2750
11/16	1617.6625	11/16	1719.2625	11/16	1820.8625
3/4	1619.2500	3/4	1720.8500	3/4	1822.4500
13/16	1620.8375	13/16	1722.4375	13/16	1824.0375
7/8	1622.4250	7/8	1724.0275	7/8	1825.6250
15/16	1624.0125	15/16	1725.6125	15/16	1827.2125
64	1625.6000	68	1727.2000	72	1828.8000

inch	mm	inch	mm	inch	mm
1/16	1830.3875	1/16	1931.9875	1/16	2033.5875
1/8	1831.9750	1/8	1933.5750	1/8	2035.1750
3/16	1833.5625	3/16	1935.1625	3/16	2036.7625
1/14	1835.1500	1/4	1936.7500	1/4	2038.3500
5/16	1836.7375	15/16	1938.3375	5/16	2039.9375
3/8	1838.3250	3/8	1939.9250	3/8	2041.5250
7/16	1839.9125	7/16	1941.5125	7/16	2043.1125
1/2	1841.5000	1/2	1943.1000	1/2	2044.7000
9/16	1843.0875	9/16	1944.6875	9/16	2046.2875
5/8	1844.6750	5/8	1946.2750	5/8	2047.8750
11/16	1846.2625	11/16	1947.8625	11/16	2049.4625
3/4	1847.8500	3/4	1949.4500	3/4	2051.0500
13/16	1849.4375	13/16	1951.0375	13/16	2052.6375
7/8	1851.0250	7/8	1952.6250	7/8	2054.2250
15/16	1852.6125	15/16	1954.2125	15/16	2055.8125
73	1854.2000	77	1955.8000	81	2057.4000
1/16	1855.7875	1/16	1957.3875	1/16	2058.9875
1/8	1857.3750	1/8	1958.9750	1/8	2060.5750
3/16	1858.9625	3/16	1960.5625	3/16	2062.1625
1/4	1860.5500	1/4	1962.1500	1/4	2063.7500
5/16	1862.1375	5/16	1963.7375	5/16	2065.3375
3/8	1863.7250	3/8	1965.3250	3/8	2066.9250
7/16	1865.3125	7/16	1966.9125	7/16	2068.5125
1/2	1866.9000	1/2	1968.5000	1/2	2070.1000
9/16	1868.4875	9/16	1970.0875	9/16	2071.6875
5/8	1870.0750	5/8	1971.6750	5/8	2073.2750
11/16	1871.6625	11/16	1973.2625	11/16	2074.8625
3/4	1873.2500	3/4	1974.8500	3/4	2076.4500
13/16	1874.8375	13/16	1976.4375	13/16	2078.0375
7/8	1876.4250	7/8	1978.0250	7/8	2079.6250
15/16	1878.0125	15/16	1979.6125	15/16	2081.2125
74	1879.6000	78	1981.2000	82	2082.8000
1/16	1881.1875	1/16	1982.7875	1/16	2084.3875
1/8	1882.7750	1/8	1984.3750	1/8	2085.9750
3/16	1884.3625	3/16	1985.9625	3/16	2087.5625
1/4	1885.9500	1/4	1987.5500	1/4	2089.1500
5/16	1887.5375	5/16	1989.1375	5/16	2090.7375
3/8	1889.1250	3/8	1990.7250	3/8	2092.3250
7/16	1890.7125	7/16	1992.3125	7/16	2093.9125
1/2	1892.3000	1/2	1993.9000	1/2	2095.5000
9/16	1893.8875	9/16	1995.4875	9/16	2097.0875
5/8	1895.4750	5/8	1997.0750	5/8	2098.6750
11/16	1897.0625	11/16	1998.6625	11/16	2100.2625
3/4	1898.6500	3/4	2000.2500	3/4	2101.8500
13/16	1900.2375	13/16	2001.8375	13/16	2103.4375
7/8	1901.8250	7/8	2003.4250	7/8	2105.0250
15/16	1903.4125	15/16	2005.0125	15/16	2106.1625
75	1905.0000	79	2006.6000	83	2108.2000
1/16	1906.5875	1/16	2008.1875	1/16	2109.7875
1/8	1908.1750	1/8	2009.7750	1/8	2111.3750
3/16	1909.7625	3/16	2011.3625	3/16	2112.9625
1/4	1911.3500	1/4	2012.9500	1/4	2114.5500
5/16	1912.9375	5/16	2014.5375	5/16	2116.1375
3/8	1914.5250	3/8	2016.1250	3/8	2117.7250
7/16	1916.1125	7/16	2017.7125	7/16	2119.3125
1/2	1917.7000	1/2	2019.3000	1/2	2120.9000
9/16	1919.2875	9/16	2020.8875	9/16	2122.4875
5/8	1920.8750	5/8	2022.4750	5/8	2124.0750
11/16	1922.4625	11/16	2024.0625	11/16	2125.6625
3/4	1924.0500	3/4	2025.6500	3/4	2127.2500
13/16	1925.6375	13/16	2027.2375	13/16	2128.8375
7/8	1927.2250	7/8	2028.8250	7/8	2130.4250
15/16	1928.8125	15/16	2030.4125	15/16	2132.0125
76	1930.4000	80	2032.0000	84	2133.6000

inch	mm	inch	mm	inch	mm
1/16	2135.1875	1/16	2236.7875	1/16	2338.3875
1/8	2136.7750	1/8	2238.3750	1/8	2339.9750
3/16	2138.3625	3/16	2239.9625	3/16	2341.5625
1/4	2139.9500	1/4	2241.5500	1/4	2343.1500
5/16	2141.5375	5/16	2243.1375	5/16	2344.7375
3/8	2143.1250	3/8	2244.7250	3/8	2346.3250
7/16	2144.7125	7/16	2246.3125	7/16	2347.9125
1/2	2146.3000	1/2	2247.9000	1/2	2349.5000
9/16	2147.8875	9/16	2249.4875	9/16	2351.0875
5/8	2149.4750	5/8	2251.0750	5/8	2352.6750
11/16	2151.0625	11/16	2252.6625	11/16	2354.2625
3/4	2152.6500	3/4	2254.2500	3/4	2355.8500
13/16	2154.2375	13/16	2255.8375	13/16	2357.4375
7/8	2155.8250	7/8	2257.4250	7/8	2359.0250
15/16	2157.4125	15/16	2259.0125	15/16	2360.6125
85	2159.0000	89.	2260.6000	93	2362.2000
1/16	2160.5875	1/16	2262.1875	1/16	2363.7875
1/8	2162.1750	1/8	2263.7750	1/8	2365.3750
3/16	2163.7625	3/16	2265.3625	3/16	2366.9625
1/4	2165.3500	1/4	2266.9500	1/4	2368.5500
5/16	2166.9375	5/16	2268.5375	5/16	2370.1375
3/8	2168.5250	3/8	2270.1250	3/8	2371.7250
7/16	2170.1125	7/16	2271.7125	7/16	2373.3125
1/2	2171.7000	1/2	2273.3000	1/2	2374.9000
9/16	2173.2875	9/16	2274.8875	9/16	2376.4875
5/8	2174.8750	5/8	2276.4750	5/8	2378.0750
11/16	2176.4625	11/16	2278.0625	11/16	2379.6625
3/4	2178.0500	3/4	2279.6500	3/4	2381.2500
13/16	2179.6375	13/16	2281.2375	13/16	2382.8375
7/8	2181.2250	7/8	2282.8250	7/8	2384.4250
15/16	2182.8125	15/16	2284.4125	15/16	2386.0125
86	2184.4000	90	2286.0000	94	2387.6000
1/16	2185.9875	1/16	2287.5875	1/16	2389.1875
1/8	2187.5750	1/8	2289.1750	1/8	2390.7750
3/16	2189.1625	3/16	2290.7625	3/16	2392.3625
1/4	2190.7500	1/4	2292.3500	1/4	2393.9500
5/16	2192.3375	5/16	2293.9375	5/16	2395.5375
3/8	2193.9250	3/8	2295.5250	3/8	2397.1250
7/16	2195.5125	7/16	2297.1125	7/16	2398.7125
1/2	2197.1000	1/2	2298.7000	1/2	2400.3000
9/16	2198.6875	9/16	2300.2875	9/16	2401.8875
5/8	2200.2750	5/8	2301.8750	5/8	2403.4750
11/16	2201.8625	11/16	2303.4625	11/16	2405.0625
3/4	2203.4500	3/4	2305.0500	3/4	2406.6500
13/16	2205.0375	13/16	2306.6375	13/16	2408.2375
7/8	2206.6250	7/8	2308.2250	7/8	2409.8250
15/16	2208.2125	15/16	2309.8125	15/16	2411.4125
87	2209.8000	91	2311.4000	95	2413.0000
1/16	2211.3875	1/16	2312.9875	1/16	2414.5875
1/8	2212.9750	1/8	2314.5750	1/8	2416.1750
3/16	2214.5625	3/16	2316.1625	3/16	2417.7625
1/4	2216.1500	1/4	2317.7500	1/4	2419.3500
5/16	2217.3375	5/16	2319.3375	5/16	2420.9375
3/8	2219.3250	3/8	2320.9250	3/8	2422.5250
7/16	2220.9125	7/16	2322.5125	7/16	2424.1125
1/2	2222.5000	1/2	2324.1000	1/2	2425.7000
9/16	2224.0875	9/16	2325.6875	9/16	2427.2875
5/8	2225.6750	5/8	2327.2750	5/8	2428.8750
11/16	2227.2625	11/16	2328.8625	11/16	2430.4625
3/4	2228.8500	3/4	2330.4500	3/4	2432.0500
13/16	2230.4375	13/16	2332.0375	13/16	2433.6375
7/8	2232.0250	7/8	2333.6250	7/8	2435.2250
15/16	2233.6125	15/16	2335.2125	15/16	2436.8125
88	2235.2000	92	2336.8000	96	2439.4000

inch	mm	inch	mm	inch	mm
1/16	2439.9875	1/16	2541.5875	1/16	2643.1875
1/8	2441.5750	1/8	2543.1750	1/8	2644.7750
3/16	2443.1625	3/16	2544.7625	3/16	2646.3625
1/4	2444.7500	1/4	2546.3500	1/4	2647.9500
5/16	2446.3375	5/16	2547.9375	5/16	2649.5375
3/8	2447.9250	3/8	2549.5250	3/8	2651.1250
7/16	2449.5125	7/16	2551.1125	7/16	2652.7125
1/2	2451.1000	1/2	2552.7000	1/2	2654.3000
9/16	2452.6875	9/16	2554.2875	9/16	2655.8875
5/8	2454.2750	5/8	2555.8750	5/8	2657.4750
11/16	2455.8625	11/16	2557.4625	11/16	2659.0625
3/4	2457.4500	3/4	2559.0500	3/4	2660.6500
13/16	2459.0375	13/16	2560.6375	13/16	2662.2375
7/8	2460.6250	7/8	2562.2250	7/8	2663.8250
15/16	2462.2135	15/16	2563.8125	15/16	2665.4125
97	2463.8000	101	2565.4000	105	2667.0000
1/16	2465.3875	1/16	2566.9875	1/16	2668.5875
1/8	2466.9750	1/8	2568.5750	1/8	2670.1750
3/16	2468.5625	3/16	2570.1625	3/16	2671.7625
1/4	2470.1500	1/4	2571.7500	1/4	2673.3500
5/16	2471.7375	5/16	2573.3375	5/16	2674.9375
3/8	2473.3250	3/8	2574.9250	3/8	2676.5250
7/16	2474.9125	7/16	2576.5125	7/16	2678.1125
1/2	2476.5000	1/2	2578.1000	1/2	2679.7000
9/16	2478.0875	9/16	2579.6875	9/16	2681.2875
5/8	2479.6750	5/8	2581.2750	5/8	2682.8750
11/16	2481.2625	11/16	2582.8625	11/16	2684.4625
3/4	2482.8500	3/4	2584.4500	3/4	2686.0500
13/16	2484.4375	3/16	2586.0375	13/16	2687.6375
7/8	2486.0250	7/8	2587.6250	7/8	2689.2250
15/16	2487.6125	15/16	2589.2125	15/16	2690.8125
98	2489.2000	102	2590.8000	106	2692.4000
1/16	2490.7875	1/16	2592.3875	1/16	2693.9875
1/8	2492.3750	1/8	2593.9750	1/8	2695.5750
3/16	2493.9625	3/16	2595.5625	3/16	2697.1625
1/4	2495.5500	1/4	2597.1500	1/4	2698.7500
5/16	2497.1375	5/16	2598.7375	5/16	2700.3375
3/8	2498.7250	3/8	2600.3250	3/8	2701.9250
7/16	2500.3125	7/16	2601.9125	7/16	2703.5125
1/2	2501.9000	1/2	2603.5000	1/2	2705.1000
9/16	2503.4875	9/16	2605.0875	9/16	2706.6875
5/8	2505.0750	5/8	2606.6750	5/8	2708.2750
11/16	2506.6625	11/16	2608.2625	11/16	2709.8625
3/4	2508.2500	3/4	2609.8500	3/4	2711.4500
13/16	2509.8375	13/16	2611.4375	13/16	2713.0375
7/8	2511.4250	7/8	2613.0250	7/8	2714.6250
15/16	2513.0125	15/16	2614.6125	15/16	2716.2125
99	2514.6000	103	2616.2000	107	2717.8000
1/16	2516.1875	1/16	2617.7875	1/16	2719.3875
1/8	2517.7750	1/8	2619.3750	1/8	2720.9750
3/16	2519.3625	3/16	2620.9625	3/16	2722.5625
1/4	2520.9500	1/4	2622.5500	1/4	2724.1500
5/16	2522.5375	5/16	2624.1375	5/16	2725.7375
3/8	2524.1250	3/8	2625.7275	3/8	2727.3250
7/16	2525.7125	7/16	2627.3125	7/16	2728.9125
1/2	2527.3000	1/2	2628.9000	1/2	2730.5000
9/16	2528.8875	9/16	2630.4875	9/16	2732.0875
5/8	2530.4750	5/8	2632.0750	5/8	2733.6750
11/16	2532.0625	11/16	2633.6625	11/16	2735.2625
3/4	2533.6500	3/4	2635.2500	3/4	2736.8500
13/16	2535.2375	13/16	2636.8375	13/16	2738.4375
7/8	2536.8250	7/8	2638.4250	7/8	2740.0250
15/16	2538.4125	15/16	2640.0125	15/16	2741.6125
100	2540.0000	104	2641.6000	108	2743.2000

Millimeter in Zoll (Dezimal)
millimeters into inches (decimal) 4

Faktor: 1 mm = 0.039370 in.
1 in. = 25.400 mm

mm / in.	in.	mm	mm / in.	in.	mm
1	0.039370	25.400	51	2.007877	1295.398
2	0.078740	50.800	52	2.047248	1320.798
3	0.118110	76.200	53	2.086618	1346.198
4	0.157481	101.600	54	2.125988	1371.598
5	0.196851	127.000	55	2.165358	1396.998
6	0.236221	125.400	56	2.204728	1422.398
7	0.275591	177.800	57	2.244098	1447.797
8	0.314961	203.200	58	2.283469	1473.197
9	0.354331	228.600	59	2.322839	1498.597
10	0.393701	254.000	60	2.362209	1523.997
11	0.433072	279.400	61	2.401579	1549.397
12	0.472442	304.799	62	2.440949	1574.797
13	0.511812	330.199	63	2.480319	1600.197
14	0.551182	355.599	64	2.519689	1625.597
15	0.590552	380.999	65	2.559060	1650.997
16	0.629922	406.399	66	2.598430	1676.397
17	0.669292	431.799	67	2.637800	1701.797
18	0.708663	457.199	68	2.677170	1727.197
19	0.748033	482.599	69	2.716540	1752.597
20	0.787403	507.999	70	2.755910	1777.997
21	0.826773	533.399	71	2.795280	1803.397
22	0.866143	558.799	72	2.834651	1828.797
23	0.905513	584.199	73	2.874021	1854.197
24	0.944884	609.599	74	2.913391	1879.597
25	0.984254	634.999	75	2.952761	1904.997
26	1.023624	660.399	76	2.992131	1930.397
27	1.062994	685.799	77	3.031501	1955.797
28	1.102364	711.199	78	3.070871	1981.197
29	1.141734	736.599	79	3.110242	2006.597
30	1.181104	761.999	80	3.149612	2031.996
31	1.220475	787.399	81	3.188982	2057.396
32	1.259845	812.799	82	3.228352	2082.796
33	1.299215	838.199	83	3.267722	2108.196
34	1.338585	863.599	84	3.307092	2133.596
35	1.377955	888.998	85	3.346462	2158.996
36	1.417325	914.398	86	3.385833	2184.396
37	1.456695	939.798	87	3.425203	2209.796
38	1.496066	965.198	88	3.464573	2235.196
39	1.535436	990.598	89	3.503943	2260.596
40	1.574806	1015.998	90	3.543313	2285.996
41	1.614176	1041.398	91	3.582683	2311.396
42	1.653546	1066.798	92	3.622054	2336.796
43	1.692916	1092.198	93	3.661424	2362.196
44	1.732286	1117.598	94	3.700794	2387.596
45	1.771657	1142.998	95	3.740164	2412.996
46	1.811027	1168.398	96	3.779534	2438.396
47	1.850397	1193.798	97	3.818904	2463.796
48	1.889767	1219.198	98	3.858274	2489.196
49	1.929137	1244.598	99	3.897645	2514.596
50	1.968507	1269.998	100	3.937015	2539.996

Faktor: 1 mm = 0.039370 in.
1 in. = 25.400 mm

mm / in.	in.	mm	mm / in.	in.	mm
101	3.976385	2565.396	151	5.944892	3835.393
102	4.015755	2590.796	152	5.984262	3860.793
103	4.055125	2616.195	153	6.023632	3886.193
104	4.094495	2641.595	154	6.063003	3911.593
105	4.133865	2666.995	155	6.102373	3936.993
106	4.173236	2692.395	156	6.141743	3962.393
107	4.212606	2717.795	157	6.181113	3987.793
108	4.251976	2743.195	158	6.220483	4013.193
109	4.291346	2768.595	159	6.259853	4038.593
110	4.330716	2793.995	160	6.299224	4063.993
111	4.370086	2819.395	161	6.338594	4089.393
112	4.409456	2844.795	162	6.377964	4114.793
113	4.448827	2870.195	163	6.417334	4140.193
114	4.488197	2895.595	164	6.456704	4165.593
115	4.527567	2920.995	165	6.496074	4190.993
116	4.566937	2946.395	166	6.535444	4216.393
117	4.606307	2971.795	167	6.574815	4241.793
118	4.645677	2997.195	168	6.614185	4267.193
119	4.685047	3022.595	169	6.653555	4292.593
120	4.724418	3047.995	170	6.692925	4317.993
121	4.763788	3073.395	171	6.732295	4343.392
122	4.803158	3098.795	172	6.771665	4368.792
123	4.842528	3124.195	173	6.811035	4394.192
124	4.881898	3146.595	174	6.850406	4419.592
125	4.921268	3174.995	175	6.889776	4444.992
126	4.960639	3200.394	176	6.929146	4470.392
127	5.000009	3225.794	177	6.968516	4495.792
128	5.039379	3251.194	178	7.007886	4521.192
129	5.078749	3276.594	179	7.047256	4546.592
130	5.118119	3301.994	180	7.086626	4571.992
131	5.157489	3327.394	181	7.125997	4597.392
132	5.196859	3352.794	182	7.165367	4622.792
133	5.236230	3378.194	183	7.204737	4648.192
134	5.275600	3403.594	184	7.244107	4673.592
135	5.314970	3428.994	185	7.283477	4698.992
136	5.354340	3454.394	186	7.322847	4724.392
137	5.393710	3479.794	187	7.362217	4749.792
138	5.433080	3505.194	188	7.401588	4775.192
139	5.472450	3530.594	189	7.440958	4800.592
140	5.511821	3555.994	190	7.480328	4825.992
141	5.551191	3581.394	191	7.519698	4851.392
142	5.590561	3606.794	192	7.559068	4876.792
143	5.629931	3632.194	193	7.598438	3902.192
144	5.669301	3657.594	194	7.637809	4927.591
145	5.708671	3682.994	195	7.677178	4952.991
146	5.748041	3708.394	196	7.716549	4978.391
147	5.787412	3733.794	197	7.755919	5003.791
148	5.826782	3759.193	198	7.795289	5029.191
149	5.866152	3784.593	199	7.834659	5054.591
150	5.905522	3809.993	200	7.874029	5079.991

Faktor 1 mm = 0.039370 in.
1 in. = 25.400 mm

mm / in.	in.	mm	mm / in.	in.	mm
201	7.913400	5105.391	251	9.881907	6375.389
202	7.952770	5130.791	252	9.921277	6400.789
203	7.992140	5156.191	253	9.960647	6426.189
204	8.031510	5181.591	254	10.000017	6451.589
205	8.070880	5206.091	255	10.039387	6476.989
206	8.110250	5232.391	256	10.078758	6502.389
207	8.149020	5257.791	257	10.118128	6527.789
208	8.188991	5283.191	258	10.157498	5653.189
209	8.228361	5308.591	259	10.196868	6578.589
210	8.267731	5333.991	260	10.236238	6603.989
211	8.307101	5359.391	261	10.275608	6629.389
212	8.346471	5384.791	262	10.314979	6654.788
213	8.385841	5410.191	263	10.354349	6680.188
214	8.425211	5435.591	264	10.393719	6705.588
215	8.464582	5460.991	265	10.433089	6730.988
216	8.503952	5486.390	266	10.472459	6756.388
217	8.543322	5511.709	267	10.511829	6781.788
218	8.582692	5537.109	268	10.551199	6807.188
219	8.622062	5562.590	269	10.590570	6832.588
220	8.661432	5587.990	270	10.629940	6857.988
221	8.700802	5613.390	271	10.669310	6883.388
222	8.740173	5638.790	272	10.708680	6908.788
223	8.779543	5664.190	273	10.748050	6934.188
224	8.818913	5689.590	274	10.787420	6959.588
225	8.858283	5714.990	275	10.826790	6984.988
226	8.897653	5740.390	276	10.866161	7010.388
227	8.937023	5765.790	277	10.905531	7035.788
228	8.976394	5791.190	278	10.944901	7061.188
229	9.015764	5816.590	279	10.984271	7086.588
230	9.055134	5841.990	280	11.023641	7111.988
231	9.094504	5867.390	281	11.063011	7137.388
232	9.133874	5892.790	282	11.102381	7162.788
233	9.173244	5918.190	283	11.141752	7188.188
234	9.212614	5943.590	284	11.181122	7213.588
235	9.251985	5968.990	285	11.220492	7238.987
236	9.291355	5994.390	286	11.259862	7264.387
237	9.330725	6019.790	287	11.299232	7289.787
238	9.370095	6045.190	288	11.338602	7315.187
239	9.409465	6070.589	289	11.377972	7340.587
240	9.448835	6095.989	290	11.417343	7365.987
241	9.488205	6121.389	291	11.456713	7391.387
242	9.527576	6146.789	292	11.496083	7416.787
243	9.566946	6172.189	293	11.535453	7442.187
244	9.606316	6197.589	294	11.574823	7467.587
245	9.645686	6222.989	295	11.614193	7492.987
246	9.685056	6248.389	296	11.653564	7518.387
247	9.724426	6273.789	297	11.692934	7543.787
248	9.763796	6299.189	298	11.732304	7569.187
249	9.803167	6324.589	299	11.771674	7594.587
250	9.842537	6349.989	300	11.811044	7619.987

Faktor: 1 mm = 0.039370 in.
1 in. = 25.400 mm

mm / in.	in.	mm	mm / in.	in.	mm
301	11.850414	7645.387	351	13.818922	8915.385
302	11.889784	7670.787	352	13.858292	8940.785
303	11.929155	7696.187	353	13.897662	8966.184
304	11.968525	7721.587	354	13.937032	8991.584
305	12.007895	7746.987	355	13.976402	9016.984
306	12.047265	7772.387	356	14.015772	9042.384
307	12.086635	7797.786	357	14.055142	9067.784
308	12.126005	7823.186	358	14.094513	9093.184
309	12.165375	7848.586	359	14.133883	9118.584
310	12.204746	7873.986	360	14.173253	9143.984
311	12.244116	7899.386	361	14.212623	9169.384
312	12.283486	7924.786	362	14.251993	9194.784
313	12.322856	7950.186	363	14.291363	9220.184
314	12.362226	7975.586	364	14.330734	9245.584
315	12.401596	8000.986	365	14.370104	9270.984
316	12.440966	8026.386	366	14.409474	9296.384
317	12.480337	8051.786	367	14.448844	9321.784
318	12.519707	8077.186	368	14.488214	9347.184
319	12.559077	8102.586	369	14.527584	9372.584
320	12.598447	8127.986	370	14.566954	9397.984
321	12.637817	8153.386	371	14.606325	9423.384
322	12.677187	8178.786	372	14.645695	9448.784
323	12.716557	8204.186	373	14.685065	9474.184
324	12.755928	8229.586	374	14.724435	9499.584
325	12.795298	8254.986	375	14.763805	9524.984
326	12.834668	8280.386	376	14.803175	9530.383
327	12.874038	8305.786	377	14.842545	9575.783
328	12.913408	8331.186	378	14.881916	9601.183
329	12.952778	8356.586	379	14.921286	9626.583
330	12.992149	8381.985	380	14.960656	9651.983
331	13.031519	8407.385	381	15.000026	9677.383
332	13.070889	8432.785	382	15.039396	9702.783
333	13.110259	8458.185	383	15.078766	9728.183
334	13.149629	8483.585	384	15.118136	9753.583
335	13.188999	8508.985	385	15.157507	9778.983
336	13.228369	8534.385	386	15.196877	9804.383
337	13.267740	8559.785	387	15.236247	9829.783
338	13.307110	8585.185	388	15.275617	9855.183
339	13.346480	8610.585	389	15.314987	9880.583
340	13.385850	8635.985	390	15.354357	9905.983
341	13.425220	8661.385	391	15.393727	9931.383
342	13.464590	8686.785	392	15.433098	9956.783
343	13.503960	8712.185	393	15.372468	9982.183
344	13.543331	8737.585	394	15.511838	10007.583
345	13.582701	8762.985	395	15.551208	10032.983
346	13.622071	8788.385	396	15.590578	10058.383
347	13.661441	8813.785	397	15.629948	10083.783
348	13.700811	8839.185	398	15.669319	10109.182
349	13.740181	8864.585	399	15.708689	10134.582
350	13.779551	8889.985	400	15.748059	10159.982

Faktor: 1 mm = 0.039370 **in.**
1 in. = 25.400 mm

mm / in.	in.	mm
401	15.787429	10159.982
402	15.826799	10210.782
403	15.866169	10236.182
404	15.905539	10261.582
405	15.944910	10286.982
406	15.984280	10312.382
407	16.023650	10337.782
408	16.063020	10363.182
409	16.102390	10388.582
410	16.141760	10413.982
411	16.181130	10439.382
412	16.220501	10464.782
413	16.259871	10490.182
414	16.299241	10515.582
415	16.338611	10540.982
416	16.377981	10566.382
417	16.417351	10591.782
418	16.456721	10591.782
419	16.496092	10642.582
420	16.535462	10667.982
421	16.574832	10693.381
422	16.614202	10718.781
423	16.653572	10744.181
424	16.692942	10769.581
425	16.732312	10794.981
426	16.771683	10820.381
427	16.811053	10845.781
428	16.850423	10871.181
429	16.889793	10896.581
430	16.929163	10921.981
431	16.968533	10947.381
432	17.007904	10972.781
433	17.047274	10998.181
434	17.086644	11023.581
435	17.126014	11048.981
436	17.165384	11074.381
437	17.204754	11099.781
438	17.244124	11125.181
439	17.283495	11150.581
440	17.322865	11175.981
441	17.362235	11201.381
442	17.401605	11226.781
443	17.440975	11252.181
444	17.480345	11277.580
445	17.519715	11302.980
446	17.559086	11328.380
447	17.598456	11353.780
448	17.637826	11379.180
449	17.677196	11404.580
450	17.716566	11429.980
451	17.755936	11455.380
452	17.795306	11480.780
453	17.834677	11506.180
454	17.874047	11531.580
455	17.913417	11556.980
456	17.952787	11582.380
457	17.992157	11607.780
458	18.031527	11633.180
459	18.070897	11658.580
460	18.110268	11683.980
461	18.149638	11709.380
462	18.189008	11734.780
463	18.228378	11760.180
464	18.267748	11785.580
465	18.307118	11810.980
466	18.346489	11836.379
467	18.385859	11861.779
468	18.425229	11887.179
469	18.464599	11912.579
470	18.503969	11937.979
471	18.543339	11963.379
472	18.582709	11988.779
473	18.622080	12014.179
474	18.661450	12039.579
475	18.700820	12064.979
476	18.740190	12090.379
477	18.779560	12115.779
478	18.818930	12141.179
479	18.858300	12166.579
480	18.897671	12191.979
481	18.937041	12217.379
482	18.976411	12242.779
483	19.015781	12268.179
484	19.055151	12293.579
485	19.094521	12318.979
486	19.133891	12344.379
487	19.173262	12369.779
488	19.212632	12395.179
489	19.252002	12420.578
490	19.291372	12445.978
491	19.330742	12471.378
492	19.370112	12496.778
493	19.409482	12522.178
494	19.448853	12547.578
495	19.488223	12572.978
496	19.527593	12598.378
497	19.566963	12623.778
498	19.606333	12649.178
499	19.645703	12674.578
500	19.685074	12699.978

Faktor: 1 mm = 0.039370 in.
1 in. = 25.400 mm

mm / in.	in.	mm	mm / in.	in.	mm
501	19.724444	12725.378	551	21.692951	13995.376
502	19.763814	12750.778	552	21.732321	14020.776
503	19.803184	12776.178	553	21.771691	14046.176
504	19.842554	12801.578	554	21.811061	14071.576
505	19.881924	12826.978	555	21.850432	14096.976
506	19.921294	12852.378	556	21.889802	14122.376
507	19.960665	12877.778	557	21.929172	14147.775
508	20.000035	12903.178	558	21.968542	14173.175
509	20.039405	12928.578	559	22.007912	14198.575
510	20.078775	12953.978	560	22.047282	14223.975
511	20.118145	12979.378	561	22.086652	14249.375
512	20.157515	13004.777	562	22.126023	14274.775
513	20.196885	13030.177	563	22.165393	14300.175
514	20.236256	13055.577	564	22.204763	14325.575
515	20.275626	13080.977	565	22.244133	14350.975
516	20.314996	13106.377	566	22.283503	14376.375
517	20.354366	13131.777	567	22.322873	14401.775
518	20.393736	13157.177	568	22.362243	14427.175
519	20.433106	13182.577	569	22.401614	14452.575
520	20.472476	13207.977	570	22.440984	14477.975
521	20.511847	13233.377	571	22.480354	14503.375
522	20.551217	13258.777	572	22.519724	14528.775
523	20.590687	13284.177	573	22.559094	14554.175
524	20.629957	13309.577	574	22.598464	14579.575
525	20.669327	13334.977	575	22.637835	14604.975
526	20.708697	13360.377	576	22.677205	14630.375
527	20.848067	13385.777	577	22.716575	14655.775
528	20.787438	13411.177	578	22.755945	14681.175
529	20.826808	13436.577	579	22.795315	14706.575
530	20.866178	13461.977	580	22.834685	14731.974
531	20.905548	13487.377	581	22.874055	14757.374
532	20.944918	13512.777	582	22.913426	14782.774
533	20.984288	13538.177	583	22.952796	14808.174
534	21.023658	13563.577	584	22.992166	14833.574
535	21.063029	13588.976	585	23.031536	14858.974
536	21.102399	13614.376	586	23.070906	14884.374
537	21.141769	13639.776	587	23.110276	14909.774
538	21.181139	13665.176	588	23.149646	14935.174
539	21.220509	13690.576	589	23.189017	14960.574
540	21.259879	13715.976	590	23.228387	14985.974
541	21.299250	13741.376	591	23.267757	15011.374
542	21.338620	13766.776	592	23.307127	15036.774
543	21.377990	13792.176	593	23.346497	15062.174
544	21.417360	13817.576	594	23.385867	15087.574
545	21.456730	13842.976	595	23.425237	15112.974
546	21.496100	13868.376	596	23.464608	15138.374
547	21.535470	13893.776	597	23.503978	15163.774
548	21.574841	13919.176	598	23.543348	15189.174
549	21.614211	13944.576	599	23.582718	15214.574
550	21.653581	13969.976	600	23.622088	15239.974

Faktor: 1 mm = 0.039370 in.
1 in. = 25.400 mm

mm in.			mm in.		
601	23.661458	15265.374	651	25.629966	16535.371
602	23.700828	15290.774	652	25.669336	16560.771
603	23.740199	15316.173	653	25.708706	16586.171
604	23.779569	15341.573	654	25.748076	16611.571
605	23.818939	15366.973	655	25.787446	16636.971
606	23.858309	15392.373	656	25.826816	16662.371
607	23.897679	15417.773	657	25.866187	16687.771
608	23.937049	15443.173	658	25.905557	16713.171
609	23.976420	15468.573	659	25.944927	16738.571
610	24.015790	15493.973	660	25.984297	16763.971
611	24.055160	15519.373	661	26.023667	16789.371
612	24.094530	15544.773	662	26.063037	16814.771
613	24.133900	15570.173	663	26.102407	16840.171
614	24.173270	15595.573	664	26.141778	16865.571
615	24.212640	15620.973	665	26.181148	16890.971
616	24.252011	15646.373	666	26.220518	16916.371
617	24.291381	15671.773	667	26.259888	16941.771
618	24.330751	15697.173	668	26.299258	16967.171
619	24.370121	15722.573	669	26.338628	16992.571
620	24.409491	15747.973	670	26.377998	17017.971
621	24.448861	15773.373	671	26.417369	17043.370
622	24.488231	15798.773	672	26.456739	17068.770
623	24.527602	15824.173	673	26.496109	17094.170
624	24.566972	15849.573	674	26.535479	17119.570
625	24.606342	15874.973	675	26.574849	17144.970
626	24.645712	15900.372	676	26.614219	17170.370
627	24.685082	15925.272	677	26.653590	17195.770
628	24.724452	15951.172	678	26.692960	17221.170
629	24.763822	15976.572	679	26.732330	17246.570
630	24.803193	16001.972	680	26.771700	17271.970
631	24.842563	16027.372	681	26.811070	17297.370
632	24.881933	16052.772	682	26.850440	17322.770
633	24.921303	16078.172	683	26.889810	17348.170
634	24.960673	16103.572	684	26.929181	17373.570
635	25.000043	16128.972	685	26.968551	17398.970
636	25.039413	16154.372	686	27.007921	17424.370
637	25.078784	16179.772	687	27.047291	17449.770
638	25.118154	16205.172	688	27.086661	17475.170
639	25.157524	16230.572	689	27.126031	17500.570
640	25.196894	16255.972	690	27.165401	17525.970
641	25.236264	16281.372	691	27.204772	17551.370
642	25.275634	16306.772	692	27.244142	17576.770
643	25.315005	16332.172	693	27.283512	17602.170
644	25.354375	16357.572	694	27.322882	17627.569
645	25.393745	16382.972	695	27.362252	17652.969
646	25.433115	16408.372	696	27.401622	17678.369
647	25.472485	16433.772	697	27.440992	17703.769
648	25.511855	16459.171	698	27.480363	17729.169
649	25.551225	16484.571	699	27.519733	17754.569
650	25.590596	16509.971	700	27.559103	17779.969

Faktor: 1mm = 0.03937o in.
1in. = 25.4oo mm

mm / in.	in.	mm	mm / in.	in.	mm
7o1	27.598473	178o5.369	751	29.56698o	19o75.367
7o2	27.637843	1783o.769	752	29.6o6351	191oo.667
7o3	27.677213	17856.169	753	29.645721	19126.167
7o4	27.716583	17881.569	754	29.685o91	19151.567
7o5	27.755954	179o6.969	755	29.724461	19176.967
7o6	27.795324	17932.369	756	29.763831	192o2.367
7o7	27.834694	17957.769	757	29.8o32o1	19227.767
7o8	27.874o64	17983.169	758	29.842571	19253.167
7o9	27.913434	18oo8.569	759	29.881942	19278.567
71o	27.9528o4	18o33.969	76o	29.921312	193o3.967
711	27.992175	18o59.369	761	29.96o682	19329.367
712	28.o31545	18o84.769	762	3o.ooo052	19354.766
713	28.o7o915	1811o.169	763	3o.o39422	1938o.166
714	28.11o285	18135.569	764	3o.o78792	194o5.566
715	28.149655	1816o.969	765	3o.118162	1943o.966
716	28.189o25	18186.368	766	3o.157533	19456.366
717	28.228395	18211.768	767	3o.1969o3	19481.766
718	28.267766	18237.168	768	3o.236273	195o7.166
719	28.3o7136	18262.568	769	3o.275643	19532.566
72o	28.3465o6	18287.968	77o	3o.315o13	19557.966
721	28.385876	18313.368	771	3o.354383	19583.366
722	28.425246	18338.768	772	3o.393753	196o8.766
723	28.464616	18364.168	773	3o.433124	19634.166
724	28.5o3986	18389.568	774	3o.472494	19659.566
725	28.543357	18414.968	775	3o.511864	19684.966
726	28.582727	1844o.368	776	3o.551234	1971o.366
727	28.622o97	18465.768	777	3o.59o6o4	19735.766
728	28.661467	18491.168	778	3o.629974	19761.166
729	28.7oo837	18516.568	779	3o.669345	19786.566
73o	28.74o2o7	18541.968	78o	3o.7o8715	19811.966
731	28.779577	18567.368	781	3o.748o85	19837.366
732	28.818948	18592.768	782	3o.787455	19862.766
733	28.858318	18618.168	783	3o.826825	19888.166
734	28.897688	18643.568	784	3o.866195	19913.566
735	28.937o58	18668.968	785	3o.9o5565	19938.965
736	28.976428	18694.368	786	3o.944936	19964.365
737	29.o15798	18719.768	787	3o.9843o6	19989.765
738	29.o55168	18745.168	788	31.o23676	2oo25.165
739	29.o94539	1877o.567	789	31.o63o46	2oo4o.565
74o	29.1339o9	18795.967	79o	31.1o2416	2oo65.965
741	29.173279	18821.367	791	31.141786	2oo91.365
742	29.212649	18846.767	792	31.181156	2o116.765
743	29.252o19	18872.167	793	31.22o527	2o142.165
744	29.291389	18897.567	794	31.259897	2o167.565
745	29.33o76o	18922.967	795	31.299267	2o192.965
746	29.37o13o	18948.367	796	31.338637	2o218.365
747	29.4o95oo	18973.767	797	31.378oo7	2o243.765
748	29.44887o	18999.167	798	31.417377	2o269.165
749	29.48824o	19o24.567	799	31.456747	2o294.565
75o	29.52761o	19o49.967	8oo	31.496118	2o319.965

Faktor: 1 mm = 0.039370 in.
1 in. = 25.400 mm

mm / in.	in.	mm	mm / in.	in.	mm
801	31.535488	20345.365	851	33.503995	21615.363
802	31.574858	20370.765	852	33.543365	21640.763
803	31.614228	20396.165	853	33.582735	21666.162
804	31.653598	20421.565	854	33.622106	21691.562
805	31.692968	20446.965	855	33.661476	21716.962
806	31.732338	20472.365	856	33.700846	21742.362
807	31.771709	20497.764	857	33.740216	21767.762
808	31.811079	20523.164	858	33.779586	21793.162
809	31.850449	20548.564	859	33.818956	21818.562
810	31.889819	20573.964	860	33.858326	21843.962
811	31.929189	20599.364	861	33.897697	21869.362
812	31.968559	20624.764	862	33.937067	21894.762
813	32.007930	20650.164	863	33.976437	21920.162
814	32.047300	20675.564	864	34.015807	21945.562
815	32.086670	20700.964	865	34.055177	21970.962
816	32.126040	20726.364	866	34.094547	21996.362
817	32.165410	20751.764	867	34.133917	22021.762
818	32.204780	20777.164	868	34.173288	22047.162
819	32.244150	20802.564	869	34.212658	22072.562
820	32.283521	20827.964	870	34.252028	22097.962
821	32.322891	20853.364	871	34.291398	22123.362
822	32.362261	20878.764	872	34.330768	22148.762
823	32.401631	20904.164	873	34.370138	22174.162
824	32.441001	20929.564	874	34.409508	22199.562
825	32.480371	20954.964	875	34.448879	22224.962
826	32.519741	20980.364	876	34.488249	22250.361
827	32.559112	21005.764	877	34.527619	22275.761
828	32.598482	21031.164	878	34.566989	22301.161
829	32.637852	21056.564	879	34.606359	22326.561
830	32.677222	21081.963	880	34.645729	22351.961
831	32.716592	21107.363	881	34.685100	22377.361
832	32.755962	21132.763	882	34.724470	22402.761
833	32.795332	21158.163	883	34.763840	22428.161
834	32.834703	21183.563	884	34.803210	22453.561
835	32.874073	21208.963	885	34.842580	22478.961
836	32.913443	21234.363	886	34.881950	22504.361
837	32.952813	21259.763	887	34.921320	22529.761
838	32.992183	21285.163	888	34.960691	22555.161
839	33.031553	21310.563	889	35.000061	22580.561
840	33.070923	21335.963	890	35.039431	22605.961
841	33.110294	21361.363	891	35.078801	22631.361
842	33.149654	21386.763	892	35.118171	22656.761
843	33.189034	21412.163	893	35.157541	22682.161
844	33.228404	21437.563	894	35.196911	22707.561
845	33.267774	21462.963	895	35.236282	22732.961
846	33.307144	21488.363	896	35.275652	22758.361
847	33.346515	21513.763	897	35.315022	22783.761
848	33.385885	21539.163	898	35.354392	22809.160
849	33.425255	21564.563	899	35.393762	22834.560
850	33.464625	21589.963	900	35.433132	22859.960

Faktor: 1 mm = 0.039370 in.
1 in. = 25.400 mm

mm / in.	in.	mm	mm / in.	in.	mm
901	35.472502	22885.360	951	37.441010	24155.358
902	35.511873	22910.760	952	37.480380	24180.758
903	35.551243	22936.160	953	37.519750	24206.158
904	35.590613	22961.560	954	37.559120	24231.558
905	35.629983	22986.960	955	37.598490	24256.958
906	35.669353	23012.360	956	37.637861	24282.358
907	35.708723	23037.760	957	37.677231	24307.758
908	35.748093	23063.160	958	37.716601	24333.158
909	35.787464	23088.560	959	37.755971	24358.558
910	35.826834	23113.960	960	37.795341	24383.958
911	35.866204	23139.360	961	37.834711	24409.358
912	35.905574	23164.760	962	37.874081	24434.758
913	35.944944	23190.160	963	37.913452	24460.158
914	35.984314	23215.560	964	37.952822	24485.558
915	36.023685	23240.960	965	37.992192	24510.958
916	36.063055	23266.360	966	38.031562	24536.357
917	36.102425	23291.760	967	38.070932	24561.757
918	36.141795	23317.160	968	38.110302	24587.157
919	36.181165	23342.560	969	38.149672	24612.557
920	36.220535	23367.960	970	38.189043	24637.957
921	36.259905	23393.359	971	38.228413	24663.357
922	36.299276	23418.759	972	38.267783	24688.757
923	36.338646	23444.159	973	38.307153	24714.157
924	36.378016	23469.559	974	38.346523	24739.557
925	36.417386	23494.959	975	38.385893	24764.957
926	36.456756	23520.359	976	38.425263	24790.357
927	36.496126	23545.759	977	38.464634	24815.757
928	36.535496	23571.159	978	38.504004	24841.157
929	36.574867	23596.559	979	38.543374	24866.557
930	36.614237	23621.959	980	38.582744	24891.957
931	36.653607	23647.359	981	38.622114	24917.357
932	36.692977	23672.759	982	38.661484	24942.757
933	36.732347	23698.159	983	38.700855	24968.157
934	36.771717	23723.559	984	38.740225	24993.557
935	36.821087	23748.959	985	38.779595	25018.957
936	36.850458	23774.359	986	38.818965	25044.357
937	36.889828	23799.759	987	38.858335	25069.757
938	36.929198	23825.159	988	38.897705	25095.157
939	36.968568	23850.559	989	38.937075	25120.556
940	37.007938	23875.959	990	38.976446	25145.956
941	37.047308	23901.359	991	39.015816	25171.356
942	37.086678	23926.759	992	39.055186	25196.756
943	37.126049	23952.159	993	39.094556	25222.156
944	37.165419	23977.558	994	39.133926	25247.556
945	37.204789	24002.958	995	39.173296	25272.956
946	37.244159	24028.358	996	39.212666	25298.356
947	37.283529	24053.758	997	39.252037	25323.756
948	37.322899	24079.158	998	39.291407	25349.156
949	37.362270	24104.558	999	39.330777	25374.556
950	37.401640	24129.958	1000	39.370147	25399.956

5 Meter in Fuß
meters into feet

Faktor: 1 m = 3.2808 ft.
1 ft. = 0.30480 m

m / ft.	ft.	m	m / ft.	ft.	m
1	3.2808	0.30480	51	167.3231	15.54477
2	6.5617	0.60960	52	170.6040	15.84957
3	9.8425	0.91440	53	173.8848	16.15437
4	13.1234	1.21920	54	177.1657	16.45917
5	16.4042	1.52400	55	180.4465	16.76397
6	19.6851	1.82880	56	183.7274	17.06877
7	22.9659	2.13360	57	187.0082	17.37357
8	26.2468	2.43840	58	190.2890	17.67837
9	29.5276	2.74320	59	193.5699	17.98317
10	32.8085	3.04799	60	196.8507	18.28797
11	36.0893	3.35279	61	200.1316	18.59277
12	39.3701	3.65759	62	203.4124	18.89757
13	42.6510	3.96239	63	206.6933	19.20237
14	45.9318	4.26719	64	209.9741	19.50717
15	49.2127	4.57199	65	213.2550	19.81197
16	52.4935	4.87679	66	216.5358	20.11677
17	55.7744	5.18159	67	219.8167	20.42156
18	59.0552	5.48639	68	223.0975	20.72636
19	62.3361	5.79119	69	226.3783	21.03116
20	65.6169	6.09599	70	229.6592	21.33596
21	68.8978	6.40079	71	232.9400	21.64076
22	72.1786	6.70559	72	236.2209	21.94556
23	75.4594	7.01039	73	239.5017	22.25036
24	78.7403	7.31519	74	242.5726	22.55516
25	82.0211	7.61999	75	246.0634	22.85996
26	85.3020	7.92479	76	249.3443	23.16476
27	88.5828	8.22959	77	252.6251	23.46956
28	91.8637	8.53439	78	255.9060	23.77436
29	95.1445	8.83918	79	259.1868	24.07916
30	98.4254	9.14398	80	262.4676	24.38396
31	101.7062	9.44878	81	265.7485	24.68876
32	104.9871	9.75358	82	269.0293	24.99356
33	108.2679	10.05838	83	272.3102	25.29836
34	111.5488	10.36318	84	275.5910	25.60316
35	114.8296	10.66798	85	278.8719	25.90795
36	118.1104	10.97278	86	282.1527	26.21275
37	121.3913	11.27758	87	285.4336	26.51755
38	124.6721	11.58238	88	288.7144	26.82235
39	127.9530	11.88718	89	291.9953	27.12715
40	131.2338	12.19198	90	295.2761	27.43195
41	134.5147	12.49678	91	298.5569	27.73675
42	137.7955	12.80158	92	301.8378	28.04155
43	141.0764	13.10638	93	305.1186	28.34635
44	144.3572	13.41118	94	308.3995	28.65115
45	147.6381	13.71598	95	311.6803	28.95595
46	150.9189	14.02078	96	314.9612	29.26075
47	154.1997	14.32558	97	318.2420	29.56555
48	157.4806	14.63037	98	321.5229	29.87035
49	160.7614	14.93517	99	324.8037	30.17515
50	164.0423	15.23997	100	328.0846	30.47995

Faktor: 1 m = 3.2808 ft.
1 ft. = 0.30480 m

m / ft.	ft.	m	m / ft.	ft.	m
101	331.3654	30.78475	151	495.4077	46.02472
102	334.6463	31.08955	152	498.6885	46.32952
103	337.9271	31.39435	153	501.9694	46.63432
104	341.2079	31.69914	154	505.2502	46.93912
105	344.4888	32.00394	155	508.5311	47.24392
106	347.7696	32.30874	156	511.8119	47.54872
107	351.0505	32.61354	157	515.0928	47.85352
108	354.3313	32.91834	158	518.3736	48.15832
109	357.6122	33.22314	159	521.6545	48.46312
110	360.8930	33.52794	160	524.9353	48.76792
111	364.1739	33.83274	161	528.2161	49.07271
112	367.4547	34.13754	162	531.4970	49.37751
113	370.7356	34.44234	163	534.7778	49.68231
114	374.0164	34.74714	164	538.0587	49.98711
115	377.2972	35.05194	165	541.3395	50.29191
116	380.5781	35.35674	166	544.6204	50.59671
117	383.8589	35.66154	167	547.9012	50.90151
118	387.1398	35.96634	168	551.1821	51.20631
119	390.4206	36.27114	169	554.4629	51.51111
120	393.7015	36.57594	170	557.7438	51.81591
121	396.9823	36.88074	171	561.0246	52.12071
122	400.2632	37.18554	172	564.3054	52.42551
123	403.5440	37.49033	173	567.5863	52.73031
124	406.8249	37.79513	174	570.8671	53.03511
125	410.1057	38.09993	175	574.1480	53.33991
126	423.3865	38.40473	176	577.4288	53.64471
127	416.6674	38.70953	177	580.7097	53.94951
128	419.9482	39.01433	178	583.9905	54.25431
129	423.2291	39.31913	179	587.2714	54.55911
130	426.5099	39.62393	180	590.5522	54.86390
131	429.7908	39.92873	181	593.8331	55.16870
132	433.0716	40.23353	182	597.1139	55.47350
133	436.3525	40.53833	183	600.3947	55.77830
134	439.6333	40.84313	184	603.6756	56.08310
135	442.9142	41.14793	185	606.9564	56.38790
136	446.1950	41.45273	186	610.2373	56.69270
137	449.4758	41.75753	187	613.5181	56.99750
138	452.7567	42.06233	188	616.7990	57.30230
139	456.0375	42,36713	189	620.0798	57.60710
140	459.3184	42.67193	190	623.3607	57.91190
141	462.5992	42.97673	191	626.6415	58.21670
142	465.8801	43.28152	192	629.9224	58.52150
143	469.1609	43.58632	193	633.2032	58.82630
144	472.4418	43.89112	194	636.4840	59.13110
145	475.7226	44.19592	195	639.7649	59.43590
146	479.0035	44.50072	196	643.0457	59.74070
147	482.2843	44.80552	197	646.3266	60.04550
148	485.5651	45.11032	198	649.6074	60.35030
149	488.8460	45.41512	199	652.8883	60.65509
150	492.1268	45.71992	200	656.1691	60.95989

Faktor: 1m = 3.28o8 ft.
1ft. = o.3o48o m

m ft.			m ft.		
2o1	659.45oo	61.26469	251	823.4922	76.5o467
2o2	662.73o8	61.56949	252	826.7731	76.8o947
2o3	666.o117	61.87429	253	83o.o539	77.11427
2o4	669.2925	62.179o9	254	833.3348	77.419o7
2o5	672.5733	62.48389	255	836.6156	77.72386
2o6	675.8542	62.78869	256	839.8965	78.o2866
2o7	679.135o	63.o9349	256	843.1773	78.33346
2o8	682.4159	63.39829	258	846.4582	78.63826
2o9	685.6967	63.7o3o9	259	849.739o	78.943o6
21o	688.9776	64.oo789	26o	853.o199	79.24786
211	692.2584	64.31269	261	856.3oo7	79.55266
212	695.5393	64.61749	262	859.5815	79.85746
213	698.82o1	64.92229	263	862.8624	8o.16226
214	7o2.1o1o	65.227o9	264	866.1432	8o.467o6
215	7o5.3818	65.53189	265	869.4241	8o.77186
216	7o8.6626	65.83669	266	872.7o49	81.o7666
217	711.9435	66.14148	267	875.9858	81.38146
218	715.2243	66.44628	268	879.2666	81.68626
219	718.5o52	66.751o8	269	882.5475	81.991o6
22o	721.786o	67.o5588	27o	885.8283	82.29586
221	725.o669	67.36o68	271	889.1o92	82.6oo66
222	728.3477	67.66548	272	892.39oo	82.9o546
223	731.6286	67.97o28	273	895.67o8	83.21o26
224	734.9o94	68.275o8	274	898.9517	83.515o5
225	738.19o3	68.57988	275	9o2.2325	83.81985
226	741.4711	68.48468	276	9o5.5134	84.12465
227	744.752o	69.18948	277	9o8.7942	84.42945
228	748.o328	69.49428	278	912.o751	84.73425
229	751.3136	69.799o8	279	915.3559	85.o39o5
23o	754.5945	7o.1o388	28o	918.6368	85.34385
231	757.8753	7o.4o868	281	921.9176	85.64865
232	761.1562	7o.71348	282	925.1985	85.95345
233	764.437o	71.o1828	283	928.4793	86.25825
234	767.7179	71.323o8	284	931.76o2	86.563o5
235	77o.9987	71.62788	285	935.o41o	86.86785
236	774.2796	71.93267	286	938.3218	87.17265
237	777.56o4	72.23747	287	941.6o27	87.47745
238	78o.8413	72.54227	288	944.8835	87.78225
239	784.1221	72.847o7	289	948.1644	88.o87o5
24o	787.4o29	73.15187	29o	951.4452	88.39185
241	79o.6838	73.45667	291	954.7261	88.69665
242	793.9646	73.76147	292	958.oo69	89.oo145
243	797.2455	74.o6627	293	961.2878	89.3o624
244	8oo.5263	74.371o7	294	964.5686	89.611o4
245	8o3.8o72	74.67587	295	967.8495	89.91584
246	8o7.o88o	74.98o67	296	971.13o3	9o.22o64
247	81o.3689	75.28547	297	974.4111	9o.52544
248	813.6497	75.59o27	298	977.692o	9o.83o24
249	816.93o6	75.895o7	299	98o.9728	91.135o4
25o	82o.2114	76.19987	3oo	984.2537	91.43984

Faktor: 1 m = 3.2808 ft.
1 ft. = 0.30480 m

m / ft.	m → ft.	ft. → m	m / ft.	m → ft.	ft. → m
301	987.5345	91.74464	351	1151.5768	106.98461
302	990.8154	92.04944	352	1154.8577	107.28941
303	994.0962	92.35424	353	1158.1385	107.59421
304	997.3771	92.65904	354	1161.4193	107.89901
305	1000.6579	92.96384	355	1164.7002	108.20381
306	1003.9388	93.26864	356	1167.9810	108.50861
307	1007.2196	93.57344	357	1171.2619	108.81341
308	1010.5004	93.87824	358	1174.5427	109.11821
309	1013.7813	94.18304	359	1177.8236	109.42301
310	1017.0621	94.48784	360	1181.1044	109.72781
311	1020.3430	94.79264	361	1184.3853	110.03261
312	1023.6238	95.09743	362	1187.6661	110.33741
313	1026.9047	95.40223	363	1190.9470	110.64221
314	1030.1855	95.70703	364	1194.2278	110.94701
315	1033.4664	96.01183	365	1197.5086	111.25181
316	1036.7472	96.31663	366	1200.7895	111.55661
317	1040.0281	96.62143	367	1204.0703	111.86141
318	1043.3089	96.92623	368	1207.3512	112.16620
319	1046.5897	97.23103	369	1210.6320	112.47100
320	1049.8706	97.53583	370	1213.9129	112.77580
321	1053.1514	97.84063	371	1217.1937	113.08060
322	1056.4323	98.14543	372	1220.4746	113.38540
323	1059.7131	98.45023	373	1223.7554	113.69020
324	1062.9940	98.75503	374	1227.0363	113.99500
325	1066.2748	99.05983	375	1230.3171	114.29980
326	1069.5557	99.36463	376	1233.5979	114.60460
327	1072.8365	99.66943	377	1236.8788	114.90940
328	1076.1174	99.97423	378	1240.1596	115.21420
329	1079.3982	100.27903	379	1243.4405	115.51900
330	1082.6790	100.58383	380	1246.7213	115.82380
331	1085.9599	100.88862	381	1250.0022	116.12860
332	1089.2407	101.19342	382	1253.2830	116.43340
333	1092.5216	101.49822	383	1256.5639	116.73820
334	1095.8024	101.80302	384	1259.8447	117.04300
335	1099.0833	102.10782	385	1263.1256	117.34780
336	1102.3641	102.41262	386	1266.4064	117.65260
337	1105.6450	102.71742	387	1269.6872	117.95739
338	1108.9258	103.02222	388	1272.9681	118.26219
339	1112.2067	103.32702	389	1276.2489	118.56699
340	1115.4875	103.63182	390	1279.5298	118.87179
341	1118.7683	103.93662	391	1282.8106	119.17659
342	1122.0492	104.24142	392	1286.0915	119.48139
343	1125.3300	104.54622	393	1289.3723	119.78619
344	1128.6109	104.85102	394	1292.6532	120.09099
345	1131.8917	105.15582	395	1295.9340	120.39579
346	1135.1726	105.46062	396	1299.2149	120.70059
347	1138.4534	105.76542	397	1302.4957	121.00539
348	1141.7343	106.07022	398	1305.7765	121.31019
349	1145.0151	106.37502	399	1309.0574	121.61499
350	1148.2960	106.67981	400	1312.3382	121.91979

Faktor: 1 m = 3.2808 ft.
1 ft. = 0.30480 m

m / ft.	ft.	m
401	1315.6191	122.22459
402	1318.8999	122.52939
403	1322.1808	122.83419
404	1325.4616	123.13899
405	1328.7425	123.44379
406	1332.0233	123.74858
407	1335.3042	124.05338
408	1338.5850	124.35818
409	1341.8659	124.66298
410	1345.1467	124.96778
411	1348.4275	125.27258
412	1351.7084	125.57738
413	1354.9892	125.88218
414	1358.2701	126.18698
415	1361.5509	126.49178
416	1364.8318	126.79658
417	1368.1126	127.10138
418	1371.3935	127.40618
419	1374.6743	127.71098
420	1377.9552	128.01578
421	1381.2360	128.32058
422	1384.5168	128.62538
423	1387.7977	128.93018
424	1391.0785	129.23498
425	1394.3594	129.53977
426	1397.6402	129.84457
427	1400.9211	130.14937
428	1404.2019	130.45417
429	1407.4828	130.75897
430	1410.7636	131.06377
431	1414.0445	131.36857
432	1417.3253	131.67337
433	1420.6061	131.97817
434	1423.8870	132.28297
435	1427.1678	132.58777
436	1430.4487	132.89257
437	1433.7295	133.19737
438	1437.0104	133.50217
439	1440.2912	133.80697
440	1443.5721	134.11177
441	1446.8529	134.41657
442	1450.1338	134.72137
443	1453.4146	135.02617
444	1456.6954	135.33096
445	1459.9763	135.63576
446	1463.2571	135.94056
447	1466.5380	136.24536
448	1469.8188	136.55016
449	1473.0997	136.85496
450	1476.3805	137.15976
451	1479.6014	137.46456
452	1482.9422	137.76936
453	1486.2231	138.07471
454	1489.5039	138.37896
455	1492.7847	138.68376
456	1496.0656	138.98856
457	1499.3464	139.29336
458	1502.6273	139.59816
459	1505.9081	139.90296
460	1509.1890	140.20776
461	1512.4698	140.51256
462	1515.7507	140.51736
463	1519.0315	141.12215
464	1522.3124	141.42695
465	1525.5932	141.73175
466	1528.8740	142.03655
467	1532.1549	142.34135
468	1535.3457	142.64615
469	1538.7166	142.95095
470	1541.9974	143.25575
471	1545.2783	143.56055
472	1548.5591	143.86535
473	1551.8400	144.17015
474	1555.1208	144.47495
475	1558.4017	144.77975
476	1561.6825	145.08455
477	1564.9634	145.38935
478	1568.2442	145.69415
479	1571.5250	145.99895
480	1574.8059	146.30375
481	1578.0867	146.60855
482	1581.3676	146.91334
483	1584.6484	147.21814
484	1587.9293	147.52294
485	1591.2101	147.82774
486	1594.4910	148.13254
487	1597.7718	148.43734
488	1601.0527	148.74214
489	1604.3335	149.04694
490	1607.0143	149.35174
491	1610.8952	149.65654
492	1614.1760	149.96134
493	1617.4569	150.26614
494	1620.7377	150.57094
495	1624.0186	150.87574
496	1627.2994	151.18054
497	1630.5803	151.48534
498	1633.8611	151.79014
499	1637.1420	152.09494
500	1640.4228	152.39974

Faktor: 1 m = 3.2808 ft.
1 ft. = 0.30480 m

m / ft.	ft.	m	m / ft.	ft.	m
501	1643.7036	152.70453	551	1807.7459	167.94451
502	1646.9845	153.00933	552	1811.0268	168.24931
503	1650.2653	153.31413	553	1814.3076	168.55411
504	1653.5462	153.61893	554	1817.5885	168.85891
505	1656.8270	153.92373	555	1820.8693	169.16371
506	1660.1079	154.22853	556	1824.1502	169.46851
507	1663.3887	154.53333	557	1827.4310	169.77330
508	1666.6696	154.83813	558	1830.7118	170.07810
509	1669.9504	155.14293	559	1833.9927	170.38290
510	1673.2313	155.44773	560	1837.2735	170.68770
511	1676 5121	155.75253	561	1840.5544	170.99250
512	1679.7929	156.05733	562	1843.8352	171.29730
513	1683.0738	156.36213	563	1847.1161	171.60210
514	1686.3546	156.66693	564	1850.3969	171.90690
515	1689.6355	156.97173	565	1853.6778	172.21170
516	1692.9163	157.27653	566	1856.9586	172.51650
517	1696.1972	157.58133	567	1860.2395	172.82130
518	1699.4780	157.88613	568	1863.5203	173.12610
519	1702.7589	158.19092	569	1860.8011	173.43090
520	1706.0397	158.49572	570	1870.0820	173.73570
521	1709.3206	158.80052	571	1873.3628	174.04050
522	1712.6014	159.10532	572	1876.6437	174.34530
523	1715.8822	159.41012	573	1879.9245	174.65010
524	1719.1631	159.71492	574	1883.2054	174.95490
525	1722.4439	160.01972	575	1886.4862	175.25970
526	1725.7248	160.32452	576	1889.7671	175.56449
527	1729.0056	160.62932	577	1893.0479	175.86929
528	1732.2865	160.93412	578	1896.3288	176.17409
529	1735.5673	161.23892	579	1899.6096	176.47889
530	1738.8482	161.54372	580	1902.8904	176.78369
531	1742.1290	161.84852	581	1906.1713	177.08849
532	1745.4099	162.15332	582	1909.4521	177.39329
533	1748.6907	162.45812	583	1912.7330	177.69809
534	1751.9716	162.76292	584	1916.0138	178.00289
535	1755.2524	163.06772	585	1919.2947	178.30769
536	1758.5332	163.37252	586	1922.5755	178.61249
537	1761.1841	163.67732	587	1925.8564	178.91729
538	1765.0949	163.98211	588	1929.1372	179.22209
539	1768.3758	164.28691	589	1932.4181	179.52689
540	1771.6566	164.59171	590	1935.6989	179.83169
541	1774.9375	164.89651	591	1938.9797	180.13649
542	1778.2183	165.20131	592	1942.2606	180.44129
543	1781.4992	165.50611	593	1945.5414	180.74609
544	1784.7800	165.81091	594	1948.8223	181.05089
545	1788.0609	166.11571	595	1952.1031	181.35568
546	1791.3417	166.42051	596	1955.3840	181.66048
547	1794.6225	166.72531	597	1958.6648	181.96528
548	1797.9034	167.03011	598	1961.9457	182.27008
549	1801.1842	167.33491	599	1965.2265	182.57488
550	1804.4651	167.63971	600	1968.5074	182.87968

Faktor: 1 m = 3.2808 ft.
1 ft. = 0.30480 m

m / ft.	ft.	m	m / ft.	ft.	m
601	1971.7882	183.18448	651	2135.8305	198.42445
602	1975.0691	183.48928	652	2139.1113	198.72925
603	1978.3499	183.79408	653	2142.3922	199.03405
604	1981.6307	184.09888	654	2145.6730	199.33885
605	1984.9116	184.40368	655	2148.9539	199.64365
606	1988.1924	184.70848	656	2152.2347	199.94845
607	1991.4733	185.01328	657	2155.5156	200.25325
608	1994.7541	185.31808	658	2158.7964	200.55805
609	1998.0350	185.62288	659	2162.0773	200.86285
610	2001.3158	185.92768	660	2165.3581	201.16765
611	2004.5967	186.23248	661	2168.6389	201.47245
612	2007.8775	186.53728	662	2171.9198	201.77725
613	2011.1484	186.84208	663	2175.2006	202.08205
614	2014.4392	187.14687	664	2178.4815	202.38685
615	2017.7200	187.45167	665	2181.7623	202.69165
616	2021.0009	187.75647	666	2185.0432	202.99645
617	2024.2817	188.06127	667	2188.3240	203.30125
618	2027.5626	188.36607	668	2191.6049	203.60605
619	2030.8434	188.67087	669	2194.8857	203.91085
620	2034.1243	188.97567	670	2198.1666	204.21564
621	2037.4051	189.28047	671	2201.4474	204.52044
622	2040.6860	189.58527	672	2204.7282	204.82524
623	2043.9668	189.89007	673	2208.0091	205.13004
624	2047.2477	190.19487	674	2211.2899	205.43484
625	2050.5285	190.49967	675	2214.5708	205.73964
626	2053.8093	190.80447	676	2217.8516	206.04444
627	2057.0902	191.10927	677	2221.1325	206.34924
628	2060.3710	191.41407	678	2224.4133	206.65404
629	2063.6519	191.71887	679	2227.6942	206.95884
630	2066.9327	192.02367	680	2230.9750	206.26364
631	2070.2136	192.32847	681	2234.2559	207.56844
632	2073.4944	192.63327	682	2237.5367	207.87324
633	2076.7753	192.93806	683	2240.8175	208.17804
634	2080.0561	193.24286	684	2244.0984	208.48284
635	2083.3370	193.54766	685	2247.3792	208.78764
636	2086.6178	193.85246	686	2250.6601	209.09244
637	2089.8986	194.15726	687	2253.9409	209.39724
638	2093.1795	194.46206	688	2257.2218	209.70204
639	2096.4603	194.76686	689	2260.5026	210.00683
640	2099.7412	195.07166	690	2263.7835	210.31163
641	2103.0220	195.37646	691	2267.0643	210.61643
642	2106.3029	195.68126	692	2270.3452	210.92123
643	2109.5837	195.98606	693	2273.6260	211.22603
644	2112.8646	196.29086	694	2276.9068	211.53083
645	2116.1454	196.59566	695	2280.1877	211.83563
646	2119.4263	196.90046	696	2283.4685	212.14043
647	2122.7071	197.20526	697	2286.7494	212.44523
648	2125.9879	197.51006	698	2290.0302	212.75003
649	2129.2688	197.81486	699	2293.3111	213.05483
650	2132.5496	198.11966	700	2296.5919	213.35963

Faktor: 1 m = 3.2808 ft.
1 ft. = 0.30480 m

	ft.	m		ft.	m
701	2299.8728	213.66443	751	2463.9150	228.90440
702	2303.1536	213.96923	752	2467.1959	229.20920
703	2306.4345	214.27403	753	2470.4767	229.51400
704	2309.7153	214.57883	754	2474.7576	229.81880
705	2312.9961	214.88363	755	2477.0384	230.12360
706	2316.2770	215.18843	756	2480.3193	230.42840
707	2319.5578	215.49323	757	2483.6001	230.73320
708	2322.8387	215.79802	758	2486.8810	231.03800
709	2326.1195	216.10282	759	2490.1618	231.34280
710	2329.4004	216.40762	760	2493.4427	231.64760
711	2332.6812	216.71242	761	2496.7235	231.95240
712	2335.9621	217.01722	762	2500.0043	232.25720
713	2339.2429	217.32202	763	2503.2852	232.56200
714	2342.5238	217,62682	764	2506.5660	232.86680
715	2345.8046	217.93162	765	2509.8469	233.17159
716	2349.0854	218.23642	766	2513.1277	233.47639
717	2352.3663	218.54122	767	2516.4086	233.78119
718	2355.6471	218.84602	768	2519.6894	234.08599
719	2358.9280	219.15082	769	2522.9703	234.39079
720	2362.2088	219.45562	770	2526,2511	234.69559
721	2365.4897	219.76042	771	2529.5320	235.00039
722	2368.7705	220.06522	772	2532.8128	235.30519
723	2372.0514	220.37002	773	2536.0936	235.60999
724	2375.3322	220.67482	774	2539.3745	235.91479
725	2378.6131	220.97962	775	2542.6553	236.21959
726	2381.8939	221.28442	776	2545.9362	236.52439
727	2385.1748	221.58921	777	2549.2170	236.82919
728	2388.4556	221.89401	778	2552.4979	237.13399
729	2391.7364	222.19881	779	2555.7787	237.43879
730	2395.0173	222.50361	780	2559.0596	237.74359
731	2398.2981	222.80841	781	2562.3404	238.04839
732	2401.5790	223.11321	782	2565.6213	238.35319
733	2404.8598	223.41801	783	2568.9021	238.65799
734	2408.1407	223.72281	784	2572.1830	238.96278
735	2411.4215	224.02761	785	2575.4638	239.26758
736	2414.7024	224.33241	786	2578.7446	239.57238
737	2417.9832	224.63721	787	2582.0255	239.87718
738	2421.2641	224.94201	788	2585.3063	240.18198
739	2424.5449	225.24681	789	2588.5872	240.48678
740	2427.8257	225.55161	790	2591.8680	240.79158
741	2431.1066	225.85641	791	2595.1489	241.09638
742	2434.3874	226.16121	792	2598.4297	241.40118
743	2437.6683	226.46601	793	2601.7106	241.70598
744	2440.9491	226.77081	794	2604.9914	242.01078
745	2444.2300	227.07561	795	2608.2723	242.31558
746	2447.5108	227.38040	796	2611.3531	242.62038
747	2450.7917	227.68520	797	2614.8339	242.92518
748	2454.0725	227.99000	798	2618.1148	243.22998
749	2457.3534	228.29480	799	2621.3956	243.53478
750	2460.6342	228.59960	800	2624.6765	243.83958

Faktor: 1 m 3.2808 ft.
1 ft. = 0.30480 m

m / ft.	ft.	m	m / ft.	ft.	m
801	2627.9573	244.14438	851	2791.9996	259.38435
802	2631.2382	244.44917	852	2795.2805	259.68915
803	2634.5190	244.75397	853	2798.5613	259.99395
804	2637.7999	245.05877	854	2801.8421	260.29875
805	2641.0807	245.36357	855	2805.1230	260.60355
806	2644.3616	245.66837	856	2808.4038	260.90835
807	2647.6424	245.97317	857	2811.6847	261.21315
808	2650.9232	246.27779	858	2814.9655	261.51795
809	2654.2041	246.58277	859	2818.2464	261.82274
810	2657.4849	246.88757	860	2821.5272	262.12754
811	2660.7658	247.19237	861	2824.8081	262.43234
812	2664.0466	247.49717	862	2828.0889	262.73714
813	2667.3275	247.80197	863	2831.3698	263.04194
814	2670.6083	248.10677	864	2834.6506	263.34674
815	2673.8892	248.41157	865	2837.9314	263.65154
816	2677.1700	248.71637	866	2841.2123	263.95634
817	2680.4509	249.02117	867	2844.4931	264.26114
818	2683.7317	249.32597	868	2847.7740	264.56594
819	2687.0125	249.63077	869	2851.0548	264.87074
820	2690.2934	249.93557	870	2854.3357	265.17554
821	2693.5742	250.24036	871	2857.6165	265.48034
822	2696.8551	250.54516	872	2860.8974	265.78514
823	2700.1359	250.84996	873	2864.1782	266.08994
824	2703.4168	251.15476	874	2867.4591	266.39474
825	2706.6976	251.45956	875	2870.7399	266.69954
826	2709.9785	251.76436	876	2874.0207	267.00434
827	2713.2593	252.06916	877	2877.3016	267.30914
828	2716.5402	252.37396	878	2880.5824	267.61393
829	2719.8210	252.67876	879	2883.8633	267.91873
830	2723.1018	252.98356	880	2887.1441	268.22353
831	2726.3827	253.28836	881	2890.4250	268.52833
832	2729.6635	253.59316	882	2893.7058	268.83313
833	2732.9444	253.89796	883	2896.9867	269.13793
834	2736.2252	254.20276	884	2900.2675	269.44273
835	2739.5061	254.50756	885	2903.5484	269.74753
836	2742.7869	254.81236	886	2906.8292	270.05233
837	2746.0678	255.11716	887	2910.1100	270.35713
838	2749.3486	255.42196	888	2913.3909	270.66193
839	2752.6295	255.72676	889	2916.6717	270.96673
840	2755.9103	256.03155	890	2919.9526	271.27153
841	2759.1911	256.33635	891	2923.2334	271.57633
842	2762.4720	256.64115	892	2926.5143	271.88113
843	2765.7528	256.94595	893	2929.7951	272.18593
844	2769.0337	257.25075	894	2933.0760	272.49073
845	2772.3145	257.55555	895	2936.3568	272.79553
846	2775.5954	257.86035	896	2939.6377	273.10033
847	2778.8762	258.16515	897	2942.9185	273.40512
848	2782.1571	258.46995	898	2946.1993	273.70992
849	2785.4379	258.77475	899	2949.4802	274.01472
850	2788.7188	259.07955	900	2952.7610	274.31952

Faktor : 1 m = 3.2808 ft.
1 ft. = 0.30480 m

m / ft.	ft.	m
901	2956.0419	274.62432
902	2959.3227	274.92912
903	2962.6036	275.23392
904	2965.8844	275.53872
905	2969.1653	275.84352
906	2972.4461	276.14832
907	2975.7270	276.45312
908	2979.0078	276.75792
909	2982.2887	277.06272
910	2985.5695	277.36752
911	2988.8503	277.67232
912	2992.1312	277.97712
913	2995.4120	278.28192
914	2998.6929	278.58672
915	3001.9737	278.89152
916	3005.2546	279.19631
917	3008.5354	279.50111
918	3011.8163	279.80591
919	3015.0971	280.11071
920	3018.3780	280.41551
921	3021.6588	280.72031
922	3024.9396	281.02511
923	3028.2205	281.32991
924	3031.5013	281.63471
925	3034.7822	281.93951
926	3038.0630	282.24431
927	3041.3439	282.54911
928	3044.6247	282.85391
929	3047.9056	283.15871
930	3051.1864	283.46351
931	3054.4673	283.76831
932	3057.7481	284.07311
933	3061.0289	284.37791
934	3064.3098	284.68270
935	3067.5906	284.98750
936	3070.8715.	285.29230
937	3074.1523	285.59710
938	3077.4332	285.90190
939	3080.7140	286.20670
940	3083.9949	286.51150
941	3087.2757	286.81630
942	3090.5566	287.12110
943	3093.8374	287.42590
944	3097.1182	287.73070
945	3100.3991	288.03550
946	3103.6799	288.34030
947	3106.9608	288.64510
948	3110.2416	288.94990
949	3113.5225	289.25470
950	3116.8033	289.55950
951	3120.0842	289.86430
952	3123.3650	290.16910
953	3126.6459	290.47389
954	3129.9267	290.77869
955	3133.2075	291.08349
956	3136.4884	291.38829
957	3139.7692	291.69309
958	3143.0501	291.99789
959	3146.3309	292.30269
960	3149.6118	292.60749
961	3152.8926	292.91229
962	3156.1735	293.21709
963	3159.4543	293.52189
964	3162.7352	293.82669
965	3166.0160	294.13149
966	3169.2968	294.43629
967	3172.5777	294.74109
968	3175.8585	295.04589
969	3179.1394	295.35069
970	3182.4202	295.65549
971	3185.7011	295.96029
972	3188.9819	296.26508
973	3192.2628	296.56988
974	3195.5436	296.87468
975	3198.8245	297.17948
976	3202.1053	297.48428
977	3205.3862	297.78908
978	3208.6670	298.09388
979	3211.9478	298.39868
980	3215.2287	298.70348
981	3218.5095	299.00828
982	3221.7904	299.31308
983	3225.0712	299.61788
984	3228.3521	299.92268
985	3231.6329	300.22748
986	3234.9138	300.53228
987	3238.1946	300.83708
988	3241.4755	301.14188
989	3244.7563	301.44668
990	3248.0371	301.75148
991	3251.3180	302.05627
992	3254.5988	302.36107
993	3257.8797	302.66587
994	3261.1605	302.97067
995	3264.4414	303.27547
996	3267.7222	303.58027
997	3271.0031	303.88507
998	3274.2839	304.18987
999	3277.5648	304.49467
1000	3280.8456	304.79947

Meter in Yard
meters into yards

6

Faktor: 1 m = 1.o936 Yard
1 Yard = o.9144o m

m / Yard	Yard	m
1	1.o936	o.9144o
2	2.1872	1.8258o
3	3.28o8	2.7432o
4	4.3745	3.65759
5	5.4681	4.57199
6	6.5617	5.48639
7	7.6553	6.4oo79
8	8.7489	7.31519
9	9.8425	8.22959
1o	1o.93o2	9.14398
11	12.o298	1o.o5838
12	13.1234	1o.97278
13	14.217o	11.88718
14	15.31o6	12.8o158
15	16.4o42	13.71598
16	17.4976	14.63o37
17	18.5915	15.54477
18	19.6851	16.45917
19	2o.7787	17.37357
2o	21.8723	18.28797
21	22.9659	19.2o237
22	24.o595	2o.11677
23	25.1531	21.o3116
24	26.2468	21.94556
25	27.34o4	22.85996
26	28.434o	23.77436
27	29.5276	24.68876
28	3o.6212	25.6o316
29	31.7148	26.51755
3o	32.8o85	27.43195
31	33.9o21	28.34635
32	34.9957	29.26o75
33	36.o893	3o.17515
34	37.1829	31.o8955
35	38.27o5	32.oo394
36	39.37o1	32.91834
37	4o.4638	33.83274
38	41.5574	34.74714
39	42.651o	35.66154
4o	43.7446	36.57594
41	44.8382	37.49o34
42	45.9318	38.4o473
43	47.o255	39.31913
44	48.1191	4o.23353
45	49.2127	41.14793
46	5o.3o63	42.o6233
47	51.3999	42.97673
48	52.4935	43.89112
49	53.5871	44.8o552
5o	54.68o8	45.71992
51	55.7744	46.63432
52	56.868o	47.54872
53	57.9616	48.46312
54	59.o552	49.37751
55	6o.1488	5o.29191
56	61.2425	51.2o631
57	62.3361	52.12o71
58	63.4297	53.o3511
59	64.5233	53.94951
6o	65.6169	54.86391
61	66.71o5	55.7783o
62	67.8o41	56.6927o
63	68.8978	57.6o71o
64	69.9914	58.5215o
65	71.o85o	59.4359o
66	72.1786	6o.35o3o
67	73.2722	61.26469
68	74.3658	62.179o9
69	75.4594	63.o9349
7o	76.5531	64.oo789
71	77.6467	64.92229
72	78.74o3	65.83669
73	79.8339	66.751o8
74	8o.9275	67.66548
75	82.o211	68.57988
76	83.1148	69.49428
77	84.2o84	7o.4o868
78	85.3o2o	71.323o8
79	86.3956	72.23748
8o	87.4892	73.15187
81	88.5828	74.o6627
82	89.6764	74.98o67
83	9o.77o1	75.895o7
84	91.8637	76.8o947
85	92.9573	77.72387
86	94.o5o9	78.63826
87	95.1445	79.55266
88	96.2381	8o.467o6
89	97.3318	81.38146
9o	98.4254	82.29586
91	99.519o	83.21o26
92	1oo.6126	84.12465
93	1o1.7o62	85.o39o5
94	1o2.7998	85.95345
95	1o3.8934	86.86785
96	1o4.9871	87.78225
97	1o6.o8o7	88.69665
98	1o7.1743	89.611o5
99	1o8.2679	9o.52544
1oo	1o9.3615	91.43984

Faktor: 1 m = 1.0936 Yard
1 Yard = 0.91440 m

m → Yard		Yard → m	m → Yard		Yard → m
101	110.4551	92.35424	151	165.1359	138.07416
102	111.5488	93.26864	152	166.2295	138.98856
103	112.6424	94.13304	153	167.3231	139.90296
104	113.7360	95.09744	154	168.4167	140.81736
105	114.8296	96.01183	155	169.5104	141.73176
106	115.9232	96.92623	156	170.6040	142.64615
107	117.0168	97.84063	157	171.6976	143.56055
108	118.1104	98.75503	158	172.7912	144.47495
109	119.2041	99.66943	159	173.8848	145.38935
110	120.2977	100.58383	160	174.9784	146.30375
111	121.3913	101.49822	161	176.0720	147.21815
112	122.4849	102.41262	162	177.1657	148.13254
113	123.5785	103.32702	163	178.2593	149.04694
114	124.6721	104.24142	164	179.3529	149.96134
115	125.7657	105.15582	165	180.4465	150.87574
116	126.8594	106.07022	166	181.5401	151.79014
117	127.9530	106.98462	167	182.6337	152.70454
118	129.0466	107.89901	168	183.7274	153.61893
119	130.1402	108.81341	169	184.8210	154.53333
120	131.2338	109.72781	170	185.9146	155.44773
121	132.3274	110.64221	171	187.0082	156.36213
122	133.4211	111.55661	172	188.1018	157.27653
123	134.5147	112.47101	173	189.1954	158.19093
124	135.6083	113.38540	174	190.2890	159.10533
125	136.7019	114.29980	175	191.3827	160.01972
126	137.7955	115.21420	176	192.4763	160.93412
127	138.8891	116.12860	177	193.5699	161.84852
128	139.9827	117.04300	178	194.6635	162.76292
129	141.0764	117.95740	179	195.7571	163.67732
130	142.1700	118.87179	180	196.8507	164.59172
131	143.2636	119.78619	181	197.9444	165.50611
132	144.3572	120.70059	182	199.0380	166.42051
133	145.4508	121.61499	183	200.1316	167.33491
134	146.5444	122.52939	184	201.2252	168.24931
135	147.6381	123.44379	185	202.3188	169.16371
136	148.7317	124.35819	186	203.4124	170.07811
137	149.8253	125.27258	187	204.5060	170.99250
138	150.9189	126.18698	188	205.5997	171.90690
139	152.0125	127.10138	189	206.6933	172.82130
140	153.1061	128.01578	190	207.7869	173.73570
141	154.1997	128.93018	191	208.8805	174.65010
142	155.2934	129.84458	192	209.9741	175.56450
143	156.3870	130.75897	193	211.0677	176.47890
144	157.4806	131.67337	194	212.1613	177.39329
145	157.5742	132.58777	195	213.2550	178.30769
146	159.6678	133.50217	196	214.3486	179.22209
147	160.7614.	134.41657	197	215.4422	180.13649
148	161.8550	135.33097	198	216.5358	181.05089
149	162.9487	136.24536	199	217.6294	181.96529
150	164.0423	137.15976	200	218.7230	182.87968

Faktor: 1 m = 1.0936 Yard
1 Yard = 0.91440 m

m Yard	↓	↓	m Yard	↓	↓
201	219.8167	183.79408	251	274.4974	229.51400
202	220.9103	184.70848	252	275.5910	230.42840
203	222.0039	185.62288	253	276.6846	231.34280
204	223.0975	186.53728	254	277.7783	232.25720
205	224.1911	187.45168	255	278.8719	233.17160
206	225.2847	188.36607	256	279.9655	234.08600
207	226.3783	189.28047	257	281.0591	235.00039
208	227.4720	190.19487	258	282.1527	235.91479
209	228.5656	191.10927	259	283.2463	236.82919
210	229.6592	192.02367	260	284.3400	237.74359
211	230.7528	192.93807	261	285.4336	238.65799
212	231.8464	193.85247	262	286.5272	239.57239
213	232.9400	194.76686	263	287.6208	240.48678
214	234.0337	195.68126	264	288.7144	241.40118
215	235.1273	196.59566	265	289.8080	242.31558
216	236.2209	197.51006	266	290.9016	243.22998
217	237.3145	198.42446	267	291.9953	244.14438
218	238.4081	199.33886	268	293.0889	245.05878
219	239.5017	200.25325	269	294.1825	245.97317
220	240.5953	201.16765	270	295.2761	246.88756
221	241.6890	202.08205	271	296.3697	246.80197
222	242.7826	202.99645	272	297.4633	248.71637
223	243.8762	203.91085	273	298.5569	249.63077
224	244.9698	204.82525	274	299.6506	250.54517
225	246.0634	205.73964	275	300.7442	251.45957
226	247.1570	206.65404	276	301.8378	252.37396
227	248.2507	207.56844	277	302.9314	253.28836
228	249.3443	208.48284	278	304.0250	254.20276
229	250.4379	209.39724	279	305.1186	255.11716
230	251.5315	210.31164	280	306.2123	256.03156
231	252.6251	211.22604	281	307.3059	256.94596
232	253.7187	212.14043	282	308.3995	257.86035
233	254.8123	213.05483	283	309.4931	258.77475
234	255.9060	213.96923	284	310.5867	259.68915
235	256.9996	214.88363	285	311.6803	260.60355
236	258.0932	215.79803	286	312.7739	261.51795
237	259.1868	216.71243	287	313.8676	262.43235
238	260.2804	217.62682	288	314.9612	263.34674
239	261.3740	218.54122	289	316.0548	264.26114
240	262.4676	219.45562	290	317.1484	265.17554
241	263.5613	220.37002	291	318.2420	266.08994
242	264.6549	221.28442	292	319.3356	267.00434
243	265.7485	222.19882	293	320.4293	267.91874
244	266.8421	223.11321	294	321.5229	268.83314
245	267.9357	224.02761	295	322.6165	269.74753
246	269.0293	224.94201	296	323.7101	270.66193
247	270.1230	225.85641	297	324.8037	271.57633
248	271.2166	226.77081	298	325.8973	272.49073
249	272.3102	227.68521	299	326.9909	273.40513
250	273.4038	228.59961	300	328.0846	264.31953

Faktor : 1 m = 1.o936 Yard
1 Yard = o.9144o m

m / Yard	Yard	m	m / Yard	Yard	m
3o1	329.1782	275.23392	351	383.8589	32o.95385
3o2	33o.2718	276.14832	352	384.9526	321.86824
3o3	331.3654	277.o6272	353	386.o462	322.78264
3o4	332.459o	277.97712	354	387.1398	323.697o4
3o5	333.5526	278.89152	355	388.2334	324.61144
3o6	334.6463	279.8o592	356	389.327o	325.52584
3o7	335.7399	28o.72o31	357	39o.42o6	326.44o24
3o8	336.8335	281.63471	358	391.5142	327.35463
3o9	337.9271	282.54911	359	392.6o79	328.269o3
31o	339.o2o7	283.46351	36o	393.7o15	329.18343
311	34o.1143	284.37791	361	394.7951	33o.o9783
312	341.2o79	285.29231	362	395.8887	331.o1223
313	342.3o16	286.2o671	363	396.9823	331.92663
314	343.3952	287.1211o	364	398.o759	332.841o2
315	344.4888	288.o355o	365	399.1695	333.75542
316	345.5824	288.9499o	366	4oo.2632	334.66982
317	346.676o	289.8643o	367	4o1.3568	335.58422
318	347.7696	29o.7787o	368	4o2.45o4	336.49862
319	348.8632	291.6931o	369	4o3.544o	337.413o2
32o	349.9569	292.6o749	37o	4o4.6376	338.32742
321	351.o5o5	293.52189	371	4o5.7312	339.24181
322	352.1441	294.43629	372	4o6.8249	34o.15621
323	353.2377	295.35o69	373	4o7.9185	341.o7o61
324	354.3313	296.265o9	374	4o9.o121	341.985o1
325	355.4249	297.17949	375	41o.1o57	342.89941
326	356.5186	298.o9388	376	411.1993	343.81381
327	357.6122	299.oo828	377	412.2929	344.7282o
328	358.7o58	299.92268	378	413.3865	345.6426o
329	359.7994	3oo.837o8	379	414.48o2	346.557oo
33o	36o.893o	3o1.75148	38o	415.5738	347.4714o
331	361.9866	3o2.66588	381	416.6674	348.3858o
332	366.o8o2	3o3.58o28	382	417.761o	349.3oo2o
333	364.1739	3o4.49467	383	418.8546	35o.21459
334	365.2675	3o5.4o9o7	384	419.9482	351.12899
335	366.3611	3o6.32347	385	421.o419	352.o4339
336	367.4547	3o7.23787	386	422.1355	352.95779
337	368.5483	3o8.15227	387	423.2291	353.87219
338	369.6419	3o9.o6667	388	424.3227	354.78659
339	37o.7356	3o9.981o6	389	425.4163	355.7oo99
34o	371.8292	31o.89546	39o	426.5o99	356.61538
341	372.9228	311.8o986	391	427.6o35	357.52978
342	374.o164	312.72426	392	428.6972	358.44418
343	375.11oo	313.63866	393	429.79o8	359.35858
344	376.2o36	314.553o6	394	43o.8844	36o.27298
345	377.2972	315.46745	395	431.978o	361.18738
346	378.39o9	316.38185	396	433.o716	362.1o177
347	379.4845	317.29625	397	434.1652	363.o1617
348	38o.5781	318.21o65	398	435.2588	363.93o57
349	381.6717	319.125o5	399	436.3525	364.84497
35o	382.7653	32o.o3945	4oo	437.4461	365.75937

Faktor: 1 m = 1.0936 Yard
1 Yard = 0.91440 m

m / Yard	m → Yard	Yard → m	m / Yard	m → Yard	Yard → m
401	438.5397	366.67377	451	493.2205	412.39369
402	439.6333	367.58816	452	494.3141	413.30809
403	440.7269	368.50256	453	495.4077	414.22248
404	441.8205	369.41696	454	496.5013	415.13688
405	442.9142	370.33136	455	497.5949	416.05128
406	444.0078	371.24576	456	498.6885	416.96568
407	445.1014	372.16016	457	499.7821	417.88008
408	446.1950	373.07456	458	500.8758	418.79448
409	447.2886	373.98895	459	501.9694	419.70887
410	448.3822	374.90335	460	503.0630	420.62327
411	449.4758	375.81775	461	504.1566	421.53767
412	450.5695	376.73215	462	505.2502	422.45207
413	451.6631	377.64655	463	506.3438	423.36647
414	452.7567	378.56095	464	507.4375	424.28087
415	453.8503	379.47534	465	508.5311	425.19527
416	454.9439	380.38974	466	509.6247	426.10966
417	456.0375	381.30414	467	510.7183	427.02406
418	457.1312	382.21854	468	511.8119	427.93846
419	458.2248	383.13294	469	512.9055	428.85286
420	459.3184	384.04734	470	513.9991	429.76726
421	460.4120	384.96173	471	515.0928	430.68166
422	461.5056	385.87613	472	516.1864	431.59605
423	462.5992	386.79053	473	517.2800	432.51045
424	463.6928	387.70493	474	518.3736	433.42485
425	464.7865	388.61933	475	519.4672	434.33925
426	465.8801	389.53373	476	520.5608	435.25365
427	466.9737	390.44813	477	521.6545	436.16805
428	468.0673	391.36252	478	522.7481	437.08244
429	469.1609	392.27692	479	523.8417	437.99684
430	470.2545	393.19132	480	524.9353	438.91124
431	471.3482	394.10572	481	526.0289	439.82564
432	472.4418	395.02012	482	527.1225	440.74004
433	473.5354	395.93452	483	528.2161	441.65444
434	474.6290	396.84891	484	529.3098	442.56884
435	475.7226	397.76331	485	530.4034	443.48323
436	476.8162	398.67771	486	531.4970	444.39763
437	477.9098	399.59211	487	532.5906	445.31203
438	479.0035	400.50651	488	533.6842	446.22643
439	480.0971	401.42091	489	534.7778	447.14083
440	481.1907	402.33530	490	535.8714	448.05523
441	482.2843	403.24970	491	536.9651	448.96962
442	483.3779	404.16410	492	538.0587	449.88402
443	484.4715	405.07850	493	539.1523	450.79842
444	485.5651	405.99290	494	540.2459	451.71282
445	486.6588	406.90730	495	541.3395	452.62722
446	487.7524	407.82170	496	542.4331	453.54162
447	488.8460	408.73609	497	543.5268	454.45601
448	489.9396	409.65049	498	544.6204	455.37041
449	491.0332	410.56489	499	545.7140	456.28481
450	492.1268	411.47929	500	546.8076	457.19921

Faktor: 1 m = 1.o936 Yard
1 Yard = o.9144o m

Yard / m	m = Yard	Yard = m	Yard / m	m = Yard	Yard = m
5o1	547.9o12	456.11361	551	6o2.582o	5o3.83353
5o2	548.9948	459.o28o1	552	6o3.6756	5o4.74793
5o3	55o.o884	459.94241	553	6o4.7692	5o5.66233
5o4	551.1821	46o.8568o	554	6o5.8628	5o6.57672
5o5	552.2757	461.7712o	555	6o6.9564	5o7.49112
5o6	553.3693	462.6856o	556	6o8.o5o1	5o8.4o552
5o7	554.4629	463.6oooo	557	6o9.1437	5o9.31992
5o8	555.5565	464.5144o	558	61o.2373	51o.23432
5o9	556.65o1	465.4288o	559	611.33o9	511.14872
51o	557.7438	466.34319	56o	612.4245	512.o6312
511	558.8374	467.25759	561	613.5181	512.97751
512	559.931o	488.17199	562	614.6117.	513.89191
513	561.o246	469.o8639	563	615.7o54	514.8o631
514	562.1181	47o.ooo79	564	616.799o	515.72o71
515	563.2118	47o.91519	565	617.8926	516.63511
516	564.3o54	471.82958	566	618.9862	517.54951
517	565.3991	472.74398	567	62o.o798	518.4639o
518	566.4927	473.65838	568	621.1734	519.3783o
519	567.5863	474.57278	569	622.267o	52o.2927o
52o	568.6799	475.48718	57o	623.36o7	521.2o71o
521	569.7735	476.4o158	571	624.4543	522.1215o
522	57o.8671	477.31598	572	625.5479	523.o359o
523	571.96o7	478.23o37	573	626.6415	523.95o29
524	573.o544	479.14477	574	627.7351	524.86469
525	574.148o	48o.o5917	575	628.8287	525.779o9
526	575.2416	48o.97357	576	629.9224	526.69349
527	576.3352	481.88797	577	631.o16o	527.6o789
528	577.4288	482.8o237	578	632.1o96	528.52229
529	578.5224	483.71676	579	633.2o32	529.43669
53o	579.6161	484.63116	58o	634.2968	53o.351o8
531	58o.7o97	485.54556	581	635.39o4	531.26548
532	581.8o33	486.45996	582	636.484o	532.17988
533	582.8969	487.37436	583	637.5777	533.o9428
534	583.99o5	488.28876	584	638.6713	534.oo868
535	585.o841	489.2o315	585	639.7649.	534.923o8
536	586.1777	49o.11755	586	64o.8585	535.83747
537	587.2714	491.o3195	587	641.9521	536.75187
538	588.365o	491.94635	588	643.o457	537.66627
539	589.4586	492.86o75	589	644.1394	538.58o67
54o	59o.5522	493.77515	59o	645.233o	539.495o7
541	591.6458	494.68955	591	646.3266	54o.4o947
542	592.7394	495.6o394	592	647.42o2	541.32386
543	593.8331	496.51834	593	648.5138	542.23826
544	594.92o7	497.43274	594	649.6o74	543.15266
545	596.o2o3	498.34714	595	65o.7o1o	544.o67o6
546	597.1139	499.26154	596	651.7947	544.98146
547	598.2o75	5oo.17594	597	652.8883	545.89586
548	599.3o11	5o1.o9o33	598	653.9819	546.81o26
549	6oo.3947	5o2.oo473	599	655.o755	547.72465
55o	6o1.4884	5o2.91913	6oo	656.1691	548.639o5

Faktor : 1 m = 1.0936 Yard
1 Yard = 0.91440 m

Yard m	= Yard	= m	Yard m	= Yard	= m
601	657.2627	549.55345	651	711.9435	595.27337
602	658.3564	550.46785	652	713.0371	596.18777
603	659.4500	551.38225	653	714.1307	597.10217
604	660.5436	552.29665	654	715.2243	598.01637
605	661.6372	553.21104	655	716.3180	598.93097
606	662.7308	554.12544	656	717.4116	599.84536
607	663.8244	555.03984	657	718.5052	600.75976
608	664.9180	555.95424	658	719.5988	601.67416
609	666.0117	556.86864	659	720.6924	602.58856
610	667.1053	557.78304	660	721.7860	603.50296
611	668.1989	558.69743	661	722.8796	604.41736
612	669.2925	559.61183	662	723.9733	605.33175
613	670.3861	560.52623	663	725.0669	606.24615
614	671.4797	561.44063	664	726.1605	607.16055
615	672.5733	562.35503	665	727.2541	608.07495
616	673.6670	563.26943	666	728.3477	608.98935
617	674.7606	564.18383	667	729.4413	609.90375
618	675.8542	565.09822	668	730.5350	610.81814
619	676.9478	566.01262	669	731.6286	611.73254
620	678.0414	566.92702	670	732.7222	612.64694
621	679.1350	567.84142	671	733.8158	613.56134
622	680.2287	568.75582	672	734.9094	614.47574
623	681.3223	569.67022	673	736.0030	615.39014
624	682.4159	570.58461	674	737.0966	616.30454
625	683.5095	571.49901	675	738.1903	617.21893
626	684.6031	572.41341	676	739.2839	618.13333
627	685.6967	573.32781	677	740.3775	619.04773
628	686.7903	574.24221	678	741.4711	619.96213
629	687.8840	575.15661	679	742.5647	620.87653
630	688.9776	576.07100	680	743.6583	621.79093
631	690.0712	576.98540	681	744.7520	622.70532
632	691.1648	577.89980	682	745.8456	623.61972
633	692.2584	578.81420	683	746.9392	624.53412
634	693.3520	579.72860	684	748.0328	625.44852
635	694.4457	580.64300	685	749.1264	626.36292
636	695.5393	581.55740	686	750.2200	627.27732
637	696.6329	582.47179	687	751.3136	628.19171
638	697.7265	583.38619	688	752.4073	629.10611
639	698.8201	584.30059	689	753.5009	630.02051
640	699.9137	585.21499	690	754.5945	630.93491
641	701.0073	586.12939	691	755.6881	631.84931
642	702.1010	587.04379	692	756.7817	632.76371
643	703.1946	587.95818	693	757.8753	633.67811
644	704.2882	588.87258	694	758.9689	634.59250
645	705.3818	589.78698	695	760.0626	635.50690
646	706.4754	590.70138	696	761.1562	636.42130
647	707.5690	591.61578	697	762.2498	637.33570
648	708.6626	592.53018	698	763.3434	638.25010
649	709.7563	593.44457	699	764.4370	639.16450
650	710.8499	594.35897	700	765.5306	640.07889

Faktor : 1 m = 1.0936 Yard
1 Yard = 0.91440 m

Yard / m	m = Yard	Yard = m	Yard / m	m = Yard	Yard = m
701	766.6243	640.99329	751	821.3050	686.71321
702	767.7179	641.90769	752	822.3986	687.62761
703	768.8115	642.82209	753	823.4922	688.54201
704	769.9051	643.73649	754	824.5859	689.45641
705	770.9987	644.65089	755	825.6795	690.37081
706	772.0923	645.56528	756	826.7731	691.28521
707	773.1859	646.47968	757	827.8667	692.19960
708	774.2796	647.39408	758	828.9603	693.11400
709	775.3732	648.30848	759	830.0539	694.02840
710	776.4668	649.22288	760	831.1476	694.94280
711	777.5604	650.13728	761	832.2412	695.85720
712	778.6540	651.05168	762	833.3348	696.77160
713	779.7476	651.96607	763	834.4284	697.68599
714	780.8413	652.88047	764	835.5220	698.60039
715	781.9349	653.79487	765	836.6156	699.51479
716	783.0285	654.70927	766	837.7092	700.42919
717	784.1221	655.62367	767	838.8029	701.34359
718	785.2157	656.53807	768	839.8965	702.25799
719	786.3093	657.45246	769	840.9901	703.17238
720	787.4029	658.36686	770	842.0837	704.08678
721	788.4966	659.28126	771	843.1773	705.00118
722	789.5902	660.19566	772	844.2709	705.91558
723	790.6838	661.11006	773	845.3645	706.82998
724	791.7774	662.02446	774	846.4582	707.74438
725	792.8710	662.93885	775	847.5518	708.65878
726	793.9646	663.85325	776	848.6454	709.57317
727	795.0583	664.76765	777	849.7390	710.48757
728	796.1519	665.68205	778	850.8326	711.40197
729	797.2455	666.59645	779	851.9262	712.31637
730	798.3391	667.51085	780	853.0199	713.23077
731	799.4327	668.42525	781	854.1135	714.14517
732	800.5263	669.33964	782	855.2071	714.05956
733	801.6199	670.25404	783	856.3007	715.97396
734	802.7136	671.16844	784	857.3943	716.88836
735	803.8072	672.08284	785	858.4879	717.80276
736	804.9008	672.99724	786	859.5815	718.71716
737	805.9944	673.91164	787	860.6752	719.63156
738	807.0880	674.82603	788	861.7688	720.54595
739	808.1816	675.74043	789	862.8624	721.46035
740	809.2752	676.65483	790	863.9560	722.37475
741	810.3689	677.56923	791	865.0496	723.28915
742	811.4625	678.48363	792	866.1432	724.20355
743	812.5561	679.39803	793	867.2369	725.11795
744	813.6497	680.31242	794	868.3305	726.03235
745	814.7433	681.22682	795	869.4241	726.94674
746	815.8369	682.14122	796	870.5177	727.86114
747	816.9306	683.05562	797	871.6113	728.77554
748	818.0242	683.97002	798	872.7049	729.68994
749	819.1178	684.88442	799	873.7985	730.60434
750	820.2114	685.79882	800	874.8922	731.51874

Faktor: 1 m = 1.0936 Yard
1 Yard = 0.91440 m

Yard		= m	Yard		= m
m =	Yard		m =	Yard	
801	875.9858	732.43313	851	930.6665	778.15306
802	877.0794	733.34753	852	931.7602	779.06745
803	878.1730	734.26193	853	932.8538	779.98185
804	879.2666	735.17633	854	933.9474	780.89625
805	880.3602	736.09073	855	935.0410	781.81065
806	881.4539	737.00513	856	936.1346	782.72505
807	882.5475	737.91952	857	937.2282	783.63945
808	883.6411	738.83392	858	938.3218	784.55384
809	884.7347	739.74832	859	939.4155	785.46824
810	885.8283	740.66272	860	940.5091	786.38264
811	886.9219	741.57712	861	941.6027	787.29704
812	888.0155	742.49152	862	942.6963	788.21144
813	889.1092	743.40592	863	943.7899	789.12584
814	890.2028	744.32031	864	944.8835	790.04023
815	891.2964	745.23471	865	945.9771	790.95463
816	892.3900	746.14911	866	947.0708	791.86903
817	893.4836	747.06351	867	948.1644	792.78343
818	894.5772	747.97791	868	949.2580	793.69783
819	895.6708	748.89231	869	950.3516	794.61223
820	896.7645	749.80670	870	951.4452	795.52663
821	897.8581	750.72110	871	952.5388	796.44102
822	898.9517	751.63550	872	953.6325	797.35542
823	900.0453	752.54990	873	954.7261	798.26982
824	901.1389	753.46430	874	955.8197	799.18422
825	902.2325	754.37870	875	956.9133	800.09862
826	903.3262	755.29309	876	958.0069	801.01302
827	904.4198	756.20749	877	959.1005	801.92741
828	905.5134	757.12189	878	960.1941	802.84181
829	906.6070	758.03629	879	961.2878	803.75621
830	907.7006	758.95069	880	962.3814	804.67061
831	908.7942	759.86509	881	963.4750	805.58501
832	909.8878	760.77949	882	964.5686	806.49941
833	910.9815.	761.69388	883	965.6622	807.41380
834	912.0751	762.60828	884	966.7558	808.32820
835	913.1687	763.52268	885	967.8495	809.24260
836	914.2623	764.43708	886	968.9431	810.15700
837	915.3559	765.35148	887	970.0367	811.07140
838	916.4495	766.26588	888	971.1303	811.98580
839	917.5432	767.18027	889	972.2239	812.90020
840	918.6368	768.09467	890	973.3175	813.81459
841	919.7304	769.00907	891	974.4111	814.72899
842	920.8240	769.92347	892	975.5048	815.64339
843	921.9176	770.83787	893	976.5984	816.55779
844	923.0112	771.75227	894	977.6920	817.47219
845	924.1048	772.66666	895	978.7856	818.38659
846	925.1985	773.58106	896	979.8792	819.30098
847	926.2921	774.49546	897	980.9728	820.21538
848	927.3857	775.40986	898	982.0664	821.12978
849	928.4793	776.32426	899	983.1601	822.04418
850	929.5729	777.23866	900	984.2537	822.95858

Faktor: 1 m = 1.0936 Yard
1 Yard = 0.91440 m

Yard / m	m = Yard	Yard = m	Yard / m	m = Yard	Yard = m
901	985.3473	823.87298	951	1040.0281	869.59290
902	986.4409	824.78737	952	1041.1217	870.50730
903	987.5345	825.70177	953	1042.2153	871.42169
904	988.6281	826.61617	954	1043.3089	872.33609
905	989.7218	827.53057	955	1044.4025	873.25049
906	990.8154	828.44497	956	1045.4961	874.16489
907	991.9090	829.35937	957	1046.5897	875.07929
908	993.0026	830.27377	958	1047.6834	875.99369
909	994.0962	831.18816	959	1048.7770	876.90808
910	995.1898	832.10256	960	1049.8706	877.82248
911	996.2834	833.01696	961	1050.9642	878.73688
912	997.3771	833.93136	962	1052.0578	879.65128
913	998.4707	834.84576	963	1053.1514	880.56568
914	999.5643	835.76016	964	1054.2451	881.48008
915	1000.6579	836.67455	965	1055.3387	882.39448
916	1001.7515	837.58895	966	1056.4323	883.30887
917	1002.8451	838.50335	967	1057.5259	884.22327
918	1003.9388	839.41775	968	1058.6195	885.13767
919	1005.0324	840.33215	969	1059.7131	886.05207
920	1006.1260	841.24655	970	1060.8067	886.96647
921	1007.2196	842.16094	971	1061.9004	887.88087
922	1008.3132	843.07535	972	1062.9940	888.79526
923	1009.4068	843.98974	973	1064.0876	889.70966
924	1010.5004	844.90414	974	1065.1812	890.62406
925	1011.5941	845.81854	975	1066.2748	891.53846
926	1012.6877	846.73294	976	1067.4684	892.45286
927	1013.7813	847.64734	977	1068.4621	893.36726
928	1014.8749	848.56173	978	1069.5557	894.28165
929	1015.9685	849.47613	979	1070.6493	895.19605
930	1017.0621	850.39053	980	1071.7429	896.11045
931	1018.1558	851.30493	981	1072.8365	897.02485
932	1019.2494	852.21933	982	1073.9301	897.93925
933	1020.3430	853.13373	983	1075.0237	898.95365
934	1021.4366	854.04812	984	1076.1174	899.76805
935	1022.5302	854.96252	985	1077.2110	900.68244
936	1023.6238	855.87692	986	1078.3046	901.59684
937	1024.7174	856.79132	987	1079.3982	902.51124
938	1025.8111	857.70572	988	1080.4918	903.42564
939	1026.9047	858.62012	989	1081.5854	904.34004
940	1027.9983	859.53451	990	1082.6790	905.25444
941	1029.0919	860.44891	991	1083.7727	906.16883
942	1030.1855	861.36331	992	1084.8663	907.08323
943	1031.2791	862.27771	993	1085.9599	907.99763
944	1032.3727	863.19211	994	1087.0535	908.91203
945	1033.4664	864.10651	995	1088.1471	909.82643
946	1034.5600	865.02091	996	1089.2407	910.74083
947	1035.6536	865.93530	997	1090.3344	911.65522
948	1036.7472	866.84970	998	1091.4280	912.56962
949	1037.8408	867.76410	999	1092.5216	913.48402
950	1038.9344	868.67850	1000	1093.6152	914.39842

Kilometer in engl. Meile
kilometers into British miles 7

Faktor: 1 km = o.62137 engl. Meile
1 engl. Meile = 1.6o93 km

Meile / km=Meile	=	km	Meile / km=Meile	=	km
1	0.62137	1.6093	51	31.68999	82.0764
2	1.24274	3.2187	52	32.31136	83.6857
3	1.86412	4.8280	53	32.93273	85.2951
4	2.48549	6.4374	54	33.55410	86.9044
5	3.10686	8.0467	55	34.17547	88.5138
6	3.72823	9.6560	56	34.79685	90.1231
7	4.34961	11.2654	57	35.41822	91.7324
8	4.97098	12.8747	58	36.03959	93.3418
9	5.59235	14.4841	59	36.66096	94.9511
10	6.21372	16.0934	60	37.28234	96.5605
11	6.83509	17.7028	61	37.90371	98.1698
12	7.45647	19.3121	62	38.52508	99.7792
13	8.07784	20.9214	63	39.14645	101.3885
14	8.69921	22.5308	64	39.76783	102.9978
15	9.32058	24.1401	65	40.38920	104.6072
16	9.94196	25.7495	66	41.01057	106.2165
17	10.56333	27.3588	67	41.63194	107.8259
18	11.18470	28.9681	68	42.25331	109.4352
19	11.80607	30.5775	69	42.87469	111.0445
20	12.42745	32.1868	70	43.49606	112.6539
21	13.04882	33.7962	71	44.11743	114.2632
22	13.67019	35.4055	72	44.73880	115.8726
23	14.29156	37.0148	73	45.36018	117.4819
24	14.91293	38.6242	74	45.98155	119.0912
25	15.53431	40.2335	75	46.60292	120.7006
26	16.15568	41.8429	76	47.22429	122.3099
27	16.77705	43.4522	77	47.84566	123.9193
28	17.39842	45.0616	78	48.46704	125.5286
29	18.01980	46.6709	79	49.08841	127.1380
30	18.64117	48.2802	80	49.70978	128.7473
31	19.26254	49.8896	81	50.33115	130.3566
32	19.88391	51.4989	82	50.95253	131.9660
33	20.50528	53.1083	83	51.57390	133.5753
34	21.12666	54.7176	84	52.19527	135.1847
35	21.74803	56.3269	85	52.18664	136.7940
36	22.36940	57.9363	86	53.43802	138.4033
37	22.99077	59.5456	87	54.05939	140.0127
38	23.61215	61.1550	88	54.68076	141.6220
39	24.23352	62.7643	89	55.30213	143.2314
40	24.85489	64.3736	90	55.92350	144.8407
41	25.47626	65.9830	91	56.54488	146.4500
42	26.09764	67.5923	92	57.16625	148.0594
43	26.71091	69.2017	93	57.78762	149.6687
44	27.34038	70.8110	94	58.40899	151.2781
45	27.96175	72.4204	95	59.03037	152.8874
46	28.58312	74.0297	96	59.65174	154.4968
47	29.20450	75.6390	97	60.27311	156.1061
48	29.82587	77.2484	98	60.89448	157.7154
49	30.44724	78.8577	99	61.51585	159.3248
50	31.06861	80.4671	100	62.13723	160.9341

Faktor: 1 km = o.62137 engl. Meile
1 engl. Meile = 1.6o93 km

Meile = km	km=Meile	Meile = km	Meile = km	km=Meile	Meile = km
101	62.75860	162.5435	151	93.82721	243.0105
102	63.37997	164.1528	152	94.44859	244.6199
103	64.00134	165.7621	153	95.06996	246.2292
104	64.62272	167,3715	154	95.69133	247.8385
105	65.24409	168.9808	155	96.31270	249.4479
106	65.86546	170.5902	156	96.93407	251.0572
107	66.48683	172.1995	157	97.55545	252.6666
108	67.10821	173.8088	158	98.17682	254.2759
109	67.72958	175.4182	159	98.79819	255.8853
110	68.35095	177.0275	160	99.41956	257.4946
111	68.97232	178.6369	161	100.04094	259.1039
112	69.59369	180.2462	162	100.66231	260.7133
113	70.21507	181.8556	163	101.28368	262.3226
114	70.83644	183.4649	164	101.90505	263.9320
115	71.45781	185.0742	165	102.52642	265.5413
116	72.07918	186.6836	166	103.14780	267.1506
117	72.70056	188.2929	167	103.76917	268.7600
118	73.32193	189.9023	168	104.39054	270.3693
119	73.94330	191.5116	169	105.01191	271.9787
120	74.56467	193.1209	170	105.63329	273.5880
121	75.18604	194.7303	171	106.25466	275.1973
122	75.80742	196.3396	172	106.87603	276.8067
123	76.42879	197.9490	173	107.49740	278.4160
124	77.05016	199.5583	174	108.11877	280.0254
125	77.67153	201.1677	175	108.74015	281.6347
126	78.29291	202.7770	176	109.36152	283.2441
127	78.91428	204.3863	177	109.98289	284.8534
128	79.53565	205.9957	178	110.60426	286.4627
129	80.15702	207.6050	179	111.22564	288.0721
130	80.77840	209.2144	180	111.84701	289.6814
131	81.39977	210.8237	181	112.46838	291.2908
132	82.02114	212.4330	182	113.08975	292.9001
133	82.64251	214.0424	183	113.71113	294.5094
134	83.26388	215.6517	184	114.33250	296.1188
135	83.88526	217.2611	185	114.95387	297.7281
136	84.60663	218.8704	186	115.57524	299.3375
137	85.12800	220.4797	187	116.19661	300.9468
138	85.74937	222.0891	188	116.81799	302.5561
139	86.37075	223.6984	189	117.43936	304.1655
140	86.99212	225.3078	190	118.06073	305.7748
141	87.61349	226.9171	191	118.68210	307.3842
142	88.23486	228.5265	192	119.30348	308.9935
143	88.85623	230.1358	193	119.92485	310.6029
144	89.47761	231.7451	194	120.54622	312.2122
145	90.09898	233.3545	195	121.16759	313.8215
146	90.72035	234.9638	196	121.78896	315.4309
147	91.34172	236.5732	197	122.41034	317.0402
148	91.96310	238.1825	198	123.03171	318.6496
149	92.58447	239.7918	199	123.65308	320.2589
150	93.20584	241.4012	200	124.27445	321.8682

Faktor: 1 km = 0.62137 engl. Meile
1 engl. Meile = 1.6093 km

km / Meile	Meile	km	km / Meile	Meile	km
201	124.89583	323.4776	251	155.96444	403.9446
202	125.51720	325.0869	252	156.58581	405.5540
203	126.13857	326.6963	253	157.20718	407.1633
204	126.75994	328.3056	254	157.82856	408.7727
205	127.38132	329.9149	255	158.44993	410.3820
206	128.00269	331.5243	256	159.07130	411.9913
207	128.62406	333.1336	257	159.69267	413.6007
208	129.24543	334.7430	258	160.31405	415.2100
209	129.86680	336.3523	259	160.93542	416.8194
210	130.48818	337.9617	260	161.55679	418.4287
211	131.10955	339.5710	261	162.17816	420.0381
212	131.73092	341.1803	262	162.79953	421.6474
213	132.35229	342.7897	263	163.42091	423.2567
214	132.97367	344.3990	264	164.04228	424.8661
215	133.59504	346.0084	265	164.66365	426.4754
216	134.21641	347.6177	266	165.28502	428.0848
217	134.83778	349.2270	267	165.90640	429.6941
218	135.45915	350.8364	268	166.52777	431.3034
219	136.08053	352.4457	269	167.14914	432.9128
220	136.70190	354.0551	270	167.77051	434.5221
221	137.32327	355.6644	271	168.39189	436.1315
222	137.94464	357.2737	272	169.01326	437.7408
223	138.56602	358.8831	273	169.63463	439.3501
224	139.18739	360.4924	274	170.25600	440.9595
225	139.80876	362.1018	275	170.87737	442.5688
226	140.43013	363.7111	276	171.49875	444.1782
227	141.05151	365.3205	277	172.12012	445.7875
228	141.67288	366.9298	278	172.74149	447.3969
229	142.29425	368.5391	279	173.36286	449.0062
230	142.91562	370.1485	280	173.98424	450.6155
231	143.53699	371.7578	281	174.60561	452.2249
232	144.15837	373.3672	282	175.22698	453.8342
233	144.77974	374.9765	283	175.84835	455.4436
234	145.40111	376.5858	284	176.46972	457.0529
235	146.02248	378.1952	285	177.09110	458.6622
236	146.64386	379.8045	286	177.71247	460.2716
237	147.26523	381.4139	287	178.33384	461.8809
238	147.88660	383.0232	288	178.95521	463.4903
239	148.50797	384.6325	289	179.57659	465.0996
240	149.12934	386.2419	290	180.19796	466.7089
241	149.75072	387.8512	291	180.81933	468.3183
242	150.37209	389.4606	292	181.44870	469.9276
243	150.99346	391.0699	293	182.06208	471.5370
244	151.61483	392.6793	294	182.86345	473.1463
245	152.23621	394.2886	295	183.30482	474.7557
246	152.85758	395.8979	296	183.92619	476.3650
247	153.47895	397.5073	297	184.54756	477.9743
248	154.10032	399.1166	298	185.16894	479.5837
249	154.72170	400.7260	299	185.79031	481.1930
250	155.34307	402.3353	300	186.41168	482.8024

Faktor: 1 km = o.62137 engl. Meile
1 engl. Meile = 1.6o93 km

Meile / km=Meile	=	km	Meile / km=Meile	=	km
301	187.03305	484.4117	351	218.10167	564.8788
302	187.65443	486.0210	352	218.72304	566.4881
303	188.27580	487.6304	353	219.34441	568.0974
304	188.89717	489.2397	354	219.96578	569.7068
305	189.51854	490.8491	355	220.58716	571.3161
306	190.13991	492.4584	356	221.20853	572.9255
307	190.76129	494.0677	357	221.82990	574.5348
308	191.38266	495.6771	358	222.45127	576.1441
309	192.00403	497.2864	359	223.07264	577.7535
310	192.62540	498.8958	360	223.69402	579.3628
311	193.24678	500.5051	361	224.31539	580.9722
312	193.86815	502.1145	362	224.93676	582.5815
313	194.48952	503.7238	363	225.55813	584.1909
314	195.11089	505.3331	364	226.17951	585.8002
315	195.73227	506.9425	365	226.80088	587.4095
316	196.35364	508.5518	366	227.42225	589.0189
317	196.97501	510.1612	367	228.04362	590.6282
318	197.59638	511.7705	368	228.66500	592.2376
319	198.21775	513.3798	369	229.28637	593.8469
320	198.83913	514.9892	370	229.90774	595.4562
321	199.46050	516.5985	371	230.52911	597.0656
322	200.08187	518.2079	372	231.15048	598.6749
323	200.70324	519.8172	373	231.77186	600.2843
324	201.32462	521.4265	374	232.39323	601.8936
325	201.94599	523.0359	375	233.01460	603.5030
326	202.56736	524.6452	376	233.63597	605.1123
327	203.18873	526.2546	377	234.25735	606.7216
328	203.81010	527.8639	378	234.87872	608.3310
329	204.43148	529.4733	379	235.50009	609.9403
330	205.05285	531.0826	380	236.12146	611.5497
331	205.67422	532.6919	381	236.74283	613.1590
332	206.29559	534.3013	382	237.36421	614.7683
333	206.91697	535.9106	383	237.98558	616.3777
334	207.53834	537.5200	384	238.60695	617.9870
335	208.15971	539.1293	385	239.22832	619.5964
336	208.78108	540.7386	386	239.84970	621.2057
337	209.40245	542.3480	387	240.47107	622.8150
338	210.02383	543.9573	388	241.09244	624.4244
339	210.64520	545.5667	389	241.71381	626.0337
340	211.26657	547.1760	390	242.33519	627.6431
341	211.88794	548.7853	391	242.95656	629.2524
342	212.50932	550.3947	392	243.57793	630.8618
343	213.13069	552.0040	393	244.19930	632.4711
344	213.75206	553.6134	394	244.82067	634.0804
345	214.37343	555.2227	395	245.44205	635.6898
346	214.99481	556.8321	396	246.06342	637.2991
347	215.61618	558.4414	397	246.68479	638.9085
348	216.23755	560.0507	398	247.30616	640.5178
349	216.85892	561.6601	399	247.91754	642.1271
350	217.48029	563.2694	400	248.54891	643.7365

Faktor: 1 km = o.62137 engl. Meile
1 engl. Meile = 1.6o93 km

Meile / km=Meile	=	km	Meile / km=Meile	=	km
401	249.17028	645.3458	451	280.23889	725.8129
402	249.79165	646.9552	452	280.86027	727.4222
403	250.41302	648.5645	453	281.48164	729.0316
404	251.03440	650.1738	454	282.10301	730.6409
405	251.65577	651,7832	455	282.72438	732.2502
406	252.27714	653.3925	456	283.34576	733.8596
407	252.89851	655.0019	457	283.96713	735.4689
408	253.51989	656.6112	458	284.58850	737.0783
409	254.14126	658.2206	459	285.20987	738.6876
410	254.76263	659.8299	460	285.83124	740.2970
411	255.38400	661.4392	461	286.45262	741.9063
412	256.00538	663.0486	462	287.07399	743.5156
413	256.62675	664.6579	463	287.69536	745.1250
414	257.24812	666.2673	464	288.31763	746.7343
415	257.86949	667.8766	465	288.93811	748.3437
416	258.49086	669.4859	466	289.55948	749.9530
417	259.11224	671.0953	467	290.18085	751.5623
418	259.73361	672.7046	468	290.80222	753.1717
419	260.35498	674.3140	469	291.42359	754.7810
420	260.97635	675.9233	470	292.04497	756.3904
421	261.59773	677.5326	471	292.66634	757.9997
422	262.21910	679.1420	472	293.28771	759.6090
423	262.84047	680.7513	473	293.90908	761.2184
424	263.46184	682.3607	474	294.53046	762.8277
425	264.08321	683.9700	475	295.15183	764.4371
426	264.70459	685.5794	476	295.77320	766.0464
427	265.32596	687.1887	477	296.39457	767.6558
428	265.94733	688.7980	478	297.01595	769.2651
429	266.56870	690.4074	479	297.63732	770.8744
430	267.19008	692.0167	480	298.25869	772.4838
431	267.81145	693.6261	481	298.88006	774.0931
432	268.43282	695.2354	482	299.50143	775.7025
433	269.05419	696.8447	483	300.12281	777.3118
434	269.67557	698.4541	484	300.74418	778.9211
435	270.29694	700.0634	485	301.36555	780.5305
436	270.91831	701.6728	486	301.98692	782.1398
437	271.53968	703.2821	487	302.60830	783.7492
438	272.16105	704.8914	488	303.22967	785.3585
439	272.78243	706.5008	489	303.85104	786.9678
440	273.40380	708.1101	490	304.47241	788.5772
441	274.02517	709.7195	491	305.09378	790.1865
442	274.64654	711.3288	492	305.71516	791.7959
443	275.26792	712.9382	493	306.33653	793.4052
444	275.88929	714.5475	494	306.95790	795.0146
445	276.51066	716.1568	495	307.57927	796.6239
446	277.13203	717.7662	496	308.20065	798.2332
447	277.75340	719.3755	497	308.82202	799.8426
448	278.37478	720.9849	498	309.44339	801.4519
449	278.99615	722.5942	499	310.06476	803.0613
450	279.61752	724.2035	500	310.68614	804.6706

Faktor: 1 km = 0.62137 engl. Meile
1 engl. Meile = 1.6093 km

Meile km=Meile	=	km	Meile km=Meile	=	km
501	311.30751	806.2799	551	342.37612	886.7470
502	311.92888	807.8893	552	342.99749	888.3563
503	312.55025	809.4986	553	343.61887	889.9657
504	313.17162	811.1080	554	344.24024	891.5750
505	313.79300	812.7173	555	344.86161	893.1844
506	314.41437	814.3266	556	345.48298	894.7937
507	315.03574	815.9360	557	346.10435	896.4030
508	315.65711	817.5453	558	346.72573	898.0124
509	316.27849	819.1547	559	347.34710	899.6217
510	316.89986	820.7640	560	347.96847	901.2311
511	317.52123	822.3734	561	348.58984	902.8404
512	318.14260	823.9827	562	349.21122	904.4498
513	318.76397	825.5920	563	349.83259	906.0591
514	319.38535	827.2014	564	350.45396	907.6684
515	320.00672	828.8107	565	351.07533	909.2778
516	320.62809	830.4201	566	351.69670	910.8871
517	321.24946	832.0294	567	352.31808	912.4965
518	321.87084	833.6387	568	352.93945	914.1058
519	322.49221	835.2481	569	353.56082	915.7151
520	323.11358	836.8574	570	354.18219	917.3245
521	323.73495	838.4668	571	354.80357	918.9338
522	324.35632	840.0761	572	355.42494	920.5432
523	324.97770	841.6854	573	356.04631	922.1525
524	325.59907	843.2948	574	356.66768	923.7618
525	326.22044	844.9041	575	357.28906	925.3712
526	326.84181	846.5135	576	357.91043	926.9805
527	327.46319	848.1228	577	358.53180	928.5899
528	328.08456	849.7322	578	359.15317	930.1992
529	328.70593	851.3415	579	359.77454	931.8086
530	329.32730	852.9508	580	360.39592	933.4179
531	329.94868	854.5602	581	361.01729	935.0272
532	330.57005	856.1695	582	361.63866	936.6366
533	331.19142	857.7789	583	362.26003	938.2459
534	331.81279	859.3882	584	362.88141	939.8553
535	332.43416	860.9975	585	363.50278	941.4646
536	333.05554	862.6069	586	364.12415	943.0739
537	333.67691	864.2162	587	364.74552	944.6833
538	334.29828	865.8256	588	365.36689	946.2926
539	334.91965	867.4349	589	365.98827	947.9020
540	335.54103	869.0442	590	366.60964	949.5113
541	336.16240	870.6536	591	367.23101	951.1206
542	336.78377	872.2629	592	367.85238	952.7300
543	337.40514	873.8723	593	368.47376	954.3393
544	338.02651	875.4816	594	369.09513	955.9487
545	338.64789	877.0910	595	369.71650	957.5580
546	339.26926	878.7003	596	370.33787	959.1674
547	339.89063	880.3096	597	370.95925	960.7767
548	340.51200	881.9190	598	371.58062	962.3860
549	341.13338	883.5283	599	372.20199	963.9954
550	341.75475	885.1377	600	372.82336	965.6047

Faktor: 1 km = o.62137 engl. Meile
1 engl. Meile = 1.6o93 km

Meile	km=Meile	= km	Meile	km=Meile	= km
601	373.44473	967.2141	651	404.51335	1047.6811
602	374.06611	968.8234	652	405.13472	1049.2905
603	374.68748	970.4327	653	405.75609	1050.8998
604	375.30885	972.0421	654	406.37746	1052.5091
605	375.93022	973.6514	655	406.99884	1054.1185
606	376.55160	975.2608	656	407.62021	1055.7278
607	377.17297	976.8701	657	408.24158	1057.3372
608	377.79434	978.4794	658	408.86295	1058.9465
609	378.41571	980.0888	659	409.48433	1060.5559
610	379.03708	981.6981	660	410.10570	1062.1652
611	379.65846	983.3075	661	410.72707	1063.7745
612	380.27983	984.9168	662	411.34844	1065.3839
613	380.90120	986.5262	663	411.96982	1066.9932
614	381.52257	988.1355	664	412.59119	1068.6026
615	382.14395	989.7448	665	413.21256	1070.2119
616	382.76532	991.3542	666	413.83393	1071.8212
617	383.38669	992.9635	667	414.45530	1073.4306
618	384.00806	994.5729	668	415.07668	1075.0399
619	384.62944	996.1822	669	415.69805	1076.6493
620	385.25081	997.7915	670	416.31942	1078.2586
621	385.87218	999.4009	671	416.94079	1079.8679
622	386.49355	1001.0102	672	417.56217	1081.4773
623	387.11492	1002.6196	673	418.18354	1083.0866
624	387.73630	1004.2289	674	418.80491	1084.6960
625	388.35767	1005.8383	675	419.42628	1086.3053
626	388.97904	1007.4476	676	420.04765	1087.9147
627	389.60041	1009.0569	677	420.66903	1089.5240
628	390.22179	1010.6663	678	421.29040	1091.1333
629	390.84316	1012.2756	679	421.91177	1092.7427
630	391.46453	1013.8850	680	422.53314	1094.3520
631	392.08590	1015.4943	681	423.15452	1095.9614
632	392.70727	1017.1036	682	423.77589	1097.5707
633	393.32865	1018.7130	683	424.39726	1099.1800
634	393.95002	1020.3223	684	425.01863	1100.7894
635	394.57139	1021.9317	685	425.64000	1102.3987
636	395.19276	1023.5410	686	426.26138	1104.0081
637	395.81414	1025.1503	687	426.88275	1105.6174
638	396.43551	1026.7597	688	427.50412	1107.2267
639	397.05688	1028.3690	689	428.12549	1108.8361
640	397.67825	1029.9784	690	428.74687	1110.4454
641	398.29963	1031.5877	691	429.36824	1112.0548
642	398.92100	1033.1971	692	429.98961	1113.6641
643	399.54237	1034.8064	693	430.61098	1115.2735
644	400.16374	1036.4157	694	431.23236	1116.8828
645	400.78511	1038.0251	695	431.85373	1118.4921
646	401.40649	1039.6344	696	432.47510	1120.1015
647	402.02786	1041.2438	697	433.09647	1121.7108
648	402.64923	1042.8531	698	433.71784	1123.3202
649	403.27060	1044.4624	699	434.33922	1124.9295
650	403.89198	1046.0718	700	434.96059	1126.5388

Faktor: 1 km = o.62137 engl. Meile
1 engl. Meile = 1.6o93 km

Meile	km=Meile	= km	Meile	km=Meile	= km
701	435.58196	1128.1482	751	466.65057	1208.6152
702	436.20333	1129.7575	752	467.27195	1210.2246
703	436.82471	1131.3669	753	467.89332	1211.8339
704	437.44608	1132.9762	754	468.51469	1213.4433
705	438.06745	1134.5855	755	469.13606	1215.0526
706	438.68882	1136.1949	756	469.75744	1216.6619
707	439.31019	1137.8042	757	470.37881	1218.2713
708	439.93157	1139.4136	758	471.00018	1219.8806
709	440.55294	1141.0229	759	471.62155	1221.4900
710	441.17431	1142.6323	760	472.24293	1223.0993
711	441.79568	1144.2416	761	472.86430	1224.7087
712	442.41706	1145.8509	762	473.48567	1226.3180
713	443.03843	1147.4603	763	474.10704	1227.9273
714	443.65980	1149.0696	764	474.72841	1229.5367
715	444.28117	1150.6790	765	475.34979	1231.1460
716	444.90255	1152.2883	766	475.97116	1232.7554
717	445.52392	1153.8976	767	476.59253	1234.3647
718	446.14529	1155.5070	768	477.21390	1235.9740
719	446.76666	1157.1163	769	477.83528	1237.5834
720	447.38803	1158.7257	770	478.45665	1239.1927
721	448.00941	1160.3350	771	479.07802	1240.8021
722	448.63078	1161.9443	772	479.69939	1242.4114
723	449.25215	1163.5537	773	480.32076	1244.0207
724	449.87352	1165.1630	774	480.94214	1245.6301
725	450.49490	1166.7724	775	481.56351	1247.2394
726	451.11627	1168.3817	776	482.18488	1248.8488
727	451.73764	1169.9911	777	482.80625	1250.4581
728	452.35901	1171.6004	778	483.42763	1252.0675
729	452.98038	1173.2097	779	484.04900	1253.6768
730	453.60176	1174.8191	780	484.67037	1255.2861
731	454.22313	1176.4284	781	485.29174	1256.8955
732	454.84450	1178.0378	782	485.91312	1258.5048
733	455.46587	1179.6471	783	486.53449	1260.1142
734	456.08725	1181.2564	784	487.15586	1261.7235
735	456.70862	1182.8658	785	487.77723	1263.3328
736	457.32999	1184.4751	786	488.39860	1264.9422
737	457.95136	1186.0845	787	489.01998	1266.5515
738	458.57274	1187.6938	788	489.64135	1268.1609
739	459.19411	1189.3031	789	490.26272	1269.7702
740	459.81548	1190.9125	790	490.88409	1271.3795
741	460.43685	1192.5218	791	491.50547	1272.9889
742	461.05822	1194.1312	792	492.12684	1274.5982
743	461.67960	1195.7405	793	492.74821	1276.2076
744	462.30097	1197.3499	794	493.36958	1277.8169
745	462.92234	1198.9592	795	493.99095	1279.4263
746	463.54371	1200.5685	796	494.61233	1281.0356
747	464.16509	1202.1779	797	495.23370	1282.6449
748	464.78646	1203.7872	798	495.85507	1284.2543
749	465.40783	1205.3966	799	496.47644	1285.8636
750	466.02920	1207.0059	800	497.09782	1287.4730

Faktor: 1 km = o.62137 engl. Meile
1 engl. Meile = 1.6o93 km

Meile / km=Meile	=	km	Meile / km=Meile	=	km
801	497.71919	1289.0823	851	528.78780	1369.5494
802	498.34056	1290.6916	852	529.40917	1371.1587
803	498.96193	1292.3010	853	530.03055	1372.7680
804	499.58331	1293.9103	854	530.65192	1374.3774
805	500.20468	1295.5197	855	531.27329	1375.9867
806	500.82605	1297.1290	856	531.89466	1377.5961
807	501.44742	1298.7383	857	532.51604	1379.2054
808	502.06879	1300.3477	858	533.13741	1380.8147
809	502.69017	1301.9570	859	533.75878	1382.4241
810	503.31154	1303.5664	860	534.38015	1384.0334
811	503.93291	1305.1757	861	535.00152	1385.6428
812	504.55428	1306.7851	862	535.62290	1387.2521
813	505.17566	1308.3944	863	536.24427	1388.8615
814	505.79703	1310.0037	864	536.86564	1390.4708
815	506.41840	1311.6131	865	537.48701	1392.0801
816	507.03977	1313.2224	866	538.10839	1393.6895
817	507.66114	1314.8318	867	538.72976	1395.2988
818	508.28252	1316.4411	868	539.35113	1396.9082
819	508.90389	1318.0504	869	539.97250	1398.5175
820	509.52526	1319.6598	870	540.59387	1400.1268
821	510.14663	1321.2691	871	541.21525	1401.7362
822	510.76801	1322.8785	872	541.83662	1403.3455
823	511.38938	1324.4878	873	542.45799	1404.9549
824	512.01075	1326.0971	874	543.07936	1406.5642
825	512.63212	1327.7065	875	543.70074	1408.1736
826	513.25350	1329.3158	876	544.32211	1409.7829
827	513.87487	1330.9252	877	544.94348	1411.3922
828	514.49624	1332.5345	878	545.56485	1413.0016
829	515.11761	1334.1439	879	546.18623	1414.6109
830	515.73898	1335.7532	880	546.80760	1416.2203
831	516.36036	1337.3625	881	547.42897	1417.8296
832	516.98173	1338.9719	882	548.05034	1419.4389
833	517.60310	1340.5812	883	548.67171	1421.0483
834	518.22447	1342.1906	884	549.29309	1422.6576
835	518.84585	1343.7999	885	549.91446	1424.2670
836	519.46722	1345.4092	886	550.53583	1425.8763
837	520.08859	1347.0186	887	551.15720	1427.4856
838	520.70996	1348.6279	888	551.77858	1429.0950
839	521.33133	1350.2373	889	552.39995	1430.7043
840	521.95271	1351.8466	890	553.02132	1432.3137
841	522.57408	1353.4559	891	553.64269	1433.9230
842	523.19545	1355.0653	892	554.26406	1435.5324
843	523.81682	1356.6746	893	554.88544	1437.1417
844	524.43820	1358.2840	894	555.50681	1438.7510
845	525.05957	1359.8933	895	556.12818	1440.3604
846	525.68094	1361.5027	896	556.74955	1441.9697
847	526.30231	1363.1120	897	557.37093	1443.5791
848	526.92368	1364.7213	898	557.99230	1445.1884
849	527.54506	1366.3307	899	558.61367	1446.7977
850	528.16643	1367.9400	900	559.23504	1448.4071

Faktor: 1 km = o.62137 engl. Meile
1 engl. Meile = 1.6o93 km

km=Meile	Meile =	km	km=Meile	Meile =	km
901	559.85642	1450.0164	951	590.92503	1530.4835
902	560.47779	1451.6258	952	591.54640	1532.0928
903	561.09916	1453.2351	953	592.16777	1533.7022
904	561.72053	1454.8444	954	592.78915	1535.3115
905	562.34190	1456.4538	955	593.41052	1536.9208
906	562.96328	1458.0631	956	594.03189	1538.5302
907	563.58465	1459.6725	957	594.65326	1540.1395
908	564.20602	1461.2818	958	595.27463	1541.7489
909	56482739	1462.8912	959	595.89601	1543.3582
910	565.44877	1464.5005	960	596.51738	1544.9676
911	566.07014	1466.1098	961	597.13875	1546.5769
912	566.69151	1467.7192	962	597.76012	1548.1862
913	567.31288	1469.3285	963	598.38150	1549.7956
914	567.93425	1470.9379	964	599.00287	1551.4049
915	568.55563	1472.5472	965	599.62424	1553.0143
916	569.17700	1474.1465	966	600.24561	1554.6236
917	569.79837	1475.7659	967	600.86699	1556.2329
918	570.41974	1477.3752	968	601.48836	1557.8423
919	571.04112	1478.9846	969	602.10973	1559.4516
920	571.66249	1480.5939	970	602.73110	1561.0610
921	572.28386	1482.2032	971	603.35247	1562.6703
922	572.90523	1483.8126	972	603.97385	1564.2796
923	573.52661	1485.4219	973	604.59522	1565.8890
924	574.14798	1487.0313	974	605.21659	1567.4983
925	574.76935	1488.6406	975	605.83796	1569.1077
926	575.39072	1490.2500	976	606.45934	1570.7170
927	576.01209	1491.8593	977	607.08071	1572.3264
928	576.63347	1493.4686	978	607.70208	1573.9357
929	577.25484	1495.0780	979	608.32345	1575.5450
930	577.87621	1496.6873	980	608.94482	1577.1544
931	578.49758	1498.2967	981	609.56620	1578.7637
932	579.11896	1499.9060	982	610.18757	1580.3731
933	579.74033	1501.5153	983	610.80894	1581.9824
934	580.36170	1503.1247	984	611.43031	1583.5917
935	580.98307	1504.7340	985	612.05169	1585.2011
936	581.60444	1506.3434	986	612.67306	1586.8104
937	582.22582	1507.9527	987	613.29443	1588.4198
938	582.84719	1509.5620	988	613.91580	1590.0291
939	583.46856	1511.1714	989	614.53718	1591.6384
940	584.08993	1512.7807	990	615.15855	1593.2478
941	584.71131	1514.3901	991	615.77992	1594.8571
942	585.33268	1515.9994	992	616.40129	1596.4665
943	585.95405	1517.6088	993	617.02266	1598.0758
944	586.57542	1519.2181	994	617.64404	1599.6852
945	587.19680	1520.8274	995	618.26541	1601.2945
946	587.81817	1522.4368	996	618.88678	1602.9038
947	588.43954	1524.0461	997	619.50815	1604.5132
948	589.06091	1525.6555	998	620.12953	1606.1225
949	589.68228	1527.2648	999	620.75090	1607.7319
950	590.30366	1528.8741	1000	621.37227	1609.3412

Quadratzentimeter in Quadratzoll
square centimeters into square inches

8

Faktor: 1 cm^2 = 0.15500 sq.in.
1 sq.in. = 6.4516 cm^2

sq.in. / cm^2	cm^2 = sq.in.	sq.in. = cm^2	sq.in. / cm^2	cm^2 = sq.in.	sq.in. = cm^2
1	0.15500	6.4516	51	7.90504	329.0305
2	0.31000	12.9032	52	8.06004	335.4820
3	0.46500	19.3547	53	8.21505	341.9336
4	0.62000	25.8063	54	8.37005	348.3852
5	0.77500	32.2579	55	8.52505	354.8368
6	0.93001	38.7095	56	8.68005	361.2883
7	1.08501	45.1610	57	8.83505	367.7399
8	1.24001	51.6126	58	8.99005	374.1915
9	1.39501	58.0642	59	9.14505	380.6431
10	1.55001	64.5158	60	9.30005	387.0947
11	1.70501	70.9674	61	9.45505	393.5462
12	1.86001	77.4189	62	9.61005	399.9978
13	2.01501	83.8705	63	9.76505	406.4494
14	2.17001	90.3221	64	9.92005	412.9010
15	2.32501	96.7737	65	10.07506	419.3525
16	2.48001	103.2252	66	10.23006	425.8041
17	2.63501	109.6768	67	10.38506	432.2557
18	2.79002	116.1284	68	10.54006	438.7073
19	2.94502	122.5800	69	10.69506	445.1589
20	3.10002	129.0316	70	10.85006	451.6104
21	3.25502	135.4831	71	11.00506	458.0620
22	3.41002	141.9347	72	11.16006	464.5136
23	3.56502	148.3863	73	11.31506	470.9652
24	3.72002	154.8379	74	11.47006	477.4167
25	3.87502	161.2894	75	11.62506	483.8683
26	4.03002	167.7410	76	11.78006	490.3199
27	4.18502	174.1926	77	11.93507	496.7715
28	4.34002	180.6442	78	12.09007	503.2231
29	4.49502	187.0958	79	12.24507	509.6746
30	4.65003	193.5473	80	12.40007	516.1262
31	4.80503	199.9989	81	12.55507	522.5778
32	4.96003	206.4505	82	12.71007	529.0294
33	5.11503	212.9021	83	12.86507	535.4809
34	5.27003	219.3536	84	13.02007	541.9325
35	5.42503	225.8052	85	13.17507	548.3841
36	5.58003	232.2568	86	13.33007	554.8357
37	5.73503	238.7084	87	13.48507	561.2873
38	5.89003	245.1599	88	13.64007	567.7388
39	6.04503	251.6115	89	13.79508	574.1904
40	6.20003	258.0631	90	13.95008	580.6420
41	6.35503	264.5147	91	14.10508	587.0936
42	6.51004	270.9663	92	14.26008	593.5451
43	6.66504	277.4178	93	14.41508	599.9967
44	6.82004	283.8694	94	14.57008	606.4483
45	6.97504	290.3210	95	14.72508	612.8999
46	7.13004	296.7726	96	14.88008	619.3514
47	7.28504	303.2241	97	15.03508	625.8030
48	7.44004	309.6757	98	15.19008	632.2546
49	7.59504	316.1273	99	15.34508	638.7062
50	7.75004	322.5789	100	15.50009	645.1578

Faktor: 1 cm^2 = 0.15500 sq.in.
1 sq.in. = 6.4516 cm^2

	cm^2=sq.in	sq.in. = cm^2
101	15.65509	651.6093
102	15.81009	658.0609
103	15.96509	664.5125
104	16.12009	670.9641
105	16.27509	677.4156
106	16.43009	683.8672
107	16.58509	690.3188
108	16.74009	696.7704
109	16.89509	703.2220
110	17.05009	709.6735
111	17.20509	716.1251
112	17.36010	722.5767
113	17.51510	729.0283
114	17.67010	735.4798
115	17.82510	741.9314
116	17.98010	748.3830
117	18.13510	754.8346
118	18.29010	761.2862
119	18.44510	767.7377
120	18.60010	774.1893
121	18.75510	780.6409
122	18.91010	787.0925
123	19.06510	793.5440
124	19.22011	799.9956
125	19.37511	806.4472
126	19.53011	812.8988
127	19.68511	819.3504
128	19.84011	825.8019
129	19.99511	832.2535
130	20.15011	838.7051
131	20.30511	845.1567
132	20.46011	851.6082
133	20.61511	858.0598
134	20.77011	864.5114
135	20.92511	870.9630
136	21.08012	877.4146
137	21.23512	883.8661
138	21.39012	890.3177
139	21.54512	896.7693
140	21.70012	903.2209
141	21.85512	909.6724
142	22.01012	916.1240
143	22.16512	922.5756
144	22.32012	929.0272
145	22.47512	935.4788
146	22.63012	941.9303
147	22.78512	948.3819
148	22.94013	954.8335
149	23.09513	961.2851
150	23.25013	967.7366
151	23.40513	974.1882
152	23.56013	980.6398
153	23.71513	987.0914
154	23.87013	993.5430
155	24.02513	999.9945
156	24.18013	1006.4461
157	24.33513	1012.8977
158	24.49013	1019.3493
159	24.64514	1025.8008
160	24.80014	1032.2524
161	24.95514	1038.7040
162	25.11014	1045.1556
163	25.26514	1051.6071
164	25.42014	1058.0587
165	25.57514	1064.5103
166	25.73014	1070.9619
167	25.88514	1077.4135
168	26.04014	1083.8650
169	26.19514	1090.3166
170	26.35014	1096.7682
171	26.50515	1103.2198
172	26.66015	1109.6713
173	26.81515	1116.1229
174	26.97015	1122.5745
175	27.12515	1129.0261
176	27.28015	1135.4777
177	27.43515	1141.9292
178	27.59015	1148.3808
179	27.74515	1154.8324
180	27.90015	1161.2840
181	28.05515	1167.7355
182	28.21015	1174.1871
183	28.36516	1180.6387
184	28.52016	1187.0903
185	28.67516	1193.5419
186	28.83016	1199.9934
187	28.98516	1206.4450
188	29.14016	1212.8966
189	29.29516	1219.3482
190	29.45016	1225.7997
191	29.60516	1232.2513
192	29.76016	1238.7029
193	29.91516	1245.1545
194	30.07016	1251.6061
195	30.22517	1258.0576
196	30.38017	1264.5092
197	30.53517	1270.9608
198	30.69017	1277.4124
199	30.84517	1283.8639
200	31.00017	1290.3155

Faktor: $1\ cm^2 = 0.15500$ sq.in.
1 sq.in. $= 6.4516\ cm^2$

	cm^2=sq.in.	sq.in. = cm^2		cm^2=sq.in.	sq.in. = cm^2
201	31.15517	1296.7671	251	38.90521	1619.3460
202	31.31017	1303.2187	252	39.06021	1625.7976
203	31.46517	1309.6703	253	39.21522	1632.2491
204	31.62017	1316.1218	254	39.37022	1638.7007
205	31.77517	1322.5734	255	39.52522	1645.1523
206	31.93018	1329.0250	256	39.68022	1651.6039
207	32.08518	1335.4766	257	39.83522	1658.0554
208	32.24018	1341.9281	258	39.99022	1664.5070
209	32.39518	1348.3797	259	40.14522	1670.9586
210	32.55018	1354.8313	260	40.30022	1677.4102
211	32.70518	1361.2829	261	40.45522	1683.8618
212	32.86018	1367.7345	262	40.61022	1690.3133
213	33.01518	1374.1860	263	40.76522	1696.7649
214	33.17018	1380.6376	264	40.92022	1703.2165
215	33.32518	1387.0892	265	41.07523	1709.6681
216	33.48018	1393.5408	266	41.23023	1716.1196
217	33.63518	1399.9923	267	41.38523	1722.5712
218	33.79019	1406.4439	268	41.54023	1729.0228
219	33.94519	1412.8955	269	41.69523	1735.4744
220	34.10019	1419.3471	270	41.85023	1741.9260
221	34.25519	1425.7986	271	42.00523	1748.3775
222	34.41019	1432.2502	272	42.16023	1754.8291
223	34.56519	1438.7018	273	42.31523	1761.2807
224	34.72019	1445.1534	274	42.47023	1767.7323
225	34.87519	1451.6050	275	42.62523	1774.1838
226	35.03019	1458.0565	276	42.78023	1780.6354
227	35.18519	1464.5081	277	42.93524	1787.0870
228	35.34019	1470.9597	278	43.09024	1793.5386
229	35.49519	1477.4113	279	43.24524	1799.9902
230	35.65020	1483.8628	280	43.40024	1806.4417
231	35.80520	1490.3144	281	43.55524	1812.8933
232	35.96020	1496.7660	282	43.71024	1819.3449
233	36.11520	1503.2176	283	43.86524	1825.7965
234	36.27020	1509.6692	284	44.02024	1832.2480
235	36.42520	1516.1207	285	44.17524	1838.6996
236	36.58020	1522.5723	286	44.33024	1845.1512
237	36.73520	1529.0239	287	44.48524	1851.6028
238	36.89020	1535.4755	288	44.64024	1858.0543
239	37.04520	1541.9270	289	44.79525	1864.5059
240	37.20020	1548.3786	290	44.95025	1870.9575
241	37.35520	1554.8302	291	45.10525	1877.4091
242	37.51021	1561.2818	292	45.26025	1883.8607
243	37.66521	1567.7334	293	45.41525	1890.3122
244	37.82021	1574.1849	294	45.57025	1896.7638
245	37.97521	1580.6365	295	45.72525	1903.2154
246	38.13021	1587.0881	296	45.88025	1909.6670
247	38.28521	1593.5397	297	46.03525	1916.1185
248	38.44021	1599.9912	298	46.19025	1922.5701
249	38.59521	1606.4428	299	46.34525	1929.0217
250	38.75021	1612.8944	300	46.50026	1935.4733

Faktor: 1 cm^2 = 0.15500 sq.in.
1 sq.in. = 6.4516 cm^2

sq.in. = cm^2 / cm^2=sq.in.	cm^2=sq.in.	sq.in. = cm^2	sq.in. = cm^2 / cm^2=sq.in.	cm^2=sq.in.	sq.in. = cm^2
301	46.65526	1941.9249	351	54.40530	2264.5037
302	46.81026	1948.3764	352	54.56030	2270.9553
303	46.96526	1954.8280	353	54.71530	2277.4069
304	47.12026	1961.2796	354	54.87030	2283.8585
305	47.27526	1967.7312	355	55.02530	2290.3100
306	47.43026	1974.1827	356	55.18030	2296.7616
307	47.58526	1980.6343	357	55.33530	2303.2132
308	47.74026	1987.0859	358	55.49030	2309.6648
309	47.89526	1993.5375	359	55.64531	2316.1164
310	48.05026	1999.9891	360	55.80031	2322.5679
311	48.20526	2006.4406	361	55.95531	2329.0195
312	48.36027	2012.8922	362	56.11031	2335.4711
313	48.51527	2019.3438	363	56.26531	2341.9227
314	48.67027	2025.7954	364	56.42031	2348.3742
315	48.82527	2032.2469	365	56.57531	2354.8258
316	48.98027	2038.6985	366	56.57531	2361.2774
317	49.13527	2045.1501	367	56.88531	2367.7290
318	49.29027	2051.6017	368	57.04031	2374.1806
319	49.44527	2058.0533	369	57.19531	2380.6321
320	49.60027	2064.5048	370	57.35031	2387.0837
321	49.75527	2070.9564	371	57.50532	2393.5353
322	49.91027	2077.4080	372	57.66032	2399.9869
323	50.06527	2083.8596	373	57.81532	2406.4384
324	50.22028	2090.3111	374	57.97032	2412.8900
325	50.37528	2096.7627	375	58.12532	2419.3416
326	50.53028	2103.2143	376	58.28032	2425.7932
327	50.68528	2109.6659	377	58.43532	2432.2448
328	50.84028	2116.1175	378	58.59032	2438.6963
329	50.99528	2122.5690	379	58.74532	2445.1479
330	51.15028	2129.0206	380	58.90032	2451.5995
331	51.30528	2135.4722	381	59.05532	2458.0511
332	51.46028	2141.9238	382	59.21032	2464.5026
333	51.61528	2148.3753	383	59.36533	2470.9542
334	51.77028	2154.8269	384	59.52033	2477.4058
335	51.92528	2161.2785	385	59.67533	2483.8574
336	52.08029	2167.7301	386	59.83033	2490.3090
337	52.23529	2174.1817	387	59.98533	2496.7605
338	52.39029	2180.6332	388	60.14033	2503.2121
339	52.54529	2187.0848	389	60.29533	2509.6637
340	52.70029	2193.5364	390	60.45033	2516.1153
341	52.85529	2199.9880	391	60.60533	2522.5668
342	53.01029	2206.4395	392	60.76033	2529.0184
343	53.16529	2212.8911	393	60.91533	2535.4700
344	53.32029	2219.3427	394	61.07033	2541.9216
345	53.47529	2225.7943	395	61.22534	2548.3732
346	53.63029	2232.2458	396	61.38034	2554.8247
347	53.78529	2238.6974	397	61.53534	2561.2763
348	53.94030	2245.1490	398	61.69034	2567.7279
349	54.09530	2251.6006	399	61.84534	2574.1795
350	54.25030	2258.0522	400	62.00034	2580.6310

Faktor: 1 cm^2 = 0.15500 sq.in.
1 sq.in. = 6.4516 cm^2

sq.in. / cm^2=sq.in	=	cm^2	sq.in / cm^2=sq.in	=	cm^2
401	62.15534	2587.0826	451	69.90538	2909.6615
402	62.31034	2593.5342	452	70.06038	2916.1131
403	62.46534	2599.9858	453	70.21539	2922.5647
404	62.62034	2606.4374	454	70.37039	2929.0162
405	62.77534	2612.8889	455	70.52539	2935.4678
406	62.93035	2619.3405	456	70.68039	2941.9194
407	63.08535	2625.7921	457	70.83539	2948.3710
408	63.24035	2632.2437	458	70.99039	2954.8225
409	63.39535	2638.6952	459	71.14539	2961.2741
410	63.55035	2645.1468	460	71.30039	2967.7257
411	63.70535	2651.5984	461	71.45539	2974.1773
412	63.86035	2658.0500	462	71.61039	2980.6289
413	64.01535	2664.5015	463	71.76539	2987.0804
414	64.17035	2670.9531	464	71.92039	2993.5320
415	64.32535	2677.4047	465	72.07540	2999.9836
416	64.48335	2683.8563	466	72.23040	3006.4352
417	64.63535	2690.3079	467	72.38540	3012.8867
418	64.79036	2696.7594	468	72.54040	3019.3383
419	64.94536	2703.2110	469	72.69540	3025.7899
420	65.10036	2709.6626	470	72.85040	3032.2415
421	65.25536	2716.1142	471	73.00540	3038.6930
422	65.41036	2722.5657	472	73.16040	3045.1446
423	65.56536	2729.0173	473	73.31540	3051.5962
424	65.72036	2735.4689	474	73.47040	3058.0478
425	65.87536	2741.9205	475	73.62540	3064.4994
426	66.03036	2748.3721	476	73.78040	3070.9509
427	66.18536	2754.8236	477	73.93541	3077.4025
428	66.34036	2761.2752	478	74.09041	3083.8541
429	66.49536	2767.7268	479	74.24541	3090.3057
430	66.65037	2774.1784	480	74.40041	3096.7572
431	66.80537	2780.6299	481	74.55541	3103.2088
432	66.96037	2787.0815	482	74.71041	3109.6604
433	67.11537	2793.5331	483	74.86541	3116.1120
434	67.27037	2799.9847	484	75.02041	3122.5636
435	67.42537	2806.4363	485	75.17541	3129.0151
436	67.58037	2812.8878	486	75.33041	3135.4667
437	67.73537	2819.3394	487	75.48541	3141.9183
438	67.89037	2825.7910	488	75.64041	3148.3699
439	68.04537	2832.2426	489	75.79542	3154.8214
440	68.20037	2838.6941	490	75.95042	3161.2730
441	68.35537	2845.1457	491	76.10542	3167.7246
442	68.51038	2851.5973	492	76.26042	3174.1762
443	68.66538	2858.0489	493	76.41542	3180.6278
444	68.82038	2864.5005	494	76.57042	3187.0793
445	68.97538	2870.9520	495	76.72542	3193.5309
446	69.13038	2877.4036	496	76.88042	3199.9825
447	69.28538	2883.8552	497	77.03542	3206.4341
448	69.44038	2890.3068	498	77.19042	3212.8856
449	69.59538	2896.7583	499	77.34542	3219.3372
450	69.75038	2903.2099	500	77.50043	3225.7888

Faktor: 1 cm^2 = 0.15500 sq.in.
1 sq.in. = 6.4516 cm^2

sq.in. / cm^2=sq.in	=	cm^2	sq.in. / cm^2=sq.in	=	cm^2
501	77.65543	3232.2404	551	85.40547	3554.8193
502	77.81043	3238.6920	552	85.56047	3561.2708
503	77.96543	3245.1435	553	85.71547	3567.7224
504	78.12043	3251.5951	554	85.87047	3574.1740
505	78.27543	3258.0467	555	86.02547	3580.6256
506	78.43043	3264.4983	556	86.18047	3587.0771
507	78.58543	3270.9498	557	86.33547	3593.5287
508	78.74043	3277.4014	558	86.49047	3599.9803
509	78.89543	3283.8530	559	86.64548	3606.4319
510	79.05043	3290.3046	560	86.80048	3612.8835
511	79.20543	3296.7562	561	86.95548	3619.3350
512	79.36044	3303.2077	562	87.11048	3625.7866
513	79.51544	3309.6593	563	87.26548	3632.2382
514	79.67044	3316.1109	564	87.42048	3638.6898
515	79.82544	3322.5625	565	87.57540	3645.1413
516	79.98044	3329.0140	566	87.73048	3651.5929
517	80.13544	3335.4656	567	87.88548	3658.0445
518	80.29044	3341.9172	568	88.04048	3664.4961
519	80.44544	3348.3688	569	88.19548	3670.9477
520	80.60044	3354.8204	570		
521	80.75544	3361.2719	571	88.50549	3683.8508
522	80.91044	3367.7235	572	88.66049	3690.3024
523	81.06544	3374.1751	573	88.81549	3696.7540
524	81.22045	3380.6267	574	88.97049	3703.2055
525	81.37545	3387.0782	575	89.12549	3709.6571
526	81.53045	3393.5298	576	89.28049	3716.1087
527	81.68545	3399.9814	577	89.43549	3722.5603
528	81.84045	3406.4330	578	89.59049	3729.0119
529	81.99545	3412.8846	579	89.74549	3735.4634
530	82.15045	3419.3361	580	89.90049	3741.9150
531	82.30545	3425.7877	581	90.05549	3748.3666
532	82.46045	3432.2393	582	90.21049	3754.8182
533	82.61545	3438.6909	583	90.36550	3761.2697
534	82.77045	3445.1424	584	90.52050	3767.7213
535	82.92545	3451.5940	585	90.67550	3774.1729
536	83.08046	3458.0456	586	90.83050	3780.6245
537	83.23546	3464.4972	587	90.98550	3787.0761
538	83.39046	3470.9487	588	91.14050	3793.5276
539	83.54546	3477.4003	589	91.29550	3799.9792
540	83.70046	3483.8519	590	91.45050	3806.4308
541	83.85546	3490.3035	591	91.60550	3812.8824
542	84.01046	3496.7551	592	91.76050	3819.3339
543	84.16546	3503.2066	593	91.91550	3825.7855
544	84.32046	3509.6582	594	92.07050	3832.2371
545	84.47546	3516.1098	595	92.22551	3838.6887
546	84.63046	3522.5614	596	92.38051	3845.1402
547	84.78546	3529.0129	597	92.53551	3851.5918
548	84.94047	3535.4645	598	92.69051	3858.0434
549	85.09547	3541.9161	599	92.84551	3864.4950
550	85.25047	3548.3677	600	93.00051	3870.9466

Faktor: 1 cm^2 = 0.15500 sq.in.
1 sq.in. 6.4516 cm^2

sq.in. / cm^2=sq.in		cm^2	sq.in. / cm^2=sq.in		cm^2
601	93.15551	3877.3981	651	100.90555	4199.9770
602	93.31051	3883.8497	652	101.06055	4206.4286
603	93.46551	3890.3013	653	101.21556	4212.8802
604	93.62051	3896.7529	654	101.37056	4219.3318
605	93.77551	3903.2044	655	101.52556	4225.7833
606	93.93052	3909.6560	656	101.68056	4232.2349
607	94.08552	3916.1076	657	101.83556	4238.6865
608	94.24052	3922.5592	658	101.99056	4245.1381
609	94.39552	3929.0108	659	102.14556	4251.5896
610	94.55052	3935.4623	660	102.30056	4258.0412
611	94.70552	3941.9139	661	102.45556	4264.4928
612	94.86052	3948.3655	662	102.61056	4270.9444
613	95.01552	3954.8171	663	102.76556	4277.3959
614	95.17052	3961.2686	664	102.92056	4283.8475
615	95.32552	3967.7202	665	103.07557	4290.2991
616	95.48052	3974.1718	666	103.23057	4296.7507
617	95.63552	3980.6234	667	103.38557	4303.2023
618	95.79053	3987.0750	668	103.54057	4309.6538
619	95.94553	3993.5265	669	103.69557	4316.1054
620	96.10053	3999.9781	670	103.85057	4322.5570
621	96.25553	4006.4297	671	104.00557	4329.0086
622	96.41053	4012.8813	672	104.16057	4335.4601
623	96.56553	4019.3328	673	104.31557	4341.9117
624	96.72053	4025.7844	674	104.47057	4348.3633
625	96.87553	4032.2360	675	104.62557	4354.8149
626	97.03053	4038.6876	676	104.78057	4361.2665
627	97.18553	4045.1392	677	104.93558	4367.7180
628	97.34053	4051.5907	678	105.09058	4374.1696
629	97.49553	4058.0423	679	105.24558	4380.6212
630	97.65054	4064.4939	680	105.40058	4387.0728
631	97.80554	4070.9455	681	105.55558	4393.5243
632	97.96054	4077.3970	682	105.71058	4399.9759
633	98.11554	4083.8486	683	105.86558	4406.4275
634	98.27054	4090.3002	684	106.02058	4412.8791
635	98.42554	4096.7518	685	106.17558	4419.3307
636	98.58054	4103.2034	686	106.33058	4425.7822
637	98.73554	4109.6549	687	106.48558	4432.2338
638	98.89054	4116.1065	688	106.64058	4438.6854
639	99.04554	4122.5581	689	106.79559	4445.1370
640	99.20054	4129.0097	690	106.95059	4451.5885
641	99.35554	4135.4612	691	107.10559	4458.0401
642	99.51055	4141.9128	692	107.26059	4464.4917
643	99.66555	4148.3644	693	107.41559	4470.9433
644	99.82055	4154.8160	694	107.57059	4477.3949
645	99.97555	4161.2676	695	107.72559	4483.8464
646	100.13055	4167.7191	696	107.88059	4490.2980
647	100.28555	4174.1707	697	108.03559	4496.7496
648	100.44055	4180.6223	698	108.19059	4503.2012
649	100.59555	4187.0739	699	108.34559	4509.6527
650	100.75055	4193.5254	700	108.50060	4516.1043

Faktor: 1 cm^2 = 0.15500 sq.in.
1 sq.in. = 6.4516 cm^2

sq.in. = / cm^2 =	sq.in.	cm^2	sq.in. = / cm^2 =	sq.in.	cm^2
701	108.65560	4522.5559	751	116.40564	4845.1348
702	108.81060	4522.0075	752	116.56064	4851.5864
703	108.96560	4535.4591	753	116.71564	4858.0379
704	109.12060	4541.9106	754	116.87064	4864.4895
705	109.27560	4548.3622	755	117.02564	4870.9411
706	109.43060	4554.8138	756	117.18064	4877.3927
707	109.58560	4561.2654	757	117.33564	4883.8442
708	109.74060	4567.7169	758	117.49064	4890.2958
709	109.89560	4574.1685	759	117.64565	4896.7474
710	110.05060	4580.6201	760	117.80065	4903.1990
711	110.20560	4587.0717	761	117.95565	4909.6506
712	110.36061	4593.5233	762	118.11065	4916.1021
713	110.51561	4599.9748	763	118.26565	4922.5537
714	110.67061	4606.4264	764	118.42065	4929.0053
715	110.82561	4612.8780	765	118.57565	4935.4569
716	110.98061	4619.3296	766	118.57565	4941.9084
717	111.13561	4625.7811	767	118.88565	4948.3600
718	111.29061	4632.2327	768	119.04065	4954.8116
719	111.44561	4638.6843	769	119.19565	4961.2632
720	111.60061	4645.1359	770	119.35065	4967.7148
721	111.75561	4651.5874	771	119.50566	4974.1663
722	111.91061	4658.0390	772	119.66066	4980.6179
723	112.06561	4664.4906	773	119.81566	4987.0695
724	112.22062	4670.9422	774	119.97066	4993.5211
725	112.37562	4683.8453	775	120.12566	4999.9726
726	112.53062	4683.8453	776	120.28066	5006.4242
727	112.68562	4690.2969	777	120.43566	5012.8758
728	112.84062	4696.7485	778	120.59066	5019.3274
729	112.99562	4703.2001	779	120.74566	5025.7790
730	113.15062	4709.6516	780	120.90066	5032.2305
731	113.30562	4716.1032	781	121.05566	5038.6821
732	113.46062	4722.5548	782	121.21066	5045.1337
733	113.61562	4729.0064	783	121.36567	5051.5853
734	113.77062	4735.4580	784	121.52067	5058.0368
735	113.92562	4741.9095	785	121.67567	5064.4884
736	114.08063	4748.3611	786	121.83067	5070.9400
737	114.23563	4754.8127	787	121.98567	5077.3916
738	114.39063	4761.2643	788	122.14067	5083.8431
739	114.54563	4767.7158	789	122.29567	5090.2947
740	114.70063	4774.1674	790	122.45067	5096.7463
741	114.85563	4780.6190	791	122.60567	5103.1979
742	115.01063	4787.0706	792	122.76067	5109.6495
743	115.16563	4793.5222	793	122.91567	5116.1010
744	115.32063	4799.9737	794	123.07067	5122.5526
745	115.47563	4806.4253	795	123.22568	5129.0042
746	115.63063	4812.8769	796	123.38068	5135.4558
747	115.78563	4819.3285	797	123.53568	5141.9073
748	115.94064	4825.7800	798	123.69068	5148.3589
749	116.09564	4832.2316	799	123.84568	5154.8105
750	116.25064	4838.6832	800	124.00068	5161.2621

Faktor: 1 cm^2 = 0.15500 sq.in.
1 sq.in. = 6.4516 cm^2

sq.in. / cm^2=sq.in.	=	cm^2	sq.in. / cm^2=sq.in.	=	cm^2
801	124.15568	5167.7137	851	131.90572	5490.2925
802	124.31068	5174.1652	852	132.06072	5496.7441
803	124.46568	5180.6168	853	132.21573	5503.1957
804	124.62068	5187.0684	854	132.37073	5509.6473
805	124.77568	5193.5200	855	132.52573	5516.0988
806	124.93069	5199.9715	856	132.68073	5522.5504
807	125.08569	5206.4231	857	132.83573	5529.0020
808	125.24069	5212.8747	858	132.99073	5535.4536
809	125.39569	5219.3263	859	133.14573	5541.9052
810	125.55069	5225.7779	860	133.30073	5548.3567
811	125.70569	5232.2294	861	133.45573	5554.8083
812	125.86069	5238.6810	862	133.61073	5561.2599
813	126.01569	5245.1326	863	133.76573	5567.7115
814	126.17069	5251.5842	864	133.92073	5574.1630
815	126.32569	5258.0357	865	134.07574	5580.6146
816	126.48069	5264.4873	866	134.23074	4487.0662
817	126.63569	5270.9389	867	134.38574	5593.5178
818	126.79070	5277.3905	868	134.54074	5599.9694
819	126.94570	5283.8421	869	134.69574	5606.4209
820	127.10070	5290.2936	870	134.85074	5612.8725
821	127.25570	5296.7452	871	135.00574	5619.3241
822	127.41070	5303.1968	872	135.16074	5625.7757
823	127.56570	5309.6484	873	135.31574	5632.2272
824	127.72070	5316.0999	874	135.47074	5638.6788
825	127.87570	5322.5515	875	135.62574	5645.1304
826	128.03070	5329.0031	876	135.78074	5651.5820
827	128.18570	5335.4547	877	135.93575	5658.0336
828	128.34070	5341.9063	878	136.09075	5664.4851
829	128.49570	5348.3578	879	136.24575	5670.9367
830	128.65071	5354.8094	880	136.40075	5677.3883
831	128.80571	5361.2610	881	136.55575	5683.8399
832	128.96071	5367.7126	882	136.71075	5690.2914
833	129.11571	5374.1641	883	136.86575	5696.7430
834	129.27071	5380.6157	884	137.02075	5703.1946
835	129.42571	5387.0673	885	137.17575	5709.6462
836	129.58071	5393.5189	886	137.33075	5716.0978
837	129.73571	5399.9705	887	137.48575	5722.5493
838	129.89071	5406.4220	888	137.64075	5729.0009
839	130.04571	5412.8736	889	137.79576	5735.4525
840	130.20071	5419.3252	890	137.95076	5741.9041
841	130.35571	5425.7768	891	138.10576	5748.3556
842	130.51072	5432.2283	892	138.26076	5754.8072
843	130.66572	5438.6799	893	138.41576	5761.2588
844	130.82072	5445.1315	894	138.57076	5767.7104
845	130.97572	5451.5831	895	138.72576	5774.1620
846	131.13072	5458.0346	896	138.88076	5780.6135
847	131.28572	5464.4862	897	139.03576	5787.0651
848	131.44072	5470.9378	898	139.19076	5793.5167
849	131.59572	5477.3894	899	139.34576	5799.9683
850	131.75072	5483.8410	900	139.50077	5806.4198

Faktor: 1 cm^2 = 0.15500 sq.in.
1 sq.in. = 6.4516 cm^2

sq.in. = cm^2	cm^2=sq.in	cm^2	sq.in. = cm^2	cm^2=sq.in	cm^2
901	139.65577	5812.8714	951	147.40581	6135.4503
902	139.81077	5819.3230	952	147.56081	6141.9019
903	139.96577	5825.7746	953	147.71581	6148.3535
904	140.12077	5832.2262	954	147.87081	6154.8050
905	140.27577	5838.6777	955	148.02581	6161.2566
906	140.43077	5845.1293	956	148.18081	6167.7082
907	140.58577	5851.5809	957	148.33581	6174.1598
908	140.74077	5858.0325	958	148.49081	6180.6113
909	140.89577	5864.4840	959	148.64582	6187.0629
910	141.05077	5870.9356	960	148.80082	6199.9661
911	141.20577	5877.3872	961	148.95582	6199.9661
912	141.36078	5883.8388	962	149.11082	6206.4177
913	141.51578	5890.2903	963	149.26582	6212.8692
914	141.67078	5896.7419	964	149.42082	6219.3208
915	141.82578	5903.1935	965	149.57582	6225.7724
916	141.98078	5909.6451	966	149.73082	6232.2240
917	142.13578	5916.0967	967	149.88582	6238.6755
918	142.29078	5922.5482	968	150.04082	6245.1271
919	142.44578	5928.9998	969	150.19582	6251.5787
920	142.60078	5935.4514	970	150.35082	6258.0303
921	142.75578	5941.9030	971	150.50583	6264.4818
922	142.91078	5948.3545	972	150.66083	6270.9334
923	143.06578	5954.8061	973	150.81583	6277.3850
924	143.22079	5961.2677	974	150.97083	6283.8366
925	143.37579	5967.7093	975	151.12583	6290.2882
926	143.53079	5974.1609	976	151.28083	6296.7397
927	143.68579	5980.6124	977	151.43583	6303.1913
928	143.84079	5987.0640	978	151.59083	6309.6429
929	143.99579	5993.5156	979	151.74583	6316.0945
930	144.15079	5999.9672	980	151.90083	6322.5460
931	144.30579	6006.4187	981	152.05583	6328.9976
932	144.46079	6012.8703	982	152.21083	6335.4492
933	144.61579	6019.3219	983	152.36584	6341.9008
934	144.77079	6025.7735	984	152.52084	6348.3524
935	144.92579	6032.2251	985	152.67584	6354.8039
936	145.08080	6038.6766	986	152.83084	6361.2555
937	145.23580	6045.1282	987	152.98584	6367.7071
938	145.39080	6051.5798	988	153.14084	6374.1587
939	145.54580	6058.0314	989	153.29584	6380.6102
940	145.70080	6064.4829	990	153.45084	6387.0618
941	145.85580	6070.9345	991	153.60584	6393.5134
942	146.01080	6077.3861	992	153.76084	6399.9650
943	146.16580	6083.8377	993	153.91584	6406.4166
944	146.32080	6090.2893	994	154.07084	6412.8681
945	146.47580	6096.7408	995	154.22585	6419.3197
946	146.63080	6103.1924	996	154.38085	6425.7713
947	146.78580	6109.6440	997	154.53585	6432.2229
948	146.94081	6116.0956	998	154.69085	6438.6744
949	147.09581	6122.5471	999	154.84585	6445.1260
950	147.25081	6128.9987	1000	155.00085	6451.5776

Quadratzentimeter in Quadratfuß
square centimeters into square feet 9

Faktor: 1 m² = 10.764 sq.ft.
1 sq.ft. = 0.092903 m²

sq.ft. = m² m²=sq.ft. ↓	=	m² ↓	sq.ft. = m² m²=sq.ft. ↓	=	m² ↓
1	10.764	0.092903	51	548.961	4.738039
2	21.528	0.185805	52	559.725	4.830941
3	32.292	0.278708	53	570.489	4.923844
4	43.056	0.371611	54	581.253	5.016747
5	53.820	0.464514	55	592.017	5.109649
6	64.584	0.557416	56	602.781	5.202552
7	75.348	0.650319	57	613.545	5.295455
8	86.112	0.743222	58	624.309	5.388358
9	96.876	0.836124	59	635.073	5.481260
10	107.639	0.929027	60	645.837	5.574163
11	118.403	1.021930	61	656.601	5.667066
12	129.167	1.114833	62	667.365	5.759969
13	139.931	1.207735	63	678.129	5.852871
14	150.695	1.300638	64	688.893	5.945774
15	161.459	1.393541	65	699.657	6.038677
16	172.223	1.486443	66	710.421	6.131579
17	182.987	1.579346	67	721.185	6.224482
18	193.751	1.672249	68	731.948	6.317385
19	204.515	1.765152	69	742.712	6.410288
20	215.279	1.858054	70	753.476	6.503190
21	226.043	1.950957	71	764.240	6.596093
22	236.807	2.043860	72	775.004	6.688996
23	247.571	2.136763	73	785.768	6.781898
24	258.335	2.229665	74	796.532	6.874801
25	269.099	2.322568	75	807.296	6.967704
26	279.863	2.415471	76	818.060	7.060607
27	290.627	2.508373	77	828.824	7.153509
28	301.391	2.601276	78	837.588	7.246412
29	312.154	2.694179	79	850.352	7.339315
30	322.918	2.787082	80	861.116	7.432217
31	333.682	2.879984	81	871.880	7.525120
32	344.446	2.972887	82	882.644	7.618023
33	355.210	3.065790	83	893.408	7.710926
34	365.974	3.158692	84	904.172	7.803828
35	376.738	3.251595	85	914.936	7.896731
36	387.502	3.344498	86	925.700	7.989634
37	398.266	3.437401	87	936.463	8.082536
38	409.030	3.530303	88	947.227	8.175439
39	419.794	3.623206	89	957.991	8.268342
40	430.558	3.716109	90	968.755	8.361245
41	441.322	3.809011	91	979.519	8.454147
42	452.086	3.901914	92	990.283	8.547050
43	462.850	3.994817	93	1001.047	8.639953
44	473.614	4.087720	94	1011.811	8.732855
45	484.378	4.180622	95	1022.575	8.825758
46	495.142	4.273525	96	1033.339	8.918661
47	505.906	4.366428	97	1044.103	9.011564
48	516.670	4.459330	98	1054.867	9.104466
49	527.433	4.552233	99	1065.638	9.197369
50	538.197	4.645136	100	1076.395	9.290272

Faktor: 1 m^2 = 10.764 sq.ft.
1 sq.ft. = 0.092903 m^2

m^2=sq.ft.	sq.ft.	= m^2	m^2=sq.ft.	sq.ft.	= m^2
101	1087.159	9.383175	151	1625.356	14.028310
102	1097.923	9.476077	152	1636.120	14.121213
103	1108.687	9.568980	153	1646.884	14.214116
104	1119.451	9.661883	154	1657.648	14.307019
105	1130.215	9.754785	155	1668.412	14.399921
106	1140.978	9.847688	156	1679.176	14.492824
107	1151.742	9.940591	157	1689.940	14.585727
108	1162.506	10.033494	158	1700.704	14.678629
109	1173.270	10.126396	159	1711.468	14.771532
110	1184.034	10.219299	160	1722.232	14.864435
111	1194.798	10.312202	161	1732.996	14.957338
112	1205.562	10.405104	162	1743.760	15.050240
113	1216.326	10.498007	163	1754.525	15.143143
114	1227.090	10.590910	164	1765.287	15.236046
115	1237.854	10.683813	165	1776.051	15.328948
116	1248.618	10.776715	166	1786.815	15.421851
117	1259.382	10.869618	167	1797.579	15.514754
118	1270.146	10.962521	168	1808.343	15.607657
119	1280.910	11.055423	169	1819.107	15.700559
120	1291.674	11.148326	170	1829.871	15.793462
121	1302.438	11.241229	171	1840.635	15.886365
122	1313.202	11.334132	172	1851.399	15.979267
123	1323.966	11.427034	173	1862.163	16.072170
124	1334.730	11.519937	174	1872.927	16.165073
125	1345.494	11.612840	175	1883.691	16.257976
126	1356.257	11.705742	176	1894.455	16.350878
127	1367.021	11.798645	177	1905.219	16.443781
128	1377.785	11.891548	178	1915.983	16.536684
129	1388.549	11.984451	179	1926.747	16.629587
130	1399.313	12.077353	180	1937.511	16.722489
131	1410.077	12.170256	181	1948.275	16.815392
132	1420.841	12.263159	182	1959.039	16.908295
133	1431.605	12.356061	183	1969.802	17.001197
134	1442.369	12.448964	184	1980.566	17.094100
135	1453.133	12.541867	185	1991.330	17.187003
136	1463.897	12.634770	186	2002.094	17.279906
137	1474.661	12.727672	187	2012.858	17.372808
138	1485.425	12.820575	188	2023.622	17.465711
139	1496.189	12.913478	189	2034.386	17.558614
140	1506.953	13.006381	190	2045.150	17.651516
141	1517.717	13.099283	191	2055.914	17.744419
142	1525.481	13.192186	192	2066.678	17.837322
143	1539.245	13.285089	193	2077.442	17.930225
144	1550.009	13.377991	194	2088.206	18.023127
145	1560.772	13.470894	195	2098.970	18.116030
146	1571.536	13.563797	196	2109.734	18.208933
147	1582.300	13.656700	197	2120.498	18.301835
148	1593.064	13.749602	198	2131.262	18.394738
149	1603.828	13.842505	199	2142.026	18.487641
150	1614.592	13.935408	200	2152.790	18.580544

Faktor: 1 m^2 = 1o.764 sq.ft.
1 sq.ft. = o.o929o3 m^2

sq.ft = m^2 / m^2 = sq.ft.	sq.ft	m^2	sq.ft. = m^2 / m^2 = sq.ft.	sq.ft	m^2
2o1	2163.554	18.673446	251	27o1.751	23.318582
2o2	2174.317	18.766349	252	2712.515	23.411485
2o3	2185.o81	18.859252	253	2723.279	23.5o4388
2o4	2195.845	18.952154	254	2734.o43	23.59729o
2o5	22o6.6o9	19.o45o57	255	2744.8o7	23.69o193
2o6	2217.373	19.13796o	256	2755.571	23.783o96
2o7	2228.137	19.23o863	257	2766.335	23.875999
2o8	2238.9o1	19.323765	258	2777.o99	23.9689o1
2o9	2249.665	19.416668	259	2787.863	24.o618o4
21o	226o.429	19.5o9571	26o	2798.626	24.1547o7
211	2271.193	19.6o2473	261	28o9.39o	24.2476o9
212	2281.957	19.695376	262	282o.154	24.34o512
213	2292.721	19.788279	263	283o.918	24.433415
214	23o3.485	19.881182	264	2841.682	24.526318
215	2314.249	19.974o84	265	2852.446	24.61922o
216	2325.o13	2o.o66987	266	2863.21o	24.712123
217	2335.777	2o.15989o	267	2873.974	24.8o5o26
218	2346.541	2o.252793	268	2884.738	24.897928
219	2357.3o5	2o.345695	269	2895.5o2	24.99o831
22o	2368.o69	2o.438598	27o	29o6.266	25.o83734
221	2378.833	2o.5315o1	271	2917.o3o	25.176637
222	2389.596	2o.6244o3	272	2927.794	25.269539
223	24oo.36o	2o.7173o6	273	2938.558	25.362442
224	2411.124	2o.81o2o9	274	2949.322	25.455345
225	2421.888	2o.9o3112	275	296o.o86	25.548247
226	2432.652	2o.996o14	276	297o.85o	25.64115o
227	2443.416	21.o88917	277	2981.614	25.734o53
228	2454.18o	21.18182o	278	2952.378	25.826956
229	2464.944	21.274722	279	3oo3.141	25.919858
23o	2475.7o8	21.367625	28o	3o13.9o5	26.o12761
231	2486.472	21.46o528	281	3o24.669	26.1o5664
232	2497.236	21.553431	282	3o35.433	26.198566
233	25o8.ooo	21.646333	283	3o46.197	26.291469
234	2518.764	21.739236	284	3o56.961	26.384372
235	2529.528	21.832139	285	3o67.725	26.477275
236	254o.292	21.925o41	286	3o78.489	26.57o177
237	2551.o56	22.o17944	287	3o89.253	26.663o8o
238	2561.82o	22.11o847	288	31oo.o17	26.755983
239	2572.584	22.2o375o	289	311o.781	26.848886
24o	2583.348	22.296652	29o	3121.545	26.941788
241	2594.111	22.389555	291	3132.3o9	27.o34691
242	26o4.875	22.482458	292	3143.o73	27.127594
243	2615.639	22.57536o	293	3153.837	27.22o496
244	2626.4o3	22.668263	294	3164.6o1	27.313399
245	2637.167	22.761166	295	3175.365	27.4o63o2
246	2647.931	22.854o69	296	3186.129	27.4992o5
247	2658.695	22.946971	297	3196.893	27.5921o7
248	2669.459	23.o39874	298	32o7.657	27.685o1o
249	268o.223	23.132777	299	3218.42o	27.777913
25o	269o.987	23.22568o	3oo	3229.184	27.87o515

Faktor : 1 m^2 = 10.764 sq.ft.
1 sq.ft. = 0.092903 m^2

m^2=sq.ft.	sq.ft.	m^2	m^2=sq.ft	sq.ft	m^2
301	3239.948	27.963718	351	3778.146	32.608854
302	3250.712	28.056621	352	3788.910	32.701757
303	3261.476	28.149524	353	3799.674	32.794659
304	3272.240	28.242426	354	3810.438	32.887562
305	3283.004	28.335329	355	3821.202	32.980465
306	3293.768	28.428232	356	3831.965	33.073368
307	3304.532	28.521134	357	3842.729	33.166270
308	3315.296	28.614037	358	3853.493	33.259173
309	3326.060	28.706940	359	3864.257	33.352076
310	3336.824	28.799843	360	3875.021	33.444978
311	3347.588	28.892745	361	3885.785	33.537881
312	3358.352	28.985648	362	3896.549	33.630784
313	3369.116	29.078551	363	3907.313	33.723687
314	3379.880	29.171453	364	3918.077	33.816589
315	3390.644	29.264365	365	3928.841	33.909492
316	3401.408	29.357259	366	3939.605	34.002395
317	3412.172	29.450162	367	3950.369	34.095298
318	3422.935	29.543064	368	3961.133	34.188200
319	3433.699	29.635967	369	3971.897	34.281103
320	3444.463	29.728870	370	3982.661	34.374006
321	3455.227	29.821772	371	3993.425	34.466908
322	3465.991	29.914675	372	4004.189	34.559811
323	3476.755	30.007578	373	4014.953	34.652714
324	3487.519	30.100481	374	4025.717	34.745617
325	3498.283	30.193383	375	4036.481	34.838519
326	3509.047	30.286286	376	4047.244	34.931422
327	3519.811	30.379189	377	4058.008	35.024325
328	3530.575	30.472092	378	4068.772	35.117227
329	3541.339	30.564994	379	4079.536	35.210130
330	3552.103	30.657897	380	4090.300	35.303033
331	3562.867	30.750800	381	4101.064	35.395936
332	3573.631	30.843702	382	4111.828	35.488838
333	3584.395	30.936605	383	4122.592	35.581741
334	3595.159	31.029508	384	4133.356	35.674644
335	3605.923	31.122411	385	4144.120	35.767546
336	3616.687	31.215313	386	4154.484	35.860449
337	3627.450	31.308216	387	4165.648	35.953352
338	3638.214	31.401119	388	4176.412	36.046255
339	3648.978	31.494021	389	4187.176	36.139157
340	3659.742	31.586924	390	4197.940	36.232060
341	3670.506	31.679827	391	4208.704	36.324963
342	3681.270	31.772730	392	4219.468	36.417865
343	3692.034	31.865632	393	4230.232	36.510768
344	3702.798	31.958535	394	4240.996	36.603671
345	3713.562	32.051438	395	4251.759	36.696574
346	3724.326	32.144340	396	4262.523	36.789476
347	3735.090	32.237243	397	4273.287	36.882379
348	3745.854	32.330146	398	4284.051	36.975282
349	3756.618	32.423049	399	4294.815	37.068184
350	3767.382	32.515951	400	4305.579	37.161087

Faktor : 1 m^2 = 10.764 sq.ft.
1 sq.ft. = 0.092903 m^2

sq.ft. = m^2	m^2 = sq.ft.	m^2	sq.ft. = m^2	m^2 = sq.ft.	m^2
401	4316.343	37.253990	451	4854.541	41.899126
402	4327.107	37.346893	452	4865.304	41.992029
403	4337.871	37.439795	453	4876.068	42.084931
404	4348.635	37.532698	454	4886.832	42.177834
405	4359.399	37.625601	455	4897.596	42.270737
406	4370.163	37.718504	456	4908.360	42.363639
407	4380.927	37.811406	457	4919.124	42.456542
408	4391.691	37.904309	458	4929.888	42.549445
409	4402.455	37.997212	459	4940.652	42.642348
410	4413.219	38.090114	460	4951.416	42.735250
411	4423.983	38.183017	461	4962.180	42.828153
412	4434.747	38.275920	462	4972.944	42.921056
413	4445.511	38.368823	463	4983.708	43.013958
414	4456.274	38.461725	464	4994.472	43.106861
415	4467.036	38.554628	465	5005.236	43.199764
416	4477.802	38.647531	466	5016.000	43.292667
417	4488.566	38.740433	467	5026.764	43.385569
418	4499.330	38.833336	468	5037.528	43.478472
419	4510.094	38.926239	469	5048.292	43.571375
420	4520.858	39.019142	470	5059.056	43.664277
421	4531.622	39.112044	471	5069.820	43.757180
422	4542.386	39.204947	472	5080.583	43.850083
423	4553.150	39.297850	473	5091.347	43.942986
424	4563.914	39.390752	474	5102.111	44.035888
425	4574.678	39.483655	475	5112.875	44.128791
426	4585.442	39.576558	476	5123.639	44.221694
427	4596.206	39.669461	477	5134.403	44.314596
428	4606.970	39.762363	478	5145.167	44.407499
429	4617.743	39.855266	479	5155.931	44.500402
430	4628.498	39.948169	480	5166.695	44.593305
431	4639.262	40.041071	481	5177.459	44.686207
432	4650.026	40.133974	482	5188.223	44.779110
433	4660.789	40.226877	483	5198.987	44.872013
434	4671.553	40.319780	484	5209.751	44.964916
435	4682.317	40.412682	485	5220.515	45.057818
436	4693.081	40.505585	486	5231.279	45.150721
437	4703.845	40.598488	487	5242.043	45.243624
438	4714.609	40.691390	488	5252.807	45.336526
439	4725.373	40.784293	489	5263.571	45.429429
440	4736.137	40.877196	490	5274.335	45.522332
441	4746.901	40.970099	491	5285.098	45.615235
442	4757.665	41.063001	492	5295.862	45.708137
443	4768.429	41.155904	493	5306.626	45.801040
444	4779.193	41.248807	494	5317.390	45.893943
445	4789.957	41.341710	495	5328.154	45.986845
446	4800.721	41.434612	496	5338.918	46.079748
447	4811.485	41.527515	497	5349.682	46.172651
448	4822.249	41.620418	498	5360.446	46.265554
449	4833.013	41.713320	499	5371.210	46.358456
450	4843.777	41.806223	500	5381.974	46.451359

Faktor: 1 m^2 = 10.764 sq.ft
1 sq.ft. = 0.092903 m^2

	m^2 = sq.ft	sq.ft = m^2		m^2 = sq.ft.	sq.ft. = m^2
501	5392.738	46.544262	551	5930.935	51.189398
502	5403.502	46.637164	552	5941.699	51.282300
503	5414.266	46.730067	553	5952.463	51.375203
504	5425.030	46.822970	554	5963.227	51.468106
505	5435.794	46.915873	555	5973.991	51.561008
506	5446.558	47.008775	556	5984.755	51.653911
507	5457.322	47.101678	557	5995.519	51.746814
508	5468.086	47.194581	558	6006.283	51.839717
509	5478.850	47.287483	559	6017.047	51.932619
510	5489.613	47.380386	560	6027.811	52.025522
511	5500.377	47.473289	561	6038.575	52.118425
512	5511.141	47.566192	562	6049.339	52.211328
513	5521.905	47.659094	563	6060.103	52.304230
514	5532.669	47.751997	564	6070.867	52.397139
515	5543.433	47.844900	565	6091.631	52.490036
516	5554.197	47.937802	566	6092.395	52.582938
517	5564.961	48.030705	567	6103.159	52.675841
518	5575.725	48.123608	568	6113.922	52.768744
519	5586.489	48.216511	569	6124.686	52.861647
520	5597.253	48.309413	570	6135.450	52.954549
521	5608.017	48.402316	571	6146.214	53.047452
522	5618.781	48.495219	572	6156.978	53.140355
523	5629.545	48.588122	573	6167.742	53.233257
524	5640.309	48.681024	574	6178.506	53.326160
525	5651.073	48.773927	575	6189.270	53.419063
526	5661.837	48.866830	576	6200.034	53.511966
527	5672.601	48.959732	577	6210.798	53.604868
528	5683.365	49.052635	578	6221.562	53.967771
529	5694.128	49.145538	579	6232.326	53.790674
530	5704.892	49.238441	580	6243.090	53.883576
531	5715.656	49.331343	581	6253.854	53.976479
532	5726.420	49.424246	582	6264.618	54.069382
533	5737.184	49.517149	583	6275.382	54.162285
534	5747.948	49.610051	584	6286.146	54.255187
535	5758.712	49.702954	585	6296.910	54.348090
536	5769.476	49.795857	586	6307.674	54.440993
537	5780.240	49.888760	587	6318.437	54.533895
538	5791.004	49.981662	588	6329.201	54.626796
539	5801.768	50.074565	589	6339.965	54.719701
540	5812.532	50.167468	590	6350.729	54.812604
541	5823.286	50.260370	591	6361.493	54.905506
542	5834.060	50.353273	592	6372.257	54.998409
543	5844.824	50.446176	593	6383.021	55.091312
544	5855.588	50.539079	594	6393.785	55.184214
545	5866.352	50.631981	595	6404.549	55.277117
546	5877.116	50.724884	596	6415.313	55.370020
547	5887.880	50.817787	597	6426.077	55.462923
548	5898.644	50.910689	598	6436.841	55.555825
549	5909.407	51.003592	599	6447.605	55.648728
550	5920.171	51.096495	600	6458.369	55.741631

Faktor: 1 m^2 = 10.764 sq.ft.
1 sq.ft. = 0.092903 m^2

sq.ft = m^2 / m^2 = sq.ft	sq.ft	m^2	sq.ft. = m^2 / m^2 = sq.ft.	sq.ft.	m^2
601	6469.133	55.834534	651	7007.330	60.479669
602	6479.897	55.927436	652	7018.094	60.572572
603	6490.661	56.020339	653	7028.858	60.665475
604	6501.425	56.113242	654	7039.622	60.758378
605	6512.189	56.206144	655	7050.386	60.851280
606	6522.952	56.299047	656	7061.150	60.944183
607	6533.716	56.391950	657	7071.914	61.037086
608	6544.480	56.484853	658	7082.678	61.129988
609	6555.244	56.577755	659	7093.442	61.222891
610	6566.008	56.670658	660	7104.206	61.315794
611	6576.772	56.763561	661	7114.970	61.408697
612	6587.536	56.856463	662	7125.734	61.501599
613	6598.300	56.949366	663	7136.498	61.594502
614	6609.064	57.042269	664	7147.261	61.687405
615	6619.828	57.135172	665	7158.025	61.780307
616	6630.592	57.228074	666	7168.789	61.873210
617	6641.356	57.320977	667	7179.553	61.966113
618	6652.120	57.413880	668	7190.317	62.059016
619	6662.884	57.506782	669	7201.081	62.151918
620	6673.648	57.599685	670	7211.845	62.244821
621	6684.412	57.692588	671	7222.609	62.337724
622	6695.176	57.785491	672	7233.373	62.430626
623	6705.940	57.878393	673	7244.137	62.523529
624	6716.704	57.971296	674	7254.901	62.616432
625	6727.468	58.064199	675	7265.665	62.709335
626	6738.231	58.157101	676	7276.429	62.802237
627	6748.995	58.250004	677	7287.193	62.895140
628	6759.759	58.342907	678	7297.957	62.988043
629	6770.523	58.435810	679	7308.721	63.080946
630	6781.287	58.528712	680	7319.485	63.173848
631	6792.051	58.621615	681	7330.249	63.266751
632	6802.815	58.714518	682	7341.013	63.359654
633	6813.579	58.807420	683	7351.776	63.452556
634	6824.343	58.900323	684	7362.540	63.545459
635	6835.107	58.993226	685	7373.304	63.638362
636	6845.871	59.086129	686	7384.068	63.731265
637	6856.635	59.179031	687	7394.832	63.824167
638	6867.399	59.271934	688	7405.596	63.917070
639	6878.163	59.364837	689	7416.360	64.009973
640	6888.927	59.457740	690	7427.124	64.102875
641	6899.691	59.550642	691	7437.888	64.195778
642	6910.455	59.643545	692	7448.652	64.288681
643	6921.219	59.736448	693	7459.416	64.381584
644	6931.983	59.829350	694	7470.180	64.474486
645	6942.746	59.922253	695	7480.944	64.567389
646	6953.510	60.015156	696	7491.708	64.660292
647	6964.274	60.108059	697	7502.472	64.753194
648	6975.038	60.200961	698	7513.236	64.846097
649	6985.802	60.293864	699	7524.000	64.939000
650	6996.566	60.386767	700	7534.764	65.031903

Faktor: 1 m^2 = 10.764 sq.ft.
1 sq.ft. = 0.092903 m^2

sq.ft. = m^2 ↓ / m^2=sq.ft ↓		m^2 ↓	sq.ft. = m^2 ↓ / m^2=sq.ft ↓		m^2 ↓
701	7545.528	65.124805	751	8083.725	69.769941
702	7556.291	65.217708	752	8094.489	69.862844
703	7567.055	65.310611	753	8105.253	69.955747
704	7577.819	65.403513	754	8116.017	70.048649
705	7588.583	65.496416	755	8126.781	70.141552
706	7599.347	65.589319	756	8137.545	70.234455
707	7610.111	65.682222	767	8148.309	70.327358
708	7620.875	65.775124	758	8159.073	70.420260
709	7631.639	65.868027	759	8169.837	70.513163
710	7642.403	65.960930	760	8180.600	70.606066
711	7653.167	66.053832	761	8191.364	70.698968
712	7663.931	66.146735	762	8202.128	70.791871
713	7674.695	66.239638	763	8212.892	70.884774
714	7685.459	66.332541	764	8223.656	70.977677
715	7696.223	66.425443	765	8234.420	71.070579
716	7706.987	66.518346	766	8245.184	71.163482
717	7717.751	66.611249	767	8255.948	71.256385
718	7728.525	66.704152	768	8266.712	71.349287
719	7739.279	66.797054	769	8277.476	71.442190
720	7750.043	66.889957	770	8288.240	71.535093
721	7760.807	66.982860	771	8299.004	71.627996
722	7771.570	67.075762	772	8309.768	71.720898
723	7782.334	67.168665	773	8320.532	71.813801
724	7793.098	68.261568	774	8331.296	71.906704
725	7803.862	67.354471	775	8342.060	71.999606
726	7814.626	67.447373	776	8352.824	72.092509
727	7825.390	67.540276	777	8363.588	72.185412
728	7836.154	67.633179	778	8374.352	72.278315
729	7846.918	67.726081	779	8385.115	72.371217
730	7857.682	67.818984	780	8395.879	72.464120
731	7868.446	67.911887	781	8406.643	72.557023
832	7879.210	68.004790	782	8417.407	72.649925
733	7889.974	68.097692	783	8428.171	72.742828
734	7900.738	68.190595	784	8438.935	72.835731
735	7911.502	68.283498	785	8449.699	72.928634
736	7922.266	68.376400	786	8460.463	73.021536
737	7933.030	68.469303	787	8471.227	73.114439
738	7943.794	68.562206	788	8481.991	73.207342
739	7954.558	68.655109	789	8492.755	73.300245
740	7965.322	68.748011	790	8503.519	73.393147
741	7976.085	68.840914	791	8514.283	73.486050
742	7986.849	68.933817	792	8525.047	73.578953
743	7997.613	69.026719	793	8535.811	73.671855
744	8008.377	69.119622	794	8546.575	73.764758
745	8019.141	69.212525	795	8557.339	73.857661
746	8025.905	69.305428	796	8568.103	73.950564
747	8040.669	69.398330	797	8578.867	74.043466
748	8051.433	69.491233	798	8589.631	74.136369
749	8062.197	69.584136	799	8600.394	74.229272
750	8072.961	69.677039	800	8611.158	74.322174

Faktor: 1 m^2 = 10.764 sq.ft
1 sq.ft. = 0.092903 sq.ft

sq.ft. / m²	m²=sq.ft.	sq.ft. = m²	sq.ft. / m²	m²=sq.ft.	sq.ft. = m²
801	8621.922	74.415077	851	9160.120	79.060213
802	8632.686	74.507980	852	9170.884	79.153116
803	8643.450	74.600883	853	9181.648	79.246018
804	8654.214	74.693785	854	9192.412	79.338921
805	8664.978	74.786688	855	9203.176	79.431824
806	8675.742	74.879591	856	9213.939	79.524727
807	8686.506	74.972493	857	9224.703	79.617629
808	8697.270	75.065396	858	9235.467	79.710532
809	8708.034	75.158299	859	9246.231	79.803435
810	8718.798	75.251202	860	9256.995	79.896337
811	8729.562	75.344104	861	9267.759	79.789240
812	8740.326	75.437007	862	9278.523	80.082143
813	8751.090	75.529910	863	9289.287	80.175046
814	8761.854	75.622812	864	9300.051	80.267948
815	8772.618	75.715715	865	9310.815	80.360851
816	8783.382	75.808618	866	9321.579	80.453754
817	8794.146	75.901521	867	9332.343	80.546657
818	8804.909	75.994423	868	9343.107	80.639559
819	8815.673	76.087326	869	9353.871	80.732462
820	8826.437	76.180229	870	9364.635	80.825365
821	8837.201	76.273131	871	9375.399	80.918267
822	8847.965	76.366034	872	9386.163	81.011170
823	8858.729	76.458937	873	9396.927	81.104073
824	8869.493	76.551840	874	9407.691	81.196976
825	8880.257	76.644742	875	9418.455	81.289878
826	8891.021	76.737645	876	9429.218	81.382781
827	8901.785	76.830548	877	9439.982	81.475684
828	8912.549	76.923451	878	9450.746	81.568586
829	8923.313	77.016353	879	9461.510	81.661489
830	8934.077	77.109256	880	9472.274	81.754392
831	8944.841	77.202159	881	9483.038	81.847295
832	8955.605	77.295061	882	9493.802	81.940197
833	8966.369	77.387964	883	9504.566	82.033100
834	8977.133	77.480867	884	9515.330	82.126003
835	8987.897	77.573770	885	9526.094	82.218905
836	8998.661	77.666672	886	9536.858	82.311808
837	9009.424	77.759575	887	9547.626	82.404711
838	9020.188	77.852478	888	9558.386	82.497614
839	9030.952	77.945380	889	9569.150	82.590516
840	9041.716	78.038283	890	9579.914	82.683419
841	9052.480	78.131186	891	9590.678	82.776322
842	9063.244	78.224089	892	9601.442	82.869224
843	9074.008	78.316991	893	9612.206	82.962127
844	9084.772	78.409894	894	9622.970	83.055030
845	9095.536	78.502797	895	9633.733	83.147933
846	9106.300	78.595699	896	9644.497	83.240835
847	9117.064	78.688602	897	9655.261	83.333738
848	9127.828	78.781505	898	9666.025	83.426641
849	9138.592	78.874408	899	9676.789	83.519543
850	9149.356	78.967310	900	9687.553	83.612446

Faktor: 1 m^2 = 1o.764 sq.ft.
1 sq.ft. = o.o929o3 m^2

	m^2=sq.ft	sq.ft = m^2		m^2=sq.ft	sq.ft. = m^2
9o1	9698.317	83.7o5349	951	1o236.515	88.35o485
9o2	97o9.o81	83.798252	952	1o247.278	88.443388
9o3	9719.845	83.891154	953	1o258.o42	88.53629o
9o4	973o.6o9	83.984o57	954	1o268.8o6	88.629193
9o5	9741.373	84.o7696o	955	1o279.57o	88.722o96
9o6	9752.137	84.169863	956	1o29o.334	88.814998
9o7	9762.9o1	84.262765	957	1o3o1.o98	88.9o79o1
9o8	9773.665	84.355668	958	1o311.862	89.ooo8o4
9o9	9784.429	84.448571	959	1o322.626	89.o937o7
91o	9795.183	84.541473	96o	1o333.39o	89.1866o9
911	98o5.957	84.634376	961	1o344.154	89.279512
912	9816.721	84.727279	962	1o354.918	89.372415
913	9827.485	84.82o182	963	1o365.682	89.465317
914	9838.248	84.913o84	964	1o376.446	89.55822o
915	9849.o12	85.oo5987	965	1o387.21o	89.651123
916	9859.776	85.o9889o	966	1o397.974	89.744o26
917	987o.54o	85.191792	967	1o4o8.738	89.836928
918	9881.3o4	85.284695	968	1o419.5o2	89.929831
919	9892.o68	85.377598	969	1o43o.266	9o.o22734
92o	99o2.832	85.47o5o1	97o	1o441.o3o	9o.115636
921	9913.596	85.5634o3	971	1o451.794	9o.2o8539
922	9924.36o	85.6563o6	972	1o462.557	9o.3o1442
923	9935.124	85.7492o9	973	1o473.321	9o.394345
924	9945.888	85.842111	974	1o484.o85	9o.487247
925	9956.652	85.935o14	975	1o494.849	9o.58o15o
926	9967.416	86.o27917	976	1o5o5.613	9o.673o53
927	9978.18o	86.12o82o	977	1o516.377	9o.765955
928	9988.944	86.213722	978	1o527.141	9o.858858
929	9999.7o8	86.3o6625	979	1o537.9o5	9o.951761
93o	1oo1o.472	86.399528	98o	1o548.669	91.o44664
931	1oo21.236	86.49243o	981	1o559.433	91.137566
932	1oo32.ooo	86.585333	982	1o57o.197	91.23o469
933	1oo42.763	86.678236	983	1o58o.961	91.323372
934	1oo53.527	86.771139	984	1o591.725	91.416275
935	1oo64.291	86.864o41	985	1o6o2.489	91.5o9177
936	1oo75.o55	86.956944	986	1o613.253	91.6o2o8o
937	1oo85.819	87.o49847	987	1o624.o17	91.694983
938	1oo96.583	87.142749	988	1o634.781	91.787885
939	1o1o7.347	87.235652	989	1o645.545	91.88o788
94o	1o118.111	87.328555	99o	1o656.3o9	91.973691
941	1o128.578	87.421458	991	1o667.o72	92.o66594
942	1o139.639	87.51436o	992	1o677.836	92.159496
943	1o15o.4o3	87.6o7263	993	1o688.6oo	92.252399
944	1o161.167	87.7oo166	994	1o699.364	92.3453o2
945	1o171.931	87.793o69	995	1o71o.128	92.4382o4
946	1o182.695	87.885971	996	1o72o.892	92.5311o7
947	1o193.459	87.978874	997	1o731.656	92.624o1o
948	1o2o4.223	88.o71777	998	1o742.42o	92.716913
949	1o214.987	88.164679	999	1o753.184	92.8o9815
95o	1o225.751	88.257582	1ooo	1o763.948	92.9o2718

Liter in Kubikzoll
liters into cubic inches 10

<u>Faktor:</u> 1 ltr. = 61.024 cu.in.
1 cu.in. = 0.016387 ltr.

ltr.=cu.in.	cu.in. =	ltr.	ltr.=cu.in.	cu.in. =	ltr.
1	61.024	0.016387	51	3112.226	0.835736
2	122.048	0.032774	52	3173.250	0.852123
3	183.072	0.049161	53	3234.274	0.868510
4	244.096	0.065548	54	3295.298	0.884897
5	305.120	0.081935	55	3356.322	0.901284
6	366.144	0.098322	56	3417.346	0.917671
7	427.168	0.114709	57	3478.371	0.934058
8	488.192	0.131096	58	3539.395	0.950445
9	549.216	0.147483	59	3600.419	0.966832
10	610.240	0.163870	60	3661.443	0.983219
11	671.264	0.180257	61	3722.467	0.999606
12	732.289	0.196644	62	3783.491	1.015993
13	793.313	0.213031	63	3844.515	1.032380
14	854.337	0.229418	64	3905.539	1.048767
15	915.361	0.245805	65	3966.563	1.065154
16	976.385	0.262192	66	4027.587	1.081541
17	1037.409	0.278579	67	4088.611	1.097928
18	1098.433	0.294966	68	4149.635	1.114315
19	1159.457	0.311353	69	4210.659	1.130702
20	1220.481	0.327740	70	4271.683	1.147089
21	1281.505	0.344127	71	4332.707	1.163476
22	1342.529	0.360514	72	4393.731	1.179862
23	1403.553	0.376901	73	4454.755	1.196249
24	1464.577	0.393287	74	4515.779	1.212636
25	1525.601	0.409674	75	4576.803	1.229023
26	1586.625	0.426061	76	4637.827	1.245410
27	1647.649	0.442448	77	4698.851	1.261797
28	1708.673	0.458835	78	4759.875	1.278184
29	1769.697	0.475222	79	4820.899	1.294571
30	1830.721	0.491609	80	4881.924	1.310958
31	1891.745	0.507996	81	4942.948	1.327345
32	1952.769	0.524383	82	5003.972	1.343732
33	2013.793	0.540770	83	5064.996	1.360119
34	2074.817	0.557157	84	5126.020	1.376506
35	2135.842	0.573544	85	5187.044	1.392893
36	2196.866	0.589931	86	5248.068	1.409280
37	2257.890	0.606318	87	5309.092	1.425667
38	2318.914	0.622705	88	5370.116	1.442054
39	2379.938	0.639092	89	5431.140	1.458441
40	2440.962	0.655479	90	5492.164	1.474828
41	2501.986	0.671866	91	5553.188	1.491215
42	2563.010	0.688253	92	5614.212	1.507602
43	2624.034	0.704640	93	5675.236	1.523989
44	2685.058	0.721027	94	5736.260	1.540376
45	2746.082	0.737414	95	5797.284	1.556763
46	2807.106	0.753801	96	5858.308	1.573150
47	2868.130	0.770188	97	5919.332	1.589537
48	2929.154	0.786575	98	5980.356	1.605924
49	2990.178	0.802962	99	6041.380	1.622311
50	3051.202	0.819349	100	6102.404	1.655085

Faktor: 1 ltr. = 61.024 cu.in.
1 cu.in. = 0.016387 ltr.

cu.in. =		ltr.	cu.in. =		ltr.
1tr = cu.in			1tr. = cu.in		
101	6163.428	1,655085	151	9214.631	2.474434
102	6224.452	1.671472	152	9275.655	2.490821
103	6285.477	1.687859	153	9336.679	2.507208
104	6346.501	1.704246	154	9397.703	2.523595
105	6407.525	1.720633	155	9458.727	2.539982
106	6468.549	1.737020	156	9519.751	2.556369
107	6529.573	1.753407	157	9580.775	2.572756
108	6590.597	1.769794	158	9641.799	2.589143
109	6651.621	1.786181	159	9702.823	2.605530
110	6712.645	1.802568	160	9763.847	2.621917
111	6773.669	1.818955	161	9824.871	2.638304
112	6834.693	1.835342	162	9885.895	2.654691
113	6895.717	1.851729	163	9946.919	2.671078
114	6956.741	1.868116	164	10007.943	2.687465
115	7017.765	1.884503	165	10068.967	2.703852
116	7078.789	1.900890	166	10129.991	2.720239
117	7139.813	1.917277	167	10191.015	2.736625
118	7200.837	1.933664	168	10252.039	2.753012
119	7261.861	1.950051	169	10313.063	2.769399
120	7322.885	1.966437	170	10374.087	2.785786
121	7383.909	1.982824	171	10435.112	2.802173
122	7444.933	1.999211	172	10496.136	2.818560
123	7505.957	2.015598	173	10557.160	2.834947
124	7566.981	2.031985	174	10618.184	2.851334
125	7628.006	2.048372	175	10679.208	2.867721
126	7689.030	2.064759	176	10740.232	2.884108
127	7750.054	2.081146	177	10801.256	2.900495
128	7811.078	2.097533	178	10862.280	2.916882
129	7872.102	2.113920	179	10923.304	2.933269
130	7933.126	2.130307	180	10984.328	2.949656
131	7994.150	2.146694	181	11045.352	2.966043
132	8055.174	2.163081	182	11106.376	2.982430
133	8116.198	2.179468	183	11167.400	2.998817
134	8177.222	2.195855	184	11228.424	3.015204
135	8238.246	2.212242	185	11289.448	3.031591
136	8299.270	2.228629	186	11350.472	3.047978
137	8360.294	2.245016	187	11411.496	3.064365
138	8421.318	2.261403	188	11472.520	3.080752
139	8482.342	2.277790	189	11533.544	3.097139
140	8543.366	2.294177	190	11594.568	3.113526
141	8604.390	2.310564	191	11655.592	3.129913
142	8665.414	2.326951	192	11716.616	3.146300
143	8726.438	2.343338	193	11777.640	3.162687
144	8787.462	2.359725	194	11838.665	3.179074
145	8848.486	2.376112	195	11899.689	3.195461
146	8909.510	2.392499	196	11960.713	3.211848
147	8970.534	2.408886	197	12021.737	3.228235
148	9031.559	2.425273	198	12082.761	3.244622
149	9092.583	2.441660	199	12143.785	3.261009
150	9153.607	2.458047	200	12204.809	3.277396

Faktor: 1 ltr. = 61.024 cu.in
1 cu.in. = 0.016387 ltr.

cu.in. = ltr.	ltr=cu.in	ltr.	cu.in. = ltr.	ltr=cu.in	ltr.
201	12265.833	3.293783	251	15317.035	4.113132
202	12326.857	3.310170	252	15378.059	4.129519
203	12387.881	3.326557	253	15439.083	4.145906
204	12448.905	3.342944	254	15500.107	4.162293
205	12509.929	3.359331	255	15561.131	4.178680
206	12570.953	3.375718	256	15622.155	4.195067
207	12631.977	3.392105	257	15683.179	4.211454
208	12693.001	3.408492	258	15744.203	4.227841
209	12754.025	3.424879	259	15805.227	4.244228
210	12815.049	3.441266	260	15866.251	4.260615
211	12876.073	3.457653	261	15927.275	4.277002
212	12937.097	3.474040	262	15988.300	4.293388
213	12998.121	3.490427	263	16049.324	4.309775
214	13059.145	3.506814	264	16110.348	4.326162
215	13120.169	3.523200	265	16171.372	4.342549
216	13181.194	3.539587	266	16232.396	4.358936
217	13242.218	3.555974	267	16293.420	4.375323
218	13303.242	3.572361	268	16354.444	4.391710
219	13364.266	3.588748	269	16415.468	4.408097
220	13425.290	3.605135	270	16476.492	4.424484
221	13486.314	3.621522	271	16537.516	4.440871
222	13547.338	3.637909	272	16598.540	4.457258
223	13608.362	3.654296	273	16659.564	4.473645
224	13669.386	3.670683	274	16720.588	4.490032
225	13730.410	3.687070	275	16781.612	4.506419
226	13791.434	3.703457	276	16842.636	4.522806
227	13852.458	3.719844	277	16903.660	4.539193
228	13913.482	3.736231	278	16964.684	4.555580
229	13974.506	3.752618	279	17025.708	4.571967
230	14035.530	3.769005	280	17086.732	4.588354
231	14096.554	3.785392	281	17147.756	4.604741
232	14157.578	3.801779	282	17208.780	4.621128
233	14218.602	3.818166	283	17269.804	4.637515
234	14279.626	3.834553	284	17330.828	4.653902
235	14340.650	3.850940	285	17391.853	4.670289
236	14401.674	3.867327	286	17452.877	4.686676
237	14462.698	3.883714	287	17513.901	4.703063
238	14523.722	3.900101	288	17574.925	4.719450
239	14584.747	3.916488	289	17635.949	4.735837
240	14645.771	3.932875	290	17696.973	4.752224
241	14706.795	3.949262	291	17757.997	4.768611
242	14767.819	3.965649	292	17819.021	4.784998
243	14828.843	3.982036	293	17880.045	4.801385
244	14889.867	3.998423	294	17941.069	4.817772
245	14950.891	4.014810	295	18002.093	4.834159
246	15011.915	4.031197	296	18063.117	4.850546
247	15072.939	4.047584	297	18124.141	4.866933
248	15133.963	4.063971	298	18185.165	4.883320
249	15194.987	4.080358	299	18246.189	4.899707
250	15256.011	4.096745	300	18307.213	4.916094

Faktor: 1 ltr. = 61.024 cu.in.
1 cu.in. = 0.016387 ltr.

ltr.=cu.in.	cu.in. =	ltr.	ltr.=cu.in.	cu.in. =	ltr.
301	18368.237	4.932481	351	21419.439	5.751830
302	18429.261	4.948868	352	21480.463	5.768217
303	18490.285	4.965255	353	21541.488	5.784604
304	18551.309	4.981642	354	21602.512	5.800991
305	18612.333	4.998029	355	21663.536	5.817378
306	18673.357	5.014416	356	21724.560	5.833765
307	18734.382	5.030803	357	21785.584	5.850152
308	18795.406	5.047190	358	21846.608	5.866538
309	18856.430	5.063577	359	21907.632	5.882925
310	18917.454	5.079963	360	21968.656	5.899312
311	18978.478	5.096350	361	22029.680	5.915699
312	19039.502	5.112737	362	22090.704	5.932086
313	19100.526	5.129124	363	22151.728	5.948473
314	19161.550	5.145511	364	22212.752	5.964860
315	19222.574	5.161898	365	22273.776	5.981247
316	19283.598	5.178285	366	22334.800	5.997634
317	19344.622	5.194672	367	22395.824	6.014021
318	19405.646	5.211059	368	22456.848	6.030408
319	19466.670	5.227446	369	22517.872	6.046795
320	19527.694	5.243833	370	22578.896	6.063182
321	19588.718	5.260220	371	22639.920	6.079569
322	19649.742	5.276607	372	22700.944	6.095956
323	19710.766	5.292994	373	22761.968	6.112343
324	19771.790	5.309381	374	22822.992	6.128730
325	19832.814	5.325768	375	22884.017	6.145117
326	19893.838	5.342155	376	22945.041	6.161504
327	19954.862	5.358542	377	23006.065	6.177891
328	20015.886	5.374929	378	23067.089	6.194278
329	20076.910	5.391316	379	23128.113	6.210665
330	20137.935	5.407703	380	23189.137	6.227052
331	20198.959	5.424090	381	23250.161	6.243439
332	20259.983	5.440477	382	23311.185	6.259826
333	20321.007	5.456864	383	23372.209	6.276213
334	20382.031	5.473251	384	23433.233	6.292600
335	20443.055	5.489638	385	23494.257	6.308987
336	20504.079	5.506025	386	23555.281	6.325374
337	20565.103	5.522412	387	23616.305	6.341761
338	20626.127	5.538799	388	23677.329	6.358148
339	20687.151	5.555186	389	23738.353	6.374535
340	20748.175	5.571573	390	23799.377	6.390922
341	20809.199	5.587960	391	23860.401	6.407309
342	20870.223	5.604347	392	23921.425	6.423696
343	20931.247	5.620734	393	23982.449	6.440083
344	20992.271	5.637121	394	24043.473	6.456470
345	21053.295	5.653508	395	24104.497	6.472857
346	21114.319	5.669895	396	24165.521	6.489244
347	21175.343	5.686282	397	24226.545	6.505631
348	21236.367	5.702669	398	24287.570	6.522018
349	21297.391	5.719056	399	24348.594	6.538405
350	21358.415	5.735443	400	24409.618	6.554792

Faktor: 1 ltr. = 61.024 cu.in.
1 cu.in. = 0.016387 ltr.

ltr=cu.in	cu.in. =	ltr.	ltr=cu.in	cu.in. =	ltr.
401	24470.642	6.571179	451	27521.844	7.390528
402	24531.666	6.587566	452	27582.868	7.406915
403	24592.690	6.603953	453	27643.892	7.423301
404	24653.714	6.620340	454	27704.916	7.439688
405	24714.738	6.636726	455	27765.940	7.456075
406	24775.762	6.653113	456	27826.964	7.472462
407	24836.786	6.669500	457	27887.988	7.488849
408	24897.810	6.685887	458	27949.012	7.505236
409	24958.834	6.702274	459	28010.036	7.521623
410	25019.858	6.718661	460	28071.060	7.538010
411	25080.882	6.735048	461	28132.084	7.554397
412	25141.906	6.751435	462	28193.108	7.570784
413	25202.930	6.767822	463	28254.132	7.587171
414	25263.954	6.784209	464	28315.156	7.603558
415	25324.978	6.800596	465	28376.180	7.619945
	25386.002				
416	25386.002	6.816983	466	28437.205	7.636332
417	25447.026	6.833370	467	28498.229	7.652719
418	25508.050	6.849757	468	28559.253	7.669106
419	25569.074	6.866144	469	28620.277	7.685493
420	25630.098	6.882531	470	28681.301	7.701880
421	25691.123	6.898918	471	28742.325	7.718267
422	25752.147	6.915305	472	28803.349	7.734654
423	25813.171	6.931692	473	28864.373	7.751041
424	25874.195	6.948079	474	28925.397	7.767428
425	25935.219	6.964466	475	28986.421	7.783815
426	25996.243	6.980853	476	29047.445	7.800202
427	26057.267	6.997240	477	29108.469	7.816589
428	26118.291	7.013627	478	29169.493	7.832976
429	26179.315	7.030014	479	29230.517	7.849363
430	26240.339	7.046401	480	29291.541	7.865750
431	26301.363	7.062788	481	29352.565	7.882137
432	26362.387	7.079175	482	29413.589	7.898524
433	26423.411	7.095562	483	29474.613	7.914911
434	26484.435	7.111949	484	29535.637	7.931298
435	26545.459	7.128336	485	29596.661	7.947685
436	26606.483	7.144723	486	29657.685	7.964072
437	26667.507	7.161110	487	29718.709	7.980459
438	26728.531	7.177497	488	29779.733	7.996846
439	26789.555	7.193884	489	29840.758	8.013233
440	26850.597	7.210271	490	29901.782	8.029620
441	26911.603	7.226658	491	29962.806	8.046007
442	26972.627	7.243045	492	30023.830	8.062394
443	27033.651	7.259432	493	30084.854	8.078781
444	27094.676	7.275819	494	30145.878	8.095168
445	27155.700	7.292206	495	30206.902	8.111555
446	27216.724	7.308593	496	30267.926	8.127942
447	27277.748	7.324980	497	30328.950	8.144329
448	27338.772	7.341367	498	30389.974	8.160716
449	27399.796	7.357754	499	30450.998	8.177103
450	27460.820	7.374141	500	30512.022	8.193490

Faktor: 1 ltr. = 61.024 cu.in.
1 cu.in. = 0.016387 ltr.

ltr=cu.in	cu.in. =	ltr	ltr=cu.in	cu.in. =	ltr.
501	30573.046	8.209876	551	33624.248	9.029225
502	30634.070	8.226263	552	33685.272	9.045612
503	30695.094	8.242650	553	33746.296	9.061999
504	30756.118	8.259037	554	33807.320	9.078386
505	30817.142	8.275424	555	33868.344	9.094773
506	30878.166	8.291811	556	33929.368	9.111160
507	30939.190	8.308198	557	33990.393	9.127547
508	31000.214	8.324585	558	34051.417	9.143934
509	31061.238	8.340972	559	34112.441	9.160321
510	31122.262	8.357359	560	34173.465	9.176708
511	31183.286	8.373746	561	34234.489	9.193095
512	31244.311	8.390133	562	34295.513	9.209482
513	31305.335	8.406520	563	34356.537	9.225869
514	31366.359	8.422907	564	34417.561	9.242256
515	31427.383	8.439294	565	34478.585	9.258643
516	31488.407	8.455681	566	34539.609	9.275030
517	31549.431	8.472068	567	34600.633	9.291417
518	31610.455	8.488455	568	34661.657	9.307804
519	31671.479	8.504842	569	34722.681	9.324191
520	31732.503	8.521229	570	34783.705	9.340578
521	31793.527	8.537616	571	34844.729	9.356965
522	31854.551	8.554003	572	34905.753	9.373352
523	31915.575	8.570390	573	34966.777	9.389739
524	31976.599	8.586777	574	35027.801	9.406126
525	32037.623	8.603164	575	35088.825	9.422513
526	32098.647	8.619551	576	35149.849	9.438900
527	32159.671	8.635938	577	35210.873	9.455287
528	32220.695	8.652325	578	35271.897	9.471674
529	32281.719	8.668712	579	35332.921	9.488061
530	32342.743	8.685099	580	35393.946	9.504448
531	32403.767	8.701486	581	35454.970	9.520835
532	32464.791	8.717873	582	35515.994	9.537222
533	32525.815	8.734260	583	35577.018	9.553609
534	32586.839	8.750647	584	35638.042	9.569996
535	32647.864	8.767034	585	35699.066	9.586383
536	32708.888	8.783421	586	35760.090	9.602770
537	32769.912	8.799808	587	35821.114	9.619157
538	32830.936	8.816195	588	35882.138	9.635544
539	32891.960	8.832582	589	35943.162	9.651931
540	32952.984	8.848969	590	36004.186	9.668318
541	33014.008	8.865356	591	36065.210	9.684705
542	33075.032	8.881743	592	36126.234	9.701092
543	33136.056	8.898130	593	36187.258	9.717479
544	33197.080	8.914517	594	36248.282	9.733866
545	33258.104	8.930904	595	36309.306	9.750253
546	33319.128	8.947291	596	36370.330	9.766639
547	33380.152	8.963678	597	36431.354	9.783026
548	33441.176	8.980064	598	36492.378	9.799413
549	33502.200	8.996451	599	36553.402	9.815800
550	33563.224	9.012838	600	36614.426	9.832187

Faktor: 1 ltr. = 61.024 cu.in.
1 cu.in. = 0.016387 ltr.

cu.in. = ltr. / ltr.=cu.in			cu.in. = ltr. / ltr.=cu.in		
601	36675.450	9.848574	651	39726.653	10.667923
602	36736.474	9.864961	652	39787.677	10.684310
603	36797.499	9.881348	653	39848.701	10.700697
604	36858.523	9.897735	654	39909.725	10.717084
605	36919.547	9.914122	655	39970.749	10.733471
606	36980.571	9.930509	656	40031.773	10.749858
607	37041.595	9.946896	657	40092.797	10.766245
608	37102.619	9.963283	658	40153.821	10.782632
609	37163.643	9.979670	659	40214.845	10.799019
610	37224.667	9.996057	660	40275.869	10.815406
611	37285.691	10.012444	661	40336.893	10.831793
612	37346.715	10.028831	662	40397.917	10.848180
613	37407.739	10.045218	663	40458.941	10.864567
614	37468.763	10.061605	664	40519.965	10.880954
615	37529.787	10.077992	665	40580.989	10.897341
616	37590.811	10.094379	666	40642.013	10.913728
617	37651.835	10.110766	667	40703.037	10.930115
618	37712.859	10.127153	668	40764.061	10.946502
619	37773.883	10.143540	669	40825.085	10.962889
620	37834.907	10.159927	670	40886.109	10.979276
621	37895.931	10.176314	671	40947.134	10.995663
622	37956.955	10.192701	672	41008.158	11.012050
623	38017.979	10.209088	673	41069.182	11.028437
624	38079.003	10.225475	674	41130.206	11.044824
625	38140.028	10.241862	675	41191.230	11.061211
626	38140.028	10.241862	676	41252.254	11.077598
627	38262.076	10.274636	677	41313.278	11.093985
628	38323.100	10.291023	678	41374.302	11.110372
629	38384.124	10.307410	679	41435.326	11.126759
630	38445.148	10.323797	680	41496.350	11.143146
631	38506.172	10.340184	681	41557.374	11.159533
632	38567.196	10.356571	682	41618.398	11.175920
633	38628.220	10.372958	683	41679.422	11.192307
634	38689.244	10.389345	684	41740.446	11.208694
635	38750.268	10.405732	685	41801.470	11.225081
636	38811.292	10.422119	686	41862.494	11.241468
637	38872.316	10.438506	687	41923.518	11.257855
638	38933.340	10.454893	688	41984.542	11.274242
639	38994.364	10.471280	689	42045.566	11.290629
640	39055.388	10.487667	690	42106.590	11.307016
641	39116.412	10.504054	691	42167.614	11.323402
642	39177.436	10.520441	692	42228.638	11.339789
643	39238.460	10.536827	693	42289.662	11.356176
644	39299.484	10.553214	694	42350.687	11.372563
645	39360.508	10.569601	695	42411.711	11.388950
646	39421.532	10.585988	696	42472.735	11.405337
647	39482.556	10.602375	697	42533.759	11.421724
648	39543.581	10.618762	698	42594.783	11.438111
649	39604.605	10.635149	699	42655.807	11.454498
650	39665.629	10.651536	700	42716.831	11.470885

Faktor: 1 ltr. = 61.024 cu.in.
1 cu.in. = 0.016387 ltr.

ltr.=cu.in	cu.in. =	ltr.	ltr=cu.in	cu.in. =	ltr.
701	42777.855	11.487272	751	45829.057	12.306621
702	42838.879	11.503659	752	45890.081	12.323008
703	42899.903	11.520046	753	45951.105	12.339395
704	42960.927	11.536433	754	46012.129	12.355782
705	43021.951	11.552820	755	46073.153	12.372169
706	43082.975	11.569207	756	46134.177	12.388556
707	43143.999	11.585594	757	46195.201	12.404943
708	43205.023	11.601981	758	46256.225	12.421330
709	43266.047	11.618368	759	46317.249	12.437717
710	43327.071	11.634755	760	46378.273	12.454104
711	43388.095	11.651142	761	46439.297	12.470491
712	43449.119	11.667529	762	46500.322	12.486878
713	43510.143	11.683916	763	46561.346	12.503265
714	43571.167	11.700303	764	46622.370	12.519652
715	43632.191	11.716690	765	46683.394	12.536039
					12.552426
716	43693.216	11.733077	766	46744.418	12.552426
717	43754.240	11.749464	767	46805.442	12.568813
718	43815.264	11.765851	768	46866.466	12.585200
719	43876.288	11.782238	769	46927.490	12.601587
720	43937.312	11.798625	770	46988.514	12.617974
721	43998.336	11.815012	771	47049.538	12.634361
722	44059.360	11.831399	772	47110.562	12.650748
723	44120.384	11.847786	773	47171.586	12.667135
724	44181.408	11.864173	774	47232.610	12.683522
725	44242.432	11.880560	775	47293.634	12.699909
726	44303.456	11.896947	776	47354.658	12.716296
727	44364.480	11.913334	777	47415.682	12.732683
728	44425.504	11.929721	778	47476.706	12.749070
729	44486.528	11.946108	779	47537.730	12.765457
730	44547.552	11.962495	780	47598.754	12.781844
731	44608.576	11.978882	781	47659.778	12.798231
732	44669.600	11.995269	782	47720.802	12.814618
733	44730.624	12.011656	783	47781.826	12.831005
734	44791.648	12.028043	784	47842.850	12.847392
735	44852.672	12.044430	785	47903.875	12.863779
736	44913.696	12.060817	786	47964.899	12.880165
737	44974.720	12.077204	787	48025.923	12.896552
738	45035.744	12.093591	788	48086.947	12.912939
739	45096.769	12.109977	789	48147.971	12.929326
740	45157.793	12.126364	790	48208.995	12.945713
741	45218.817	12.142751	791	48270.019	12.962100
742	45279.841	12.159138	792	48331.043	12.978487
743	45340.865	12.175525	793	48392.067	12.994874
744	45401.889	12.191912	794	48453.091	13.011261
745	45462.913	12.208299	795	48514.115	13.027648
746	45523.937	12.224686	796	48575.139	13.044035
747	45584.961	12.241073	797	48636.163	13.060422
748	45645.985	12.257460	798	48697.187	13.076809
749	45707.009	12.273847	799	48758.211	13.093196
750	45768.033	12.290234	800	48819.235	13.109583

Faktor: 1 ltr. = 61.024 cu.in.
1 cu.in. = 0.016387 ltr.

cu.in. = / ltr=cu.in		ltr.	cu.in. = / ltr=cu.in		ltr.
801	48880.259	13.125970	851	51931.461	13.945319
802	48941.283	13.142357	852	51992.485	13.961706
803	49002.307	13.158744	853	52053.510	13.978093
804	49063.331	13.175131	854	52114.534	13.994480
805	49124.355	13.191518	855	52175.558	14.010867
806	49185.379	13.207905	856	52236.582	14.027254
807	49246.404	13.224292	857	52297.606	14.043641
808	49307.428	13.240679	858	52358.630	14.060028
809	49368.452	13.257066	859	52419.654	14.076415
810	49429.476	13.273453	860	52480.678	14.092802
811	49490.500	13.289840	861	52541.702	14.109189
812	49551.524	13.306227	862	52602.726	14.125576
813	49612.548	13.322614	863	52663.750	14.141963
814	49673.572	13.339001	864	52724.774	14.158350
815	49734.596	13.355388	865	52785.798	14.174737
816	49795.620	13.371775	866	52846.822	14.191124
817	49856.644	13.388162	867	52907.846	14.207511
818	49917.668	13.404549	868	52968.870	14.223898
819	49978.692	13.420936	869	53029.894	14.240285
820	50039.716	13.437323	870	53090.918	14.256672
821	50100.740	13.453710	871	53151.942	14.273059
822	50161.764	13.470097	872	53212.966	14.289446
823	50222.788	13.486484	873	53273.990	14.305833
824	50283.812	13.502871	874	53335.014	14.322220
825	50344.836	13.519258	875	53396.039	14.338607
826	50405.860	13.533645	876	53457.063	14.354994
827	50466.884	13.552032	877	53518.087	14.371381
828	50527.908	13.568419	878	53579.111	14.387768
829	50588.932	13.584806	879	53640.135	14.404155
830	50649.957	13.601193	880	53701.159	14.420542
831	50710.981	13.617580	881	53762.183	14.436928
832	50772.005	13.633967	882	53823.207	14.453315
833	50833.029	13.650354	883	53884.231	14.469702
834	50894.053	13.666740	884	53945.255	14.486089
835	50955.077	13.683127	885	54006.279	14.502476
836	51016.101	13.699514	886	54067.303	14.518863
837	51077.125	13.715901	887	54128.327	14.535250
838	51138.149	13.732288	888	54189.351	14.551637
839	51199.173	13.748675	889	54250.375	14.568024
840	51260.197	13.765062	890	54311.399	14.584411
841	51321.221	13.781449	891	54372.423	14.600798
842	51382.245	13.797836	892	54433.447	14.617185
843	51443.269	13.814223	893	54494.471	14.635572
844	51504.293	13.830610	894	54555.495	14.649959
845	51565.317	13.846997	895	54616.519	14.666346
846	51626.341	13.863384	896	54677.543	14.682733
847	51687.365	13.879771	897	54738.567	14.699120
848	51748.389	13.896158	898	54799.592	14.715507
849	51809.413	13.912545	899	54860.616	14.731894
850	51870.437	13.928932	900	54921.640	14.748281

Faktor: 1 ltr. = 61.024 cu.in.
1 cu.in. = 0.016387 ltr.

cu.in. = ltr. / ltr=cu.in			cu.in. = ltr. / ltr=cu.in		
901	54982.664	14.764668	951	58033.866	15.584017
902	55043.688	14.781055	952	58094.890	15.600404
903	55104.712	14.797442	953	58155.914	15.616791
904	55165.736	14.813829	954	58216.938	15.633178
905	55226.760	14.830216	955	58277.962	15.649565
906	55287.784	14.846603	956	58338.986	15.665952
907	55348.808	14.862990	957	58400.010	15.682339
908	55409.832	14.879377	958	58461.034	15.698726
909	55470.856	14.895764	959	58522.058	15.715113
910	55531.880	14.912151	960	58583.082	15.731500
911	55592.904	14.928538	961	58644.106	15.747887
912	55653.928	14.944925	962	58705.130	15.764274
913	55714.952	14.961312	963	58766.154	15.780661
914	55775.976	14.977699	964	58827.178	15.797048
915	55837.000	14.994086	965	58888.202	15.813435
916	55898.024	15.010473	966	58949.227	15.829822
917	55959.048	15.026860	967	59010.251	15.846209
918	56020.072	15.043247	968	59071.275	15.862596
919	56081.096	15.059634	969	59132.299	15.878983
920	56142.120	15.076021	970	59193.323	15.895370
921	56203.145	15.092408	971	59254.347	15.911757
922	56264.169	15.108795	972	59315.371	15.928144
923	56325.193	15.125182	973	59376.395	15.944531
924	56386.217	15.141569	974	59437.419	15.960918
925	56447.241	15.157956	975	59498.443	15.977305
926	56508.265	15.174343	976	59559.467	15.993692
927	56569.289	15.190730	977	59620.491	16.010078
928	56630.313	15.207117	978	59681.515	16.026465
929	56691.337	15.223503	979	59742.539	16.042852
930	56752.361	15.239890	980	59803.563	16.059239
931	56813.385	15.256277	981	59864.587	16.075626
932	56874.409	15.272664	982	59925.611	16.092013
933	56935.433	15.289051	983	59986.635	16.108400
934	56996.457	15.305438	984	60047.659	16.124787
935	57057.481	15.321825	985	60108.683	16.141174
936	57118.505	15.338212	986	60169.707	16.157561
937	57179.529	15.354599	987	60230.731	16.173948
938	57240.553	15.370986	988	60291.755	16.190335
939	57301.577	15.387373	989	60352.780	16.206722
940	57362.601	15.403760	990	60413.804	16.223109
941	57423.625	15.420147	991	60474.828	16.239496
942	57484.649	15.436534	992	60535.852	16.255883
943	57545.673	15.452921	993	60596.876	16.272270
944	57606.698	15.469308	994	60657.900	16.288657
945	57667.722	15.485695	995	60718.924	16.305044
946	57728.746	15.502082	996	60779.948	16.321431
947	57789.770	15.518469	997	60840.972	16.337818
948	57850.794	15.534856	998	60901.996	16.354205
949	57911.818	15.551243	999	60963.020	16.370592
950	57972.842	15.567630	1000	61024.044	16.386979

Liter in Imperial Gallons
liters into imperial gallons 11

Faktor: 1 ltr. = 0.21998 Imp.-Gall.
1 Imp.-Gall. = 4.5460 ltr.

ltr.=Imp.Gall	Imp.Gall.	= ltr.	ltr.=Imp.Gall	Imp.Gall.	= ltr.
1	0.21998	4.5460	51	11.21875	231.8440
2	0.43995	9.0919	52	11.43872	236.3900
3	0.65993	13.6379	53	11.65870	240.9360
4	0.87990	18.1838	54	11.87868	245.4819
5	1.09988	22.7298	55	12.09865	250.0279
6	1.31985	27.2758	56	12.31863	254.5738
7	1.53983	31.8217	57	12.53860	259.1198
8	1.75980	36.3677	58	12.75858	263.6658
9	1.97978	40.9137	59	12.97855	268.2117
10	2.19975	45.4596	60	13.19853	272.7577
11	2.41973	50.0056	61	13.41850	277.3036
12	2.63971	54.5515	62	13.63848	281.8496
13	2.85968	59.0975	63	13.85845	286.3956
14	3.07966	63.6435	64	14.07843	290.9415
15	3.29963	68.1894	65	14.29841	295.4875
16	3.51961	72.7354	66	14.51838	300.0335
17	3.73958	77.2813	67	14.73836	304.5794
18	3.95956	81.8273	68	14.95833	309.1254
19	4.17953	86.3733	69	15.17831	313.6713
20	4.39951	90.9192	70	15.39828	318.2173
21	4.61948	95.4652	71	15.61826	322.7633
22	4.83946	100.0112	72	15.83823	327.3092
23	5.05944	104.5571	73	16.05821	331.8552
24	5.27941	109.1031	74	16.27818	336.4011
25	5.49939	113.6490	75	16.49816	340.9471
26	5.71936	118.1950	76	16.71814	345.4931
27	5.93934	122.7410	77	16.93811	350.0390
28	6.15931	127.2869	78	17.15809	354.5850
29	6.37929	131.8329	79	17.37806	359.1310
30	6.59926	136.3788	80	17.59804	363.6769
31	6.81924	140.9248	81	17.81801	368.2229
32	7.03922	145.4708	82	18.03799	372.7688
33	7.25919	150.0167	83	18.25796	377.3148
34	7.47917	154.5627	84	18.47794	381.8608
35	7.69914	159.1086	85	18.69791	386.4067
36	7.91912	163.6546	86	18.91789	390.9527
37	8.13909	168.2006	87	19.13787	395.4986
38	8.35907	172.7465	88	19.35784	400.0446
39	8.57904	177.2925	89	19.57782	404.5906
40	8.79902	181.8385	90	19.79779	409.1365
41	9.01899	186.3844	91	20.01777	413.6825
42	9.23897	190.9304	92	20.23774	418.2284
43	9.45895	195.4763	93	20.45772	422.7744
44	9.67892	200.0223	94	20.67769	427.3204
45	9.89890	204.5683	95	20.89767	431.8663
46	10.11887	209.1142	96	21.11765	436.4123
47	10.33885	213.6602	97	21.33762	440.9583
48	10.55882	218.2061	98	21.55760	445.5042
49	10.77880	222.7521	99	21.77757	450.0502
50	10.99877	227.2981	100	21.99755	454.5961

Faktor: 1 ltr. = 0.21998 Imp.-Gall.
1 Imp.-Gall. = 4.5460 ltr.

ltr.=Imp.Gall	Imp. Gall.	= ltr.	ltr.=Imp.Gall	Imp. Gall.	= ltr.
101	22.21752	459.1421	151	33.21630	686.4402
102	22.43750	463.6881	152	33.43627	690.9861
103	22.65747	468.2340	153	33.65625	695.5321
104	22.87745	472.7800	154	33.87622	700.0781
105	23.09742	477.3259	155	34.09620	704.6240
106	23.31740	481.8719	156	34.31617	709.1700
107	23.53738	486.4179	157	34.53615	713.7159
108	23.75735	490.9638	158	34.75612	718.2619
109	23.97733	495.5098	159	34.97610	722.8079
110	24.19730	500.0558	160	35.19608	727.3538
111	24.41728	504.6017	161	35.41605	731.8998
112	24.63725	509.1477	162	35.63603	736.4457
113	24.85723	513.6936	163	35.85600	740.9917
114	25.07720	518.2396	164	36.07598	745.5377
115	25.29718	522.7856	165	36.29595	750.0836
116	25.51715	527.3315	166	36.51593	754.6296
117	25.73713	531.8775	167	36.73590	759.1756
118	25.95711	536.4234	168	36.95588	763.7215
119	26.17708	540.9694	169	37.17585	768.2675
120	26.39706	545.5154	170	37.39583	772.8134
121	26.61703	550.0613	171	37.61581	777.3594
122	26.83701	554.6073	172	37.83578	781.9054
123	27.05698	559.1533	173	38.05576	786.4513
124	27.27696	563.6992	174	38.27573	790.9973
125	27.49693	568.2452	175	38.49571	795.5432
126	27.71691	572.7911	176	38.71568	800.0892
127	27.93688	577.3371	177	38.93566	804.6352
128	28.15686	581.8831	178	39.15563	809.1811
129	28.37684	586.4290	179	39.37561	813.7271
130	28.59681	590.9750	180	39.59558	818.2731
131	28.81679	595.5209	181	39.81556	822.8190
132	29.03676	600.0669	182	40.03554	827.3650
133	29.25674	604.6129	183	40.25551	851.9109
134	29.47671	609.1588	184	40.47549	836.4569
135	29.69669	613.7048	185	40.69546	841.0029
136	29.91666	618.2508	186	40.91544	845.5488
137	30.13664	622.7967	187	41.13541	850.0948
138	30.35661	627.3427	188	41.35539	854.6407
139	30.57659	631.8886	189	41.57536	859.1867
140	30.79657	636.4346	190	41.79534	863.7327
141	31.01654	640.9806	191	42.01531	868.2786
142	31.23652	645.5265	192	42.23529	872.8246
143	31.45649	650.0725	193	42.45527	877.3706
144	31.67647	654.6184	194	42.67524	881.9165
145	31.89644	659.1644	195	42.89522	886.4625
146	32.11642	663.7104	196	43.11519	891.0084
147	32.33639	668.2563	197	43.33517	895.5544
148	32.55637	672.8023	198	43.55514	900.1004
149	32.77635	677.3482	199	43.77512	904.6463
150	32.99632	681.8942	200	43.99509	909.1923

Faktor: 1 ltr. = 0.21998 Imp.-Gall.
1 Imp. Gall. = 4.5460 ltr.

ltr. = Imp. Gall. / Imp. Gall. = ltr.	Imp. Gall.	ltr.	ltr. = Imp. Gall. / Imp. Gall. = ltr.	Imp. Gall.	ltr.
201	44.21507	913.7382	251	55.21384	1141.0363
202	44.43504	918.2842	252	55.43382	1145.5823
203	44.65502	922.8302	253	55.65379	1150.1282
204	44.87500	927.3761	254	55.87377	1154.6742
205	45.09497	931.9221	255	56.09374	1159.2202
206	45.31495	936.4680	256	56.31372	1163.7661
207	45.53492	941.0140	257	56.53370	1168.3121
208	45.75490	945.5600	258	56.75367	1172.8580
209	45.97487	950.1059	259	56.97365	1177.4040
210	46.19485	954.6519	260	57.19362	1181.9500
211	46.41482	959.1979	261	57.41360	1186.4959
212	46.63480	963.7438	262	57.63357	1191.0419
213	46.85478	968.2898	263	57.85355	1195.5878
214	47.07475	972.8357	264	58.07352	1200.1338
215	47.29473	977.3817	265	58.29350	1204.6798
216	47.51470	981.9277	266	58.51348	1209.2257
217	47.73468	986.4736	267	58.73345	1213.7717
218	47.95465	991.0196	268	58.95343	1218.3177
219	48.17463	995.5655	269	59.17340	1222.8636
220	48.39460	1000.1115	270	59.39338	1227.4096
221	48.61458	1004.6575	271	59.61335	1231.9555
222	48.83455	1009.2034	272	59.83333	1236.5015
223	49.05453	1013.7494	273	60.05330	1241.0475
224	49.27451	1018.1954	274	60.27328	1245.5934
225	49.49448	1022.8413	275	60.49325	1250.1394
226	49.71446	1027.3873	276	60.71323	1254.6853
227	49.93443	1031.9332	277	60.93321	1259.2313
228	50.15441	1036.4792	278	61.15318	1263.7773
229	50.37438	1041.0252	279	61.37316	1268.3232
230	50.59436	1045.5711	280	61.59313	1272.8692
231	50.81433	1050.1171	281	61.81311	1277.4152
232	51.03431	1054.6630	282	62.03308	1281.9611
233	51.25428	1059.2090	283	62.25306	1286.5071
234	51.47426	1063.7550	284	62.47303	1291.0530
235	51.69424	1068.3009	285	62.69301	1295.5990
236	51.91421	1072.8469	286	62.91298	1300.1450
237	52.13419	1077.3929	287	63.13296	1304.6909
238	52.35416	1081.9388	288	63.35294	1309.2369
239	52.57414	1086.4848	289	63.57291	1313.7828
240	52.79411	1091.0307	290	63.79289	1318.3288
241	53.01409	1095.5767	291	64.01286	1322.8748
242	53.23406	1100.1227	292	64.23284	1327.4207
243	53.45404	1104.6686	293	64.45281	1331.9667
244	53.67401	1109.2146	294	64.67279	1336.5127
245	53.89399	1113.7605	295	64.89276	1341.0586
246	54.11397	1118.3065	296	65.11274	1345.6046
247	54.33394	1122.8525	297	65.33271	1350.1505
248	54.55392	1127.3984	298	65.55269	1354.6965
249	54.77389	1131.9444	299	65.77267	1359.2425
250	54.99387	1136.4904	300	65.99264	1363.7884

Faktor: 1 ltr. = 0.21998 Imp.-Gall.
1 Imp. Gall. = 4.5460 ltr.

ltr. = Imp. Gall.	Imp. Gall.	ltr.	ltr. = Imp. Gall.	Imp. Gall.	ltr.
301	66.21262	1368.3344	351	77.21139	1595.6325
302	66.43259	1372.8803	352	77.43137	1600.1784
303	66.65257	1377.4263	353	77.65134	1604.7244
304	66.87254	1381.9723	354	77.87132	1609.2703
305	67.09252	1386.5182	355	78.09129	1613.8163
306	67.31249	1391.0642	356	78.31127	1618.3623
307	67.53247	1395.6101	357	78.53124	1622.9082
308	67.75244	1400.1561	358	78.75122	1627.4542
309	67.97242	1404.7021	359	78.97119	1632.0001
310	68.19240	1409.2480	360	79.19117	1636.5461
311	68.41237	1413.7940	361	79.41114	1641.0921
312	68.63235	1418.3400	362	79.63112	1645.6380
313	68.85232	1422.8859	363	79.85110	1650.1840
314	69.07230	1427.4319	364	80.07107	1654.7299
315	69.29227	1431.9778	365	80.29105	1659.2759
316	69.51225	1436.5238	366	80.51102	1663.8219
317	69.73222	1441.0698	367	80.73100	1668.3678
318	69.95220	1445.6157	368	80.95097	1672.9138
319	70.17217	1450.1617	369	81.17095	1677.4598
320	70.39215	1454.7076	370	81.39092	1682.0057
321	70.61213	1459.2536	371	81.61090	1686.5517
322	70.83210	1463.7996	372	81.83087	1691.0976
323	71.05208	1468.3455	373	82.05085	1695.6436
324	71.27205	1472.8915	374	82.27083	1700.1896
325	71.49203	1477.4375	375	82.49080	1704.73055
326	71.71200	1481.9834	376	82.71078	1709.2815
327	71.93198	1486.5294	377	82.93075	1713.8274
328	72.15195	1491.0753	378	83.15073	1718.3734
329	72.37193	1495.6213	379	83.37070	1722.9194
330	72.59191	1500.1673	380	83.59068	1727.4653
331	72.81188	1504.7132	381	83.81065	1732.0113
332	73.03186	1509.2592	382	84.03063	1736.5573
333	73.25183	1513.8051	383	84.25061	1741.1032
334	73.47181	1518.3511	384	84.47058	1745.6492
335	73.69178	1522.8971	385	84.69056	1750.1951
336	73.91176	1527.4430	386	84.91053	1754.7411
337	74.13173	1531.9890	387	85.13051	1759.2871
338	74.35171	1536.5350	388	85.35048	1763.8330
339	74.57168	1541.0809	389	85.57046	1768.3790
340	74.79166	1545.6269	390	85.79043	1772.9249
341	75.01164	1550.1728	391	86.01041	1777.4709
342	75.23161	1554.7188	392	86.23038	1782.0169
343	75.45159	1559.2648	393	86.45036	1786.5628
344	75.67156	1563.8107	394	86.67034	1791.1088
345	75.89154	1568.3567	395	86.89031	1795.6548
346	76.11151	1572.9026	396	87.11029	1800.2007
347	76.33149	1577.4486	397	87.33026	1804.7467
348	76.55146	1581.9946	398	87.55024	1809.2926
349	76.77144	1586.5405	399	87.77021	1813.8386
350	76.99141	1591.0865	400	87.99019	1818.3846

Faktor: 1 ltr. = 0.21998 Imp.-Gall.
1 Imp.Gall. = 4.5460 ltr.

Imp.Gall. = ltr.	ltr.=Imp.Gall	ltr.	Imp.Gall. = ltr.	ltr.=Imp.Gall	ltr.
401	88.21016	1822.9305	451	99.20894	2050.2286
402	88.43014	1827.4765	452	99.42891	2054.7746
403	88.65011	1832.0224	453	99.64889	2059.3205
404	88.87009	1836.5684	454	99.86886	2063.8665
405	89.09007	1841.1144	455	100.08884	2068.4124
406	89.31004	1845.6603	456	100.30881	2072.9584
407	89.53002	1850.2063	457	100.52879	2077.5044
408	89.74999	1854.7523	458	100.74877	2082.0503
409	89.96997	1859.2982	459	100.96874	2086.5963
410	90.18994	1863.8442	460	101.18872	2091.1422
411	90.40992	1868.3901	461	101.40869	2095.6882
412	90.62989	1872.9361	462	101.62867	2100.2342
413	90.84987	1877.4821	463	101.84864	2104.7801
414	91.06984	1882.0280	464	102.06862	2109.3261
415	91.28982	1886.5740	465	102.28859	2113.8721
416	91.50980	1891.1199	466	102.50857	2118.4180
417	91.72977	1895.6659	467	102.72854	2122.9640
418	91.94975	1900.2119	468	102.94852	2127.5099
419	92.16972	1904.7578	469	103.16850	2132.0559
420	92.38970	1909.3038	470	103.38847	2136.6019
421	92.60967	1913.8497	471	103.60848	2141.1478
422	92.82965	1918.3857	472	103.82842	2145.6938
423	93.04962	1922.9417	473	104.04840	2150.2397
424	93.26960	1927.4876	474	104.26837	2154.7857
425	93.48957	1932.0336	475	104.48835	2159.3317
426	93.70955	1936.5796	476	104.70832	2163.8776
427	93.92953	1941.1255	477	104.92830	2168.4236
428	94.14950	1945.6715	478	105.14827	2172.9695
429	94.36948	1950.2174	479	105.36825	2177.5155
430	94.58945	1954.7634	480	105.58823	2182.0615
431	94.80943	1959.3094	481	105.80820	2186.6074
432	95.02940	1963.8553	482	106.02818	2191.1534
433	95.24938	1968.4013	483	106.24815	2195.6994
434	95.46935	1972.9472	484	106.46813	2200.2453
435	95.68933	1977.4932	485	106.68810	2204.7913
436	95.90930	1982.0392	486	106.90808	2209.3372
437	96.12928	1986.5851	487	107.12805	2213.8832
438	96.34926	1991.1311	488	107.34803	2218.4292
439	96.56923	1995.6771	489	107.56800	2222.9751
440	96.78921	2000.2230	490	107.78798	2227.5211
441	97.00918	2004.7690	491	108.00796	2232.0670
442	97.22916	2009.3149	492	108.22793	2236.6130
443	97.44913	2013.8609	493	108.44791	2241.1590
444	97.66911	2018.4069	494	108.66788	2245.7049
445	97.88908	2022.9528	495	108.88786	2250.2509
446	98.10906	2027.4988	496	109.10783	2254.7969
447	98.32904	2032.0447	497	109.32781	2259.3428
448	98.54901	2036.5907	498	109.54778	2263.8888
449	98.76899	2041.1367	499	109.76776	2268.4337
450	98.98896	2045.6826	500	109.98774	2272.9807

Faktor: 1 ltr. = o.21998 Imp.-Gall.
1 Imp.Gall. = 4.546o ltr.

ltr=Imp.Gall.	Imp. Gall. =	ltr.	ltr=Imp.Gall.	Imp. Gall. =	ltr.
5o1	11o.2o771	2277.5267	551	121.2o648	25o4.8247
5o2	11o.42769	2282.o726	552	121.42646	25o9.37o7
5o3	11o.64766	2286.6186	553	121.64643	2513.9167
5o4	11o.86764	2291.1645	554	121.86641	2518.4626
5o5	111.o8761	2295.71o5	555	122.o8639	2523.oo86
5o6	111.3o759	23oo.2565	556	122.3o636	2527.5545
5o7	111.52756	23o4.8o24	557	122.52634	2532.1oo5
5o8	111.74754	23o9.3484	558	122.74631	2536.6465
5o9	111.96751	2313.8944	559	122.96629	2541.1924
51o	112.18749	2318.44o3	56o	123.18626	2545.7384
511	112.4o747	2322.9863	561	123.4o624	255o.2843
512	112.62744	2327.5322	562	123.62621	2554.83o3
513	112.84742	2332.o882	563	123.84619	2559.3763
514	113.o6739	2336.6242	564	124.o6617	2563.9222
515	113.28737	2341.17o1	565	124.28614	2568.4682
516	113.5o734	2345.7161	566	124.5o612	2573.o142
517	113.72732	235o.262o	567	124.726o9	2577.56o1
518	113.94729	2354.8o8o	568	124.946o7	2582.1o61
519	114.16727	2359.354o	569	125.166o4	2586.652o
52o	114.38724	2363.8999	57o	125.386o2	2591.198o
521	114.6o722	2368.4459	571	125.6o599	2595.744o
522	114.8272o	2372.9919	572	125.82597	26oo.2899
523	115.o4717	2377.5378	573	126.o4594	26o4.8359
524	115.26715	2382.o838	574	126.26592	26o9.3818
525	115.48712	2386.6297	575	126.4859o	2613.9278
526	115.7o71o	2391.1757	576	126.7o587	2618.4738
527	115.927o7	2395.7217	577	126.92585	2623.o197
528	116.147o5	24oo.2676	578	127.14582	2627.5657
529	116.367o2	24o4.8136	579	127.3658o	2632.1117
53o	116.587oo	24o9.3595	58o	127.58577	2636.6576
531	116.8o697	2413.9o55	581	127.8o575	2641.2o36
532	117.o2695	2418.4515	582	128.o2572	2645.7495
533	117.24693	2422.9974	583	128.2457o	265o.2955
534	117.4669o	2427.5434	584	128.46567	2654.8415
535	117.68688	2432.o893	585	128.68565	2659.3874
536	117.9o685	2436.6353	586	128.9o563	2663.9334
537	118.12683	2441.1813	587	129.1256o	2668.4793
538	118.3468o	2445.7272	588	129.34585	2673.o253
539	118.56678	245o.2732	589	129.56555	2677.5713
54o	118.78675	2454.8192	59o	129.78553	2682.1172
541	119.oo673	2459.3651	591	13o.oo55o	2686.6632
542	119.2267o	2463.9111	592	13o.22548	2691.2o91
543	119.44668	2468.457o	593	13o.44545	2695.7551
544	119.66666	2473.oo3o	594	13o.66543	27oo.3o11
545	119.88663	2477.549o	595	13o.8854o	27o4.847o
546	12o.1o661	2482.o949	596	131.1o538	27o9.393o
547	12o.32658	2486.64o9	597	131.32536	2713.939o
548	12o.54656	2491.1868	598	131.54533	2718.4849
549	12o.76653	2494.7328	599	131.76531	2723.o3o9
55o	12o.98651	25oo.2788	6oo	131.98528	2727.5768

Faktor: 1 ltr. = 0.21998 Imp.-Gall.
1 Imp.-Gall. = 4.5460 ltr.

ltr=Imp.Gall	Imp.- Gall. =	ltr.	ltr=Imp.Gall	Imp.-Gall. =	ltr.
601	132.20526	2732.1228	651	143.20403	2959.4209
602	132.42523	2736.6688	652	143.42401	2963.9668
603	132.64521	2741.2147	653	143.64398	2968.5128
604	132.86518	2745.7607	654	143.86396	2973.0588
605	133.08516	2750.3066	655	144.08393	2977.6047
606	133.30513	2754.8526	656	144.30391	2982.1507
607	133.52511	2759.3986	657	144.52388	2986.6966
608	133.74509	2763.9445	658	144.74386	2991.2426
609	133.96506	2768.4905	659	144.96383	2995.7886
610	134.18504	2773.0365	660	145.18381	3000.3345
611	134.40501	2777.5824	661	145.40379	3004.8805
612	134.62499	2782.1284	662	145.62376	3009.4264
613	134.84496	2786.6743	663	145.84374	3013.9724
614	135.06494	2791.2203	664	146.06371	3018.5184
615	135.28491	2795.7663	665	146.28369	3023.0643
616	135.50489	2800.3122	666	146.50366	3027.6103
617	135.72486	2804.8582	667	146.72364	3032.1563
618	135.94484	2809.4041	668	146.94361	3036.7022
619	136.16482	2813.9501	669	147.16359	3041.2482
620	136.38479	2818.4961	670	147.38356	3045.7941
621	136.60477	2823.0420	671	147.60354	3050.3401
622	136.82474	2827.5880	672	147.82352	3054.8861
623	137.04472	2832.1340	673	148.04349	3059.4320
624	137.26469	2836.6799	674	148.26347	3063.9780
625	137.48467	2841.2259	675	148.48344	3068.5239
626	137.70464	2845.7718	676	148.70342	3073.0699
627	137.92462	2850.3178	677	148.92339	3077.6159
628	138.14460	2854.8638	678	149.14337	3082.1618
629	138.36457	2895.4097	679	149.36334	3086.7078
630	138.58455	2863.9557	680	149.58332	3091.2538
631	138.80452	2868.5016	681	149.80330	3095.7997
632	139.02450	2873.6476	682	150.02327	3100.3457
633	139.24447	2877.5936	683	150.24325	3104.5916
634	139.46445	2882.1395	684	150.46322	3109.4376
635	139.68442	2886.6855	685	150.68320	3113.9836
636	139.90440	2891.2315	686	150.90317	3118.5295
637	140.12437	2895.7774	687	151.12315	3123.0755
638	140.34435	2900.3234	688	151.34312	3127.6214
639	140.56433	2904.8693	689	151.56310	3132.1617
640	140.78430	2909.4153	690	151.78307	3136.7134
641	141.00428	2913.9613	691	152.00305	3141.2593
642	141.22425	2918.5072	692	152.22303	3145.8053
643	141.44423	2923.0532	693	152.44300	3150.3513
644	141.66420	2927.5991	694	152.66298	3154.8972
645	141.88418	2932.1451	695	152.88295	3159.4432
646	142.10415	2936.6911	696	153.10293	3163.9891
647	142.32413	2941.2370	697	153.32290	3168.5351
648	142.54410	2945.7830	698	153.54288	3173.0811
649	142.76408	2950.3289	699	153.76285	3177.6270
650	142.98406	2954.8749	700	153.98283	3182.1730

Faktor: 1 ltr. = o.21998 Imp.-Gall.
1 Imp.-Gall. = 4.546o ltr.

ltr. = Imp.Gall.	Imp.-Gall.	= ltr.	ltr. = Imp.Gall.	Imp.-Gall.	= ltr.
7o1	154.2o28o	3186.7189	751	165.2o158	3414.o17o
7o2	154.42278	3191.2649	752	165.42155	3418.563o
7o3	154.64276	3195.81o9	753	165.64153	3423.1o89
7o4	154.86273	32oo.3568	754	165.8615o	3427.6549
7o5	155.o8271	32o4.9o28	755	166.o8148	3432.2oo9
7o6	155.3o268	32o9.4487	756	166.3o146	3436.7468
7o7	155.52266	3213.9947	757	166.52143	3441.2928
7o8	155.74263	3218.54o7	758	166.74141	3445.8387
7o9	155.96261	3223.o866	759	166.96138	345o.3847
71o	156.18258	3227.6326	76o	167.18136	3454.93o7
711	156.4o256	3232.1786	761	167.4o133	3459.4766
712	156.62253	3236.7245	762	167.62131	3464.o226
713	156.84251	3241.27o5	763	167.84128	3468.5685
714	157.o6249	3245.8164	764	168.o6126	3473.1145
715	157.28246	325o.3624	765	168.28123	3477.66o5
716	157.5o244	3254.9o84	766	168.5o121	3482.2o64
717	157.72241	3259.4543	767	168.72119	3486.7524
718	157.94239	3264.ooo3	768	168.94116	3491.2984
719	158.16236	3268.5462	769	169.16114	3495.8443
72o	158.38234	3273.o922	77o	169.38111	35oo.39o3
721	158.6o231	3277.6382	771	169.6o1o9	35o4.9362
722	158.82229	3282.1841	772	169.821o6	35o9.4822
723	159.o4226	3286.73o1	773	17o.o41o4	3514.o282
724	159.26224	3291.2761	774	17o.261o1	3518.5741
725	159.48222	3295.822o	775	17o.48o99	3523.12o1
726	159.7o219	33oo.368o	776	17o.7oo96	3527.666o
727	159.92217	33o4.9139	777	17o.92o94	3532.212o
728	16o.14214	33o9.4599	778	171.14o92	3536.758o
729	16o.36212	3314.oo59	779	171.36o89	3541.3o39
73o	16o.582o9	3318.5518	78o	171.58o87	3545.8499
731	16o.8o2o7	3323.o978	781	171.8oo84	355o.3959
732	161.o22o4	3327.6437	782	172.o2o82	3554.9418
733	161.242o2	3332.1897	783	172.24o79	3559.4878
734	161.46199	3336.7357	784	172.46o77	3564.o337
735	161.68197	3341.2816	785	172.68o74	3568.5797
736	161.9o195	3345.8276	786	172.9oo72	3573.1257
737	162.12192	335o.3736	787	173.12o69	3577.6716
738	162.3419o	3354.9195	788	173.34o67	3582.2176
739	162.56187	3359.4655	789	173.56o65	3586.7635
74o	162.57185	3364.o114	79o	173.78o62	3591.3o95
741	163.oo182	3368.5574	791	174.ooo6o	3595.8555
742	163.2218o	3373.1o34	792	174.22o57	36oo.4o14
743	163.44177	3377.6493	793	174.44o55	36o4.9474
744	163.66175	3382.1953	794	174.66o52	36o9.4934
745	163.88173	3386.7412	795	174.88o5o	3614.o393
746	164.1o17o	3391.2872	796	175.1oo47	3618.5853
747	164.32168	3395.8332	797	175.32o45	3623.1312
748	164.54165	34oo.3791	798	175.54o43	3627.6772
749	164.76163	34o4.9251	799	175.76o4o	3632.2232
75o	164.9816o	34o9.4711	8oo	175.98o38	3636.7691

Faktor: 1 ltr. = 0.21998 Imp.-Gall.
1 Imp.-Gall. = 4.5460 ltr.

ltr. = Imp.Gall	Imp.-Gall. =	ltr.	ltr. = Imp.Gall	Imp.-Gall. =	ltr.
801	176.20035	3641.3151	851	187.19912	3868.6132
802	176.42033	3645.8610	852	187.41910	3873.1591
803	176.64030	3650.4070	853	187.63908	3877.7051
804	176.86028	3654.9530	854	187.85905	3882.2510
805	177.08025	3659.4989	855	188.07903	3886.7970
806	177.30023	3664.0449	856	188.29900	3891.3430
807	177.52020	3668.5908	857	188.51898	3895.8889
808	177.74018	3673.1368	858	188.73895	3900.4349
809	177.96016	3677.6828	859	188.95893	3904.9808
810	178.18013	3682.2287	860	189.17890	3909.5268
811	178.40011	3686.7747	861	189.39888	3914.0728
812	178.62008	3691.3207	862	189.61886	3918.6187
813	178.84006	3695.8666	863	189.83883	3923.1647
814	179.06003	3700.4126	864	190.05881	3927.7106
815	179.28001	3704.9585	865	190.27878	3932.2566
816	179.49998	3709.5045	866	190.49876	3936.8026
817	179.71996	3714.0505	867	190.71873	3941.3485
818	179.93993	3718.5964	868	190.93871	3945.8945
819	180.15991	3723.1424	869	191.15868	3950.4405
820	180.37989	3727.6883	870	191.37866	3954.9864
821	180.59986	3732.2343	871	191.59863	3959.5324
822	180.81984	3736.7803	872	191.81861	3964.0783
823	181.03981	3741.3262	873	192.03859	3968.6243
824	181.25979	3745.8722	874	192.25856	3973.1703
825	181.47976	3750.4182	875	192.47854	3977.7162
826	181.69974	3754.9641	876	192.69851	3982.2622
827	181.91971	3759.5101	877	192.91849	3986.8081
828	182.13969	3764.0560	878	193.13846	3991.3541
829	182.35966	3768.6020	879	193.35844	3995.9001
830	182.57964	3773.1480	880	193.57841	4000.4460
831	182.79962	3777.6939	881	193.79839	4004.9920
832	183.01959	3782.2399	882	194.01836	4009.5380
833	183.23957	3786.7858	883	194.23834	4014.0839
834	183.45954	3751.3318	884	194.45832	4018.6299
835	183.67952	3795.8778	885	194.67829	4023.1758
836	183.89949	3800.4237	886	194.89827	4027.7218
837	184.11947	3804.9697	887	195.11824	4032.2678
838	184.33944	3809.5157	888	195.33822	4036.8137
839	184.55942	3814.0616	889	195.55819	4041.3597
840	184.77939	3818.6076	890	195.77817	4045.9056
841	184.99937	3823.1535	891	195.99814	4050.4516
842	185.21935	3827.6995	892	196.21812	4054.9976
843	185.43932	3832.2455	893	196.43809	4059.5435
844	185.65930	3836.7914	894	196.65807	4064.0895
845	185.87927	3841.3374	895	196.87805	4068.6355
846	186.09925	3845.8833	896	197.09802	4073.1814
847	186.31922	3850.4293	897	197.31800	4077.7274
848	186.53920	3854.9753	898	197.53797	4082.2733
849	186.75917	3859.5212	899	197.75795	4086.8193
850	186.97915	3864.0672	900	197.97792	4091.3653

Faktor: 1 ltr. = 0.21998 Imp.-Gall.
1 Imp.-Gall. = 4.5460 ltr.

ltr. = Imp.Gall.	Imp.-Gall.	= ltr.	ltr. = Imp.Gall.	Imp.-Gall.	= ltr.
901	198.19790	4095.9112	951	209.19667	4323.2093
902	198.41787	4100.4572	952	209.41665	4327.7553
903	198.63785	4105.0031	953	209.63662	4332.3012
904	198.85782	4109.5491	954	209.85660	4336.8472
905	199.07780	4114.0951	955	210.07657	4341.3931
906	199.29778	4118.6410	956	210.29655	4345.9391
907	199.51775	4123.1870	957	210.51652	4350.4851
908	199.73773	4127.7330	958	210.73650	4355.0310
909	199.95770	4132.2789	959	210.95648	4359.5770
910	200.17768	4136.8249	960	211.17645	4364.1229
911	200.39765	4141.3708	961	211.39643	4368.6689
912	200.61763	4145.9168	962	211.61640	4373.2149
913	200.83760	4150.4628	963	211.83638	4377.7608
914	201.05758	4155.0087	964	212.05635	4382.3068
915	201.27756	4159.5547	965	212.27633	4386.8528
916	201.49753	4164.1006	966	212.49630	4391.3987
917	201.71751	4168.6466	967	212.71628	4395.9447
918	201.93748	4173.1926	968	212.93625	4400.4906
919	202.15746	4177.7385	969	213.15623	4405.0366
920	202.37743	4182.2845	970	213.37621	4409.5826
921	202.59741	4186.8304	971	213.59618	4414.1285
922	202.81738	4191.3764	972	213.81616	4418.6745
923	203.03736	4195.9224	973	214.03613	4423.2204
924	203.25733	4200.4683	974	214.25611	4427.7664
925	203.47731	4205.0143	975	214.47608	4432.3124
926	203.69729	4209.5603	976	214.69606	4436.8583
927	203.91726	4214.1062	977	214.91603	4441.4043
928	204.13724	4218.6522	978	215.13601	4445.9502
929	204.35721	4223.1981	979	215.35599	4450.4962
930	204.57719	4227.7441	980	215.57596	4455.0422
931	204.79716	4232.2901	981	215.79594	4459.5881
932	205.01714	4236.8360	982	216.01591	4464.1341
933	205.23711	4241.3820	983	216.23589	4468.6801
934	205.45709	4245.9279	984	216.45586	4473.2260
935	205.67706	4250.4739	985	216.67584	4477.7720
936	205.89704	4255.0199	986	216.89581	4482.3179
937	206.11702	4259.5658	987	217.11579	4486.8639
938	206.33699	4264.1118	988	217.33576	4491.4099
939	206.55697	4268.6578	989	217.55574	4495.9558
940	206.77694	4273.2037	990	217.77572	4500.5018
941	206.99692	4277.7497	991	217.99569	4505.0477
942	207.21689	4282.2956	992	218.21567	4509.5937
943	207.43687	4286.8416	993	218.43564	4514.1397
944	207.56684	4291.3876	994	218.65562	4518.6856
945	207.87682	4295.9335	995	218.87559	4523.2316
946	208.09679	4300.4795	996	219.09557	4527.7776
947	208.31677	4305.0254	997	219.31554	4532.3235
948	208.53675	4309.5714	998	219.53552	4536.8695
949	208.75672	4314.1174	999	219.75549	4541.4154
950	208.97670	4318.6633	1000	219.97547	4545.9614

Liter in U. S. Gallons
liters into U. S. gallons 12

Faktor: 1 ltr. = 0.26417 US-Gall.
1 US-Gal. = 3.7854 ltr.

US-Gall. =	ltr.-US-Gall.	ltr.	US-Gall. =	ltr.-US-Gall.	ltr.
1	0.26417	3.7854	51	13.47266	193.0575
2	0.52834	7.5709	52	13.73683	196.8430
3	0.79251	11.3563	53	14.00100	200.6284
4	1.05669	15.1418	54	14.26517	204.4139
5	1.32085	18.9272	55	14.52934	208.1983
6	1.58502	22.7127	56	14.79351	211.9848
7	1.84919	26.4981	57	15.05768	215.7702
8	2.11336	30.2835	58	15.32185	219.5556
9	2.37753	34.0690	59	15.58602	223.3411
10	2.64170	37.8544	60	15.85019	227.1265
11	2.90587	41.6399	61	16.11436	230.9120
12	3.17804	45.4253	62	16.37853	234.6974
13	3.43421	49.2107	63	16.64270	238.4828
14	3.69838	52.9962	64	16.40687	242.2683
15	3.96255	56.7816	65	17.17104	246.0537
16	4.22672	60.5671	66	17.43521	249.8392
17	4.49089	64.3525	67	17.69938	253.6246
18	4.75506	68.1380	68	17.96355	257.4101
19	5.01923	71.9234	69	18.22772	261.1955
20	5.28340	75.7088	70	18.49189	264.9809
21	5.54757	79.4943	71	18.75606	268.7664
22	5.81174	83.2797	72	19.02023	272.5518
23	6.07591	87.0652	73	19.28440	276.3373
24	6.34008	90.8506	74	19.54857	280.1227
25	6.60425	94.6361	75	19.81274	283.9082
26	6.86842	98.4215	76	20.07691	287.6936
27	7.13259	102.2069	77	20.34108	291.4790
28	7.39676	105.9924	78	20.60525	295.2645
29	7.66093	109.7778	79	20.86942	299.0499
30	7.92510	113.5633	80	21.13359	302.8354
31	8.18927	117.3487	81	21.39776	306.6208
32	8.45344	121.1341	82	21.66193	310.4062
33	8.71761	124.9196	83	21.92610	314.1917
34	8.98178	128.7050	84	22.19027	317.9771
35	9.24595	132.4905	85	22.45444	321.7626
36	9.51012	136.2759	86	22.71861	325.5480
37	9.77429	140.0614	87	22.98278	329.3335
38	10.03846	143.8468	88	23.24695	333.1189
39	10.30263	147.6322	89	23.51112	336.9043
40	10.56680	151.4177	90	23.77529	340.6898
41	10.83097	155.2031	91	24.03946	344.4752
42	11.09514	158.9886	92	24.30363	348.2607
43	11.35931	162.7740	93	24.56780	352.0461
44	11.62348	166.5594	94	24.83197	355.8315
45	11.88765	170.3449	95	25.09614	359.6170
46	12.15182	174.1303	96	25.36031	363.4024
47	12.41599	177.9158	97	25.62448	367.1879
48	12.68016	181.7012	98	25.88865	370.9733
49	12.94433	185.4867	99	26.15282	374.7588
50	13.20850	189.2721	100	26.41699	378.5442

Faktor: 1 ltr. = o.26417 US-Gal.
1 US-Gal. = 3.7854 ltr.

US-Gall. = ltr.	ltr.-US-Gall	ltr.	US-Gall. = ltr.	ltr.-US-Gall	ltr.
1o1	26.68116	382.3296	151	39.88965	571.6o17
1o2	26.94533	386.1151	152	4o.15382	575.3872
1o3	27.2o95o	389.9oo5	153	4o.41799	579.1726
1o4	27.47367	393.686o	154	4o.68216	582.9581
1o5	27.73784	397.4714	155	4o.94633	586.7435
1o6	28.oo2o1	4o1.2569	156	41.21o5o	59o.529o
1o7	28.26618	4o5.o423	157	41.47467	594.3144
1o8	28.53o35	4o8.8277	158	41.73884	598.o998
1o9	28.79452	412.6132	159	42.oo3o1	6o1.8853
11o	29.o5869	416.3986	16o	42.26718	6o5.67o7
111	29.32286	42o.1841	161	42.53135	6o9.4562
112	29.587o3	423.9695	162	42.79552	613.2416
113	29.8512o	427.7549	163	43.o5969	617.o27o
114	3o.11537	431.54o4	164	43.32386	62o.8125
115	3o.37954	435.3258	165	43.588o3	624.5979
116	3o.64371	439.1113	166	43.8522o	628.3834
117	3o.9o788	442.8967	167	44.11637	632.1688
118	31.172o5	446.6822	168	44.38o54	635.9543
119	31.43622	45o.4676	169	44.64471	639.7379
12o	31.7oo39	454.253o	17o	44.9o888	643.5251
121	31.96456	458.o385	171	45.173o5	647.31o6
122	32.22873	461.8239	172	45.43722	651.o96o
123	32.4929o	465.6094	173	45.7o139	654.8815
124	32.757o7	469.3948	174	45.96556	658.6669
125	33.o2124	473.18o3	175	46.22973	662.4524
126	33.28541	476.9657	176	46.4939o	666.2378
127	33.54958	48o.7511	177	46.758o7	67o.o232
128	33.81375	484.5366	178	47.o2224	673.8o87
129	34.o7792	488.322o	179	47.28641	677.5941
13o	34.342o9	492.1o75	18o	47.55o58	681.3796
131	34.6o626	495.8929	181	47.81475	685.165o
132	34.87o43	499.6783	182	48.o7892	688.95o4
133	35.1346o	5o3.4638	183	48.343o9	692.7359
134	35.39877	5o7.2492	184	48.6o726	696.5213
135	35.66294	511.o347	185	48.87143	7oo.3o68
136	35.92711	514.82o1	186	49.1356o	7o4.o922
137	36.19128	518.6o56	187	49.39977	7o7.8777
138	36.45545	522.391o	188	49.66394	711.6631
139	36.71962	526.1764	189	49.92811	715.4485
14o	36.98379	529.9619	19o	5o.19228	719.234o
141	37.24796	535.7473	191	5o.45645	723.o194
142	37.51213	537.5328	192	5o.72o62	726.8o49
143	37.7763o	541.3182	193	5o.98479	73o.59o3
144	38.o4o47	545.1o36	194	51.24896	734.3757
145	38.3o464	548.8891	195	51.51313	738.1612
146	38.56881	552.6745	196	51.7773o	741.9466
147	38.83298	556.46oo	197	52.o4147	745.7321
148	39.o9715	56o.2454	198	52.3o564	749.5175
149	39.36132	564.o3o9	199	52.56981	753.3o3o
15o	39.62549	567.8163	2oo	52.83398	757.o884

Faktor: 1 ltr. = o.26417 US-Gall.
1 US-Gal. = 3.7854 ltr.

ltr.=US-Gall	US-Gall.	ltr.	ltr.=US-Gall	US-Gall.	ltr.
2o1	53.o9815	76o.8738	251	66.3o664	95o.1459
2o2	53.36232	764.6593	252	66.57o81	953.9314
2o3	53.62649	768.4447	253	66.83498	957.7168
2o4	53.89o66	772.23o2	254	67.o9915	961.5o23
2o5	54.15483	776.o156	255	67.36332	965.2877
2o6	54.419oo	779.8o11	256	67.62749	969.o732
2o7	54.68317	783.5865	257	67.89166	972.8586
2o8	54.94734	787.3719	258	68.15583	976.644o
2o9	55.21151	791.1574	259	68.42ooo	98o.4295
21o	55.47568	794.9428	26o	68.68417	984.2149
211	55.73985	798.7283	261	68.94834	988.ooo4
212	56.oo4o2	8o2.5137	262	69.21251	991.7858
213	56.26819	8o6.2991	263	69.47668	995.5712
214	56.53236	81o.o846	264	69.74o85	999.3567
215	56.79653	813.87oo	265	7o.oo5o2	1oo3.1421
216	57.o6o7o	817.6555	266	7o.26919	1oo6.9276
217	57.32487	821.44o9	267	7o.53336	1o1o.713o
218	57.589o4	825.2264	268	7o.79753	1o14.4985
219	57.85321	829.o118	269	71.o617o	1o18.2839
22o	58.11738	832.7972	27o	71.32587	1o22.o693
221	58.38155	836.5827	271	71.59oo4	1o25.8548
222	58.64572	84o.3681	272	71.85421	1o29.64o2
223	58.9o989	844.1536	273	72.11838	1333.4257
224	59.174o6	847.939o	274	72.38255	1o37.2111
225	59.43823	851.7245	275	72.64672	1o4o.9966
226	59.7o24o	855.5o99	276	72.91o89	1o44.782o
227	59.96657	859.2953	277	73.175o6	1o48.5674
228	6o.23o74	863.o8o8	278	73.43923	1o52.3529
229	6o.49491	866.8662	279	73.7o34o	1o56.1383
23o	6o.759o8	87o.6517	28o	73.96757	1o59.9238
231	61.o2325	874.4371	281	74.23174	1o63.7o92
232	61.28742	878.2225	282	74.49591	1o67.4946
233	61.55159	882.oo8o	283	74.76oo8	1o71.28o1
234	61.81576	885.7934	284	75.o2425	1o75.o655
235	62.o7993	889.5789	285	75.28842	1o78.851o
236	62.3441o	893.3643	286	75.55259	1o82.6364
237	62.6o827	897.1498	287	75.81676	1o86.4219
238	62.87244	9oo.9352	288	76.o8o93	1o9o.2o73
239	63.13661	9o4.72o6	289	76.3451o	1o93.9927
24o	63.4oo78	9o8.5o61	29o	76.6o927	1o97.7782
241	63.66495	912.2915	291	76.87344	11o1.5636
242	63.92912	916.o77o	292	77.13761	11o5.3491
243	64.19329	919.8624	293	77.4o178	11o9.1345
244	64.45746	923.6478	294	77.66595	1112.9199
245	64.72163	927.4333	295	77.93o12	1116.7o54
246	64.9858o	931.2187	296	78.19429	112o.49o8
247	65.24997	935.oo42	297	78.45846	1124.2763
248	65.51414	938.7896	298	78.72263	1128.o617
249	65.77831	942.5751	299	78.9868o	1131.8472
25o	66.o4248	946.36o5	3oo	79.25o97	1135.6326

Faktor: 1 ltr. = 0.26417 US-Gall.
1 US-Gall. = 3. 7854 ltr.

US-Gall. / ltr.=US-Gall.	=	ltr.	US-Gall. / ltr.=US-Gall.	=	ltr.
301	79.51514	1139.4180	351	92.72363	1328.6901
302	79.77931	1143.2035	352	92.98780	1332.4756
303	80.04348	1146.9889	353	93.25197	1336.2610
304	80.30765	1150.7744	354	93.51614	1340.0465
305	80.57182	1154.5598	355	93.78031	1343.8319
306	80.83599	1158.3453	356	94.04448	1347.6174
307	81.10016	1162.1307	357	94.30865	1351.4028
308	81.36433	1165.9161	358	94.57282	1355.1882
309	81.62850	1169.7016	359	94.83699	1358.9737
310.	81.89267	1173.4870	360	95.10116	1362.7591
311	82.15684	1177.2725	361	95.36533	1366.5446
312	82.42101	1181.0579	362	95.62950	1370.3300
313	82.68518	1184.8433	363	95.89367	1374.1154
314	82.94935	1188.6288	364	96.15784	1377.9009
315	83.21352	1192.4142	365	96.42201	1381.6863
316	83.47769	1196.1997	366	96.68618	1385.4718
317	83.74186	1199.9851	367	96.95035	1389.2572
318	84.00603	1203.7706	368	97.21452	1393.0427
319	84.27020	1207.5560	369	97.47869	1396.8281
320	84.53437	1211.3414	370	97.74286	1400.6135
321	84.79854	1215.1269	371	98.00703	1404.3990
322	85.06271	1218.9123	372	98.27120	1408.1844
323	85.32688	1222.6978	373	98.53537	1411.9699
324	85.59105	1226.4832	374	98.79954	1415.7553
325	85.85522	1230.2687	375	99.06371	1419.5408
326	86.11939	1234.0541	376	99.32788	1423.3262
327	86.38356	1237.8395	377	99.59205	1427.1116
328	86.64773	1241.6250	378	99.85622	1430.8971
329	86.91190	1245.4104	379	100.12039	1434.6825
330	87.17607	1249.1959	380	100.38456	1438.4680
331	87.44024	1252.9813	381	100.64873	1442.2534
332	87.70441	1256.7667	382	100.91290	1446.0388
333	87.96858	1260.5522	383	101.17707	1449.8243
334	88.23275	1264.3376	384	101.44124	1453.6097
335	88.49692	1268.1231	385	101.70541	1457.3952
336	88.76109	1271.9085	386	101.96958	1461.1806
337	89.02526	1275.6940	387	102.23375	1464.9661
338	89.28943	1279.4794	388	102.49792	1468.7515
339	89.55360	1283.2648	389	102.76209	1472.5369
340	89.81777	1287.0503	390	103.02626	1476.3224
341	90.08194	1290.8357	391	103.29043	1480.1078
342	90.34611	1294.6212	392	103.55460	1483.8933
343	90.61028	1298.4066	393	103.81877	1487.6787
344	90.87445	1302.1920	394	104.08294	1491.4641
345	91.13862	1305.9775	395	104.34711	1495.2496
346	91.40279	1309.7629	396	104.61128	1499.0350
347	91.66696	1313.5484	397	104.87545	1502.8205
348	91.93113	1317.3338	398	105.13962	1506.6059
349	92.19530	1321.1193	399	105.40379	1510.3914
350	92.45947	1324.9047	400	105.66796	1514.1768

Faktor: 1 ltr. = o.26417 US-Gall.
1 US-Gall. = 3.7854 ltr.

ltr.=US-Gall	US-Gall. =	ltr.	ltr.=US-Gall	US-Gall. =	ltr.
4o1	1o5.93213	1517.9622	451	119.14o62	17o7.2343
4o2	1o6.1963o	1521.7477	452	119.4o479	1711.o198
4o3	1o6.46o47	1525.5331	453	119.66896	1714.8o52
4o4	1o6.72464	1529.3186	454	119.93313	1718.59o7
4o5	1o6.98881	1533.1o4o	455	12o.1973o	1722.3761
4o6	1o7.25298	1536.8895	456	12o.46147	1726.1616
4o7	1o7.51715	154o.6749	457	12o.72564	1729.947o
4o8	1o7.78132	1544.46o3	458	12o.98981	1733.7324
4o9	1o8.o4549	1548.2458	459	121.25398	1737.5179
41o	1o8.3o966	1552.o312	46o	121.51815	1741.3o33
411	1o8.57383	1555.8167	461	121.78232	1745.o888
412	1o8.838oo	1559.6o21	462	122.o4649	1748.8742
413	1o9.1o217	1563.3875	463	122.31o66	1752.6596
414	1o9.36634	1567.173o	464	122.57483	1756.4451
415	1o9.63o51	157o.9584	465	122.839oo	176o.23o5
416	1o9.89468	1574.7438	466	123.1o317	1764.o16o
417	11o.15885	1578.5293	467	123.36734	1767.8o14
418	11o.423o2	1582.3148	468	123.63151	1771.5869
419	11o.68719	1586.1oo2	469	123.89568	1775.3723
42o	11o.95136	1589.8856	47o	124.15985	1779.1577
421	111.21553	1593.6711	471	124.424o2	1782.9432
422	111.4797o	1597.4565	472	124.68819	1786.7286
423	111.74387	16o1.242o	473	124.95236	179o.5141
424	112.oo8o4	16o5.o274	474	125.21653	1794.2995
425	112.27221	16o8.8129	475	125.48o7o	1798.o85o
426	112.53638	1612.5983	476	125.74487	18o1.87o4
427	112.8oo55	1616.3837	477	126.oo9o4	18o5.6558
428	113.o6472	162o.1692	478	126.27321	18o9.4413
429	113.32889	1623.9546	479	126.53738	1813.2267
43o	113.593o6	1627.74o1	48o	126.8o155	1817.o122
431	113.85723	1631.5255	481	127.o6572	182o.7976
432	114.1214o	1635.31o9	482	127.32989	1824.583o
433	114.38557	1639.o964	483	127.594o6	1828.3685
434	114.64974	1642.8818	484	127.85823	1832.1539
435	114.91391	1646.6673	485	128.1224o	1835.9394
436	115.178o8	165o.4527	486	128.38657	1839.7248
437	115.44225	1654.2382	487	128.65o74	1843.51o3
438	115.7o642	1658.o236	488	128.91491	1847.2957
439	115.97o59	1661.8o9o	489	129.179o8	1851.o811
44o	116.23476	1665.5945	49o	129.44325	1854.8666
441	116.49893	1669.3799	491	129.7o742	1858.652o
442	116.7631o	1673.1654	492	129.97159	1862.4375
443	117.o2727	1676.95o8	493	13o.23576	1866.2229
444	117.29144	168o.7362	494	13o.49993	187o.oo83
445	117.55561	1684.5217	495	13o.7641o	1873.7938
446	117.81978	1688.3o71	496	131.o2827	1877.5792
447	118.o8395	1692.o926	497	131.29244	1881.3647
448	118.34812	1695.878o	498	131.55661	1885.15o1
449	118.61229	1699.6635	499	131.82o78	1888.9356
45o	118.87646	17o3.4489	5oo	132.o8495	1892.721o

Faktor: 1 ltr. = 0.26417 US-Gall.
1 US-Gall. = 3.7854 ltr.

ltr.=US-Gall.	US-Gall. =	ltr.	ltr.=US-Gall.	US-Gall. =	ltr.
501	132.34912	1896.5064	551	145.55761	2085.7785
502	132.61329	1900.2919	552	145.82178	2089.5640
503	132.87746	1904.0773	553	146.08595	2093.3494
504	133.14163	1907.8628	554	146.35012	2097.1349
505	133.40580	1911.6482	555	146.61429	2100.9203
506	133.66997	1915.4337	556	146.87846	2104.7058
507	133.93414	1919.2191	557	147.14263	2108.4912
508	134.19831	1923.0045	558	147.40680	2112.2766
509	134.46248	1926.7900	559	147.67097	2116.0621
510	134.72665	1930.5754	560	147.93514	2119.8475
511	134.99082	1934.3609	561	148.19931	2123.6330
512	135.25499	1938.1463	562	148.46348	2127.4184
513	135.51916	1941.9317	563	148.72765	2131.2038
514	135.78333	1945.7172	564	148.99182	2134.9893
515	136.04750	1949.5026	565	149.25599	2138.7747
516	136.31167	1953.2881	566	149.52016	2142.5602
517	136.57584	1957.0735	567	149.78433	2146.3456
518	136.84001	1960.8590	568	150.04850	2150.1311
519	137.10418	1964.6444	569	150.31267	2153.9165
520	137.36835	1968.4298	570	150.57684	2157.7019
521	137.63252	1972.2153	571	150.84101	2161.4874
522	137.89669	1976.0007	572	151.10518	2165.2728
523	138.16086	1979.7862	573	151.36935	2169.0583
524	138.42503	1983.5716	574	151.63352	2172.8437
525	138.68920	1987.3571	575	151.89769	2176.6292
526	138.95337	1991.1425	576	152.16186	2180.4146
527	139.21754	1994.9279	577	152.42603	2184.2000
528	139.48171	1998.7134	578	152.69020	2187.9855
529	139.74588	2002.4988	579	152.95437	2191.7709
530	140.01005	2006.2843	580	153.21854	2195.5565
531	140.27422	2010.0697	581	153.48271	2199.3418
532	140.53839	2013.8551	582	153.74688	2203.1272
533	140.80256	2017.6406	583	154.01105	2206.9127
534	141.06673	2021.4260	584	154.27522	2210.6981
535	141.33090	2025.2115	585	154.53939	2214.4836
536	141.59507	2028.9969	586	154.80356	2218.2690
537	141.85924	2032.7824	587	155.06773	2222.0545
538	142.12341	2036.5678	588	155.33190	2225.8399
539	142.38758	2040.3532	589	155.59607	2229.6253
540	142.65175	2044.1387	590	155.86024	2233.4108
541	142.91592	2047.9241	591	156.12441	2237.1962
542	143.18009	2051.7096	592	156.38858	2240.9817
543	143.44426	2055.4950	593	156.65275	2244.7671
544	143.70843	2059.2804	594	156.91692	2248.5525
545	143.97260	2063.0659	595	157.18109	2252.3380
546	144.23677	2066.8513	596	157.44526	2256.1234
547	144.50094	2070.6368	597	157.70943	2259.9089
548	144.76511	2074.4222	598	157.97360	2263.6943
549	145.02928	2078.2077	599	158.23777	2267.4798
550	145.29345	2081.9931	600	158.50194	2271.2652

Faktor: 1 ltr. = 0.26417 US-Gall.
1 US-Gall. = 3.7854 ltr.

US-Gall.	=	ltr.	US-Gall.	=	ltr.
ltr.-US-Gall			ltr.-US-Gall		
601	158.76611	2275.0506	651	171.97460	2464.3227
602	159.03028	2278.8361	652	172.23877	2468.1082
603	159.29445	2282.6215	653	172.50294	2471.8936
604	159.55862	2286.4070	654	172.76711	2475.6791
605	159.82279	2290.1924	655	173.03128	2479.4645
606	160.08696	2293.9779	656	173.29545	2483.2500
607	160.35113	2297.7633	657	173.95962	2487.0354
608	160.61530	2301.5487	658	173.82379	2490.8208
609	160.87947	2305.3342	659	174.08796	2494.6063
610	161.14364	2309.1196	660	174.35213	2498.3917
611	161.40781	2312.9051	661	174.61630	2502.1772
612	161.67198	2316.6905	662	174.88047	2505.9626
613	161.93615	2320.4759	663	175.14464	2509.7480
614	162.20032	2324.2614	664	175.40881	2513.5335
615	162.46449	2328.0468	665	175.67298	2517.3189
616	162.72866	2331.8323	666	175.93715	2521.1044
617	162.99283	2335.6177	667	176.20132	2524.8898
618	163.25700	2339.4032	668	176.46549	2528.6753
619	163.52117	2343.1886	669	176.72966	2532.4607
620	163.78534	2346.9740	670	176.99383	2536.2461
621	164.04951	2350.7595	671	177.25800	2540.0316
622	164.31368	2354.5449	672	177.52217	2543.8170
623	164.57785	2358.3304	673	177.78634	2547.6025
624	164.84202	2362.1158	674	178.05051	2551.3879
625	165.10619	2365.9013	675	178.31468	2555.1734
626	165.37036	2369.6867	676	178.57885	2558.9588
627	165.63453	2373.4721	677	178.84302	2562.7442
628	165.89870	2377.2576	678	179.10719	2566.5297
629	166.16287	2381.0430	679	179.37136	2570.3151
630	166.42704	2384.8285	680	179.63553	2574.1006
631	166.69121	2388.6139	681	179.89970	2577.8860
732	166.95538	2392.3993	682	180.16387	2581.6714
733	167.21955	2396.1848	683	180.42804	2585.4569
634	167.48372	2399.9702	684	180.69221	2589.2423
635	167.74789	2403.7557	685	180.95638	2593.0278
636	168.01206	2407.5411	686	181.22055	2596.8132
637	168.27623	2411.3266	687	181.48472	2600.5987
638	168.54040	2415.1120	688	181.74889	2604.3841
639	168.80457	2418.8974	689	182.01306	2608.1695
640	169.06874	2422.6829	690	182.27723	2611.9550
641	169.33291	2426.4683	691	182.54140	2615.7404
642	169.59708	2430.2538	692	182.80557	2619.5259
643	169.86125	2434.0392	693	183.06974	2623.3113
644	170.12542	2437.8246	694	183.33391	2627.0967
645	170.38959	2441.6101	695	183.59808	2630.8822
646	170.65376	2445.3955	696	183.86225	2634.6676
647	170.91793	2449.1810	697	184.12642	2638.4531
648	171.18210	2452.9664	698	184.39059	2642.2385
649	171.44627	2456.7519	699	184.65476	2646.0240
650	171.71044	2460.5373	700	184.91893	2649.8094

Faktor: 1 ltr. = o.26417 US-Gall.
1 US-Gall. = 3.7854 ltr.

US-Gall. ltr.=US-Gall.	=	ltr.	US-Gall. ltr.=US-Gall.	=	ltr.
7o1	185.1831o	2653.5948	751	198.39159	2842.8669
7o2	185.44727	2657.38o3	752	198.65576	2846.6524
7o3	185.71144	2661.1657	753	198.91993	285o.4378
7o4	185.97561	2664.9512	754	199.1841o	2854.2233
7o5	186.23978	2668.7366	755	199.44827	2858.oo87
7o6	186.5o395	2672.5221	756	199.71244	2861.7942
7o7	186.76812	2676.3o75	757	199.97661	2865.5796
7o8	187.o3229	268o.o929	758	2oo.24o78	2869.365o
7o9	187.29646	2683.8784	759	2oo.5o495	2873.15o5
71o	187.56o63	2687.6638	76o	2oo.76912	2876.9359
711	187.8248o	2691.4493	761	2o1.o3329	288o.7214
712	188.o8897	2695.2347	762	2o1.29746	2884.5o68
713	188.35314	2699.o2o1	763	2o1.56163	2888.2922
714	188.61731	27o2.8o56	764	2o1.8258o	2892.o777
715	188.88148	27o6.591o	765	2o2.o8997	2895.8631
716	189.14565	271o.3765	766	2o2.35414	2899.6486
717	189.4o982	2714.1619	767	2o2.61831	29o3.434o
718	189.67399	2717.9474	768	2o2.88248	29o7.2195
719	189.93816	2721.7328	769	2o3.14665	2911.oo49
72o	19o.2o233	2725.5182	77o	2o3.41o82	2914.79o3
721	19o.4665o	2729.3o37	771	2o3.67499	2918.5758
722	19o.73o67	2733.o891	772	2o3.93916	2922.3612
723	19o.99484	2736.8746	773	2o4.2o333	2926.1467
724	191.259o1	274o.66oo	774	2o4.4675o	2929.9321
725	191.52318	2744.4455	775	2o4.73167	2933.7176
726	191.78735	2748.23o9	776	2o4.99584	2937.5o3o
727	192.o5152	2752.o163	777	2o5.26oo1	2941.2884
728	192.31569	2755.8o18	778	2o5.52418	2945.o739
729	192.57986	2759.5872	779	2o5.78835	2948.8593
73o	192.844o3	2763.3727	78o	2o6.o5252	2952.6448
731	193.1o82o	2767.1581	781	2o6.31669	2956.43o2
732	193.37237	277o.9435	782	2o6.58o86	296o.2156
733	193.63654	2774.729o	783	2o6.845o3	2964.oo11
734	193.9oo71	2778.5144	784	2o7.1o92o	2967.7865
735	194.16488	2782.2999	785	2o7.37337	2971.572o
736	194.429o5	2786.o853	786	2o7.63754	2975.3574
737	194.69322	2789.87o8	787	2o7.9o171	2979.1429
738	194.95739	2793.6562	788	2o8.16588	2982.9283
739	195.22156	2797.4416	789	2o8.43oo5	2986.7137
74o	195.48573	28o1.2271	79o	2o8.69422	299o.4992
741	195.7499o	28o5.o125	791	2o8.95839	2994.2846
742	196.o14o7	28o8.798o	792	2o9.22256	2998.o7o1
743	196.27824	2812.5834	793	2o9.48673	3oo1.8555
744	196.54241	2816.3688	794	2o9.75o9o	3oo5.64o9
745	196.8o658	282o.1543	795	21o.o15o7	3oo9.4264
746	197.o7o75	2823.9397	796	21o.27924	3o13.2118
747	197.33492	2827.7252	797	21o.54341	3o16.9973
748	197.599o9	2831.51o6	798	21o.8o758	3o2o.7827
749	197.86326	2835.2961	799	211.o7175	3o24.5682
75o	198.12743	2839.o815	8oo	211.33592	3o28.3536

Faktor: 1 ltr. = 0.26417 US-Gall.
1 US-Gall. = 3.7854 ltr.

ltr.=US-Gall	US-Gall.	= ltr.	ltr.=US-Gall	US-Gall.	= ltr.
801	211.60009	3032.1390	851	224.80858	3221.4111
802	211.86426	3035.9245	852	225.07275	3225.1966
803	212.12843	3039.7099	853	225.33692	3228.9820
804	212.39260	3043.4954	854	225.60109	3232.7675
805	212.65677	3047.2808	855	225.86526	3236.5529
806	212.92094	3051.0663	856	226.12943	3240.3384
807	213.18511	3054.8517	857	226.39360	3244.1238
808	213.44928	3058.6371	858	226.65777	3247.9092
809	213.71345	3062.4226	859	226.92194	3251.6947
810	213.97762	3066.2080	860	227.18611	3255.4801
811	214.24179	3069.9935	861	227.45028	3259.2656
812	214.50596	3073.7789	862	227.71445	3263.0510
813	214.77013	3077.5643	863	227.97862	3266.8364
814	215.03430	3081.3498	864	228.24279	3270.6219
815	215.29847	3085.1352	865	228.50696	3274.4073
816	215.56264	3088.9207	866	228.77113	3278.1928
817	215.82681	3092.7061	867	229.03530	3281.9782
818	216.09098	3096.4916	868	229.29947	3285.7637
819	216.35515	3100.2770	869	229.56364	3289.5491
820	216.61932	3104.0624	870	229.82781	3293.3345
821	216.88349	3107.8479	871	230.09198	3297.1200
822	217.14766	3111.6333	872	230.35615	3300.9054
823	217.41183	3115.4188	873	230.62032	3304.6909
824	217.67600	3119.2042	874	230.88449	3308.4763
825	217.94017	3122.9897	875	231.14866	3312.2618
826	218.20434	3126.7751	876	231.41283	3316.0472
827	218.46851	3130.5605	877	231.67700	3319.8326
828	218.73268	3134.3460	878	231.94117	3323.6181
829	218.99685	3138.1314	879	232.20534	3327.4035
830	219.26102	3141.9169	880	232.46951	3331.1890
831	219.52519	3145.7023	881	232.73368	3334.9744
832	219.78936	3149.4877	882	232.99785	3338.7598
833	220.05353	3153.2732	883	233.26202	3342.5453
834	220.31770	3157.0586	884	233.52619	3346.3307
835	220.58187	3160.8441	885	233.79036	3350.1162
836	220.84604	3164.6295	886	234.05453	3353.9016
837	221.11021	3168.4150	887	234.31870	3357.6871
838	221.37438	3172.2004	888	234.58287	3361.4725
839	221.63855	3175.9858	889	234.84704	3365.2579
840	221.90272	3179.7713	890	235.11121	3369.0434
841	222.16689	3183.5567	891	235.37538	3372.8288
842	222.43106	3187.3422	892	235.63955	3376.6143
843	222.69523	3191.1276	893	235.90372	3380.3997
844	222.95940	3194.9130	894	236.16789	3384.1851
845	223.22357	3198.6985	895	236.43206	3387.9706
846	223.48774	3202.4839	896	236.69623	3391.7560
847	223.75191	3206.2694	897	236.96040	3395.5415
848	224.01608	3210.0548	898	237.22457	3399.3269
849	224.28025	3213.8403	899	237.48874	3403.1124
850	224.54442	3217.6257	900	237.75291	3406.8978

Faktor: 1 ltr. = 0.26417 US-Gall.
1 US-Gall. = 3.7854 ltr

US-Gall.	ltr.=US-Gall.	= ltr.	US-Gall.	ltr.=US-Gall.	= ltr.
901	238.01708	3410.6832	951	251.22557	3599.9553
902	238.28125	3414.4687	952	251.48974	3603.7408
903	238.54542	3418.2541	953	251.75391	3607.5202
904	238.80959	3422.0396	954	252.01808	3611.3117
905	239.07376	3425.8250	955	252.28225	3615.0971
906	239.33793	3429.6105	956	252.54642	3618.8826
907	239.60210	3433.3959	957	252.81059	3622.6680
908	239.86627	3437.1813	958	253.07476	3626.4534
909	240.13044	3440.9668	959	253.33893	3630.2389
910	240.39461	3444.7522	960	253.60310	3634.0243
911	240.65878	3448.5377	961	253.86727	3637.8098
912	240.92295	3452.3231	962	254.13144	3641.5952
913	241.18712	3456.1085	963	254.39561	3645.3806
914	241.45129	3459.8940	964	254.65978	3649.1661
915	241.71546	3463.6794	965	254.92395	3652.9515
916	241.97963	3467.4649	966	255.18812	3656.7370
917	242.24380	3471.2503	967	255.45229	3660.5224
918	242.51797	3475.0358	968	255.71646	3664.3079
919	242.77214	3478.8212	969	255.98063	3668.0963
920	243.03631	3482.6066	970	256.24480	3671.8787
921	243.30048	3486.3921	971	256.50897	3675.6642
922	243.56465	3490.1775	972	256.77314	3679.4496
923	243.82882	3493.9630	973	257.03731	3683.2351
924	244.09299	3497.7484	974	257.30148	3687.0205
925	244.35716	3501.5339	975	257.56565	3690.8060
926	244.62133	3505.3193	976	257.82982	3694.5914
927	244.88550	3509.1047	977	258.09399	3698.3768
928	245.14967	3512.8902	978	258.35816	3702.1623
929	245.41384	3516.6756	979	258.62233	3705.9477
930	245.67801	3520.4611	980	258.88650	3709.7332
931	245.94218	3524.2465	981	259.15067	3713.5186
932	246.20635	3528.0319	982	259.41484	3717.3014
933	246.47052	3531.8174	983	259.67901	3721.0895
934	246.73469	3535.6028	984	259.94318	3724.8749
935	246.99886	3539.3883	985	260.20735	3728.6604
936	247.26303	3543.1737	986	260.47152	3732.4458
937	247.52720	3546.9592	987	260.73569	3736.2313
938	247.79137	3550.7446	988	260.99986	3740.0167
939	248.05554	3554.5300	989	261.26403	3743.8021
940	248.31971	3558.3155	990	261.52820	3747.5876
941	248.58388	3562.1009	991	261.79237	3751.3730
942	248.84805	3565.8864	992	262.05654	3755.1585
943	249.11222	3569.6718	993	262.32071	3758.9439
944	249.37639	3573.4572	994	262.58488	3762.7293
945	249.64056	3577.2427	995	262.84905	3766.5148
946	249.90473	3581.0281	996	263.11322	3770.3002
947	250.16890	3584.8136	997	263.37739	3774.0857
948	250.43307	3588.5990	998	263.64156	3777.8711
949	250.69724	3592.3845	999	263.90573	3783.6566
950	250.96141	3596.1699	1000	264.16990	3785.4420

Kubikzentimeter in Kubikzoll
cubic centimeters into cubic inches

13

Faktor: 1 cm^3 = 0.061024 cu.in.
1 cu.in. = 16.387 cm^3

cu.in. = cm^3 / cm^3 = cu.in.			cu.in. = cm^3 / cm^3 = cu.in.		
	cm^3 = cu.in. ↓	cu.in. = cm^3 ↓		cm^3 = cu.in. ↓	cu.in. = cm^3 ↓
1	0.061024	16.387	51	3.112226	835.736
2	0.122048	32.774	52	3.173250	852.123
3	0.183072	49.161	53	3.234274	868.510
4	0.244096	65.548	54	3.295298	884.897
5	0.305120	81.935	55	3.356322	901.284
6	0.366144	98.322	56	3.417346	917.671
7	0.427168	114.709	57	3.478371	934.058
8	0.488192	131.096	58	3.539395	950.445
9	0.549216	147.483	59	3.600419	966.832
10	0.610240	163.870	60	3.661443	983.219
11	0.671264	180.257	61	3.722467	999.606
12	0.732289	196.644	62	3.783491	1015.993
13	0.793313	213.031	63	3.844515	1032.380
14	0.854337	229.418	64	3.905539	1048.767
15	0.915361	245.805	65	3.966563	1065.154
16	0.976385	262.192	66	4.027587	1081.541
17	1.037409	278.579	67	4.088611	1097.928
18	1.098433	294.966	68	4.149635	1114.315
19	1.159457	311.353	69	4.210659	1130.702
20	1.220481	327.740	70	4.271683	1147.089
21	1.281505	344.127	71	4.332707	1163.476
22	1.342529	360.514	72	4.393731	1179.862
23	1.403553	376.901	73	4.454755	1196.249
24	1.464577	393.287	74	4.515779	1212.636
25	1.525601	409.674	75	4.576803	1229.023
26	1.586625	426.061	76	4.637827	1245.410
27	1.647649	442.448	77	4.698851	1261.797
28	1.708673	458.835	78	4.759875	1278.184
29	1.769697	475.222	79	4.820899	1294.571
30	1.830721	491.609	80	4.881924	1310.958
31	1.891745	507.996	81	4.942948	1327.345
32	1.952769	524.383	82	5.003972	1343.732
33	2.013793	540.770	83	5.064996	1360.119
34	2.074817	557.157	84	5.126020	1376.506
35	2.135842	573.544	85	5.187044	1392.893
36	2.196866	589.931	86	5.248068	1409.280
37	2.257890	606.318	87	5.309092	1425.667
38	2.318914	622.705	88	5.370116	1442.054
39	2.379938	639.092	89	5.431140	1450.441
40	2.440962	655.479	90	5.492164	1474.828
41	2.501986	671.866	91	5.553188	1491.215
42	2.563010	688.253	92	5.614212	1507.602
43	2.624034	704.640	93	5.675236	1523.989
44	2.685058	721.027	94	5.736260	1540.376
45	2.746082	737.414	95	5.797284	1556.763
46	2.807106	753.801	96	5.858308	1573.150
47	2.868130	770.188	97	5.919332	1589.537
48	2.929154	786.575	98	5.980356	1605.924
49	2.990178	802.962	99	6.041380	1622.311
50	3.051202	819.349	100	6.102404	1638.698

Faktor: 1 cm^3 = 0.061024 cu.in.
1 cu.in. = 16.387 cm^3

cu.in. = / cm^3 =	cu.in	cm^3	cu.in. = / cm^3 =	cu.in	cm^3
101	6.163428	1655.085	151	9.214631	2474.434
102	6.224452	1671.472	152	9.275655	2490.821
103	6.285477	1687.859	153	9.336679	2507.208
104	6.346501	1704.246	154	9.397703	2523.595
105	6.407525	1720.633	155	9.458727	2539.982
106	6.468549	1737.020	156	9.519751	2556.369
107	6.529573	1753.407	157	9.580775	2572.756
108	6.590597	1769.794	158	9.641799	2589.143
109	6.651621	1786.181	159	9.702823	2605.530
110	6.712645	1802.568	160	9.763847	2621.917
111	6.773669	1818.955	161	9.824871	2638.304
112	6.834693	1835.342	162	9.885895	2654.691
113	6.895717	1851.729	163	9.946919	2671.078
114	6.956741	1768.116	164	10.007943	2687.465
115	7.017765	1884.503	165	10.068967	2703.852
116	7.078789	1900.890	166	10.129991	2720.239
117	7.139813	1917.277	167	10.191015	2736.625
118	7.200837	1933.664	168	10.252039	2753.012
119	7.261861	1950.051	169	10.313063	2769.399
120	7.322885	1966.437	170	10.374087	2785.786
121	7.383909	1982.824	171	10.435112	2802.173
122	7.444933	1999.211	172	10.496136	2818.560
123	7.505957	2015.598	173	10.557160	2834.947
124	7.566981	2031.985	174	10.618184	2851.334
125	7.628006	2048.372	175	10.679208	2867.721
126	7.689030	2064.759	176	10.740232	2884.108
127	7.750054	2081.146	177	10.801256	2900.495
128	7.811078	2097.533	178	10.862280	2916.882
129	7.872102	2113.920	179	10.923304	2933.269
130	7.933126	2130.307	180	10.984328	2949.656
131	7.994150	2146.694	181	11.045352	2966.043
132	8.055174	2163.081	182	11.106376	2982.430
133	8.116198	2179.468	183	11.167400	2998.817
134	8.177222	2195.855	184	11.228424	3015.204
135	8.238246	2212.242	185	11.289448	3047.978
136	8.299270	2228.629	186	11.350472	3047.978
137	8.360294	2245.016	187	11.411496	3064.365
138	8.421318	2261.403	188	11.472520	3080.752
139	8.482342	2277.790	189	11.533544	3097.139
140	8.543366	2294.177	190	11.594568	3113.526
141	8.604390	2310.564	191	11.655592	3129.913
142	8.665414	2326.951	192	11.716616	3146.300
143	8.726438	2343.338	193	11.777640	3162.687
144	8.787462	2359.725	194	11.838665	3179.074
145	8.848486	2376.112	195	11.899689	3195.461
146	8.909510	2392.499	196	11.960713	3211.848
147	8.970534	2408.886	197	12.021737	3228.235
148	9.031559	2425.273	198	12.082761	3244.622
149	9.092583	2441.660	199	12.143785	3261.009
150	9.153607	2458.047	200	12.204809	3277.396

Faktor: 1 cm^3 = 0.061024 cu.in.
1 cu.in. = 16.387 cm^3

cu.in. / cm^3	cm^3 = cu.in.	cu.in. = cm^3	cu.in. / cm^3	cm^3 = cu.in.	cu.in. = cm^3
201	12.265833	3293.783	251	15.317035	4113.132
202	12.326857	3310.170	252	15.378059	4129.519
203	12.387881	3326.557	253	15.439083	4145.906
204	12.448905	3342.944	254	15.500107	4162.293
205	12.509929	3359.331	255	15.561131	4178.680
206	12.570953	3375.718	256	15.622155	4195.067
207	12.631977	3392.105	257	15.683179	4211.454
208	12.693001	3408.492	258	15.744203	4227.841
209	12.754025	3424.879	259	15.805227	4244.228
210	12.815049	3441.266	260	15.866251	4260.615
211	12.876073	3457.653	261	15.927275	4277.002
212	12.937097	3474.040	262	15.988300	4293.388
213	12.998121	3490.427	263	16.049324	4309.775
214	13.059145	3506.814	264	16.110348	4326.162
215	13.120169	3523.200	265	16.171372	4342.549
216	13.181194	3539.587	266	16.232396	4358.936
217	13.242218	3555.974	267	16.293420	4375.323
218	13.303242	3572.361	268	16.354444	4391.710
219	13.364266	3588.748	269	16.415468	4408.097
220	13.425290	3605.135	270	16.476492	4424.484
221	13.486314	3621.522	271	16.537516	4440,871
222	13.547338	3637.909	272	16.598540	4457.258
223	13.608362	3654.296	273	16.659564	4473.645
224	13.669386	3670.683	274	16.720588	4490.032
225	13.730410	3687.070	275	16.781612	4506.419
226	13.791434	3703.457	276	16.842636	4522.806
227	13.852458	3719.844	277	16.903660	4539.193
228	13.913482	3736.231	278	16.964684	4555.580
229	13.974506	3752.618	279	17.025708	4571.967
230	14.035530	3769.005	280	17.086732	4588.354
231	14.096554	3785.392	281	17.147756	4604.741
232	14.157578	3801.779	282	17.208780	4621.128
233	14.218602	3818.166	283	17.269804	4637.515
234	14.279626	3834.553	284	17.330828	4653.902
235	14.340650	3850.940	285	17.391853	4670.289
236	14.401674	3867.327	286	17.452877	4686.676
237	14.462698	3883.714	287	17.513901	4703.063
238	14.523722	3900.101	288	17.574925	4719.450
239	14.584747	3916.488	289	17.635949	4735.837
240	14.645771	3932.875	290	17.696973	4752.224
241	14.706795	3949.262	291	17.757997	4768.611
242	14.767819	3965.649	292	17.819021	4784.998
243	14.828843	3982.036	293	17.880045	4801.385
244	14.889867	3998.423	294	17.941069	4817.772
245	14.950891	4014.810	295	18.002093	4834.159
246	15.011915	4031.197	296	18.063117	4850.546
247	15.072939	4047.584	297	18.124141	4866.933
248	15.133963	4063.971	298	18.185165	4883.320
249	15.194987	4080.358	299	18.246189	4899.707
250	15.256011	4096.745	300	18.307213	4916.094

Faktor: 1 cm^3 = 0.061024 cu.in.
1 cu.in. = 16.387 cm^3

cu.in. / cm^3	= cu.in	cm^3	cu.in. / cm^3	= cu.in	cm^3
301	18.368237	4932.481	351	21.419439	5751.830
302	18.429261	4948.868	352	21.480463	5768.217
303	18.490285	4965.255	353	21.541488	5784.604
304	18.551309	4981.642	354	21.602512	5800.991
305	18.612333	4998.029	355	21.663536	5817.378
306	18.673357	5014.416	356	21.724560	5833.765
307	18.734382	5030.803	357	21.785584	5850.152
308	18.795406	5047.190	358	21.846608	5866.538
309	18.856430	5063.577	359	21.907632	5882.925
310	18.917454	5079.963	360	21.968656	5899.312
311	18.978478	5096.350	361	22.029680	5915.699
312	19.039502	5112.737	362	22.090704	5932.086
313	19.100526	5129.124	363	22.151728	5948.473
314	19.161550	5145.511	364	22.212752	5964.860
315	19.222574	5161.898	365	22.273776	5981.247
316	19.283598	5178.285	366	22.334800	5997.634
317	19.344622	5194.672	367	22.395824	6014.021
318	19.406546	5211.059	368	22.456848	6030.408
319	19.466670	5227.446	369	22.517872	6046.795
320	19.527694	5243.833	370	22.578896	6063.182
321	19.588718	5260.220	371	22.639920	6079.569
322	19.649742	5276.607	372	22.700944	6095.956
323	19.710766	5292.994	373	22.761968	6112.343
324	19.771790	5309.381	374	22,822992	6128.730
325	19.832814	5325.768	375	22.884017	6145.117
326	19.893838	5342.155	376	22.945041	6161.504
327	19.954862	5358.542	377	23.006065	6177.891
328	20.015886	5374.929	378	23.067089	6194.278
329	20.076910	5391.316	379	23.128113	6210.665
330	20.137935	5407.703	380	23.189137	6227.052
331	20.198959	5424.090	381	23.189137	6227.052
332	20.259983	5440.477	382	23.250161	6243.439
333	20.321007	5456.864	383	23.311185	6259.826
334	20.382031	5473.251	384	23.433233	6292.600
335	20.443055	5489.638	385	23.494257	6308.987
336	20.504079	5506.025	386	23.555281	6325.374
337	20.565103	5522.412	387	23.616305	6341.761
338	20.626127	5538.799	388	23.677329	6358.148
339	20.687151	5555.186	389	23.738353	6374.535
340	20.748175	5571.573	390	23.799377	6390.922
341	20.809199	5587.960	391	23.860401	6407.309
342	20.870223	5604.347	392	23.921425	6423.696
343	20.931247	5620.734	393	23.982449	6440.083
344	20.992271	5637.121	394	24.043473	6456.470
345	21.053295	5653.508	395	24.104497	6472.857
346	21.114319	5669.895	396	24.165521	6489.244
347	21.175343	5686.282	397	24.226545	6505.631
348	21.236367	5702.669	398	24.287570	6522.018
349	21.297391	5719.056	399	24.348594	6538.405
350	21.358415	5735.443	400	24.409618	6554.792

Faktor: 1 cm^3 = 0.061024 cu.in.
1 cu.in. = 16.387 cm^3

	cm^3=cu.in	cu.in. = cm^3		cm^3=cu.in	cu.in. = cm^3
401	24.409618	6554.792	451	27.521844	7390.528
402	24.531666	6587.566	452	27.582868	7406.915
403	24.592690	6603.953	453	27.643892	7423.301
404	24.653714	6620.340	454	27.704916	7439.688
405	24.714738	6636.726	455	27.765940	7456.075
406	24.775762	6653.113	456	27.826964	7472.462
407	24.836786	6669.500	457	27.887988	7488.849
408	24.897810	6685.887	458	27.949012	7505.236
409	24.958834	6702.274	459	28.010036	7521.623
410	25.019858	6718.661	460	28.071060	7538.010
411	25.080882	6735.048	461	28.132084	7554.397
412	25.141906	6751.435	462	28.193108	7570.784
413	25.202930	6767.822	463	28.254132	7587.171
414	25.263954	6784.209	464	28.315156	7603.558
415	25.324978	6800.596	465	28.376180	7619.945
416	25.386002	6816.983	466	28.437205	7636.332
417	25.447026	6833.370	467	28.498229	7652.719
418	25.508050	6849.757	468	28.559253	7669.106
419	25.569074	6866.144	469	28.620277	7685.493
420	25.630098	6882.531	470	28.681301	7701.880
421	25.691123	6898.918	471	28.742325	7718.267
422	25.752147	6915.305	472	28.803349	7734.654
423	25.813171	6931.692	473	28.864373	7751.041
424	25.874195	6948.079	474	28.925397	7767.428
425	25.935219	6964.466	475	28.986421	7783.815
426	25.996243	6980.853	476	29.047445	7800.202
427	26.057267	6997.240	477	29.108469	7816.589
428	26.118291	7013.627	478	29.169493	7832.976
429	26.179315	7030.014	479	29.230517	7849.363
430	26.240339	7046.401	480	29.291541	7865.750
431	26.301363	7062.788	481	29.352565	7882.137
432	26.362387	7079.175	482	29.413589	7898.524
433	26.423411	7095.562	483	29.474613	7914.911
434	26.484435	7111.949	484	29.535637	7931.298
435	26.545459	7128.336	485	29.596661	7947.685
436	26.606483	7144.723	486	29.657685	7964.072
437	26.667507	7161.110	487	29.718709	7980.459
438	26.728531	7177.497	488	29.779733	7996.846
439	26.789555	7193.884	489	29.840758	8013.233
440	26.850579	7210.271	490	29.901782	8029.620
441	26.911603	7226.658	491	29.962806	8046.007
442	26.972627	7243.045	492	30.023830	8062.394
443	27.033651	7259.432	493	30.084854	8078.781
444	27.094676	7275.819	494	30.145878	8095.168
445	27.155700	7292.206	495	30.206902	8111.555
446	27.216724	7308.593	496	30.267926	8127.942
447	27.277748	7324.980	497	30.328950	8144.329
448	27.338772	7341.367	498	30.389974	8160.716
449	27.399796	7357.754	499	30.450998	8177.103
450	27.460820	7374.141	500	30.512022	8193.490

Faktor: 1 cm^3 = 0.061024 cu.in.
1 cu.in. = 16.387 cm^3

cu.in. = / cm^3=cu.in		= cm^3	cu.in. = / cm^3=cu.in		= cm^3
501	30.573046	8209.876	551	33.624248	9029.225
502	30.634070	8226.263	552	33.685272	9045.612
503	30.695094	8242.650	553	33.746296	9061.999
504	30.756118	8259.037	554	33.807320	9078.386
505	30.817142	8275.424	555	33.868344	9094.773
506	30.878166	8291.811	556	33.929368	9111.160
507	30.939190	8308.198	557	33.990393	9127.547
508	31.000214	8324.585	558	34.051417	9143.934
509	31.061238	8340.972	559	34.112441	9160.321
510	31.122262	8357.359	560	34.173465	9176.708
511	31.183286	8373.746	561	34.234489	9193.095
512	31.244311	8390.133	562	34.295513	9209.482
513	31.305335	8406.520	563	34.356537	9225.869
514	31.366359	8422.907	564	34.417561	9242.256
515	31.427383	8439.294	565	34.478585	9258.643
516	31.488407	8455.681	566	34.539609	9275.030
517	31.549431	8472.068	567	34.600633	9291.417
518	31.610455	8488.455	568	34.661657	9307.804
519	31.671479	8504.842	569	34.722681	9324.191
520	31.732503	8521.229	570	34.783705	9340.578
521	31.793527	8537.616	571	34.844729	9356.965
522	31.854551	8554.003	572	34.905753	9373.352
523	31.915575	8570.390	573	34.966777	9389.739
524	31.976599	8586.777	574	35.027801	9406.126
525	32.037623	8603.164	575	35.088825	9422.513
526	32.098647	8619.551	576	35.149849	9438.900
527	32.159671	8635.938	577	35.210873	9455.287
528	32.220695	8652.325	578	35.271897	9471.674
529	32.281719	8668.712	579	35.332921	9488.061
530	32.342743	8685.099	580	35.393946	9504.448
531	32.403767	8701.486	581	35.454970	9520.835
532	32.464791	8717.873	582	35.515994	9537.222
533	32.525815	8734.260	583	35.577018	9553.609
534	32.586839	8750.647	584	35.638042	9569.996
535	32.647864	8767.034	585	35.699066	9586.383
536	32.708888	8783.421	586	35.760090	9602.770
537	32.769912	8799.808	587	35.821114	9619.157
538	32.830936	8816.195	588	35.882138	9635.544
539	32.891960	8832.582	589	35.943162	9651.931
540	32.952984	8848.969	590	36.004186	9668.318
541	33.014008	8865.356	591	36.065210	9684.705
542	33.075032	8881.743	592	36.126234	9701.092
543	33.136056	8898.130	593	36.187258	9717.479
544	33.197080	8914.517	594	36.248282	9733.866
545	33.258104	8930.904	595	36.309306	9750.253
546	33.319128	8947.291	596	36.370330	9766.639
547	33.380152	8963.678	597	36.431354	9783.026
548	33.441176	8980.064	598	36.492378	9799.413
549	33.502200	8996.451	599	36.553402	9815.800
550	33.563224	9012.838	600	36.614426	9832.187

Faktor: 1 cm^3 = 0.061024 cu.in.
1 cu.in. = 16.387 cm^3

cu.in. = cm^3	cm^3=cu.in	cm^3	cu.in. = cm^3	cm^3=cu.in	cm^3
601	36.675450	9848.574	651	39.726653	10667.923
602	36.736474	9864.961	652	39.787677	10684.310
603	36.797499	9881.348	653	39.848701	10700.697
604	36.858523	9897.735	654	39.909725	10717.084
605	36.919547	9914.122	655	39.970749	10733.471
606	36.980571	9930.509	656	40.031773	10749.858
607	37.041595	9946.896	657	40.092797	10766.245
608	37.102619	9963.283	658	40.153821	10782.632
609	37.163643	9979.670	659	40.214845	10799.019
610	37.224667	9996.057	660	40.275869	10815.406
611	37.285691	10012.444	661	40.336893	10831.793
612	37.346715	10028.831	662	40.397917	10848.180
613	37.407739	10045.218	663	40.458941	10864.567
614	37.468763	10061.605	664	40.519965	10880.954
615	37.529787	10077.992	665	40.580989	10897.341
616	37.590811	10094.379	666	40.642013	10913.728
617	37.651835	10110.766	667	40.703037	10930.115
618	37.712859	10127.153	668	40.764061	10946.502
619	37.773883	10143.540	669	40.825085	10962.889
620	37.834907	10159.862	670	40.886109	10979.276
621	37.895931	10176.314	671	40.947134	10995.663
622	37.956955	10192.701	672	41.008158	11012.050
623	38.017979	10209.088	673	41.069182	11028.437
624	38.079003	10225.475	674	41.130206	11044.824
625	38.140028	10241.862	675	41.191230	11061.211
626	38.262076	10258.249	676	41.252254	11077.598
627	38.262076	10274.636	677	41.313278	11093.985
628	38.323100	10291.023	678	41.374302	11110.372
629	38.384124	10307.410	679	41.435326	11126.759
630	38.445148	10340.184	680	41.496350	11143.146
631	38.506172	10340.184	681	41.557374	11159.533
632	38.567196	10356.571	682	41.618398	11175.920
633	38.626220	10372.958	683	41.679422	11192.307
634	38.689244	10389.345	684	41.740446	11208.694
635	38.750268	10405.732	685	41.801470	11225.081
636	38.811292	10422.119	686	41.862494	11241.468
637	38.872316	10438.506	687	41.923518	11257.855
638	38.933340	10454.893	688	41.984542	11274.242
639	38.994364	10471.280	689	42.045566	11290.629
640	39.055388	10487.667	690	42.106590	11307.016
641	39.116412	10504.054	691	42.167614	11323.402
642	39.177436	10520.441	692	42.228638	11339.789
643	39.238460	10536.827	693	42.289662	11356.176
644	39.299484	10553.214	694	42.350687	11372.563
645	39.360508	10569.601	695	42.411711	11388.950
646	39.421532	10585.988	696	42.472735	11405.337
647	39.482556	10602.375	697	42.533759	11421.724
648	39.543581	10618.762	698	42.594783	11438.111
649	39.604605	10635.149	699	42.655807	11454.498
650	39.665629	10651.536	700	42.716831	11470.885

Faktor: 1 cm^3 = 0.061024 cu.in.
1 cu.in. = 16.387 cm^3

cu.in. / cm^3=cu.in		= cm^3	cu.in. / cm^3=cu.in		= cm^3
701	42.777855	11487.272	751	45.829057	12306.621
702	42.838879	11503.659	752	45.890081	12323.008
703	42.899903	11520.046	753	45.951105	12339.395
704	42.960927	11536.433	754	46.012129	12355.782
705	43.021951	11552.820	755	46.073153	12372.169
706	43.082975	11569.207	756	46.134177	12388.556
707	43.143999	11585.594	757	46.195201	12404.943
708	43.205023	11601.981	758	46.256225	12421.330
709	43.266047	11618.368	759	46.317249	12437.717
710	43.327071	11634.755	760	46.378273	12454.104
711	43.388095	11651.142	761	46.439297	12470.491
712	43.449119	11667.529	762	46.500322	12486.878
713	43.510143	11683.916	763	46.561346	12503.265
714	43.571167	11700.303	764	46.622370	12519.652
715	43.632191	11716.690	765	46.683394	12536.039
716	43.693216	11733.077	766	46.744418	12552.426
717	43.754240	11749.464	767	46.805442	12568.813
718	43.815264	11765.851	768	46.866466	12585.200
719	43.876288	11782.238	769	46.927490	12601.587
720	43.937312	11798.625	770	46.988514	12617.974
721	43.998336	11815.012	771	47.049538	12634.361
722	44.059360	11831.399	772	47.110562	12650.748
723	44.120384	11847.786	773	47.171586	12667.135
724	44.181408	11864.173	774	47.232610	12683.522
725	44.242432	11880.560	775	47.293634	12699.909
726	44.303456	11896.947	776	47.354658	12716.296
727	44.364480	11913.334	777	47.415682	12732.683
728	44.425504	11929.721	778	47.476706	12749.070
729	44.486528	11946.108	779	47.537730	12765.457
730	44.547552	11962.495	780	47.598754	12781.844
731	44.608576	11978.882	781	47.659778	12798.231
732	44.669600	11995.269	782	47.720802	12814.618
733	44.730624	12011.656	783	47.781826	12831.005
734	44.791648	12028.043	784	47.842850	12847.392
735	44.852672	12044.430	785	47.903875	12863.779
736	44.913696	12060.817	786	47.964899	12880.165
737	44.974720	12077.204	787	48.025923	12896.552
738	45.035744	12093.591	788	48.086947	12912.939
739	45.096769	12109.977	789	48.147971	12929.326
740	45.157793	12126.364	790	48.208995	12945.713
741	45.218817	12142.751	791	48.270019	12962.100
742	45.279841	12159.138	792	48.331043	12978.487
743	45.340865	12175.525	793	48.392067	12994.874
744	45.401889	12191.912	794	48.453091	13011.261
745	45.462913	12208.299	795	48.514115	13027.648
746	45.523937	12224.686	796	48.575139	13044.035
747	45.584961	12241.073	797	48.636163	13060.422
748	45.645985	12257.460	798	48.697187	13076.809
749	45.707009	12273.847	799	48.758211	13093.196
750	45.768033	12290.234	800	48.819235	13109.583

Faktor: 1 cm^3 = 0.061024 cu.in.
1 cu.in. = 16.387 cm^3

cu.in. / cm^3=cu.in.	=	cm^3	cu.in. / cm^3=cu.in.	=	cm^3
801	48.880259	13125.970	851	51.931461	13945.319
802	48.941283	13142.357	852	51.992485	13961.706
803	49.002307	13158.744	583	52.053510	13978.093
804	49.063331	13175.131	854	52.114534	13994.480
805	49.124355	13191.518	855	52.175558	14010.867
806	49.185379	13207.905	856	52.236582	14027.254
807	49.246404	13224.292	857	52.297606	14043.641
808	49.307428	13240.679	858	52.358630	14060.028
809	49.368452	13257.066	859	52.419654	14076.415
810	49.429476	13273.453	860	52.480678	14092.802
811	49.490500	13289.840	861	52.541702	14109.189
812	49.551524	13306.227	862	52.602726	14125.576
813	49.612548	13322.614	863	52.663750	14141.963
814	49.673572	13339.001	864	52.724774	14158.350
815	49.734596	13355.388	865	52.785798	14174.737
816	49.795620	13371.775	866	52.846822	14191.124
817	49.856644	13388.162	867	52.907846	14207.511
818	49.917668	13404.549	868	52.968870	14223.898
819	49.978692	13420.936	869	53.029894	14240.285
820	50.039716	13437.323	870	53.090918	14256.672
821	50.100740	13453.710	871	53.151942	14273.059
822	50.161764	13470.097	872	53.212966	14289.446
823	50.222788	13486.484	873	53.273990	14305.833
824	50.283812	13502.871	874	53.335014	14322.220
825	50.344836	13519.258	875	53.396039	14338.607
826	50.405860	13535.645	876	53.457063	14354.994
827	50.466884	13552.032	877	53.518087	14371.381
828	50.527908	13568.419	878	53.579111	14387.768
829	50.588932	13584.806	879	53.640135	14404.155
830	50.649957	13601.193	880	53.701159	14420.542
831	50.710981	13617.580	881	53.762183	14436.928
832	50.772005	13633.967	882	53.823207	14453.315
833	50.833029	13650.354	883	53.884231	14469.702
834	50.894053	13666.740	884	53.945255	14486.089
835	50.955077	13683.127	885	54.006279	14502.476
836	51.016101	13699.514	886	54.067303	14518.863
837	51.077125	13715.901	887	54.128327	14535.250
838	51.138149	13732.288	888	54.189351	14551.637
839	51.199173	13748.675	889	54.250375	14568.024
840	51.260197	13765.062	890	54.311399	14584.411
841	51.321221	13781.449	891	54.372423	14600.798
842	51.382245	13797.836	892	54.433447	14617.185
843	51.443269	13814.223	893	54.494471	14633.572
844	51.504293	13830.610	894	54.555495	14649.959
845	51.565317	13846.997	895	54.616519	14666.346
846	51.626341	13863.384	896	54.677543	14682.733
847	51.687365	13879.771	897	54.738567	14699.120
848	51.748389	13896.158	898	54.799592	14715.507
849	51.809413	13912.545	899	54.860616	14731.894
850	51.870437	13928.932	900	54.921640	14748.281

Faktor: 1 cm^3 = 0.061024 cu.in.
1 cu.in. = 16.387 cm^3

cu.in. = cm^3 ↓ / cm^3=cu.in ↓			cu.in. = cm^3 ↓ / cm^3=cu.in ↓		
901	54.982664	14764.668	951	58.033866	15584.017
902	55.043688	14781.055	952	58.094890	15600.404
903	55.104712	14797.442	953	58.155914	15616.791
904	55.165736	14813.829	954	58.216938	15633.178
905	55.226760	14830.216	955	58.277962	15649.565
906	55.287784	14846.603	956	58.338986	15665.952
907	55.348808	14862.990	957	58.400010	15682.339
908	55.409832	14879.377	958	58.461034	15698.726
909	55.470856	14895.764	959	58.522058	15715.113
910	55.531880	14912.151	960	58.583082	15731.500
911	55.592904	14928.538	961	58.644106	15747.887
912	55.653928	14944.925	962	58.705130	15764.274
913	55.714952	14961.312	963	58.766154	15780.661
914	55.775976	14977.699	964	58.827178	15797.048
915	55.837000	14994.086	965	58.888202	15813.435
916	55.898024	15010.473	966	58.949227	15829.822
917	55.959048	15026.860	967	59.010251	15846.209
918	56.020072	15043.247	968	59.071275	15862.596
919	56.081096	15059.634	969	59.132299	15878.983
920	56.142120	15076.021	970	59.193323	15895.370
921	56.203145	15092.408	971	59.254347	15911.757
922	56.264169	15108.795	972	59.315371	15928.144
923	56.325193	15125.182	973	59.376395	15944.531
924	56.386217	15141.569	974	59.437419	15960.918
925	56.447241	15157.956	975	59.498443	15977.305
926	56.508265	15174.343	976	59.559467	15993.692
927	56.569289	15190.730	977	59.620491	16010.078
928	56.630313	15207.117	978	59.681515	16026.465
929	56.691337	15223.503	979	59.742539	16042.852
930	56.752361	15239.890	980	59.803563	16059.239
931	56.813385	15256.277	981	59.864587	16075.626
932	56.874409	15272.664	982	59.925611	16092.013
933	56.935433	15289.051	983	59.986635	16108.400
934	56.996457	15305.438	984	60.047659	16124.787
935	57.057481	15321.825	985	60.108683	16141.174
936	57.118505	15338.212	986	60.169707	16157.561
937	57.179529	15354.599	987	60.230731	16173.948
938	57.240553	15370.986	988	60.291755	16190.335
939	57.301577	15387.373	989	60.352780	16206.722
940	57.362601	15403.760	990	60.413804	16223.109
941	57.423625	15420.147	991	60.474828	16239.496
942	57.484649	15436.534	992	60.535852	16255.883
943	57.545673	15452.921	993	60.596876	16272.270
944	57.606698	15469.308	994	60.657900	16288.657
945	57.667722	15485.695	995	60.718924	16305.044
946	57.728746	15502.082	996	60.779948	16321.431
947	57.789770	15518.469	997	60.840972	16337.818
948	57.850794	15534.856	998	60.901996	16354.205
949	57.911818	15551.243	999	60.963020	16370.592
950	57.972842	15567.630	1000	61.024044	16386.979

Kubikzentimeter in Kubikfuß
cubic centimeters into cubic feet 14

Faktor: 1 m^3 = 35.314851 cu.ft.
1 cu.ft. = 0.028316699 m^3

m^3=cu.ft	cu.ft. =	m^3	m^3=cu.ft	cu.ft. =	m^3
1	35.315	0.028317	51	1801.057	1.444152
2	70.630	0.056633	52	1836.372	1.472468
3	105.945	0.084950	53	1871.687	1.500785
4	141.259	0.113267	54	1907.002	1.529102
5	176.574	0.141583	55	1942.317	1.557418
6	211.889	0.169900	56	1977.632	1.585735
7	247.204	0.198217	57	2012.947	1.614052
8	282.519	0.226534	58	2048.261	1.642369
9	317.834	0.254850	59	2083.576	1.670685
10	353.149	0.283167	60	2118.891	1.699002
11	388.463	0.311484	61	2154.206	1.727319
12	423.778	0.339800	62	2189.521	1.755635
13	459.093	0.368117	63	2224.836	1.783952
14	494.408	0.396434	64	2260.150	1.812269
15	529.723	0.424750	65	2295.465	1.840585
16	565.038	0.453067	66	2330.780	1.868902
17	600.352	0.481384	67	2366.095	1.897219
18	635.667	0.509701	68	2401.410	1.925536
19	670.982	0.538017	69	2436.725	1.953852
20	706.297	0.566334	70	2472.040	1.982169
21	741.612	0.594651	71	2507.354	2.010486
22	776.927	0.622967	72	2542.669	2.038802
23	812.242	0.651284	73	2577.984	2.067119
24	847.556	0.679601	74	2613.299	2.095436
25	882,871	0.707917	75	2648.614	2.123752
26	918.186	0.736234	76	2683.929	2.152069
27	953.501	0.764551	77	2719.244	2.180386
28	988.816	0.792868	78	2754.558	2.208703
29	1024.131	0.821184	79	2789.873	2.237019
30	1059.446	0.849501	80	2825.188	2.265336
31	1094.760	0.877818	81	2860.503	2.293653
32	1130.075	0.906134	82	2895.818	2.321969
33	1165.390	0.934451	83	2931.133	2.350286
34	1200.705	0.962768	84	2966.447	2.378603
35	1236.020	0.991084	85	3001.762	2.406919
36	1271.335	1.019401	86	3037.077	2.435236
37	1306.649	1.047718	87	3072.392	2.463553
38	1341.946	1.076035	88	3107.707	2.491870
39	1377.279	1.104351	89	3143.022	2.520186
40	1412.594	1.132668	90	3178.337	2.548503
41	1447.909	1.160985	91	3213.651	2.576820
42	1483.224	1.189301	92	3248.966	2.605136
43	1518.539	1.217618	93	3284.281	2.633453
44	1553.853	1.245935	94	3319.596	2.661770
45	1589.168	1.274251	95	3354.911	2.690086
46	1624.483	1.302568	96	3390.226	2.718403
47	1659.798	1.330885	97	3425.541	2.746720
48	1695.113	1.359202	98	3460.855	2.775037
49	1730.428	1.387518	99	3496.170	2.803353
50	1765.743	1.415835	100	3531.485	2.831670

Faktor: 1 m^3 = 35.314851 cu.ft.
1 cu.ft. = 0.028316699 m^3

cu.ft. = m^3 / m^3 = cu.ft	m^3 = cu.ft	cu.ft. = m^3	cu.ft. = m^3 / m^3 = cu.ft	m^3 = cu.ft	cu.ft. = m^3
101	3566.800	2.859987	151	5332.543	4.275822
102	3602.115	2.888303	152	5367.857	4.304138
103	3637.430	2.916620	153	5403.172	4.332455
104	3672.742	2.944937	154	5438.487	4.360772
105	3708.059	2.973253	155	5473.802	4.389088
106	3743.374	3.001570	156	5509.117	4.417405
107	3778.689	3.029887	157	5544.432	4.445722
108	3814.004	3.058203	158	5579.746	4.474038
109	3849.319	3.086520	159	5615.061	4.502355
110	3884.634	3.114837	160	5650.376	4.530672
111	3919.948	3.143154	161	5685.691	4.558989
112	3955.263	3.171470	162	5721.006	4.587305
113	3990.578	3.199787	163	5756.321	4.615622
114	4025.893	3.228104	164	5791.636	4.643939
115	4061.208	3.256420	165	5826.950	4.672255
116	4096.523	3.284737	166	5862.265	4.700572
117	4131.838	3.313054	167	5897.580	4.728889
118	4167.152	3.341370	168	5932.895	4.757205
119	4202.467	3.369687	169	5968.210	4.785522
120	4237.782	3.398004	170	6003.525	4.813839
121	4273.097	3.426321	171	6038.840	4.842156
122	4308.412	3.454637	172	6074.154	4.870472
123	4343.727	3.482954	173	6109.469	4.898789
124	4379.042	3.511271	174	6144.784	4.927106
125	4414.356	3.539587	175	6180.099	4.955422
126	4449.671	3.567904	176	6215.414	4.983739
127	4484.986	3.596221	177	6250.729	5.012056
128	4520.301	3.624537	178	6286.043	5.040372
129	4555.616	3.652854	179	6321.358	5.068689
130	4590.931	3.681171	180	6356.673	5.097006
131	4626.245	3.709488	181	6391.988	5.125323
132	4661.560	3.737804	182	6427.303	5.153639
133	4696.875	3.766121	183	6462.618	5.181956
134	4732.190	3.794438	184	6497.933	5.210273
135	4767.505	3.822754	185	6533.247	5.238589
136	4802.820	3.851071	186	6568.562	5.266906
137	4838.135	3.879388	187	6603.877	5.295223
138	4873.449	3.907704	188	6639.192	5.322539
139	4908.764	3.936021	189	6674.507	5.351856
140	4944.079	3.964338	190	6709.822	5.380173
141	4979.394	3.992655	191	6745.137	5.408490
142	5014.709	4.020971	192	6780.451	5.436806
143	5050.024	4.049288	193	6815.766	5.465123
144	5085.339	4.077605	194	6851.081	5.493440
145	5120.653	4.105921	195	6886.396	5.521756
146	5155.968	4.134238	196	6921.711	5.550073
147	5191.283	4.162555	197	6957.026	5.578390
148	5226.598	4.190871	198	6992.340	5.606706
149	5261.913	4.219188	199	7027.655	5.635023
150	5297.228	4.247505	200	7062.970	5.663340

Faktor: 1 m^3 = 35.314851 cu.ft.
1 cu.ft. = 0.028316699 m^3

m^3=cu.ft.	cu.ft. =	m^3	m^3=cu.ft.	cu.ft. =	m^3
201	7098.285	5.691656	251	8864.028	7.107491
202	7133.600	5.719973	252	8899.342	7.135808
203	7168.915	5.748290	253	8934.657	7.164125
204	7204.230	5.776607	254	8969.972	7.192442
205	7239.544	5.804923	255	9005.287	7.220758
206	7274.859	5.833240	256	9040.602	7.249075
207	7310.174	5.861557	257	9075.917	7.277392
208	7345.489	5.889873	258	9111.232	7.305708
209	7380.804	5.918190	259	9146.546	7.334025
210	7416.119	5.946507	260	9181.861	7.362342
211	7451.434	5.974823	261	9217.176	7.390658
212	7486.748	6.003140	262	9252.491	7.418975
213	7522.063	6.031457	263	9287.806	7.447292
214	7557.378	6.059774	264	9323.121	7.475609
215	7592.693	6.088090	265	9358.436	7.503925
216	7628.008	6.116407	266	9393.750	7.532242
217	7663.323	6.144724	267	9429.065	7.560559
218	7698.638	6.173040	268	9464.380	7.588875
219	7733.952	6.201357	269	9499.694	7.617192
220	7769.267	6.229674	270	9535.010	7.645509
221	7804.582	6.257990	271	9570.325	7.673825
222	7839.897	6.286307	272	9605.639	7.702142
223	7875.212	6.314624	273	9640.954	7.730459
224	7910.527	6.342941	274	9676.269	7.758776
225	7945.841	6.371257	275	9711.584	7.787092
226	7981.156	6.399574	276	9746.899	7.815409
227	8016.471	6.427891	277	9782.214	7.843726
228	8051.786	6.456207	278	9817.529	7.872042
229	8087.101	6.484524	279	9852.843	7.900359
230	8122.416	6.512841	280	9888.158	7.928676
231	8157.731	6.541157	281	9923.473	7.956992
232	8193.045	6.569474	282	9958.788	7.985309
233	8228.360	6.597791	283	9994.103	8.013626
234	8263.675	6.626108	284	10029.418	8.041943
235	8298.990	6.654424	285	10064.733	8.070259
236	8334.305	6.682741	286	10100.047	8.098576
237	8369.620	6.711058	287	10135.362	8.126893
238	8404.935	6.739374	288	10170.677	8.155209
239	8440.249	6.767691	289	10205.995	8.183526
240	8475.564	6.796008	290	10241.307	8.211843
241	8510.879	6.824324	291	10276.622	8.240159
242	8546.194	6.852641	292	10311.936	8.268476
243	8581.509	6.880958	293	10347.251	8.296793
244	8616.824	6.909275	294	10382.566	8.325110
245	8652.138	6.937591	295	10417.881	8.353426
246	8687.453	6.965908	296	10453.196	8.381743
247	8722.768	6.994225	297	10488.511	8.410060
248	8758.083	7.022541	298	10523.826	8.438376
249	8793.398	7.050858	299	10559.140	8.466693
250	8828.713	7.079175	300	10594.455	8.495010

Faktor: 1 m^3 = 35.314851 cu.ft.
1 cu.ft. = 0.028316699 m^3

m^3=cu.ft	cu.ft.	= m^3	m^3=cu.ft	cu.ft.	= m^3
301	10629.770	8.523326	351	12395.513	9.939161
302	10665.085	8.551643	352	12430.828	9.967478
303	10700.400	8.579960	353	12466.142	9.995795
304	10735.715	8.608276	354	12501.457	10.024111
305	10771.030	8.636593	355	12536.772	10.052428
306	10806.344	8.664910	356	12572.087	10.080745
307	10841.659	8.693227	357	12607.402	10.109062
308	10876.974	8.721543	358	12642.717	10.137378
309	10912.289	8.749860	359	12678.032	10.165695
310	10947.604	8.778177	360	12713.346	10.194012
311	10982.919	8.806493	361	12748.661	10.222328
312	11018.234	8.834810	362	12783.976	10.250645
313	11053.548	8.863127	363	12819.291	10.278962
314	11088.863	8.891443	364	12854.606	10.307278
315	11124.178	8.919760	365	12889.921	10.335595
316	11159.493	8.948077	366	12925.235	10.363912
317	11194.808	8.976394	367	12960.550	10.392229
318	11230.123	9.004710	368	12995.865	10.420545
319	11265.437	9.033027	369	13031.180	10.448862
320	11300.752	9.061344	370	13066.495	10.477179
321	11336.067	9.089660	371	13101.810	10.505495
322	11371.382	9.117977	372	13137.125	10.533812
323	11406.697	9.146294	373	13172.439	10.562129
324	11442.012	9.174610	374	13207.754	10.590445
325	11477.327	9.202927	375	13243.069	10.618762
326	11512.641	9.231244	376	13278.384	10.647079
327	11547.956	9.259561	377	13313.699	10.675396
328	11583.271	9.287877	378	13349.014	10.703712
329	11618.586	9.316194	379	13384.329	10.732029
330	11653.901	9.344511	380	13419.643	10.760346
331	11689.216	9.372827	381	13454.958	10.788662
332	11724.531	9.401144	382	13490.273	10.816979
333	11759.845	9.429461	383	13525.588	10.845296
334	11795.160	9.457777	384	13560.903	10.873612
335	11830.475	9.486094	385	13596.218	10.901929
336	11865.790	9.514411	386	13631.532	10.930246
337	11901.105	9.542728	387	13666.847	10.958563
338	11936.420	9.571044	388	13702.162	10.986879
339	11971.734	9.599361	389	13737.477	11.015196
340	12007.049	9.627678	390	13772.792	11.043513
341	12042.364	9.655994	391	13808.107	11.071829
342	12077.679	9.684311	392	13843.422	11.100146
343	12112.994	9.712628	393	13878.736	11.128463
344	12148.309	9.740944	394	13914.051	11.156779
345	12183.624	9.769261	395	13949.366	11.185096
346	12218.938	9.797578	396	13984.681	11.213413
347	12254.253	9.825895	397	14019.996	11.241730
348	12289.568	9.854211	398	14055.311	11.270046
349	12324.883	9.882528	399	14090.626	11.298363
350	12360.198	9.910845	400	14125.940	11.326680

Faktor: 1 m³ = 35.314851 cu.ft.
1 cu.ft. = 0.028316699 m³

m³=cu.ft	cu.ft.	= m³	m³=cu.ft	cu.ft.	= m³
401	14161.255	11.354996	451	15926.998	12.770831
402	14196.570	11.383313	452	15962.313	12.799148
403	14231.885	11.411630	453	15997.628	12.827465
404	14267.200	11.439946	454	16032.942	12.855781
405	14302.515	11.468263	455	16068.257	12.884098
406	14337.830	11.496580	456	16103.572	12.912415
407	14373.144	11.524896	457	16138.887	12.940731
408	14408.459	11.553213	458	16174.202	12.969048
409	14443.774	11.581530	459	16209.517	12.997365
410	14479.089	11.609847	460	16244.831	13.025682
411	14514.404	11.638163	461	16280.146	13.053998
412	14549.719	11.666480	462	16315.461	13.082315
413	14585.033	11.694797	463	15350.776	13.110632
414	14620.348	11.723113	464	16386.091	13.138948
415	14655.663	11.751430	465	16421.406	13.167265
416	14690.978	11.779747	466	16456.721	13.195582
417	14726.293	11.808063	467	16492.035	13.223898
418	14761.608	11.836380	468	16527.350	13.252215
419	14796.923	11.864697	469	16562.665	13.280532
420	14832.237	11.893014	470	16597.980	13.308849
421	14867.552	11.921330	471	16633.295	13.337165
422	14902.867	11.949647	472	16668.610	13.365482
423	14938.182	11.977964	473	16703.925	13.393799
424	14973.497	12.006280	474	16739.239	13.422115
425	15008.812	12.034597	475	16774.554	13.450432
426	15044.127	12.062914	476	16809.869	13.478749
427	15079.441	12.091230	477	16845.184	13.507065
428	15114.756	12.119547	478	16880.499	13.535382
429	15150.071	12.147864	479	16915.814	13.563699
430	15185.386	12.176181	480	16951.128	13.592016
431	15220.701	12.204497	481	16986.443	13.620332
432	15256.016	12.232814	482	17021.758	13.648649
433	15291.330	12.261131	483	17057.073	13.676966
434	15326.645	12.289447	484	17092.388	13.705282
435	15361.960	12.317764	485	17127.703	13.733599
436	15397.275	12.346081	486	17163.018	13.761916
437	15432.590	12.374397	487	17198.332	13.790232
438	15467.905	12.402714	488	17233.647	13.818549
439	15503.220	12.431031	489	17268.962	13.846866
440	15538.534	12.459348	490	17304.277	13.875183
441	15573.849	12.487664	491	17339.592	13.903499
442	15609.164	12.515981	492	17374.907	13.931816
443	15644.479	12.544298	493	17410.222	13.960133
444	15679.794	12.572614	494	17445.536	13.988449
445	15715.109	12.600931	495	17480.851	14.016766
446	15750.424	12.629248	496	17516.166	14.045083
447	15785.738	12.657564	497	17551.481	14.073399
448	15821.053	12.685881	498	17586.796	14.101716
449	15856.368	12.714198	499	17622.111	14.130033
450	15891.683	12.742515	500	17657.426	14.158350

Faktor: 1 m^3 = 35.314851 cu.ft.
1 cu.ft. = 0.028316699 m^3

m^3=cu.ft	cu.ft.	= m^3	m^3=cu.ft	cu.ft.	= m^3
501	17692.740	14.186666	551	19458.483	15.602501
502	17728.055	14.214983	552	19493.798	15.630818
503	17763.370	14.243300	553	19529.113	15.659135
504	17798.685	14.271616	554	19564.427	15.687451
505	17834.000	14.299933	555	19599.742	15.715768
506	17869.315	14.328250	556	19635.057	15.744085
507	17904.629	14.356566	557	19670,372	15.772401
508	17939.944	14.384883	558	19705.687	15.800718
509	17975.259	14.413200	559	19741.002	15.829035
510	18010.574	14.441516	560	19776.317	15.857351
511	18045.889	14.469833	561	19811.631	15.885668
512	18081.204	14.498150	562	19846.946	15.913985
513	18116.519	14.526467	563	19882.261	15.942302
514	18151.833	14.554783	564	19917.576	15.970618
515	18187.148	14.583100	565	19952.891	15.998935
516	18222.463	14.611417	566	19988.206	16.027252
517	18257.778	14.639733	567	20023.521	16.055568
518	18293.093	14.668050	568	20058.835	16.083885
519	18328.408	14.696367	569	20094.150	16.112202
520	18363.723	14.724683	570	20129.465	16.140518
521	18399.037	14.753000	571	20164.780	16.168835
522	18434.352	14.781317	572	20200.095	16.197152
523	18469.667	14.809634	573	20235.410	16.225469
524	18504.982	14.837950	574	20270.724	16.253785
525	18540.297	14.866267	575	20306.039	16.282102
526	18575.612	14.894584	576	20341.354	16.310419
527	18610.926	14.922900	577	20376.669	16.338735
528	18646.241	14.951217	578	20411.984	16.397052
529	18681.556	14.979534	579	20447.299	16.395369
530	18716.871	15.007850	580	20482.614	16.423685
531	18752.186	15.036167	581	20517.928	16.452002
532	18787.501	15.064484	582	20553.243	16.480319
533	18822.816	15.092801	583	20588.558	16.508636
534	18858.130	15.121117	584	20623.873	16.526952
535	18893.445	15.149434	585	20659.188	16.565269
536	18928.760	15.177751	586	20694.503	16.593586
537	18964.075	15.206067	587	20729.818	16.621902
538	18999.390	15.234384	588	20765.132	16.650219
539	19034.705	15.262701	589	20800.447	16.678536
540	19070.020	15.291017	590	20835.762	16.706852
541	19105.334	15.319334	591	20871.077	16.735169
542	19140.649	15.347651	592	20906.392	16.763486
543	19175.964	15.375968	593	20941.707	16.791803
544	19211.279	15.404284	594	20977.021	16.820119
545	19246.594	15.432601	595	21012.336	16.848436
546	19281.909	15.460918	596	21047.651	16.876753
547	19317.223	15.489234	597	21082.966	16.905069
548	19352.538	15.517551	598	21118.281	16.933386
549	19387.853	15.545868	599	21153.596	16.961703
550	19423.168	15.574184	600	21188.911	16.990019

Faktor: $1\ m^3 = 35.314851$ cu.ft.
1 cu.ft. $= 0.028316699\ m^3$

m^3=cu.ft	cu.ft	= m^3	m^3=cu.ft	cu.ft.	= m^3
601	21224.225	17.018336	651	22989.968	18.434171
602	21259.540	17.046653	652	23025.283	18.462488
603	21294.855	17.074969	653	23060.598	18.490804
604	21330.170	17.103286	654	23095.913	18.519121
605	21365.485	17.131603	655	23131.227	18.547438
606	21400.800	17.159920	656	23166.542	18.575755
607	21436.115	17.188236	657	23201.857	18.604071
608	21471.429	17.216553	658	23237.172	18.632388
609	21506.744	17.244870	659	23272.487	18.660705
610	21542.059	17.273186	660	23307.802	18.689021
611	21577.374	17.301503	661	23343.117	18.717338
612	21612.689	17.329820	662	23378.431	18.745658
613	21648.004	17.358136	663	23413.746	18.773971
614	21683.319	17.386453	664	23449.061	18.802288
615	21718.633	17.414770	665	23484.376	18.830605
616	21753.948	17.443087	666	23519.691	18.858922
617	21789.263	17.471403	667	23555.006	18.887238
618	21824.578	17.499720	668	23590.320	18.915555
619	21859.893	17.528037	669	23625.635	18.943872
620	21895.208	17.556353	670	23660.950	18.972188
621	21930.522	17.584670	671	23696.265	19.000505
622	21965.837	17.612987	672	23731.580	19.028822
623	22001.152	17.641303	673	23766.895	19.057138
624	22036.467	17.669620	674	23802.210	19.085455
625	22071.782	17.697937	675	23837.524	19.113772
626	22107.097	17.726254	676	23872.839	19.142089
627	22142.412	17.754570	677	23908.154	19.170405
628	22177.726	17.782887	678	23943.469	19.198722
629	22213.041	17.811204	679	23978.784	19.227039
630	22248.356	17.839520	680	24014.099	19.255355
631	22283.671	17.867837	681	24049.414	19.255355
632	22318.986	17.896154	682	24084.728	19.311989
633	22354.301	17.924470	683	24120.043	19.340305
634	22389.616	17.952787	684	24155.358	19.368622
635	22424.930	17.981104	685	24190.673	19.396939
636	22460.245	18.009421	686	24225.988	19.425256
637	22495.560	18.037737	687	24261.305	19.453572
638	22530.875	18.066054	688	24296.617	19.481889
639	22566.190	18.094371	689	24331.932	19.510206
640	22601.505	18.122687	690	24367.247	19.538522
641	22636.819	18.151004	691	24402.562	19.566839
642	22672.134	18.179321	692	24437.877	19.595156
643	22707.449	18.207637	693	24473.192	19.623472
644	22742.764	18.235954	694	24508.507	19.651789
645	22778.079	18.264271	695	24543.821	19.680106
646	22813.394	18.292588	696	24579.136	19.708423
647	22848.709	18.320904	697	24614.451	19.736739
648	22884.023	18.349221	698	24649.766	19.765056
649	22919.338	18.377538	699	24685.081	19.793373
650	22954.653	18.405854	700	24720.396	19.821689

Faktor: 1 m^3 = 35.314851 cu.ft.
1 cu.ft. = 0.028316699 m^3

	m^3 = cu.ft	cu.ft. = m^3
701	24755.711	19.850006
702	24791.025	19.878323
703	24826.340	19.906639
704	24861.655	19.934956
705	24896.970	19.963273
706	24932.285	19.991589
707	24967.600	20.019906
708	25002.915	20.048223
709	25038.229	20.076540
710	25073.544	20.104856
711	25108.859	20.133173
712	25144.174	20.161490
713	25179.489	20.189806
714	25214.804	20.218123
715	25250.118	20.246440
716	25285.433	20.274756
717	25320.748	20.303073
718	25356.063	20.331390
719	25391.378	20.359707
720	25426.693	20.388023
721	25462.008	20.416340
722	25497.322	20.444657
723	25532.637	20.472973
724	25567.952	20.501290
725	25603.267	20.529607
726	25638.582	20.557923
727	25673.897	20.586240
728	25709.212	20.614557
729	25744.526	20.642874
730	25779.841	20.671190
731	25815.156	20.699507
732	25850.471	20.727824
733	25885.786	20.756140
734	25921.101	20.784457
735	25956.415	20.812774
736	25991.730	20.841090
737	26027.045	20.869407
738	26062.360	20.897724
739	26097.675	20.926041
740	26132.990	20.954357
741	26168.305	20.982674
742	26203.619	21.010991
743	26238.934	21.039307
744	26274.249	21.067624
745	26309.564	21.095941
746	26344.879	21.124257
747	26380.194	21.152574
748	26415.509	21.180891
749	26450.823	21.209208
750	26486.138	21.237524
751	26521.453	21.265841
752	26556.768	21.294158
753	26592.083	21.322474
754	26627.398	21.350791
755	26662.713	21.379108
756	26698.027	21.407424
757	26733.342	21.435741
758	26768.657	21.464058
759	26803.972	21.492375
760	26839.287	21.520691
761	26874.602	21.549008
762	26908.916	21.577325
763	26945.231	21.605641
764	26980.546	21.633958
765	27015.861	21.662275
766	27051.176	21.690591
767	27086.491	21.718908
768	27121.806	21.747225
769	27157.120	21.775542
770	27192.435	21.803858
771	27227.750	21.832175
772	27263.065	21.860492
773	27298.380	21.888808
774	27333.695	21.917125
775	27369.010	21.945442
776	27404.324	21.973758
777	27439.639	22.002075
778	27474.954	22.030392
779	27510.269	22.058709
780	27545.584	22.087025
781	27580.599	22.115342
782	27616.213	22.143659
783	27651.528	22.171975
784	27686.843	22.200292
785	27722.158	22.228609
786	27757.473	22.256925
787	27792.788	22.285242
788	27828.103	22.313559
789	27863.417	22.341876
790	27898.732	22.370192
791	27934.047	22.398509
792	27969.362	22.426826
793	28004.677	22.455142
794	28039.992	22.483459
795	28075.307	22.511776
796	28110.621	22.540092
797	28145.936	22.568409
798	28181.251	22.596726
799	28216.566	22.625043
800	28251.881	22.653359

Faktor: 1 m^3 = 35.314851 cu.ft.
1 cu.ft. = 0.028316699 m^3

m^3 = cu.ft	cu.ft.	= m^3	m^3 = cu.ft	cu.ft.	= m^3
801	28287.196	22.681676	851	30052.938	24.097511
802	28322.511	22.709993	852	30088.253	24.125828
803	28357.825	22.738309	853	30123.568	24.154144
804	28393.140	22.766626	854	30158.883	24.182461
805	28428.455	22.794943	855	30194.198	24.210778
806	28463.770	22.823259	856	30229.512	24.239094
807	28499.085	22.851576	857	30264.827	24.267411
808	28534.400	22.879893	858	30300.142	24.295728
809	28569.714	22.908209	859	30335.457	24.324044
810	28605.029	22.936526	860	30370.772	24.352361
811	28640.344	22.964843	861	30406.087	24.380678
812	28675.659	22.993160	862	30441.402	24.408995
813	28710.974	23.021476	863	30476.716	24.437311
814	28746.289	23.049793	864	30512.031	24.465628
815	28781.604	23.078110	865	30547.346	24.493945
816	28816.918	23.106426	866	30582.661	24.522261
817	28852.233	23.134743	867	30617.976	24.550578
818	28887.548	23.163060	868	30653.291	24.578895
819	28922.863	23.191376	869	30688.606	24.607211
820	28958,178	23.219693	870	30723.920	24.635528
821	28993.493	23.248010	871	30759.235	24.663845
822	29028.808	23.276327	872	30794.550	24.692162
823	29064.122	23.304643	873	30829.865	24.720478
824	29099.437	23.332960	874	30865.180	24.748795
825	29134.752	23.361277	875	30900.495	24.775112
826	29170.067	23.389593	876	30935.809	24.805428
827	29205.382	23.417910	877	30971.124	24.833745
828	29240.697	23.446227	878	31006.439	24.862062
829	29276.011	23.474543	879	31041.754	24.890378
830	29311.326	23.502860	880	31077.069	24.918695
831	29346.641	23.531177	881	31112.384	24.947012
832	29381.956	23.559494	882	31147.699	24.975329
833	29417.271	23.587810	883	31183.013	25.003645
834	29452.586	23.616127	884	31218.328	25.031962
835	29487.901	23.644444	885	31253.643	25.060279
836	29523.215	23.672760	886	31288.958	25.088595
837	29558.530	23.701077	887	31324.273	25.116912
838	29593.845	23.729394	888	31359.588	25.145229
839	29629.160	23.757710	889	31394.903	25.173545
840	29664.475	23.786027	890	31430.217	25.201862
841	29699.790	23.814344	891	31465.532	25.230179
842	29735.105	23.842661	892	31500.847	25.258496
843	29770.419	23.870977	893	31536.162	25.286812
844	29805.734	23.899294	894	31571.477	25.315129
845	29841.049	23.927611	895	31606.792	25.343446
846	29876.364	23.955927	896	31642.106	25.371762
847	29911.679	23.984244	897	31677.421	25.400079
848	29946.994	24.012561	898	31712.736	25.428396
849	29982.308	24.040877	899	31748.051	25.456712
850	30017.623	24.069194	900	31783.366	25.485029

Faktor: 1 m^3 = 35.314851 cu.ft.
1 cu.ft. = 0.028316699 m^3

m^3=cu.ft	cu.ft.	= m^3	m^3=cu.ft	cu.ft.	= m^3
901	31818.681	25.513346	951	33584.423	26.929181
902	31853.996	25.541662	952	33619.732	26.957497
903	31889.310	25.569979	953	33655.053	26.985814
904	31924.625	25.598296	954	33690.368	27.014131
905	31959.940	25.626613	955	33725.683	27.042448
906	31995.255	25.654929	956	33760.998	27.070764
907	32030.570	25.683246	957	33796.312	27.099081
908	32065.885	25.711563	958	33831.627	27.127398
909	32101.200	25.739879	959	33866.942	27.155714
910	32136.514	25.768196	960	33902.257	27.184031
911	32171.829	25.796513	961	33937.572	27.212348
912	32207.144	25.824829	962	33972.887	27.240664
913	32242.459	25.853146	963	34008.202	27.268981
914	32277.774	25.881463	964	34043.516	27.297298
915	32313.089	25.909780	965	34078.831	27.325615
916	32348.404	25.938096	966	34114.146	27.353931
917	32383.718	25.966413	967	34149.461	27.382248
918	32419.033	25.994730	968	34184.776	27.410565
919	32454.348	26.023046	969	34220.091	27.438881
920	32489.663	26.051363	970	34255.405	27.467198
921	32524.978	26.079680	971	34290.720	27.495515
922	32560.293	26.107996	972	34326.035	27.523831
923	32595.607	26.136313	973	34361.350	27.552148
924	32630.922	26.164630	974	34396.665	27.580465
925	32666.237	26.192947	975	34431.980	27.608782
926	32701.552	26.221263	976	34467.295	27.637098
927	32736.867	26.849580	977	34502.609	27.665415
928	32772.182	26.277897	978	34537.924	27.693732
929	32807.497	26.306213	979	34573.239	27.722048
930	32842.811	26.334530	980	34608.554	27.750365
931	32878.126	26.362847	981	34643.869	27.778682
932	32913.441	26.391163	982	34679.184	27.806998
933	32948.756	26.419480	983	34714.499	27.835315
934	32984.071	26.447797	984	34749.813	27.863632
935	33019.386	26.476114	985	34785.128	27.891949
936	33054.701	26.504430	986	34820.443	27.920265
937	33090.015	26.532747	987	34855.758	27.948582
938	33125.330	26.561064	988	34891.073	27.976899
939	33160.645	26.589380	989	34926.388	28.005215
940	33195.960	26.617697	990	34961.702	28.033532
941	33231.275	26.646014	991	34997.017	28.061849
942	33266.590	26.674330	992	35032.332	28.090165
943	33301.904	26.702647	993	35067.647	28.118482
944	33337.219	26.730964	994	35102.962	28.146799
945	33372.534	26.759281	995	35138.277	28.175116
946	33407.849	26.787597	996	35173.592	28.203432
947	33443.164	26.815914	997	35208.906	28.231749
948	33478.479	26.844231	998	35244.221	28.260066
949	33513.794	26.872547	999	35279.536	28.288382
950	33549.108	26.900864	1000	35314.851	28.316699

Kilogramm in engl. Pfund
kilograms into pounds

Faktor: 1 kg = 2.2o46 lbs.
1 lbs. = o.45359 kg

lbs. = kg	kg.=lbs	lbs. = kg	lbs. = kg	kg.=lbs	lbs. = kg
1	2.2o46	o.45359	51	112.4357	23.13321
2	4.4o92	o.9o718	52	114.64o4	23.58681
3	6.6139	1.36o78	53	116.845o	24.o4o4o
4	8.8185	1.81437	54	119.o496	24.49399
5	11.o231	2.26796	55	121.2542	24.94758
6	13.2277	2.72155	56	123.4588	25.4o118
7	15.4324	3.17515	57	125.6635	25.85477
8	17.637o	3.62874	58	127.8681	26.3o836
9	19.8416	4.o8233	59	13o.o727	26.76195
1o	22.o462	4.53592	6o	132.2773	27.21555
11	24.25o8	4.98952	61	134.482o	27.66914
12	26.4555	5.44311	62	136.6866	28.12273
13	28.66o1	5.8967o	63	138.8912	28.57632
14	3o.8647	6.35o29	64	141.o958	29.o2992
15	33.o693	6.8o389	65	143.3oo4	29.48351
16	35.274o	7.25748	66	145.5o51	29.9371o
17	37.4786	7.711o7	67	147.7o97	3o.39o69
18	39.6832	8.16466	68	149.9143	3o.84429
19	41.8878	8.61826	69	152.1189	31.29788
2o	44.o924	9.o7185	7o	154.3236	31.75147
21	46.2971	9.52544	71	156.5282	32.2o5o6
22	48.5o17	9.979o3	72	158.7328	32.65865
23	5o.7o63	1o.43263	73	16o.9374	33.11225
24	52.91o9	1o.88622	74	163.1421	33.56584
25	55.1156	11.33981	75	165.3467	34.o1943
26	57.32o2	11.7934o	76	167.5513	34.473o2
27	59.5248	12.247oo	77	169.7559	34.92662
28	61.7294	12.7oo59	78	171.96o5	35.38o21
29	63.934o	13.15418	79	174.1652	35.8338o
3o	66.1387	13.6o777	8o	176.3698	36.28739
31	68.3433	14.o6137	81	178.5744	36.74o99
32	7o.5479	14.51496	82	18o.779o	37.19458
33	72.7525	14.96855	83	182.9837	37.64817
34	74.9572	15.42214	84	185.1883	38.1o176
35	77.1618	15.87574	85	187.3929	38.55536
36	79.3664	16.32933	86	189.5975	39.oo895
37	81.571o	16.78292	87	191.8o21	39.46254
38	83.7756	17.23651	88	194.oo68	39.91613
39	85.98o3	17.69o1o	89	196.2114	4o.36973
4o	88.1849	18.1437o	9o	198.416o	4o.82332
41	9o.3895	18.59729	91	2oo.62o6	41.27691
42	92.5941	19.o5o88	92	2o2.8253	41.73o5o
43	94.7988	19.5o447	93	2o5.o299	42.1841o
44	97.oo34	19.958o7	94	2o7.2345	42.63769
45	99.2o8o	2o.41166	95	2o9.4391	43.o9128
46	1o1.4126	2o.86525	96	211.6437	43.54487
47	1o3.6172	21.31884	97	213.8484	43.99847
48	1o5.8219	21.77244	98	216.o53o	44.452o6
49	1o8.o265	22.226o3	99	218.2576	44.9o565
5o	11o.2311	22.67962	1oo	22o.4622	45.35924

Faktor: 1 kg. = 2.2o46 lbs.
1 lbs. = o.45359 kg

kg.=lbs.	lbs.	kg	kg.=lbs.	lbs.	kg
1o1	222.6669	45.81284	151	332.898o	68.49246
1o2	224.8715	46.26643	152	335.1o26	68.946o5
1o3	227.o761	46.72oo2	153	337.3o72	69.39964
1o4	229.28o7	47.17361	154	339.5118	69.85323
1o5	231.4853	47.62721	155	341.7165.	7o.3o683
1o6	233.69oo	48.o8o8o	156	343.9211	7o.76o42
1o7	235.8946	48.53439	157	346.1257	71.214o1
1o8	238.o992	48.98798	158	348.33o3	71.6676o
1o9	24o.3o38	49.44157	159	35o.5349	72.1212o
11o	242.5o85	49.89517	16o	352.7396	72.57479
111	244.7131	5o.34876	161	354.9442	73.o2838
112	246.9177	5o.8o235	162	357.1488	73.48197
113	249.1223	51.25594	163	359.3534	73.93557
114	251.3269	51.7o954	164	361.5581	74.38916
115	253.5316	52.16313	165	363.7627	74.84275
116	255.7362	52.61672	166	365.9673	75.29634
117	257.94o8	53.o7o31	167	368.1719	75.74994
118	26o.1454	53.52391	168	37o.3765	76.2o353
119	262.35o1	53.9775o	169	372.5812	76.65712
12o	264.5547	54.431o9	17o	374.7858	77.11o71
121	266.7593	54.88468	171	376.99o4	77.56431
122	268.9639	55.33828	172	379.195o	78.o179o
123	271.1685	55.79189	173	381.3997	78.47149
124	273.3732	56.24546	174	383.6o43	78.925o8
125	275.5778	56.699o5	175	385.8o89	79.37868
126	277.7824	57.15265	176	388.o135	79.83227
127	279.987o	57.6o624	177	39o.2181	8o.28586
128	282.1917	58.o5983	178	392.4228	8o.73945
129	284.3963	58.51342	179	394.6274	81.193o4
13o	286.6oo9	58.967o2	18o	396.832o	81.64664
131	288.8o55	59.42o61	181	399.o366	82.1oo23
132	291.o1o1	59.8742o	182	4o1.2413	82.55382
133	293.2148	6o.32779	183	4o3.4459	83.oo741
134	295.4194	6o.78139	184	4o5.65o5	83.461o1
135	297.624o	61.23498	185	4o7.8551	83.9146o
136	299.8286	61.68857	186	41o.o597	84.36819
137	3o2.o333	62.14216	187	412.2644	84.82178
138	3o4.2379	62.59576	188	414.469o	85.27538
139	3o6.4425	63.o4935	189	416.6736	85.72897
14o	3o8.6471	63.5o294	19o	418.8782	86.18256
141	31o.8517	63.95653	191	421.o829	86.63615
142	313.o564	64.41o13	192	423.2875	87.o8975
143	315.261o	64.86372	193	425.4921	87.54334
144	317.4656	65.31731	194	427.6967	87.99693
145	319.67o2	65.77o9o	195	429.9o13	88.45o52
146	321.8749	66.22449	196	432.1o6o	88.9o412
147	324.o795	66.678o9	197	434.31o6	89.35771
148	326.2841	67.13168	198	436.5152	89.8113o
149	328.4887	67.58527	199	438.7198	9o.26489
15o	33o.6933	68.o3886	2oo	44o.9245	9o.71849

Faktor: 1 kg. = 2.2046 lbs.
1 lbs. = 0.45359 kg

kg.=lbs.	lbs. =	kg	kg.=lbs	lbs. =	kg.
201	443.1291	91.17208	251	553.3602	113.85170
202	445.3337	91.62567	252	555.5648	114.30529
203	447.5383	92.07926	253	557.7694	114.75888
204	449.7429	92.53286	254	559.9741	115.21248
205	451.9476	92.98645	255	562.1787	115.66607
206	454.1522	93.44004	256	564.3833	116.11966
207	456.3568	93.89363	257	566.5879	116.57325
208	458.5614	94.34723	258	568.7926	117.02685
209	460.7661	94.80082	259	570.9972	117.48044
210	462.9707	95.25441	260	573.2018	117.93403
211	465.1753	95.70800	261	575.4064	118.38762
212	467.3799	96.16160	262	577.6110	118.84122
213	469.5845	96.61519	263	579.8157	119.29481
214	471.7892	97.06878	264	582.0203	119.74840
215	473.9938	97.52237	265	584.2249	120.20199
216	476.1984	97.97596	266	586.4295	120.65559
217	478.4030	98.42956	267	588.6342	121.10918
218	480.6077	98.88315	268	590.8388	121.56277
219	482.8123	99.33674	269	593.0434	122.01636
220	485.0169	99.79033	270	595.2480	122.46996
221	487.2215	100.24393	271	597.4526	122.92355
222	489.4262	100.69752	272	599.6573	123.37714
223	491.6308	101.15111	273	601.8619	123.83073
224	493.8354	101.60470	274	604.0665	124.28433
225	496.0400	102.05830	275	606.2711	124.73792
226	498.2446	102.51189	276	608.4758	125.19151
227	500.4493	102.96548	277	610.6804	125.64510
228	502.6539	103.41907	278	612.8850	126.09870
229	504.8585	103.87267	279	615.0896	126.55229
230	507.0631	104.32626	280	617.2942	127.00588
231	509.2678	104.77985	281	619.4989	127.45947
232	511.4724	105.23344	282	621.7035	127.91307
233	513.6770	105.68704	283	623.9081	128.36666
234	515.8816	106.14063	284	626.1127	128.82025
235	518.0862	106.59422	285	628.3174	129.27384
236	520.2909	107.04781	286	630.5220	129.72743
237	522.4955	107.50141	287	632.7266	130.18103
238	524.7001	107.95500	288	634.9312	130.63462
239	526.9047	108.40859	289	637.1358	131.08821
240	529.1094	108.86218	290	639.3405	131.54180
241	531.3140	109.31578	291	641.5451	131.99540
242	533.5186	109.76937	292	643.7497	132.44899
243	535.7232	110.22296	293	645.9543	132.90258
244	537.9278	110.67655	294	648.1590	133.35617
245	540.1325	111.13015	295	650.3636	133.80977
246	542.3371	111.58374	296	652.5682	134.26336
247	544.5417	112.03733	297	654.7728	134.71695
248	546.7463	112.49092	298	656.9774	135.17054
249	548.9510	112.94452	299	659.1821	135.62414
250	551.1556	113.39811	300	661.3867	136.07773

Faktor: 1 kg = 2.2o46 lbs.
1 lbs. = o.45359 kg

lbs. / kg	kg = lbs	lbs. = kg	lbs. / kg	kg = lbs	lbs. = kg
3o1	663.5913	136.53132	351	773.8224	159.21o94
3o2	665.7959	136.98491	352	776.o27o	159.66454
3o3	668.ooo6	137.43851	353	778.2317	16o.11813
3o4	67o.2o52	137.8921o	354	78o.4363	16o.57172
3o5	672.4o98	138.34569	355	782.64o9	161.o2531
3o6	674.6144	138.79928	356	784.8455	161.47891
3o7	676.819o	139.25288	357	787.o5o2	161.9325o
3o8	679.o237	139.7o647	358	789.2548	162.386o9
3o9	681.2283	14o.16oo6	359	791.4594	162.83968
31o	683.4329	14o.61365	36o	793.664o	163.29327
311	685.6375	141.o6725	361	795.8687	163.74687
312	687.8422	141.52o84	362	798.o733	164.2oo46
313	69o.o468	141.97443	363	8oo.2779	164.654o5
314	692.2514	142.428o2	364	8o2.4825	165.1o764
315	964.456o	142.88162	365	8o4.6871	165.56124
316	696.66o6	143.33521	366	8o6.8918	166.o1483
317	698.8653	143.7888o	367	8o9.o964	166.46842
318	7o1.o699	144.24239	368	811.3o1o	166.922o1
319	7o3.2745	144.69599	369	813.5o56	167.37561
32o	7o5.4791	145.14958	37o	815.71o3	167.8292o
321	7o7.6838	145.6o317	371	817.9149	168.28279
322	7o9.8884	146.o5676	372	82o.1195	168.73638
323	712.o93o	146.51o35	373	822.3241	169.18998
324	714.2976	146.96395	374	824.5287	169.64357
325	716.5o22	147.41754	375	826.7334	17o.o9716
326	718.7o69	147.87113	376	828.938o	17o.55o75
327	72o.9115	148.32472	377	831.1426	171.oo435
328	723.1161	148.77832	378	833.3472	171.45794
329	725.32o7	149.23191	379	835.5519	171.91153
33o	727.5254	149.6855o	38o	837.7565	172.36512
331	729.73oo	15o.139o9	381	839.9611	172.81872
332	731.9346	15o.59269	382	842.1657	173.27231
333	734.1392	151.o4628	383	844.37o3	173.7259o
334	736.3438	151.49987	384	846.575o	174.17949
335	738.5485	151.95346	385	848.7796	174.633o9
336	74o.7531	152.4o7o6	386	85o.9842	175.o8668
337	742.9577	152.86o65	387	853.1888	175.54o27
338	745.1623	153.31424	388	855.3935	175.99386
339	747.367o	153.76783	389	857.5981	176.44746
34o	749.5716	154.22143	39o	859.8o27	176.9o1o5
341	751.7762	154.675o2	391	862.oo73	177.35464
342	753.98o8	155.12861	392	862.2119	177.8o823
343	756.1854	155.5822o	393	866.4166	178.26182
344	758.39o1	156.o358o	394	868.6212	178.71542
345	76o.5947	156.48939	395	87o.8258	179.169o1
346	762.7993	156.94298	396	873.o3o4	179.6226o
347	765.oo39	157.39657	397	875.2351	18o.o7619
348	767.2o86	157.85o17	398	877.4397	18o.52979
349	769.4132	158.3o376	399	879.6443	18o.98338
35o	771.6178	158.75735	4oo	881.8489	181.43697

Faktor: 1 kg = 2.2046 lbs.
1 lbs. = 0.45359 kg

lbs. = kg kg= lbs.	lbs.	kg	lbs = kg kg = lbs.	lbs.	kg
401	884.0535	181.89056	451	994.2847	204.57019
402	886.2582	182.34416	452	996.4893	205.02378
403	888.4628	182.79775	453	998.6939	205.47737
404	890.6674	183.25134	454	1000.8985	205.93096
405	892.8720	183.70493	455	1003.1031	206.38456
406	895.0767	184.15853	456	1005.3078	206.83815
407	897.2813	184.61212	457	1007.5124	207.29174
408	899.4859	185.06571	458	1009.7170	207.74533
409	901.6905	185.51930	459	1011.9216	208.19893
410	903.8951	185.97290	460	1014.1263	208.65252
411	906.0998	186.42649	461	1016.3309	209.10611
412	908.3044	186.88008	462	1018.5355	209.55970
413	910.5090	187.33367	463	1020.7401	210.01330
414	912.7136	187.78727	464	1022.9447	210.46689
415	914.9183	188.24086	465	1025.1494	210.92048
416	917.1229	188.69445	466	1027.3540	211.37407
417	919.3275	189.14804	467	1029.5586	211.82766
418	921.5321	189.60164	468	1031.7632	212.28126
419	923.7367	190.05523	469	1033.9679	212.73485
420	925.9414	190.50882	470	1036.1725	213.18844
421	928.1460	190.96241	471	1038.3771	213.64203
422	930.3506	191.41601	472	1040.5817	214.09563
423	932.5552	191.86960	473	1042.7863	214.54922
424	934.7599	192.32319	474	1044.9910	215.00281
425	936.9645	192.77678	475	1047.1956	215.45640
426	939.1691	193.23038	476	1049.4002	215.91000
427	941.3737	193.68397	477	1051.6048	216.36359
428	943.5783	194.13756	478	1053.8095	216.81718
429	945.7830	194.59115	479	1056.0141	217.27077
430	947.9876	195.04474	480	1058.2187	217.72437
431	950.1922	195.49834	481	1060.4233	218.17796
432	952.3868	195.95193	482	1062.6279	218.63155
433	954.6015	196.40552	483	1064.8326	219.08514
434	956.8061	196.85911	484	1067.0372	219.53874
435	959.0107	197.31271	485	1069.2418	219.99233
436	961.2153	197.76630	486	1071.4464	220.44592
437	963.4199	198.21989	487	1073.6511	220.89951
438	965.6246	198.67348	488	1075.8557	221.35311
439	967.8292	199.12708	489	1078.0603	221.80670
440	970.0338	199.58067	490	1080.2649	222.26029
441	972.2384	200.03426	491	1082.4695	222.71388
442	974.4431	200.48785	492	1084.6742	223.16748
443	976.6477	200.94145	493	1086.8788	223.62107
444	978.8523	201.39504	494	1089.0834	224.07466
445	981.0569	201.84863	495	1091.2880	224.52825
446	983.2615	202.30222	496	1093.4927	224.98185
447	985.4662	202.75582	497	1095.6973	225.43544
448	987.6708	203.20941	498	1097.9019	225.88903
449	989.8754	203.66300	499	1100.1065	226.34262
450	992.0800	204.11659	500	1102.3112	226.79622

Faktor: 1 kg = 2.2046 lbs
1 lbs = 0.45359 kg

lbs / kg = lbs	=	kg	lbs / kg = lbs	=	kg
501	1104.5158	227.24981	551	1214.7469	249.92943
502	1106.7204	227.70340	552	1216.9515	250.38302
503	1108.9250	228.15699	553	1219.1561	250.83661
504	1111.1296	228.61058	554	1221.3608	251.29021
505	1113.3343	229.06418	555	1223.5654	251.74380
506	1115.5389	229.51777	556	1225.7700	252.19739
507	1117.7435	229.97136	557	1227.9746	252.65098
508	1119.9481	230.42495	558	1230.1792	253.10458
509	1122.1528	230.87855	559	1232.3839	253.55817
510	1124.3574	231.33214	560	1234.5885	254.01176
511	1126.5620	231.78573	561	1236.7931	254.46535
512	1128.7666	232.23932	562	1238.9977	254.91895
513	1130.9712	232.69292	563	1241.2024	255.37254
514	1133.1759	233.14651	564	1243.4070	255.82613
515	1135.3805	233.60010	565	1245.6116	256.27972
516	1137.5851	234.05369	566	1247.8162	256.73332
517	1139.7897	234.50729	567	1250.0508	257.18691
518	1141.9944	234.96088	568	1252.2255	257.64050
519	1144.1990	235.41447	569	1254.4301	258.09409
520	1146.4036	235.86806	570	1256.6347	258.54769
521	1148.6082	236.32166	571	1258.8393	259.00128
522	1150.8128	236.77525	572	1261.0440	259.45487
523	1153.0175	237.22884	573	1263.2486	259.90846
524	1155.2221	237.68243	574	1265.4532	260.36205
525	1157.4267	238.13603	575	1267.6578	260.81565
526	1159.6313	238.58962	576	1269.8624	261.26924
527	1161.8360	239.04321	577	1272.0671	261.72283
528	1164.0406	239.49680	578	1274.2717	262.17642
529	1166.2452	239.95040	579	1276.4763	262.63002
530	1168.4498	240.40399	580	1278.6809	263.08361
531	1170.6544	240.85758	581	1280.8856	263.53720
532	1172.8591	241.31117	582	1283.0902	263.99079
533	1175.0637	241.76477	583	1285.2948	264.44439
534	1177.2683	242.21836	584	1287.4994	264.89798
535	1179.4729	242.67195	585	1289.7040	265.35157
536	1181.6776	243.12554	586	1291.9087	265.80516
537	1183.8822	243.57913	587	1294.1133	266.25876
538	1186.0868	244.03273	588	1296.3179	266.71235
539	1188.2914	244.48632	589	1298.5225	267.16594
540	1190.4960	244.93991	590	1300.7272	267.61953
541	1192.7007	245.39350	591	1302.9318	268.07313
542	1194.9053	245.84710	592	1305.1364	268.52672
543	1197.1099	246.30069	593	1307.3410	268.98031
544	1199.3145	246.75428	594	1309.5456	269.43390
545	1201.5192	247.20787	595	1311.7503	269.88750
546	1203.7238	247.66147	596	1313.9549	270.34109
547	1205.9284	248.11506	597	1316.1595	270.79468
548	1208.1330	248.56865	598	1318.3641	271.24827
549	1210.3376	249.02224	599	1320.5688	271.70187
550	1212.5423	249.47584	600	1322.7734	272.15546

Faktor: 1 kg = 2.2046 lbs
1 lbs = 0.45359 kg

lbs. / kg	kg = lbs	lbs. = kg
601	1324.9780	272.60905
602	1327.1826	273.06264
603	1329.3872	273.51624
604	1331.5919	273.96983
605	1333.7965	274.42342
606	1336.0011	274.87701
607	1338.2057	275.33061
608	1340.4104	275.78420
609	1342.6150	276.23779
610	1344.8196	276.69138
611	1347.0242	277.14497
612	1349.2288	277.59857
613	1351.4335	278.05216
614	1353.6381	278.50575
615	1355.8427	278.95934
616	1358.0473	279.41294
617	1360.2520	279.86653
618	1362.4566	280.32012
619	1364.6612	280.77371
620	1366.8658	281.22731
621	1369.0704	281.68090
622	1371.2751	282.13449
623	1373.4797	282.58808
624	1375.6843	283.04168
625	1377.8889	283.49527
626	1380.0936	283.94886
627	1382.2982	284.40245
628	1384.5028	284.85605
629	1386.7074	285.30964
630	1388.9120	285.76323
631	1391.1167	286.21682
632	1393.3213	286.67042
633	1395.5259	287.12401
634	1397.7305	287.57760
635	1399.9352	288.03119
636	1402.1398	288.48479
637	1404.3444	288.93838
638	1406.5490	289.39197
639	1408.7536	289.84556
640	1410.9583	290.29916
641	1413.1629	290.75275
642	1415.3675	291.20634
643	1417.5721	291.65993
644	1419.7768	292.11352
645	1421.9814	292.56712
646	1424.1860	293.02071
647	1426.3906	293.47430
648	1428.5953	293.92789
649	1430.7999	294.38149
650	1433.0045	294.83508

lbs. / kg	kg = lbs	lbs. = kg
651	1435.2091	295.28867
652	1437.4137	295.74226
653	1439.6184	296.19586
654	1441.8230	296.64945
655	1444.0276	297.10304
656	1446.2322	297.55663
657	1448.4369	298.01023
658	1450.6415	298.46382
659	1452.8461	298.91741
660	1455.0507	299.37100
661	1457.2533	299.82460
662	1459.4600	300.27819
663	1461.6646	300.73178
664	1463.8692	301.18573
665	1466.0738	301.63897
666	1468.2785	302.09256
667	1470.4831	302.54615
668	1472.6877	302.99974
669	1474.8923	303.45334
670	1477.0969	303.90693
671	1479.3016	304.36052
672	1481.5062	304.81411
673	1483.7108	305.26771
674	1485.9154	305.72130
675	1488.1201	306.17489
676	1490.3247	306.62848
677	1492.5293	307.08208
678	1494.7339	307.53567
679	1496.9385	307.98926
680	1499.1432	308.44285
681	1501.3478	308.89644
682	1503.5524	309.35004
683	1505.7570	309.80363
684	1507.9617	310.25722
685	1510.1663	310.71081
686	1512.3709	311.16441
687	1514.5755	311.61800
688	1516.7801	312.07159
689	1518.9848	312.52518
690	1521.1894	312.97878
691	1523.3940	313.43237
692	1525.5986	313.88596
693	1527.8033	314.33955
694	1530.0079	314.79315
695	1532.2125	315.24674
696	1534.4171	315.70033
697	1536.6217	316.15392
698	1538.8264	316.60752
699	1541.0310	317.06111
700	1543.2356	317.51470

Faktor: 1 kg = 2.2046 lbs
1 lbs = 0.45359 kg

lbs.	=	kg	lbs.	=	kg
kg = lbs			kg = lbs		
701	1543.2356	317.51470	751	1655.6713	340.64791
702	1547.6449	318.42189	752	1657.8760	341.10151
703	1549.8495	318.87548	753	1660.0806	341.55510
704	1552.0541	319.32907	754	1662.2852	352.00869
705	1554.2587	319.78266	755	1664.4898	342.16228
706	1556.4633	320.23626	756	1666.6945	342.91588
707	1558.6680	320.68985	757	1668.8991	343.36947
708	1560.8726	321.14344	758	1671.1037	343.82306
709	1563.0772	321.59703	759	1673.3083	344.27665
710	1565.2818	322.05063	760	1675.5129	344.73025
711	1567.4865	322.50422	761	1677.7176	345.18384
712	1569.6911	322.95781	762	1679.9222	345.63743
713	1571.8957	323.41140	763	1682.1268	345.09102
714	1574.1003	323.86500	764	1684.3314	346.54462
715	1576.3049	324.31859	765	1686.5361	346.99821
716	1578.5096	324.77218	766	1688.7407	347.45180
717	1580.7142	325.22577	767	1690.9453	347.90539
718	1582.9188	325.67936	768	1693.1499	348.35899
719	1585.1234	326.13296	769	1695.3545	348.81258
720	1587.3281	326.58655	770	1697.5592	349.26617
721	1589.5327	327.04014	771	1699.7638	349.71976
722	1591.7373	327.49373	772	1701.9684	350.17336
723	1593.9419	327.94733	773	1704.1730	350.62695
724	1596.1465	328.40092	774	1706.3777	351.08054
725	1598.3512	328.85451	775	1708.5823	351.53413
726	1600.5558	329.30810	776	1710.7869	351.98773
727	1602.7604	329.76170	777	1712.9915	352.44132
728	1604.9650	330.21529	778	1715.1961	352.89491
729	1607.1697	330.66888	779	1717.4008	353.34850
730	1609.3743	331.12247	780	1719.6054	353.80210
731	1611.5789	331.57607	781	1721.8100	354.25569
732	1613.7835	332.02966	782	1724.0146	354.70928
733	1615.9881	332.48325	783	1726.2193	355.16287
734	1618.1928	332.93684	784	1728.4239	355.61647
735	1620.3974	333.39044	785	1730.6285	356.07006
736	1622.6020	333.84403	786	1732.8331	356.52365
737	1624.8066	334.29762	787	1735.0378	356.97724
738	1627.0113	334.75121	788	1737.2424	357.43083
739	1629.2159	335.20481	789	1739.4470	357.88443
740	1631.4205	335.65840	790	1741.6516	358.33802
741	1633.6251	336.11199	791	1743.8562	358.79161
742	1635.8297	336.56558	792	1746.0609	359.24520
743	1638.0344	337.01918	793	1748.2655	359.69880
744	1640.2390	337.47277	794	1750.4701	360.15239
745	1642.4436	337.92636	795	1752.6747	360.60598
746	1644.6482	338.37995	796	1754.8794	361.05957
747	1646.8529	338.83355	797	1757.0840	361.51317
748	1649.0575	339.28714	798	1759.2886	361.96676
749	1651.2621	339.74073	799	1761.4932	362.42035
750	1653.4667	340.19432	800	1763.6978	362.87394

Faktor: 1 kg = 2.2046 lbs.
1 lbs. = 0.45359 kg

lbs. / kg = lbs	=	kg	lbs. / kg = lbs	=	kg
801	1765.9025	363.32754	851	1876.1336	386.00716
802	1768.1071	363.78113	852	1878.3382	386.46075
803	1770.3117	364.23472	853	1880.5428	386.91434
804	1772.5163	364.68831	854	1882.7474	387.36794
805	1774.7210	365.14191	855	1884.9521	387.82153
806	1776.9256	365.59550	856	1887.1567	388.27512
807	1779.1302	366.04909	857	1889.3613	388.72871
808	1781.3348	366.50268	858	1891.5659	389.18230
809	1783.5394	366.95628	859	1893.7706	389.63590
810	1785.7441	367.40987	860	1895.9752	390.08949
811	1787.9487	367.86346	861	1898.1798	390.54308
812	1790.1533	368.31705	862	1900.3844	390.99667
813	1792.3579	368.77065	863	1902.5890	391.45027
814	1794.5626	369.22424	864	1904.7937	391.90386
815	1796.7672	369.67783	865	1906.9983	392.35745
816	1798.9718	370.13142	866	1909.2029	392.81104
817	1801.1764	370.58502	867	1911.4075	393.26464
818	1803.3810	371.03861	868	1913.6122	393.71823
819	1805.5857	371.49220	869	1915.8168	394.17182
820	1807.7903	371.94579	870	1918.0214	394.62541
821	1809.9949	372.39939	871	1920.2260	395.07901
822	1812.1995	372.85298	872	1922.4306	395.53260
823	1814.4042	373.30657	873	1924.6353	395.98619
824	1816.6088	373.76016	874	1926.8399	396.43978
825	1818.8134	374.21375	875	1929.0445	396.89338
826	1821.0180	374.66735	876	1931.2491	397.34697
827	1823.2226	375.12094	877	1933.4538	397.80056
828	1825.4273	375.57453	878	1935.6584	398.25415
829	1827.6319	376.02812	879	1937.8630	398.70775
830	1829.8365	376.48172	880	1940.0676	399.16134
831	1832.0411	376.93531	881	1942.2722	399.61493
832	1834.2458	377.38890	882	1944.4769	400.06852
833	1836.4504	377.84249	883	1946.6815	400.52212
834	1838.6550	378.29609	884	1948.8861	400.97571
835	1840.8596	378.74968	885	1951.0907	401.42930
836	1843.0642	379.20327	886	1953.2954	401.88289
837	1845.2689	379.65686	887	1955.5000	402.33649
838	1847.4735	380.11046	888	1957.7046	402.79008
839	1849.6781	380.56405	889	1959.9092	403.24367
840	1851.8827	381.01764	890	1962.1138	403.69726
841	1854.0874	381.47123	891	1964.3185	404.15086
842	1856.2920	381.92483	892	1966.5231	404.60445
843	1858.4966	382.37842	893	1968.7277	405.05804
844	1860.7012	382.83201	894	1970.9323	405.51163
845	1862.9058	383.28560	895	1973.1370	405.96522
846	1865.1105	383.73920	896	1975.3416	406.41882
847	1867.3151	384.19279	897	1977.5462	406.87241
848	1869.5197	384.64638	898	1979.7508	407.32600
849	1871.7243	385.09997	899	1981.9554	407.77959
850	1873.9290	385.55357	900	1984.1601	408.23319

Faktor: 1 kg = 2.2046 lbs.
1 lbs. = 0.45359 lbs.

lbs. = kg	kg = lbs.	lbs. = kg.	lbs. = kg	kg = lbs.	lbs. = kg
901	1986.3647	408.68678	951	2096.5958	431.36640
902	1988.5693	409.14037	952	2098.8004	431.81999
903	1990.7739	409.59396	953	2101.0051	432.27359
904	1992.9786	410.04756	954	2103.2097	432.72718
905	1995.1832	410.50115	955	2105.4143	433.18077
906	1997.3878	410.95474	956	2107.6189	433.63436
907	1999.5924	411.40833	957	2109.8235	434.08796
908	2001.7970	411.86193	958	2112.0282	434.54155
909	2004.0017	412.31552	959	2114.2328	434.99514
910	2006.2063	412.76911	960	2116.4374	435.44873
911	2008.4109	413.22270	961	2118.6420	435.90233
912	2010.6155	413.67630	962	2120.8467	436.35592
913	2012.8202	414.12989	963	2123.0513	436.80951
914	2015.0248	414.58348	964	2125.2559	437.26310
915	2017.2294	415.03707	965	2127.4605	437.72669
916	2019.4340	415.49067	966	2129.6651	438.17029
917	2021.6386	415.94426	967	2131.8698	438.62388
918	2023.8433	416.39785	968	2134.0744	439.07747
919	2026.0479	416.85144	969	2136.2790	439.53106
920	2028.2525	417.30504	970	2138.4836	439.98466
921	2030.4571	417.75863	971	2140.6883	440.43825
922	2032.6618	418.21222	972	2142.8929	440.89184
923	2034.8664	418.66581	973	2145.0975	441.34543
924	2037.0710	419.11941	974	2147.3021	441.79903
925	2039.2756	419.57300	975	2149.5067	442.25262
926	2041.4802	420.02659	976	2151.7114	442.70621
927	2043.6849	420.48018	977	2153.9160	443.15980
928	2045.8895	420.93378	978	2156.1206	443.61340
929	2048.0941	421.38737	979	2158.3252	444.06699
930	2050.2987	421.84096	980	2160.5299	444.52058
931	2052.5034	422.29455	981	2162.7345	444.97417
932	2054.7080	422.74814	982	2164.9391	445.42777
933	2056.9126	423.20174	983	2167.1437	445.88136
934	2059.1172	423.65533	984	2169.3482	446.33495
935	2061.3219	424.10892	985	2171.5530	446.78854
936	2063.5265	424.56251	986	2173.7576	447.24214
937	2065.7311	425.01611	987	2175.9622	447.69573
938	2067.9357	425.46970	988	2178.1668	448.14932
939	2070.1403	425.92329	989	2180.3715	448.60291
940	2072.3450	426.37688	990	2182.5761	449.05651
941	2074.5496	426.83048	991	2184.7807	449.51010
942	2076.7542	427.28407	992	2186.9853	449.96369
943	2078.9588	427.73766	993	2189.1899	450.41728
944	2081.1635	428.19125	994	2191.3946	450.87088
945	2083.3681	428.64485	995	2193.5992	451.32447
946	2085.5727	429.09844	996	2195.8038	451.77806
947	2087.7773	429.55203	997	2198.0084	452.23165
948	2089.9819	430.00562	998	2200.2131	452.68525
949	2092.1866	430.45922	999	2202.4177	453.13884
950	2094.3912	430.91281	1000	2204.6223	453.59243

Tonnen in short tons
tons into short tons

Faktor: 1 to = 1.1023 sh.to.
1 sh.to. = 0.90718 to

sh.to. / to=sh.to.	= sh.to.	to	sh.to. / to=sh.to	= sh.to.	to
1	1.1023	0.90718	51	56.2179	46.26642
2	2.2046	1.81437	52	57.3202	47.17361
3	3.3069	2.72155	53	58.4225	48.08079
4	4.4092	3.62874	54	59.5248	48.98798
5	5.5116	4.53592	55	60.6271	49.89516
6	6.6139	5.44311	56	61.7294	50.80235
7	7.7162	6.35029	57	62.8317	51.70953
8	8.8185	7.25748	58	63.9340	52.61672
9	9.9208	8.16466	59	65.0363	53.52390
10	11.0231	9.07185	60	66.1387	54.43109
11	12.1254	9.97903	61	67.2410	55.33827
12	13.2277	10.88622	62	68.3433	56.24546
13	14.3300	11.79340	63	69.4456	57.15264
14	15.4324	12.70059	64	70.5479	58.05983
15	16.5347	13.60777	65	71.6502	58.96701
16	17.6370	14.51496	66	72.7525	59.87420
17	18.7393	15.42214	67	73.8548	60.78138
18	19.8416	16.32933	68	74.9571	61.68857
19	20.9439	17.23651	69	76.0595	62.59575
20	22.0462	18.14370	70	77.1618	63.50294
21	23.1485	19.05088	71	78.2641	64.41012
22	24.2508	19.95807	72	79.3664	65.31731
23	25.3532	20.86525	73	80.4687	66.22449
24	26.4555	21.77244	74	81.5710	67.13168
25	27.5578	22.67962	75	82.6733	68.03886
26	28.6601	23.58680	76	83.7756	68.94604
27	29.7624	24.49399	77	84.8779	69.85323
28	30.8647	25.40117	78	85.9803	70.76041
29	31.9670	26.30836	79	87.0826	71.66760
30	33.0693	27.21554	80	88.1849	72.57478
31	34.1716	28.12273	81	89.2872	73.48197
32	35.2740	29.02991	82	90.3895	74.38915
33	36.3763	29.93710	83	91.4918	75.29634
34	37.4786	30.84428	84	92.5941	76.20352
35	38.5809	31.75147	85	93.6964	77.11071
36	39.6832	32.65865	86	94.7987	78.01789
37	40.7855	33.56584	87	95.9011	78.92508
38	41.8878	34.47302	88	97.0034	79.83226
39	42.9901	35.38021	89	98.1057	80.73945
40	44.0924	36.28739	90	99.2080	81.64663
41	45.1948	37.19458	91	100.3103	82.55382
42	46.2971	38.10176	92	101.4126	83.46100
43	47.3994	39.00895	93	102.5149	84.36819
44	48.5017	39.91613	94	103.6172	85.27537
45	49.6040	40.82332	95	104.7195	86.18256
46	50.7063	41.73050	96	105.8219	87.08974
47	51.8086	42.63769	97	106.9242	87.99693
48	52.9109	43.54487	98	108.0265	88.90411
49	54.0132	44.45206	99	109.1288	89.81130
50	55.1156	45.35924	100	110.2311	90.71848

Faktor: 1 to = 1.1023 sh.to.
1 sh.to. = 0.90718 to

sh.to. / to=sh.to.	=	to	sh.to. / to=sh.to.	=	to
101	111.3334	91.62566	151	166.4490	136.98490
102	112.4357	92.53285	152	167.5513	137.89209
103	113.5380	93.44003	153	168.6536	138.79927
104	114.6403	94.34722	154	169.7559	139.70646
105	115.7427	95.25440	155	170.8582	140.61364
106	116.8450	96.16159	156	171.9605	141.52083
107	117.9473	97.06877	157	173.0628	142.42801
108	119.0496	97.97596	158	174.1651	143.35520
109	120.1519	98.88314	159	175.2674	144.24238
110	121.2542	99.79033	160	176.3698	145.14957
111	122.3565	100.69751	161	177.4721	146.05675
112	123.4588	101.60470	162	178.5744	146.96394
113	124.5611	102.51188	163	179.6767	147.87112
114	125.6635	103.41907	164	180.7790	148.77831
115	126.7658	104.32625	165	181.8813	149.68549
116	127.8681	105.23344	166	182.9836	150.59268
117	128.9704	106.14062	167	184.0859	151.49986
118	130.0727	107.04781	168	185.1882	152.40705
119	131.1750	107.95499	169	186.2906	153.31423
120	132.2773	108.86218	170	187.3929	154.22142
121	133.3796	109.76936	171	188.4952	155.12860
122	134.4819	110.67655	172	189.5975	156.03579
123	135.5843	111.58373	173	190.6998	156.94297
124	136.6866	112.49092	174	191.8021	157.85016
125	137.7889	113.39810	175	192.9044	158.75734
126	138.8912	114.30528	176	194.0067	159.66452
127	139.9935	115.21247	177	195.1090	160.57171
128	141.0958	116.11965	178	196.2114	161.47889
129	142.1981	117.02684	179	197.3137	162.38608
130	143.3004	117.93402	180	198.4160	163.29326
131	144.4027	118.84121	181	199.5183	164.20045
132	145.5051	119.74839	182	200.6206	165.10763
133	146.6074	120.65558	183	201.7229	166.01482
134	147.7097	121.56276	184	202.8252	166.92200
135	148.8140	122.46995	185	203.9275	167.82919
136	149.9143	123.37713	186	205.0298	168.73637
137	151.0166	124.28432	187	206.1322	169.64356
138	152.1189	125.19150	188	207.2345	170.55074
139	153.2212	126.09869	189	208.3368	171.45793
140	154.3235	127.00587	190	209.4391	172.36511
141	155.4259	127.91306	191	210.5414	173.27230
142	156.5282	128.82024	192	211.6437	174.17948
143	157.6305	129.72743	193	212.7460	175.08667
144	158.7328	130.63461	194	213.8483	175.99385
145	159.8351	131.54180	195	214.9506	176.90104
146	160.9374	132.44898	196	216.0530	177.80822
147	162.0397	133.35617	197	217.1553	178.71541
148	163.1420	134.26335	198	218.2576	179.62259
149	164.2443	135.17054	199	219.3599	180.52978
150	165.3467	136.07772	200	220.4622	181.43696

Faktor: 1 to = 1.1023 sh.to.
1 sh.to. = 0.90718 to

sh.to. / to=sh.to	= to	to	sh.to. / to=sh.to	= to	to
201	221.5645	182.34414	251	276.6801	227.70338
202	222.6668	183.25133	252	277.7824	228.61057
203	223.7691	184.15851	253	278.8847	229.51775
204	224.8714	185.06570	254	279.9870	230.42494
205	225.9738	185.97288	255	281.0893	231.33212
206	227.0761	186.88007	256	282.1916	232.23931
207	228.1784	187.78725	257	283.2939	233.14649
208	229.2807	188.69444	258	284.3962	234.05368
209	230.3830	189.60162	259	285.4985	234.96086
210	231.4853	190.50881	260	286.6009	235.86805
211	232.5876	191.41599	261	287.7032	236.77523
212	233.6899	192.32318	262	288.8055	237.68242
213	234.7922	193.23036	263	289.9078	238.58960
214	235.8946	194.13755	264	291.0101	239.49679
215	236.9969	195.04473	265	292.1124	240.40397
216	238.0992	195.95192	266	293.2147	241.31116
217	239.2015	196.85910	267	294.3170	242.21834
218	240.3038	197.76629	268	295.4193	243.12553
219	241.4061	198.67347	269	296.5217	244.03271
220	242.5084	199.58066	270	297.6240	244.93990
221	243.6107	200.48784	271	298.7263	245.84708
222	244.7130	201.39503	272	299.8286	246.75427
223	245.8154	202.30221	273	300.9309	247.66145
224	246.9177	203.20940	274	302.0332	248.56864
225	248.0200	204.11658	275	303.1355	249.47582
226	249.1223	205.02376	276	304.2378	250.38300
227	250.2246	205.93095	277	305.3401	251.29019
228	251.3269	206.83813	278	306.4425	252.19737
229	252.4292	207.74532	279	307.5448	253.10456
230	253.5315	208.65250	280	308.6471	254.01174
231	254.6338	209.55969	281	309.7494	254.91893
232	255.7362	210.46687	282	310.8517	255.82611
233	256.8385	211.37406	283	311.9540	256.73330
234	257.9408	212.28124	284	313.0563	257.64048
235	259.0431	213.18843	285	314.1586	258.54767
236	260.1454	214.09561	286	315.2609	259.45485
237	261.2477	215.00280	287	316.3633	260.36204
238	262.3500	215.90998	288	317.4656	261.26922
239	263.4523	216.81717	289	318.5679	262.17641
240	264.5546	217.72435	290	319.6702	263.08359
241	265.6570	218.63154	291	320.7725	263.99078
242	266.7593	219.53872	292	321.8748	264.89796
243	267.8616	220.44591	293	322.9771	265.80515
244	268.9639	221.35309	294	324.0794	266.71233
245	270.0662	222.26028	295	325.1817	267.61952
246	271.1685	223.16746	296	326.2841	268.52670
247	272.2708	224.07465	297	327.3864	269.43389
248	273.3731	224.98183	298	328.4887	270.34107
249	274.4754	225.88902	299	329.5910	271.24826
250	275.5778	226.79620	300	330.6933	272.15544

Faktor: 1 to = 1.1023 sh.to.
1 sh.to. = 0.90718 to

sh.to. / to=sh.to	= sh.to.	= to	sh.to. / to=sh.to	= sh.to.	= to
301	331.7956	273.06262	351	386.9112	318.42186
302	332.8979	273.96981	352	388.0135	319.32905
303	334.0002	274.87699	353	389.1158	320.23623
304	335.1025	275.78418	354	390.2181	321.14342
305	336.2049	276.69136	355	391.3204	322.05060
306	337.3072	277.59855	356	392.4227	322.95779
307	338.4095	278.50573	357	393.5250	323.86497
308	339.5118	279.41292	358	394.6273	324.77216
309	340.6141	280.32010	359	395.7296	325.67934
310	341.7164	281.22729	360	396.8320	326.58653
311	342.8187	282.13447	361	397.9343	327.49371
312	343.9210	283.04166	362	399.0366	328.40090
313	345.0233	283.94884	363	400.1389	329.30808
314	346.1257	284.85603	364	401.2412	330.21527
315	347.2280	285.76321	365	402.3435	331.12245
316	348.3303	286.67040	366	403.4458	332.02964
317	349.4326	287.57758	367	404.5481	332.93682
318	350.5349	288.48477	368	405.6504	333.84401
319	351.6372	289.39195	369	406.7528	334.75119
320	352.7395	290.29914	370	407.8551	335.65838
321	353.8418	291.20632	371	408.9574	336.56556
322	354.9441	292.11351	372	410.0597	337.47275
323	356.0465	293.02069	373	411.1620	338.37993
324	357.1488	293.92788	374	412.2643	339.28712
325	358.2511	294.83506	375	413.3666	340.19430
326	359.3534	295.74224	376	414.4689	341.10148
327	360.4557	296.64943	377	415.5712	342.00867
328	361.5580	297.55661	378	416.6736	342.91585
329	362.6603	298.46380	379	417.7759	343.82304
330	363.7626	299.37098	380	418.8782	344.73022
331	364.8649	300.27817	381	419.9805	345.63741
332	365.9673	301.18535	382	421.0828	346.54459
333	367.0696	302.09254	383	422.1851	347.45178
334	368.1719	302.99972	384	423.2874	348.35896
335	369.2742	303.90691	385	424.3897	349.26615
336	370.3765	304.81409	386	425.4920	350.17333
337	371.4788	305.72128	387	426.5944	351.08052
338	372.5811	306.62846	388	427.6967	351.98770
339	373.6834	307.53565	389	428.7990	352.89489
340	374.7857	308.44283	390	429.9013	353.80207
341	375.8881	309.35002	391	431.0036	354.70926
342	376.9904	310.25720	392	432.1059	355.61644
343	378.0927	311.16439	393	433.2082	356.52363
344	379.1950	312.07157	394	434.3105	357.43081
345	380.2973	312.97876	395	435.4128	358.33800
346	381.3996	313.88594	396	436.5152	359.24518
347	382.5019	314.79313	397	437.6175	360.15237
348	383.6042	315.70031	398	438.7198	361.05955
349	384.7065	316.60750	399	439.8221	361.96674
350	385.8089	317.51468	400	440.9244	362.87392

Faktor: 1 to = 1.1023 sh.to.
1 sh.to. = 0.90718 to

sh.to. / to	to=sh.to.	sh.to. = to	sh.to. / to	to=sh.to.	sh.to. = to
401	442.0267	363.78110	451	497.1423	409.14034
402	443.1290	364.68829	452	498.2446	410.04753
403	444.2313	365.59547	453	499.3469	410.95471
404	445.3336	366.50266	454	500.4492	411.86190
405	446.4360	367.40984	455	501.5515	412.76908
406	447.5383	368.31703	456	502.6538	413.67627
407	448.6406	369.22421	457	503.7561	414.58345
408	449.7429	370.13140	458	504.8584	415.49064
409	450.8452	371.03858	459	505.9607	416.39782
410	451.9475	371.94577	460	507.0631	417.30501
411	453.0498	372.85295	461	508.1654	418.21219
412	454.1521	373.76014	462	509.2677	419.11938
413	455.2544	374.66732	463	510.3700	420.02656
414	456.3568	375.57451	464	511.4723	420.93375
415	457.4591	376.48169	465	512.5746	421.84093
416	458.5614	377.38888	466	513.6769	422.74812
417	459.6637	378.29606	467	514.7792	423.65530
418	460.7660	379.20325	468	515.8815	424.56249
419	461.8683	380.11043	469	516.9839	425.46967
420	462.9706	381.01762	470	518.0862	426.37686
421	464.0729	381.92480	471	519.1885	427.28404
422	465.1752	382.83199	472	520.2908	428.19123
423	466.2776	383.73917	473	521.3931	429.09841
424	467.3799	384.64636	474	522.4954	430.00560
425	468.4822	385.55354	475	523.5977	430.91278
426	469.5845	386.46072	476	524.7000	431.81996
427	470.6868	387.36791	477	525.8023	432.72715
428	471.7891	388.27509	478	526.9047	433.63433
429	472.8914	389.18228	479	528.0070	434.54152
430	473.9937	390.08946	480	529.1093	435.44870
431	475.0960	390.99665	481	530.2116	436.35589
432	476.1984	391.90383	482	531.3139	437.26307
433	477.3007	392.81102	483	532.4162	438.17026
434	478.4030	393.71820	484	533.5185	439.07744
435	479.5053	394.62539	485	534.6208	439.98463
436	480.6076	395.53257	486	535.7231	440.89181
437	481.7099	396.43976	487	536.8255	441.79900
438	482.8122	397.34694	488	537.9278	442.70618
439	483.9145	398.25413	489	539.0301	443.61337
440	485.0168	399.16131	490	540.1324	444.52055
441	486.1192	400.06850	491	541.2347	445.42774
442	487.2215	400.97568	492	542.3370	446.33492
443	488.3238	401.88287	493	543.4393	447.24211
444	489.4261	402.79005	494	544.5416	448.14929
445	490.5284	403.69724	495	545.6439	449.05648
446	491.6307	404.60442	496	546.7463	449.96366
447	492.7330	405.51161	497	547.8486	450.87085
448	493.8353	406.41879	498	548.9509	451.77803
449	494.9376	407.32598	499	550.0532	452.68522
450	496.0400	408.23316	500	551.1555	453.59240

Faktor: 1 to = 1.1023 sh. to.
1 sh.to. = 0.90718 to

sh.to. / to=sh.to	=	to	sh.to. / to=sh.to.	=	to
501	552.2578	454.49958	551	607.3734	499.85882
502	553.3601	455.40677	552	608.4757	500.76601
503	554.4624	456.31395	553	609.5780	501.67319
504	555.5647	457.22114	554	610.6803	502.58038
505	556.6671	458.12832	555	611.7826	503.48756
506	557.7694	459.03551	556	612.8849	504.39475
507	558.8717	459.94269	557	613.9872	505.30193
508	559.9740	460.84988	558	615.0895	506.20912
509	561.0763	461.75706	559	616.1918	507.11630
510	562.1786	462.66425	560	617.2942	508.02349
511	563.2809	463.57143	561	618.3965	508.93067
512	564.3832	464.47862	562	619.4988	509.83786
513	565.4855	465.38580	563	620.6011	510.74504
514	566.5879	466.29299	564	621.7034	511.65223
515	567.6902	467.20017	565	622.8057	512.55941
516	568.7925	468.10736	566	623.9080	513.46660
517	569.8948	469.01454	567	625.0103	514.37378
518	570.9971	469.92173	568	626.1126	515.28097
519	572.0994	470.82891	569	627.2150	516.18815
520	573.2017	471.73610	570	628.3173	517.09534
521	574.3040	472.64328	571	629.4196	518.00252
522	575.4063	473.55047	572	630.5219	518.90971
523	576.5087	474.45765	573	631.6242	519.81689
524	577.6110	475.36484	574	632.7265	520.72408
525	578.7133	476.27202	575	633.8288	521.63126
526	579.8156	477.17920	576	634.9311	522.53844
527	580.9179	478.08639	577	636.0334	523.44563
528	582.0202	478.99357	578	637.1358	524.35281
529	583.1225	479.90076	579	638.2381	525.26000
530	584.2248	480.80794	580	639.3404	526.16718
531	585.3271	481.71513	581	640.4427	527.07437
532	586.4295	482.62231	582	641.5450	527.98155
533	587.5318	483.52950	583	642.6473	528.88874
534	588.6341	484.43668	584	643.7496	529.79592
535	589.7364	485.34387	585	644.8519	530.70311
536	590.8387	486.25105	586	645.9542	531.61029
537	591.9410	487.15824	587	647.0566	532.51748
538	593.0433	488.06542	588	648.1589	533.42466
539	594.1456	488.97261	589	649.2612	534.33185
540	595.2479	489.87979	590	650.3635	535.23903
541	596.3503	490.78698	591	651.4658	536.14622
542	597.4526	491.69416	592	652.5681	537.05340
543	598.5549	492.60135	593	653.6704	537.96059
544	599.6572	493.50853	594	654.7727	538.86777
545	600.7595	494.41572	595	655.8750	539.77496
546	601.8618	495.32290	596	656.9774	540.68214
547	602.9641	496.23009	597	658.0797	541.58933
548	604.0664	497.13727	598	659.1820	542.49651
549	605.1687	498.04446	599	660.2843	543.40370
550	606.2711	498.95164	600	661.3866	544.31088

Faktor: 1 to = 1.1023 sh.to.
1 sh.to. = 0.90718 to

sh.to. / to=sh.to	= sh.to.	to	sh.to. / to=sh.to	= sh.to.	to
601	662.4889	545.21806	651	717.6045	590.57730
602	663.5912	546.12525	652	718.7068	591.48449
603	664.6935	547.03243	653	719.8091	592.39167
604	665.7958	547.93962	654	720.9114	593.29886
605	666.8982	548.84680	655	722.0137	594.20604
606	668.0005	549.75399	656	723.1160	595.11323
607	669.1028	550.66117	657	724.2183	596.02041
608	670.2051	551.56836	658	725.3206	596.92760
609	671.3074	552.47554	659	726.4229	597.83478
610	672.4097	553.38273	660	727.5253	598.74197
611	673.5120	554.28991	661	728.6276	599.64915
612	674.6143	555.19710	662	729.7299	600.55634
613	675.7166	556.10428	663	730.8322	601.46352
614	676.8190	557.01147	664	731.9345	602.37071
615	677.9213	557.91865	665	733.0368	603.27789
616	679.0236	558.82584	666	734.1391	604.18508
617	680.1259	559.73302	667	735.2414	605.09226
618	681.2282	560.64021	668	736.3437	605.99945
619	682.3305	561.54739	669	737.4461	606.90663
620	683.4328	562.45458	670	738.5484	607.81382
621	684.5351	563.36176	671	739.6507	608.72100
622	685.6374	564.26895	672	740.7530	609.62819
623	686.7398	565.17613	673	741.8553	610.53537
624	687.8421	566.08332	674	742.9576	611.44256
625	688.9444	566.99050	675	744.0599	612.34974
626	690.0467	567.89768	676	745.1622	613.25692
627	691.1490	568.80487	677	746.2645	614.16411
628	692.2513	569.71205	678	747.3669	615.07129
629	693.3536	570.61924	679	748.4692	615.97848
630	694.4559	571.52642	680	749.5715	616.88566
631	695.5582	572.43361	681	750.6738	617.79285
632	696.6606	573.34079	682	751.7761	618.70003
633	697.7629	574.24798	683	752.8784	619.60722
634	698.8652	575.15516	684	753.9807	620.51440
635	699.9675	576.06235	685	755.0830	621.42159
636	701.0698	576.96953	686	756.1853	622.32877
637	702.1721	577.87672	687	757.2877	623.23596
638	703.2744	578.78390	688	758.3900	624.14314
639	704.3767	579.69109	689	759.4923	625.05033
640	705.4790	580.59827	690	760.5946	625.95751
641	706.5814	581.50546	691	761.6969	626.86470
642	707.6837	582.41264	692	762.7992	627.77188
643	708.7860	583.31983	693	763.9015	628.67907
644	709.8883	584.22701	694	765.0038	629.58625
645	710.9906	585.13420	695	766.1061	630.49344
646	712.0929	586.04138	696	767.2085	631.40062
647	713.1952	586.94857	697	768.3108	632.30781
648	714.2975	587.85575	698	769.4131	633.21499
649	715.3998	588.76294	699	770.5154	634.12218
650	716.5022	589.67012	700	771.6177	635.02936

Faktor: 1 to = 1.1023 sh.to.
1 sh.to. = 0.90718 to

sh.to. to=sh.to.	=	to	sh.to. to=sh.to.	=	to
701	772.7200	635.93654	751	827.8356	681.29578
702	773.8223	636.84373	752	828.9379	682.20297
703	774.9246	637.75091	753	830.0402	683.11015
704	776.0269	638.65810	754	831.1425	684.01734
705	777.1293	639.56528	755	832.2448	684.92452
706	778.2316	640.47247	756	833.3471	685.83171
707	779.3339	641.37965	757	834.4494	686.73889
708	780.4362	642.28684	758	835.5517	687.64608
709	781.5385	643.19402	759	836.6540	688.55326
710	782.6408	644.10121	760	837.7564	689.46045
711	783.7431	645.00839	761	838.8587	690.36763
712	784.8454	645.91558	762	839.9610	691.27482
713	785.9477	646.82276	763	841.0633	692.18200
714	787.0501	647.72995	764	842.1656	693.08919
715	788.1524	648.63713	765	843.2679	693.99637
716	789.2547	649.54432	766	844.3702	694.90356
717	790.3570	650.45150	767	845.4725	695.81074
718	791.4593.	651.35869	768	846.5748	696.71793
719	792.5616	652.26587	769	847.6772	697.62511
720	793.6639	653.17306	770	848.7795	698.53230
721	794.7662	654.08024	771	849.8818	699.43948
722	795.8685	654.98743	772	850.9841	700.34667
723	796.9709	655.89461	773	852.0864	701.25385
724	798.0732	656.80180	774	853.1887	702.16104
725	799.1755	657.70898	775	854.2910	703.06822
726	800.2778	658.61616	776	855.3933	703.97540
727	801.3801	659.52335	777	856.4956	704.88259
728	802.4824	660.43053	778	857.5980	705.78977
729	803.5847	661.33772	779	858.7003	706.69696
730	804.6870	662.24490	780	859.8026	707.60414
731	805.7893	863.15209	781	860.9049	708.51133
732	806.8917	664.05927	782	862.0072	709.41851
733	807.9940	664.96646	783	863.1095	710.32570
734	809.0963	665.87364	784	864.2118	711.23288
735	810.1986	666.78083	785	865.3141	712.14007
736	811.3009	667.68801	786	866.4164	713.04725
737	812.4032	668.59520	787	867.5188	713.95444
738	813.5055	669.50238	788	868.6211	714.86162
739	814.6078	670.40957	789	869.7234	715.76881
740	815.7101	671.31675	790	870.8257	716.67599
741	816.8125	672.22394	791	871.9280	717.58318
742	817.9148	673.13112	792	873.0303	718.49036
743	819.0171	674.03831	793	874.1326	719.39755
744	820.1194	674.94549	794	875.2349	720.30473
745	821.2217	675.85268	795	876.3372	721.21192
746	822.3240	676.75986	796	877.4396	722.11910
747	823.4263	677.66705	797	878.5419	723.02629
748	824.5286	678.57423	798	879.6442	723.93347
749	825.6309	679.48142	799	880.7465	724.84066
750	826.7333	680.38860	800	881.8488	725.74784

Faktor: 1 to = 1.1023 sh.to.
1 sh.to. = 0.90718 to

sh.to. / to=sh.to	= sh.to. → to	= to	sh.to. / to=sh.to	= sh.to. → to	= to
801	882.9511	726.65502	851	938.0667	772.01426
802	884.0534	727.56221	852	939.1690	772.92145
803	885.1557	728.46939	853	940.2713	773.82863
804	886.2580	729.37658	854	941.3736	774.73582
805	887.3604	730.28376	855	942.4759	775.64300
806	888.4627	731.19095	856	943.5782	776.55019
807	889.5650	732.09813	857	944.6805	777.45737
808	890.6673	733.00532	858	945.7828	778.36456
809	891.7696	733.91250	859	946.8851	779.27174
810	892.8719	734.81969	860	947.9875	780.17893
811	893.9742	735.72687	861	949.0898	781.08611
812	895.0765	736.63406	862	950.1921	781.99330
813	896.1788	737.54124	863	951.2944	782.90048
814	897.2812	738.44843	864	952.3967	783.80767
815	898.3835	739.35561	865	953.4990	784.71485
816	899.4858	740.26280	866	954.6013	785.62204
817	900.5881	741.16998	867	955.7036	786.52922
818	901.6904	742.07717	868	956.8059	787.43641
819	902.7927	742.98435	869	957.9083	788.34359
820	903.8950	743.89154	870	959.0106	789.25078
821	904.9973	744.79872	871	960.1129	790.15796
822	906.0996	745.70591	872	961.2152	791.06515
823	907.2020	746.61309	873	962.3175	791.97233
824	908.3043	747.52028	874	963.4198	792.87952
825	909.4066	748.42746	875	964.5221	793.78670
826	910.5089	749.33464	876	965.6244	794.69388
827	911.6112	750.24183	877	966.7267	795.60107
828	912.7135	751.14901	878	967.8291	796.50825
829	913.8158	752.05620	879	968.9314	797.41544
830	914.9181	752.96338	880	970.0337	798.32262
831	916.0204	753.87057	881	971.1360	799.22981
832	917.1228	754.77775	882	972.2383	800.13699
833	918.2251	755.68494	883	973.3406	801.04418
834	919.3274	756.59212	884	974.4429	801.95136
835	920.4297	757.49931	885	975.5452	802.85855
836	921.5320	758.40649	886	976.6475	803.76573
837	922.6343	759.31368	887	977.7499	804.67292
838	923.7366	760.22086	888	978.8522	805.58010
839	924.8389	761.12805	889	979.9545	806.48729
840	925.9412	762.03523	890	981.0568	807.39447
841	927.0436	762.94242	891	982.1591	808.30166
842	928.1459	763.84960	892	983.2614	809.20884
843	929.2482	764.75679	893	984.3637	810.11603
844	930.3505	765.66397	894	985.4660	811.02321
845	931.4528	766.57116	895	986.5683	811.93040
846	932.5551	767.47834	896	987.6707	812.83758
847	933.6574	768.38553	897	988.7730	813.74477
848	934.7597	769.29271	898	989.8753	814.65195
849	935.8620	770.19990	899	990.9776	815.55914
850	936.9644	771.10708	900	992.0799	816.46632

Faktor: 1 to = 1.1023 sh.to.
1 sh.to. = 0.90718 to

to=sh.to	sh.to.	to	to=sh.to	sh.to.	to
901	993.1822	817.37350	951	1048.2978	862.73274
902	994.2845	818.28069	952	1049.4001	863.63993
903	995.3868	819.18787	953	1050.5024	864.54711
904	996.4891	820.09506	954	1051.6047	865.45430
905	997.5915	821.00224	955	1052.7070	866.36148
906	998.6938	821.90943	956	1053.8093	867.26867
907	999.7961	822.81661	957	1054.9116	868.17585
908	1000.8984	823.72380	958	1056.0139	869.08304
909	1002.0007	824.63098	959	1057.1162	869.99022
910	1003.1030	825.53817	960	1058.2186	870.89741
911	1004.2053	826.44535	961	1059.3209	871.80459
912	1005.3076	827.35254	962	1060.4232	872.71178
913	1006.4099	828.25972	963	1061.5255	873.61896
914	1007.5123	829.16691	964	1062.6278	874.52615
915	1008.6146	830.07409	965	1063.7301	875.43333
916	1009.7169	830.98128	966	1064.8324	876.34052
917	1010.8192	831.88846	967	1065.9347	877.24770
918	1011.9215	832.79565	968	1067.0370	878.15489
919	1013.0238	833.70283	969	1068.1394	879.06207
920	1014.1261	834.61002	970	1069.2417	879.96926
921	1015.2284	835.51720	971	1070.3440	880.87644
922	1016.3307	836.42439	972	1071.4463	881.78363
923	1017.4331	837.33157	973	1072.5486	882.69081
924	1018.5354	838.23876	974	1073.6509	883.59800
925	1019.6377	839.14594	975	1074.7532	884.50518
926	1020.7400	840.05312	976	1075.8555	885.41236
927	1021.8423	840.96031	977	1076.9578	886.31955
928	1022.9446	841.86749	978	1078.0602	887.22673
929	1024.0469	842.77468	979	1079.1625	888.13392
930	1025.1492	843.68186	980	1080.2648	889.04110
931	1026.2515	844.58905	981	1081.3671	889.94829
932	1027.3539	845.49623	982	1082.4694	890.85547
933	1028.4562	846.40342	983	1083.5717	891.76266
934	1029.5585	847.31060	984	1084.6740	892.66984
935	1030.6608	848.21779	985	1085.7763	893.57703
936	1031.7631	849.12497	986	1086.8786	894.48421
937	1032.8654	850.03216	987	1087.9810	895.39140
938	1033.9677	850.93934	988	1089.0833	896.29858
939	1035.0700	851.84653	989	1090.1856	897.20577
940	1036.1723	852.75371	990	1091.2879	898.11295
941	1037.2747	853.66090	991	1092.3902	899.02014
942	1038.3770	854.56808	992	1093.4925	899.92732
943	1039.4793	855.47527	993	1094.5948	900.83451
944	1040.5816	856.38245	994	1095.6971	901.74169
945	1041.6839	857.28964	995	1096.7994	902.64888
946	1042.7862	858.19682	996	1097.9018	903.55606
947	1043.8885	859.10401	997	1099.0041	904.46325
948	1044.9908	860.01119	998	1100.1064	905.37043
949	1046.0931	860.91838	999	1101.2087	906.27762
950	1047.1955	861.82556	1000	1102.3110	907.18480

Faktor: 1 kg/cm^2 = 14.223 lbs./sq.in.
1 lbs./sq.in. = 0.070307 kg/cm^2

	kg/cm^2 = lbs./sq.in.	lbs./sq.in. = kg/cm^2		kg/cm^2 = lbs./sq.in.	lbs./sq.in. = kg/cm^2
1	14.223	0.070307	51	725.388	3.585668
2	28.447	0.140614	52	739.611	3.655975
3	42.670	0.210922	53	753.835	3.726282
4	56.893	0.281229	54	768.058	3.796589
5	71.116	0.351536	55	782.281	3.866896
6	85.340	0.421843	56	796.504	3.937204
7	99.563	0.492150	57	810.728	4.007511
8	113.786	0.562458	58	824.951	4.077818
9	128.010	0.632765	59	839.174	4.148125
10	142.233	0.703072	60	853.398	4.218432
11	156.456	0.773379	61	867.621	4.288740
12	170.680	0.843686	62	881.844	4.359047
13	184.903	0.913994	63	896.067	4.429354
14	199.126	0.984301	64	910.291	4.499661
15	213.349	1.054608	65	924.514	4.569969
16	227.573	1.124915	66	938.737	4.640276
17	241.796	1.195223	67	952.961	4.710583
18	256.019	1.265530	68	967.184	4.780890
19	270.243	1.335837	69	981.407	4.851197
20	284.466	1.406144	70	995.631	4.921505
21	298.689	1.476451	71	1009.854	4.991812
22	312.912	1.546759	72	1024.077	5.062119
23	327.136	1.617066	73	1038.300	5.132426
24	341.359	1.687373	74	1052.524	5.202733
25	355.582	1.757680	75	1066.747	5.273041
26	369.806	1.827987	76	1080.970	5.343348
27	384.029	1.898295	77	1095.194	5.413655
28	398.252	1.968602	78	1109.417	5.483962
29	412.475	2.038909	79	1123.640	5.554269
30	426.699	2.109216	80	1137.863	5.624577
31	440.922	2.179523	81	1152.087	5.694884
32	455.145	2.249831	82	1166.310	5.765191
33	469.369	2.320138	83	1180.533	5.835498
34	483.592	2.390445	84	1194.757	5.905805
35	497.815	2.460752	85	1208.980	5.976113
36	512.039	2.531059	86	1223.203	6.046420
37	526.262	2.601367	87	1237.426	6.116727
38	540.485	2.671674	88	1251.650	6.187034
39	554.708	2.741981	89	1265.873	6.257342
40	568.932	2.812288	90	1280.096	6.327649
41	583.155	2.882596	91	1294.320	6.397956
42	597.378	2.952903	92	1308.543	6.468263
43	611.602	3.023210	93	1322.766	6.538570
44	625.825	3.093517	94	1336.990	6.608878
45	640.048	3.163824	95	1351.213	6.679185
46	654.271	3.234132	96	1365.436	6.749492
47	668.495	3.304439	97	1379.659	6.819799
48	682.718	3.374746	98	1393.883	6.890106
49	696.941	3.445053	99	1408.106	6.960414
50	711.165	3.515360	100	1422.329	7.030721

Faktor: 1 kg/cm^2 = 14.223 lbs./sq.in.
1 lbs./sq.in. = 0.070307 kg/cm^2

lbs./sq.in. = kg/cm² / kg/cm² = lbs./sq.in.			lbs./sq.in. = kg/cm² / kg/cm² = lbs./sq.in.		
101	1436.553	7.101028	151	2147.717	10.616388
102	1450.776	7.171335	152	2161.941	10.686696
103	1464.999	7.241642	153	2176.164	10.757003
104	1479.222	7.311950	154	2190.387	10.827310
105	1493.446	7.382257	155	2204.610	10.897617
106	1507.669	7.452564	156	2218.834	10.967924
107	1521.892	7.522871	157	2233.057	11.038232
108	1536.116	7.593178	158	2247.280	11.108539
109	1550.339	7.663486	159	2261.504	11.178846
110	1564.562	7.733793	160	2275.727	11.249153
111	1578.786	7.804100	161	2289.950	11.319460
112	1593.009	7.874407	162	2304.173	11.389768
113	1607.232	7.944715	163	2318.397	11.460075
114	1621.455	8.015022	164	2332.620	11.530382
115	1635.679	8.085329	165	2346.843	11.600689
116	1649.902	8.155636	166	2361.067	11.670997
117	1664.125	8.225943	167	2375.290	11.741304
118	1678.349	8.296251	168	2389.513	11.811611
119	1692.572	8.366558	169	2403.737	11.881918
120	1706.795	8.436865	170	2417.960	11.952225
121	1721.018	8.507172	171	2432.183	12.022533
122	1735.242	8.577479	172	2446.406	12.092840
123	1749.465	8.647787	173	2460.630	12.163147
124	1763.688	8.718094	174	2474.853	12.233454
125	1777.912	8.788401	175	2489.076	12.303761
126	1792.135	8.858708	176	2503.300	12.374069
127	1806.358	8.929015	177	2517.523	12.444376
128	1820.582	8.999323	178	2531.746	12.514683
129	1834.805	9.069630	179	2545.969	12.584990
130	1849.028	9.139937	180	2560.193	12.655297
131	1863.251	9.210244	181	2574.416	12.725605
132	1877.475	9.280551	182	2588.639	12.795912
133	1891.698	9.350859	183	2602.863	12.866219
134	1905.921	9.421166	184	2617.086	12.936526
135	1920.145	9.491473	185	2631.309	13.006833
136	1934.368	9.561780	186	2645.532	13.077141
137	1948.591	9.632087	187	2659.756	13.147448
138	1962.814	9.702395	188	2673.979	13.217755
139	1977.038	9.772702	189	2688.202	13.288062
140	1991.261	9.843009	190	2702.426	13.358370
141	2005.484	9.913316	191	2716.649	13.428677
142	2019.708	9.983624	192	2730.872	13.498984
143	2033.931	10.053931	193	2745.096	13.569291
144	2048.154	10.124238	194	2759.319	13.639598
145	2062.377	10.194545	195	2773.542	13.709906
146	2076.601	10.264852	196	2787.765	13.780213
147	2090.824	10.335160	197	2801.989	13.850520
148	2105.047	10.405467	198	2816.212	13.920827
149	2119.271	10.475774	199	2830.435	13.991134
150	2133.494	10.546081	200	2844.659	14.061442

Faktor: 1 kg/cm^2 = 14.223 lbs./sq.in.
1 lbs/sq.in. = 0.070307 kg/cm^2

	lbs./sq.in. = kg/cm^2			lbs./sq.in. = kg/cm^2	
kg/cm^2 = lbs./sq.in.			kg/cm^2 = lbs./sq.in.		
201	2858.882	14.131749	251	3570.047	17.647109
202	2873.105	14.202056	252	3584.270	17.717416
203	2887.328	14.272363	253	3598.493	17.787724
204	2901.552	14.342670	254	3612.716	17.858031
205	2915.775	14.412978	255	3626.940	17.928338
206	2929.998	14.483285	256	3641.163	17.998645
207	2944.222	14.553592	257	3655.386	18.068952
208	2958.445	14.623899	258	3669.610	18.139260
209	2972.668	14.694206	259	3683.833	18.209567
210	2986.892	14.764514	260	3698.056	18.279874
211	3001.115	14.834821	261	3712.279	18.350181
212	3015.338	14.905128	262	3726.503	18.420488
213	3029.561	14.975435	263	3740.726	18.490796
214	3043.785	15.045743	264	3754.949	18.561103
215	3058.008	15.116050	265	3769.173	18.631410
216	3072.231	15.186357	266	3783.396	18.701717
217	3086.455	15.256664	267	3797.619	18.772025
218	3100.678	15.326971	268	3811.843	18.842332
219	3114.901	15.397279	269	3826.066	18.912639
220	3129.124	15.467586	270	3840.289	18.982946
221	3143.348	15.537893	271	3854.512	19.053253
222	3157.571	15.608200	272	3868.736	19.123561
223	3171.794	15.678507	273	3882.959	19.193868
224	3186.018	15.748815	274	3897.182	19.264175
225	3200.241	15.819122	275	3911.406	19.334482
226	3214.464	15.889429	276	3925.629	19.404789
227	3228.688	15.959736	277	3939.852	19.475097
228	3242.911	16.030043	278	3954.075	19.545404
229	3257.134	16.100351	279	3968.299	19.615711
230	3271.357	16.170658	280	3982.522	19.686018
231	3285.581	16.240965	281	3996.745	19.756325
232	3299.804	16.311272	282	4010.969	19.826633
233	3314.027	16.381579	283	4025.192	19.896940
234	3328.251	16.451887	284	4039.415	19.967247
235	3342.474	16.522194	285	4053.639	20.037554
236	3356.697	16.592501	286	4067.862	20.107861
237	3370.920	16.662808	287	4082.085	20.178169
238	3385.144	16.733116	288	4096.308	20.248476
239	3399.367	16.803423	289	4110.532	20.318783
240	3413.590	16.873730	290	4124.755	20.389090
241	3427.814	16.944037	291	4138.978	20.459398
242	3442.037	17.014344	292	4153.202	20.529705
243	3456.260	17.084652	293	4167.425	20.600012
244	3470.483	17.154959	294	4181.648	20.670319
245	3484.707	17.225266	295	4195.871	20.740626
246	3498.930	17.295573	296	4210.095	20.810934
247	3513.153	17.365880	297	4224.318	20.881241
248	3527.377	17.436188	298	4238.541	20.951548
249	3541.600	17.506495	299	4252.765	21.021855
250	3555.823	17.576802	300	4266.988	21.092162

Faktor: 1 kg/cm^2 = 14.223 lbs./sq.in.
1 lbs./sq.in. = 0.070307 kg/cm^2

lbs./sq.in. = / kg/cm^2 =	lbs./sq.in.	kg/cm^2	lbs./sq.in. = / kg/cm^2 =	lbs./sq.in.	kg/cm^2
301	4281.211	21.162470	351	4992.376	24.677830
302	4295.434	21.232777	352	5006.599	24.748137
303	4309.658	21.303084	353	5020.822	24.818444
304	4323.881	21.373391	354	5035.046	24.888752
305	4338.104	21.443698	355	5049.269	24.959059
306	4352.328	21.514006	356	5063.492	25.029366
307	4366.551	21.584313	357	5077.716	25.099673
308	4380.774	21.654620	358	5091.939	25.169980
309	4394.998	21.724927	359	5106.162	25.240288
310	4409.221	21.795234	360	5120.385	25.310595
311	4423.444	21.865542	361	5134.609	25.380902
312	4437.667	21.935849	362	5148.832	25.451209
313	4451.891	22.006156	363	5163.055	25.521517
314	4466.114	22.076463	364	5177.279	25.591824
315	4480.337	22.146771	365	5191.502	25.662131
316	4494.561	22.217078	366	5205.725	25.732438
317	4508.784	22.287385	367	5219.949	25.802745
318	4523.007	22.357692	368	5234.172	25.873053
319	4537.230	22.427999	369	5248.395	25.943360
320	4551.454	22.498307	370	5262.618	26.013667
321	4565.677	22.568614	371	5276.842	26.083974
322	4579.900	22.638921	372	5291.065	26.154281
323	4594.124	22.709228	373	5305.288	26.224589
324	4608.347	22.779535	374	5319.512	26.294896
325	4622.570	22.849843	375	5333.735	26.365203
326	4636.794	22.920150	376	5347.958	26.435510
327	4651.017	22.990457	377	5362.181	26.505817
328	4665.240	23.060764	378	5376.405	26.576125
329	4679.463	23.131071	379	5390.628	26.646432
330	4693.687	23.201379	380	5404.851	26.716739
331	4707.910	23.271686	381	5419.075	26.787046
332	4722.133	23.341993	382	5433.298	26.857353
333	4736.357	23.412300	383	5447.521	26.927661
334	4750.580	23.482607	384	5461.745	26.997968
335	4764.803	23.552915	385	5475.968	27.068275
336	4779.026	23.623222	386	5490.191	27.138582
337	4793.250	23.693529	387	5504.414	27.208889
338	4807.473	23.763836	388	5518.638	27.279197
339	4821.696	23.834144	389	5532.861	27.349504
340	4835.920	23.904451	390	5547.084	27.419811
341	4850.143	23.974758	391	5561.308	27.490118
342	4864.366	24.045065	392	5575.531	27.560426
343	4878.589	24.115372	393	5589.754	27.630733
344	4892.813	24.185680	394	5603.977	27.701040
345	4907.036	24.255987	395	5618.201	27.771347
346	4921.259	24.326294	396	5632.424	27.841654
347	4935.483	24.396601	397	5646.647	27.911962
348	4949.706	24.466908	398	5660.871	27.982269
349	4963.929	24.537216	399	5675.094	28.052576
350	4978.153	24.607523	400	5689.317	28.122883

Faktor: 1 kg/cm² = 14.223 lbs./sq.in.
1 lbs./sq.in. = 0.070307 kg/cm²

lbs./sq.in. = kg/cm² ; kg/cm² = lbs./sq.in.					
401	5703.540	28.193190	451	6414.705	31.708551
402	5717.764	28.263498	452	6428.928	31.778858
403	5731.987	28.333805	453	6443.152	31.849165
404	5746.210	28.404112	454	6457.375	31.919472
405	5760.434	28.474419	455	6471.598	31.989780
406	5774.657	28.544726	456	6485.822	32.060087
407	5788.880	28.615034	457	6500.045	32.130394
408	5803.104	28.685341	458	6514.268	32.200701
409	5817.327	28.755648	459	6528.491	32.271008
410	5831.550	28.825955	460	6542.715	32.341316
411	5845.773	28.896262	461	6556.938	32.411623
412	5859.997	28.966570	462	6571.161	32.481930
413	5874.220	29.036877	463	6585.385	32.552237
414	5888.443	29.107184	464	6599.608	32.622545
415	5902.667	29.177491	465	6613.831	32.692852
416	5916.890	29.247799	466	6628.055	32.763159
417	5931.113	29.318106	467	6642.278	32.833466
418	5945.336	29.388413	468	6656.501	32.903773
419	5959.560	29.458720	469	6670.724	32.974081
420	5973.783	29.529027	470	6684.948	33.044388
421	5988.006	29.599335	471	6699.171	33.114695
422	6002.230	29.669642	472	6713.394	33.185002
423	6016.453	29.739949	473	6727.618	33.255309
424	6030.676	29.810256	474	6741.841	33.325617
425	6044.900	29.880563	475	6756.064	33.395924
426	6059.123	29.950871	476	6770.287	33.466231
427	6073.346	30.021178	477	6784.511	33.536538
428	6087.569	30.091485	478	6798.734	33.606845
429	6101.793	30.161792	479	6812.957	33.677153
430	6116.016	30.232099	480	6827.181	33.747460
431	6130.239	30.302407	481	6841.404	33.817767
432	6144.463	30.372714	482	6855.627	33.888074
433	6158.686	30.443021	483	6869.851	33.958381
434	6172.909	30.513328	484	6884.074	34.028689
435	6187.132	30.583635	485	6898.297	34.098996
436	6201.356	30.653943	486	6912.520	34.169303
437	6215.579	30.724250	487	6926.744	34.239610
438	6229.802	30.794557	488	6940.967	34.309918
439	6244.026	30.864864	489	6955.190	34.380225
440	6258.249	30.935172	490	6969.414	34.450532
441	6272.472	31.005479	491	6983.637	34.520839
442	6286.696	31.075786	492	6997.860	34.591146
443	6300.919	31.146093	493	7012.083	34.661454
444	6315.142	31.216400	494	7026.307	34.731761
445	6329.365	31.286708	495	7040.530	34.802068
446	6343.589	31.357015	496	7054.753	34.872375
447	6357.812	31.427322	497	7068.977	34.942682
448	6372.035	31.497629	498	7083.200	35.012990
449	6386.259	31.567936	499	7097.423	35.083297
450	6400.482	31.638244	500	7111.647	35.153604

Faktor: 1 kg/cm^2 = 14.223 lbs./sq.in.
1 lbs./sq.in. = 0.070307 kg/cm^2

lbs./sq.in. = kg/cm^2 kg/cm^2 = lbs./sq.in.			lbs./sq.in. = kg/cm^2 kg/cm^2 = lbs./sq.in.		
501	7125.870	35.223911	551	7837.034	38.739272
502	7140.093	35.294218	552	7851.258	38.809579
503	7154.316	35.364526	553	7865.481	38.879886
504	7168.540	35.434833	554	7879.704	38.950193
505	7182.763	35.505140	555	7893.928	39.020500
506	7196.986	35.575447	556	7908.151	39.090808
507	7211.210	35.645754	557	7922.374	39.161115
508	7225.433	35.716062	558	7936.597	39.231422
509	7239.656	35.786369	559	7950.821	39.301729
510	7253.879	35.856676	560	7965.044	39.372036
511	7268.103	35.926983	561	7979.267	39.442344
512	7282.326	35.997290	562	7993.491	39.512651
513	7296.549	36.067598	563	8007.714	39.582958
514	7310.773	36.137905	564	8021.937	39.653265
515	7324.996	36.208212	565	8036.161	39.723573
516	7339.219	36.278519	566	8050.384	39.793880
517	7353.442	36.348827	567	8064.607	39.864187
518	7367.666	36.419134	568	8078.830	39.934494
519	7381.889	36.489441	569	8093.054	40.004801
520	7396.112	36.559748	570	8107.277	40.075109
521	7410.336	36.630055	571	8121.500	40.145416
522	7424.559	36.700363	572	8135.724	40.215723
523	7438.782	36.770670	573	8149.947	40.286030
524	7453.006	36.840977	574	8164.170	40.356337
525	7467.229	36.911284	575	8178.393	40.426645
526	7481.452	36.981591	576	8192.617	40.496952
527	7495.675	37.051899	577	8206.840	40.567259
528	7509.899	37.122206	578	8221.063	40.637566
529	7524.122	37.192513	579	8235.287	40.707873
530	7538.345	37.262820	580	8249.510	40.778181
531	7552.569	37.333127	581	8263.733	40.848488
532	7566.792	37.403435	582	8277.957	40.918795
533	7581.015	37.473742	583	8292.180	40.989102
534	7595.238	37.544049	584	8306.403	41.059409
535	7609.462	37.614356	585	8320.626	41.129717
536	7623.685	37.684663	586	8334.850	41.200024
537	7637.908	37.754971	587	8349.073	41.270331
538	7652.132	37.825278	588	8363.296	41.340638
539	7666.355	37.895585	589	8377.520	41.410946
540	7680.578	37.965892	590	8391.743	41.481253
541	7694.802	38.036200	591	8405.966	41.551560
542	7709.025	38.106507	592	8420.189	41.621867
543	7723.248	38.176814	593	8434.413	41.692174
544	7737.471	38.247121	594	8448.636	41.762482
545	7751.695	38.317428	595	8462.859	41.832789
546	7765.918	38.387736	596	8477.083	41.903096
547	7780.141	38.458043	597	8491.306	41.973403
548	7794.365	38.528350	598	8505.529	42.043710
549	7808.588	38.598657	599	8519.753	42.114018
550	7822.811	38.668964	600	8533.976	42.184325

Faktor: 1 kg/cm² = 14.223 lbs./sq.in.
1 lbs./sq.in. = 0.070307 kg/cm²

	lbs./sq.in. = kg/cm² ↓			lbs./sq.in. = kg/cm² ↓	
kg/cm² = ↓	lbs./sq.in.		kg/cm² = ↓	lbs./sq.in.	
601	8548.199	42.254632	651	9259.364	45.769992
602	8562.422	42.324939	652	9273.587	45.840300
603	8576.646	42.395246	653	9287.810	45.910607
604	8590.869	42.465554	654	9302.034	45.980914
605	8605.092	42.535861	655	9316.257	46.051221
606	8619.316	42.606168	656	9330.480	46.121528
607	8633.539	42.676475	657	9344.704	46.191836
608	8647.762	42.746782	658	9358.927	46.262143
609	8661.985	42.817090	659	9373.150	46.332450
610	8676.209	42.887397	660	9387.373	46.402757
611	8690.432	42.957704	661	9401.597	46.473064
612	8704.655	43.028011	662	9415.820	46.543372
613	8718.879	43.098319	663	9430.043	46.613679
614	8733.102	43.168626	664	9444.267	46.683986
615	8747.325	43.238933	665	9458.490	46.754293
616	8761.548	43.309240	666	9472.713	46.824601
617	8775.772	43.379547	667	9486.936	46.894908
618	8789.995	43.449855	668	9501.160	46.965215
619	8804.218	43.520162	669	9515.383	47.035522
620	8818.442	43.590409	670	9529.606	47.105829
621	8832.665	43.660776	671	9543.830	47.176137
622	8846.888	43.731083	672	9558.053	47.246444
623	8861.112	43.801391	673	9572.276	47.316751
624	8875.335	43.871698	674	9586.499	47.387058
625	8889.558	43.942005	675	9600.723	47.457365
626	8903.781	44.012312	676	9614.946	47.527673
627	8918.005	44.082619	677	9629.169	47.597980
628	8932.228	44.152927	678	9643.393	47.668287
629	8946.451	44.223234	679	9657.616	47.738594
630	8960.675	44.293541	680	9671.839	47.808901
631	8974.898	44.363848	681	9686.063	47.879209
632	8989.121	44.434155	682	9700.286	47.949516
633	9003.344	44.504463	683	9714.509	48.019823
634	9017.568	44.574770	684	9728.732	48.090130
635	9031.791	44.645077	685	9742.956	48.160437
636	9046.014	44.715384	686	9757.179	48.230745
637	9060.238	44.785691	687	9771.402	48.301052
638	9074.461	44.855999	688	9785.626	48.371359
639	9088.684	44.926306	689	9799.849	48.441666
640	9102.908	44.996613	690	9814.072	48.511974
641	9117.131	45.066920	691	9828.295	48.582281
642	9131.354	45.137228	692	9842.519	48.652588
643	9145.577	45.207535	693	9856.742	48.722895
644	9159.801	45.277842	694	9870.965	48.793202
645	9174.024	45.348149	695	9885.189	48.863510
646	9188.247	45.418456	696	9899.412	48.933817
647	9202.471	45.488764	697	9913.635	49.004124
648	9216.694	45.559071	698	9927.859	49.074431
649	9230.917	45.629378	699	9942.082	49.144738
650	9245.140	45.699685	700	9956.305	49.215046

Faktor: 1 kg/cm^2 = 14.223 lbs./sq.in.
1 lbs./sq.in. = 0.070307 kg/cm^2

lbs./sq.in. = kg/cm^2			lbs./sq.in. = kg/cm^2		
	kg/cm^2 = lbs./sq.in.			kg/cm^2 = lbs./sq.in.	
701	9970.528	49.285353	751	10681.693	52.800713
702	9984.752	49.355660	752	10695.916	52.871020
703	9998.975	49.425967	753	10710.140	52.941328
704	10013.198	49.496274	754	10724.363	53.011635
705	10027.422	49.566582	755	10738.586	53.081942
706	10041.645	49.636889	756	10752.810	53.152249
707	10055.868	49.707196	757	10767.033	53.222556
708	10070.091	49.777503	758	10781.256	53.292864
709	10084.315	49.847810	759	10795.479	53.363171
710	10098.538	49.918118	760	10809.703	53.433478
711	10112.761	49.988425	761	10823.926	53.503785
712	10126.985	50.058732	762	10838.149	53.574092
713	10141.208	50.129039	763	10852.373	53.644400
714	10155.431	50.199347	764	10866.596	53.714707
715	10169.654	50.269654	765	10880.819	53.785014
716	10183.878	50.339961	766	10895.042	53.855321
717	10198.101	50.410268	767	10909.266	53.925629
718	10212.324	50.480575	768	10923.489	53.995936
719	10226.548	50.550883	769	10937.712	54.066243
720	10240.771	50.621190	770	10951.936	54.136550
721	10254.994	50.691497	771	10966.159	54.206857
722	10269.218	50.761804	772	10980.382	54.277165
723	10283.441	50.832111	773	10994.605	54.347472
724	10297.664	50.902419	774	11008.829	54.417779
725	10311.887	50.972726	775	11023.052	54.488086
726	10326.111	51.043033	776	11037.275	54.558393
727	10340.334	51.113340	777	11051.499	54.628701
728	10354.557	51.183647	778	11065.722	54.699008
729	10368.781	51.253955	779	11079.945	54.769315
730	10383.004	51.324262	780	11094.169	54.839622
731	10397.227	51.394569	781	11108.392	54.909929
732	10411.450	51.464876	782	11122.615	54.980237
733	10425.674	51.535183	783	11136.838	55.050544
734	10439.897	51.605491	784	11151.062	55.120851
735	10454.120	51.675798	785	11165.285	55.191158
736	10468.344	51.746105	786	11179.508	55.261465
737	10482.567	51.816412	787	11193.732	55.331773
738	10496.790	51.886720	788	11207.955	55.402080
739	10511.014	51.957027	789	11222.178	55.472387
740	10525.237	52.027334	790	11236.401	55.542694
741	10539.460	52.097641	791	11250.625	55.613002
742	10553.683	52.167948	792	11264.848	55.683309
743	10567.907	52.238256	793	11279.071	55.753616
744	10582.130	52.308563	794	11293.295	55.823923
745	10596.353	52.378870	795	11307.518	55.894230
746	10610.577	52.449177	796	11321.741	55.964538
747	10624.800	52.519484	797	11335.965	56.034845
748	10639.023	52.589792	798	11350.188	56.105152
749	10653.246	52.660099	799	11364.411	56.175459
750	10667.470	52.730406	800	11378.634	56.245766

Faktor: 1 kg/cm^2 = 14.223 lbs./sq.in.
1 lbs./sq.in. = 0.070307 kg/cm^2

lbs./sq.in. = / kg/cm^2 =	lbs./sq.in.	kg/cm^2	lbs./sq.in. = / kg/cm^2 =	lbs./sq.in.	kg/cm^2
801	11392.858	56.316074	851	12104.022	59.831434
802	11407.081	56.386381	852	12118.246	59.901741
803	11421.304	56.456688	853	12132.469	59.972048
804	11435.528	56.526995	854	12146.692	60.042356
805	11449.751	56.597302	855	12160.916	60.112663
806	11463.974	56.667610	856	12175.139	60.182970
807	11478.197	56.737917	857	12189.362	60.253277
808	11492.421	56.808224	858	12203.585	60.323584
809	11506.644	56.878531	859	12217.809	60.393892
810	11520.867	56.948838	860	12232.032	60.464199
811	11535.091	57.019146	861	12246.255	60.534506
812	11549.314	57.089453	862	12260.479	60.604813
813	11563.537	57.159760	863	12274.702	60.675121
814	11577.761	57.230067	864	12288.925	60.745428
815	11591.984	57.300375	865	12303.148	60.815735
816	11606.207	57.370682	866	12317.372	60.886042
817	11620.430	57.440989	867	12331.595	60.956349
818	11634.654	57.511296	868	12345.818	61.026657
819	11648.877	57.581603	869	12360.042	61.096657
820	11663.100	57.651911	870	12374.265	61.167271
821	11677.324	57.722218	871	12388.488	61.237578
822	11691.547	57.792525	872	12402.711	61.307885
823	11705.770	57.862832	873	12416.935	61.378193
824	11719.993	57.933139	874	12431.158	61.448500
825	11734.217	58.003447	875	12445.381	61.518807
826	11748.440	58.073754	876	12459.605	61.589114
827	11762.663	58.144061	877	12473.828	61.659421
828	11776.887	58.214368	878	12488.051	61.729729
829	11791.110	58.284675	879	12502.275	61.800036
830	11805.333	58.354983	880	12516.498	61.870343
831	11819.556	58.425290	881	12530.721	61.940650
832	11833.780	58.495597	882	12544.944	62.010957
833	11848.003	58.565904	883	12559.168	62.081265
834	11862.226	58.636211	884	12573.391	62.151572
835	11876.450	58.706519	885	12587.614	62.221879
836	11890.673	58.776826	886	12601.838	62.292186
837	11904.896	58.847133	887	12616.061	62.362493
838	11919.120	58.917440	888	12630.284	62.432801
839	11933.343	58.987748	889	12644.507	62.503108
840	11947.566	59.058055	890	12658.731	62.573415
841	11961.789	59.128362	891	12672.954	62.643722
842	11976.013	59.198669	892	12687.177	62.714030
843	11990.236	59.268976	893	12701.401	62.784337
844	12004.459	59.339284	894	12715.624	62.854644
845	12018.683	59.409591	895	12729.847	62.924951
846	12032.906	59.479898	896	12744.071	62.995258
847	12047.129	59.550205	897	12758.294	63.065566
848	12061.352	59.620512	898	12772.517	63.135873
849	12075.576	59.690820	899	12786.740	63.206180
850	12089.799	59.761127	900	12800.964	63.276487

Faktor: 1 kg/cm^2 = 14.223 lbs./sq.in.
1 lbs./sq.in. = 0.070307 kg/cm^2

	lbs./sq.in. = / kg/cm² =	kg/cm² / lbs./sq.in.		lbs./sq.in. = / kg/cm2 =	kg/cm² / lbs./sq.in.
901	12815.187	63.346794	951	13526.352	66.862155
902	12829.410	63.417102	952	13540.575	66.932462
903	12843.634	63.487409	953	13554.798	67.002769
904	12857.857	63.557716	954	13569.022	67.073076
905	12872.080	63.628023	955	13583.245	67.143384
906	12886.303	63.698330	956	13597.468	67.213691
907	12900.527	63.768638	957	13611.691	67.283998
908	12914.750	63.838945	958	13625.915	67.354305
909	12928.973	63.909252	959	13640.138	67.424612
910	12943.197	63.979559	960	13654.361	67.494920
911	12957.420	64.049866	961	13668.585	67.565227
912	12971.643	64.120174	962	13682.808	67.635534
913	12985.867	64.190481	963	13697.031	67.705841
914	13000.090	64.260788	964	13711.254	67.776149
915	13014.313	64.331095	965	13725.478	67.846456
916	13028.536	64.401403	966	13739.701	67.916763
917	13042.760	64.471710	967	13753.924	67.987070
918	13056.983	64.542017	968	13768.148	68.057377
919	13071.206	64.612324	969	13782.371	68.127685
920	13085.430	64.682631	970	13796.594	68.197992
921	13099.653	64.752939	971	13810.818	68.268299
922	13113.876	64.823246	972	13825.041	68.338606
923	13128.099	64.893553	973	13839.264	68.408913
924	13142.323	64.963860	974	13853.487	68.479221
925	13156.546	65.034167	975	13867.711	68.549528
926	13170.769	65.104475	976	13881.934	68.619835
927	13184.993	65.174782	977	13896.157	68.690142
928	13199.216	65.245089	978	13910.381	68.760449
929	13213.439	65.315396	979	13924.604	68.830757
930	13227.662	65.385703	980	13938.827	68.901064
931	13241.886	65.456011	981	13953.050	68.971371
932	13256.109	65.526318	982	13967.274	69.041678
933	13270.332	65.596625	983	13981.497	69.111985
934	13284.556	65.666932	984	13995.720	69.182293
935	13298.779	65.737239	985	14009.944	69.252600
936	13313.002	65.807547	986	14024.167	69.322907
937	13327.226	65.877854	987	14038.390	69.393214
938	13341.449	65.948161	988	14052.613	69.463522
939	13355.672	66.018468	989	14066.837	69.533829
940	13369.895	66.088776	990	14081.060	69.604136
941	13384.119	66.159083	991	14095.283	69.674443
942	13398.342	66.229390	992	14109.507	69.744750
943	13412.565	66.299697	993	14123.730	69.815058
944	13426.789	66.370004	994	14137.953	69.885365
945	13441.012	66.440312	995	14152.177	69.955672
946	13455.235	66.510619	996	14166.400	70.025979
947	13469.458	66.580926	997	14180.623	70.096286
948	13483.682	66.651233	998	14194.846	70.166594
949	13497.905	66.721540	999	14209.070	70.236901
950	13512.128	66.791848	1000	14223.293	70.307208

Kilogramm / Quadratmeter in engl. Pfund / Quadratfuß
kilogram / square meter into pounds / square foot 18

Faktor: 1 kg/m^3 = 0.0625 lbs/cu.ft.
1 lbs/cu.ft. = 16.0 kg/m^3

lbs/cu.ft. = kg/m³ / kg/m³ = lbs/cu.ft.	lbs/cu.ft.	kg/m³	lbs/cu.ft. = kg/m³ / kg/m³ = lbs/cu.ft.	lbs/cu.ft.	kg/m³
1	0.0625	16.0	51	3.1875	816.0
2	0.1250	32.0	52	3.2500	832.0
3	0.1875	48.0	53	3.3125	848.0
4	0.2500	64.0	54	3.3750	864.0
5	0.3125	80.0	55	3.4375	880.0
6	0.3750	96.0	56	3.5000	896.0
7	0.4375	112.0	57	3.5625	912.0
8	0.5000	128.0	58	3.6250	928.0
9	0.5625	144.0	59	3.6875	944.0
10	0.6250	160.0	60	3.7500	960.0
11	0.6875	176.0	61	3.8125	976.0
12	0.7500	192.0	62	3.8750	992.0
13	0.8125	208.0	63	3.9375	1008.0
14	0.8750	224.0	64	4.0000	1024.0
15	0.9375	240.0	65	4.0625	1040.0
16	1.0000	256.0	66	4.1250	1056.0
17	1.0625	272.0	67	4.1875	1072.0
18	1.1250	288.0	68	4.2500	1088.0
19	1.1875	304.0	69	4.3125	1104.0
20	1.2500	320.0	70	4.3750	1120.0
21	1.3125	336.0	71	4.4375	1136.0
22	1.3750	352.0	72	4.5000	1152.0
23	1.4375	368.0	73	4.5625	1168.0
24	1.5000	384.0	74	4.6250	1184.0
25	1.5625	400.0	75	4.6875	1200.0
26	1.6250	416.0	76	4.7500	1216.0
27	1.6875	432.0	77	4.8125	1232.0
28	1.7500	448.0	78	4.8750	1248.0
29	1.8125	464.0	79	4.9375	1264.0
30	1.8750	480.0	80	5.0000	1280.0
31	1.9375	496.0	81	5.0625	1296.0
32	2.0000	512.0	82	5.1250	1312.0
33	2.0625	528.0	83	5.1875	1328.0
34	2.1250	544.0	84	5.2500	1344.0
35	2.1875	560.0	85	5.3125	1360.0
36	2.2500	576.0	86	5.3750	1376.0
37	2.3125	592.0	87	5.4375	1392.0
38	2.3750	608.0	88	5.5000	1408.0
39	2.4375	624.0	89	5.5625	1424.0
40	2.5000	640.0	90	5.6250	1440.0
41	2.5625	656.0	91	5.6875	1456.0
42	2.6250	672.0	92	5.7500	1472.0
43	2.6875	688.0	93	5.8125	1488.0
44	2.7500	704.0	94	5.8750	1504.0
45	2.8125	720.0	95	5.9375	1520.0
46	2.8750	736.0	96	6.0000	1536.0
47	2.9375	752.0	97	6.0625	1552.0
48	3.0000	768.0	98	6.1250	1568.0
49	3.0625	784.0	99	6.1875	1584.0
50	3.1250	800.0	100	6.2500	1600.0

Faktor: 1 kg/m³ = 0.0625 lbs/cu.ft.
1 lbs/cu.ft. = 16.0 kg/m³

lbs/cu.ft. / kg/m³	lbs/cu.ft.	kg/m³	lbs/cu.ft. / kg/m³	lbs/cu.ft.	kg/m³
101	6.3125	1616.0	151	9.4375	2416.0
102	6.3750	1632.0	152	9.5000	2432.0
103	6.4375	1648.0	153	9.5625	2448.0
104	6.5000	1664.0	154	9.6250	2464.0
105	6.5625	1680.0	155	9.6875	2480.0
106	6.6250	1696.0	156	9.7500	2496.0
107	6.6875	1712.0	157	9.8125	2512.0
108	6.7500	1728.0	158	9.8750	2528.0
109	6.8125	1744.0	159	9.9375	2544.0
110	6.8750	1760.0	160	10.0000	2560.0
111	6.9375	1776.0	161	10.0625	2576.0
112	7.0000	1792.0	162	10.1250	2592.0
113	7.0625	1808.0	163	10.1875	2608.0
114	7.1250	1824.0	164	10.2500	2624.0
115	7.1875	1840.0	165	10.3125	2640.0
116	7.2500	1856.0	166	10.3750	2656.0
117	7.3125	1872.0	167	10.4375	2672.0
118	7.3750	1888.0	168	10.5000	2688.0
119	7.4375	1904.0	169	10.5625	2704.0
120	7.5000	1920.0	170	10.6250	2720.0
121	7.5625	1936.0	171	10.6875	2736.0
122	7.6250	1952.0	172	10.7500	2752.0
123	7.6875	1968.0	173	10.8125	2768.0
124	7.7500	1984.0	174	10.8750	2784.0
125	7.8125	2000.0	175	10.9375	2800.0
126	7.8750	2016.0	176	11.0000	2816.0
127	7.9375	2032.0	177	11.0625	2832.0
128	8.0000	2048.0	178	11.1250	2848.0
129	8.0625	2064.0	179	11.1875	2864.0
130	8.1250	2080.0	180	11.2500	2880.0
131	8.1875	2096.0	181	11.3125	2896.0
132	8.2500	2112.0	182	11.3750	2912.0
133	8.3125	2128.0	183	11.4375	2928.0
134	8.3750	2144.0	184	11.5000	2944.0
135	8.4375	2160.0	185	11.5625	2960.0
136	8.5000	2176.0	186	11.6250	2976.0
137	8.5625	2192.0	187	11.6875	2992.0
138	8.6250	2208.0	188	11.7500	3008.0
139	8.6875	2224.0	189	11.8125	3024.0
140	8.7500	2240.0	190	11.8750	3040.0
141	8.8125	2256.0	191	11.9375	3056.0
142	8.8750	2272.0	192	12.0000	3072.0
143	8.9375	2288.0	193	12.0625	3088.0
144	9.0000	2304.0	194	12.1250	3104.0
145	9.0625	2320.0	195	12.1875	3120.0
146	9.1250	2336.0	196	12.2500	3136.0
147	9.1875	2352.0	197	12.3125	3152.0
148	9.2500	2368.0	198	12.3750	3168.0
149	9.3125	2384.0	199	12.4375	3184.0
150	9.3750	2400.0	200	12.5000	3200.0

Faktor: 1 kg/m³ = 0.0625 lbs/cu.ft.
1 lbs/cu.ft. = 16.0 kg/m³

lbs/cu.ft. = / kg/m³ =	lbs/cu.ft.	kg/m³	lbs/cu.ft. = / kg/m³ =	lbs/cu.ft.	kg/m³
201	12.5625	3216.0	251	15.6875	4016.0
202	12.6250	3232.0	252	15.7500	4032.0
203	12.6875	3248.0	253	15.8125	4048.0
204	12.7500	3264.0	254	15.8750	4064.0
205	12.8125	3280.0	255	15.9375	4080.0
206	12.8750	3296.0	256	16.0000	4096.0
207	12.9375	3312.0	257	16.0625	4112.0
208	13.0000	3328.0	258	16.1250	4128.0
209	13.0625	3344.0	259	16.1875	4144.0
210	13.1250	3360.0	260	16.2500	4160.0
211	13.1875	3376.0	261	16.3125	4176.0
212	13.2500	3392.0	262	16.3750	4192.0
213	13.3125	3408.0	263	16.4375	4208.0
214	13.3750	3424.0	264	16.5000	4224.0
215	13.4375	3440.0	265	16.5625	4240.0
216	13.5000	3456.0	266	16.6250	4256.0
217	13.5625	3472.0	267	16.6875	4272.0
218	13.6250	3488.0	268	16.7500	4288.0
219	13.6875	3504.0	269	16.8125	4304.0
220	13.7500	3520.0	270	16.8750	4320.0
221	13.8125	3536.0	271	16.9375	4336.0
222	13.8750	3552.0	272	17.0000	4352.0
223	13.9375	3568.0	273	17.0625	4368.0
224	14.0000	3584.0	274	17.1250	4384.0
225	14.0625	3600.0	275	17.1875	4400.0
226	14.1250	3616.0	276	17.2500	4416.0
227	14.1875	3632.0	277	17.3125	4432.0
228	14.2500	3648.0	278	17.3750	4448.0
229	14.3125	3664.0	279	17.4375	4464.0
230	14.3750	3680.0	280	17.5000	4480.0
231	14.4375	3696.0	281	17.5625	4496.0
232	14.5000	3712.0	282	17.6250	4512.0
233	14.5625	3728.0	283	17.6875	4528.0
234	14.6250	3744.0	284	17.7500	4544.0
235	14.6875	3760.0	285	17.8125	4560.0
236	14.7500	3776.0	286	17.8750	4576.0
237	14.8125	3792.0	287	17.9375	4592.0
238	14.8750	3808.0	288	18.0000	4608.0
239	14.9375	3824.0	289	18.0625	4624.0
240	15.0000	3840.0	290	18.1250	4640.0
241	15.0625	3856.0	291	18.1875	4656.0
242	15.1250	3872.0	292	18.2500	4672.0
243	15.1875	3888.0	293	18.3125	4688.0
244	15.2500	3904.0	294	18.3750	4704.0
245	15.3125	3920.0	295	18.4375	4720.0
246	15.3750	3936.0	296	18.5000	4736.0
247	15.4375	3952.0	297	18.5625	4752.0
248	15.5000	3968.0	298	18.6250	4768.0
249	15.5625	3984.0	299	18.6875	4784.0
250	15.6250	4000.0	300	18.7500	4800.0

Faktor: 1 kg/m³ = 0.0625 lbs/cu.ft.
1 lbs/cu.ft. = 16.0 kg/m³

kg/m³ =	lbs./cu.ft.	lbs/cu.ft. = kg/m³	kg/m³ =	lbs/cu.ft.	lbs/cu.ft. = kg/m³
301	18.8125	4816.0	351	21.9375	5616.0
302	18.8750	4832.0	352	22.0000	5632.0
303	18.9375	4848.0	353	22.0625	5648.0
304	19.0000	4864.0	354	22.1250	5664.0
305	19.0625	4880.0	355	22.1875	5680.0
306	19.1250	4896.0	356	22.2500	5696.0
307	19.1875	4912.0	357	22.3125	5712.0
308	19.2500	4928.0	358	22.3750	5728.0
309	19.3125	4944.0	359	22.4375	5744.0
310	19.3750	4960.0	360	22.5000	5760.0
311	19.4375	4976.0	361	22.5625	5776.0
312	19.5000	4992.0	362	22.6250	5792.0
313	19.5625	5008.0	363	22.6875	5808.0
314	19.6250	5024.0	364	22.7500	5824.0
315	19.6875	5040.0	365	22.8125	5840.0
316	19.7500	5056.0	366	22.8750	5856.0
317	19.8125	5072.0	367	22.9375	5872.0
318	19.8750	5088.0	368	23.0000	5888.0
319	19.9375	5104.0	369	23.0625	5904.0
320	20.0000	5120.0	370	23.1250	5920.0
321	20.0625	5136.0	371	23.1875	5936.0
322	20.1250	5152.0	372	23.2500	5952.0
323	20.1875	5168.0	373	23.3125	5968.0
324	20.2500	5184.0	374	23.3750	5984.0
325	20.3125	5200.0	375	23.4375	6000.0
326	20.3750	5216.0	376	23.5000	6016.0
327	20.4375	5232.0	377	23.5625	6032.0
328	20.5000	5248.0	378	23.6250	6048.0
329	20.5625	5264.0	379	23.6875	6064.0
330	20.6250	5280.0	380	23.7500	6080.0
331	20.6875	5296.0	381	23.8125	6096.0
332	20.7500	5312.0	382	23.8750	6112.0
333	20.8125	5328.0	383	23.9375	6128.0
334	20.8750	5344.0	384	24.0000	6144.0
335	20.9375	5360.0	385	24.0625	6160.0
336	21.0000	5376.0	386	24.1250	6176.0
337	21.0625	5392.0	387	24.1875	6192.0
338	21.1250	5408.0	388	24.2500	6208.0
339	21.1875	5424.0	389	24.3125	6224.0
340	21.2500	5440.0	390	24.3750	6240.0
341	21.3125	5456.0	391	24.4375	6256.0
342	21.3750	5472.0	392	24.5000	6272.0
343	21.4375	5488.0	393	24.5625	6288.0
344	21.5000	5504.0	394	24.6250	6304.0
345	21.5625	5520.0	395	24.6875	6320.0
346	21.6250	5536.0	396	24.7500	6336.0
347	21.6875	5552.0	397	24.8125	6352.0
348	21.7500	5568.0	398	24.8750	6368.0
349	21.8125	5584.0	399	24.9375	6384.0
350	21.8750	5600.0	400	25.0000	6400.0

Faktor: 1 kg/m^3 = 0.0625 lbs/cu.ft.
1 lbs/cu.ft. = 16.0 kg/m^3

1 bs/cu.ft. kg/m^3	= lbs/cu.ft.	= kg/m^3	lbs/cu.ft. kg/m^3	= lbs/cu.ft.	= kg/m^3
401	25.0625	6416.0	451	28.1875	7216.0
402	25.1250	6432.0	452	28.2500	7232.0
403	25.1875	6448.0	453	28.3125	7248.0
404	25.2500	6464.0	454	28.3750	7264.0
405	25.3125	6480.0	455	28.4375	7280.0
406	25.3750	6496.0	456	28.5000	7296.0
407	25.4375	6512.0	457	28.5625	7312.0
408	25.5000	6528.0	458	28.6250	7328.0
409	25.5625	6544.0	459	28.6875	7344.0
410	25.6250	6560.0	460	28.7500	7360.0
411	25.6875	6576.0	461	28.8125	7376.0
412	25.7500	6592.0	462	28.8750	7392.0
413	25.8125	6608.0	463	28.9375	7408.0
414	25.8750	6624.0	464	29.0000	7424.0
415	25.9375	6640.0	465	29.0625	7440.0
416	26.0000	6656.0	466	29.1250	7456.0
417	26.0625	6672.0	467	29.1875	7472.0
418	26.1250	6688.0	468	29.2500	7488.0
419	26.1875	6704.0	469	29.3125	7504.0
420	26.2500	6720.0	479	29.3750	7520.0
421	26.3125	6736.0	471	29.4375	7536.0
422	26.3750	6752.0	472	29.5000	7552.0
423	26.4375	6768.0	473	29.5625	7568.0
424	26.5000	6784.0	474	29.6250	7584.0
425	26.5625	6800.0	475	29.6875	7600.0
426	26.6250	6816.0	476	29.7500	7616.0
427	26.6875	6832.0	477	29.8125	7632.0
428	26.7500	6848.0	478	29.8750	7648.0
429	26.8125	6864.0	479	29.9375	7664.0
430	26.8750	6880.0	480	30.0000	7680.0
431	26.9375	6896.0	481	30.0625	7696.0
432	27.0000	6912.0	482	30.1250	7712.0
433	27.0625	6928.0	483	30.1875	7728.0
434	27.1250	6944.0	484	30.2500	7744.0
435	27.1875	6960.0	485	30.3125	7760.0
436	27.2500	6976.0	486	30.3750	7776.0
437	27.3125	6992.0	487	30.4375	7792.0
438	27.3750	7008.0	488	30.5000	7808.0
439	27.4375	7024.0	489	30.5625	7824.0
440	27.5000	7040.0	490	30.6250	7840.0
441	27.5625	7056.0	491	30.6875	7856.0
442	27.6250	7072.0	492	30.7500	7872.0
443	27.6875	7088.0	493	30.8125	7888.0
444	27.7500	7104.0	494	30.8750	7904.0
445	27.8125	7120.0	495	30.9375	7920.0
446	27.8750	7136.0	496	31.0000	7936.0
447	27.9375	7152.0	497	31.0625	7952.0
448	28.0000	7168.0	498	31.1250	7968.0
449	28.0625	7184.0	499	31.1875	7984.0
450	28.1250	7200.0	500	31.2500	8000.0

Faktor: 1 kg/m³ = 0.0625 lbs/cu.ft.
1 lbs/cu.ft. = 16.0 kg/m³

lbs/cu.ft. = kg/m³ ↓	lbs/cu.ft.	kg/m³ ↓	lbs/cu.ft. = kg/m³ ↓	lbs/cu.ft.	kg/m³ ↓
501	31.3125	8016.0	551	34.4375	8816.0
502	31.3750	8032.0	552	34.5000	8832.0
503	31.4375	8048.0	553	34.5625	8848.0
504	31.5000	8064.0	554	34.6250	8864.0
505	31.5625	8080.0	555	34.6875	8880.0
506	31.6250	8096.0	556	34.7500	8896.0
507	31.6875	8112.0	557	34.8125	8912.0
508	31.7500	8128.0	558	34.8750	8928.0
509	31.8125	8144.0	559	34.9375	8944.0
510	31.8750	8160.0	560	35.0000	8960.0
511	31.9375	8176.0	561	35.0625	8976.0
512	32.0000	8192.0	562	35.1250	8992.0
513	32.0625	8208.0	563	35.1875	9008.0
514	32.1250	8224.0	564	35.2500	9024.0
515	32.1875	8240.0	565	35.3125	9040.0
516	32.2500	8256.0	566	35.3750	9056.0
517	32.3125	8272.0	567	35.4375	9072.0
518	32.3750	8288.0	568	35.5000	9088.0
519	32.4375	8304.0	569	35.5625	9104.0
520	32.5000	8320.0	570	35.6250	9120.0
521	32.5625	8336.0	571	35.6875	9136.0
522	32.6250	8352.0	572	35.7500	9152.0
523	32.6875	8368.0	573	35.8125	9168.0
524	32.7500	8384.0	574	35.8750	9184.0
525	32.8125	8400.0	575	35.9375	9200.0
526	32.8750	8416.0	576	36.0000	9216.0
527	32.9375	8432.0	577	36.0625	9232.0
528	33.0000	8448.0	578	36.1250	9248.0
529	33.0625	8464.0	579	36.1875	9264.0
530	33.1250	8480.0	580	36.2500	9280.0
531	33.1875	8496.0	581	36.3125	9296.0
532	33.2500	8512.0	582	36.3750	9312.0
533	33.3125	8528.0	583	36.4375	9328.0
534	33.3750	8544.0	584	36.5000	9344.0
535	33.4375	8560.0	585	36.5625	9360.0
536	33.5000	8576.0	586	36.6250	9376.0
537	33.5625	8592.0	587	36.6875	9392.0
538	33.6250	8608.0	588	36.7500	9408.0
539	33.6875	8624.0	589	36.8125	9424.0
540	33.7500	8640.0	590	36.8750	9440.0
541	33.8125	8656.0	591	36.9375	9456.0
542	33.8750	8672.0	592	37.0000	9472.0
543	33.9375	8688.0	593	37.0625	9488.0
544	34.0000	8704.0	594	37.1250	9504.0
545	34.0625	8720.0	595	37.1875	9520.0
546	34.1250	8736.0	596	37.2500	9536.0
547	34.1875	8752.0	597	37.3125	9552.0
548	34.2500	8768.0	598	37.3750	9568.0
549	34.3125	8784.0	599	37.4375	9584.0
550	34.3750	8800.0	600	37.5000	9600.0

Faktor: 1 kg/m^3 = 0.0625 lbs/cu.ft.
1 lbs/cu.ft. = 16.0 kg/m^3

lbs/cu.ft. / kg/m^3	= lbs/cu.ft.	= kg/m^3	lbs/cu.ft. / kg/m^3	= lbs/cu.ft.	= kg/m^3
601	37.5625	9616.0	651	40.6875	10416.0
602	37.6250	9632.0	652	40.7500	10432.0
603	37.6875	9648.0	653	40.8125	10448.0
604	37.7500	9664.0	654	40.8750	10464.0
605	37.8125	9680.0	655	40.9375	10480.0
606	37.8750	9696.0	656	41.0000	10496.0
607	37.9375	9712.0	657	41.0625	10512.0
608	38.0000	9728.0	658	41.1250	10528.0
609	38.0625	9744.0	659	41.1875	10544.0
610	38.1250	9760.0	660	41.2500	10560.0
611	38.1875	9776.0	661	41.3125	10576.0
612	38.2500	9792.0	662	41.3750	10592.0
613	38.3125	9708.0	663	41.4375	10608.0
614	38.3750	9824.0	664	41.5000	10624.0
615	38.4375	9840.0	665	41.4625	10640.0
616	38.5000	9856.0	666	41.6250	10656.0
617	38.5625	9872.0	667	41.6875	10672.0
618	38.6250	9888.0	668	41.7500	10688.0
619	38.6875	9904.0	669	41.8125	10704.0
620	38.7500	9920.0	670	41.8750	10720.0
621	38.8125	9936.0	671	41.9375	10736.0
622	38.8750	9952.0	672	42.0000	10752.0
623	38.9375	9968.0	673	42.0625	10768.0
624	39.0000	9984.0	674	42.1250	10784.0
625	39.0625	10000.0	675	42.1875	10800.0
626	39.1250	10016.0	676	42.2500	10816.0
627	39.1875	10032.0	677	42.3125	10832.0
628	39.2500	10048.0	678	42.3750	10848.0
629	39.3125	10064.0	679	42.4375	10864.0
630	39.3750	10080.0	680	42.5000	10880.0
631	39.4375	10096.0	681	42.5625	10896.0
632	39.5000	10112.0	682	42.6250	10912.0
633	39.5625	10128.0	683	42.6875	10928.0
634	39.6250	10144.0	684	42.7500	10944.0
635	39.6875	10160.0	685	42.8125	10960.0
636	39.7500	10176.0	686	42.8750	10976.0
637	39.8125	10192.0	687	42.9375	10992.0
638	39.8750	10208.0	688	43.0000	11008.0
639	39.9375	10224.0	689	43.0625	11024.0
640	40.0000	10240.0	690	43.1250	11040.0
641	40.0625	10256.0	691	43.1875	11056.0
642	40.1250	10272.0	692	43.2500	11072.0
643	40.1875	10288.0	693	43.3125	11088.0
644	40.2500	10304.0	694	43.3750	11104.0
645	40.3125	10320.0	695	43.4375	11120.0
646	40.3750	10336.0	696	43.5000	11136.0
647	40.4375	10352.0	697	43.5625	11152.0
648	40.5000	10368.0	698	43.6250	11168.0
649	40.5625	10384.0	699	43.6875	11184.0
650	40.6250	10400.0	700	43.7500	11200.0

Faktor: 1 kg/m³ = 0.0625 lbs/cu.ft.
1 lbs/cu.ft. = 16.0 kg/m³

lbs/cu.ft. / kg/m³	= lbs/cu.ft.	= kg/m³	lbs/cu.ft. / kg/m³	= lbs/cu.ft.	= kg/m³
701	43.8125	11216.0	751	46.9375	12016.0
702	43.8750	11232.0	752	47.0000	12032.0
703	43.9375	11248.0	753	47.0625	12048.0
704	44.0000	11264.0	754	47.1250	12064.0
705	44.0625	11280.0	755	47.1875	12080.0
706	44.1250	11296.0	756	47.2500	12096.0
707	44.1875	11312.0	757	47.3125	12112.0
708	44.2500	11328.0	758	47.3750	12128.0
709	44.3125	11344.0	759	47.4375	12144.0
710	44.3750	11360.0	760	47.5000	12160.0
711	44.4375	11376.0	761	47.5625	12176.0
712	44.5000	11392.0	762	47.6250	12192.0
713	44.5625	11408.0	763	47.6875	12208.0
714	44.6250	11424.0	764	47.7500	12224.0
715	44.6875	11440.0	765	47.8125	12240.0
716	44.7500	11456.0	766	47.8750	12256.0
717	44.8125	11472.0	767	47.9375	12272.0
718	44.8750	11488.0	768	48.0000	12288.0
719	44.9375	11504.0	769	48.0625	12304.0
720	45.0000	11520.0	770	48.1250	12320.0
721	45.0625	11536.0	771	48.1875	12336.0
722	45.1250	11552.0	772	48.2500	12352.0
723	45.1875	11568.0	773	48.3125	12368.0
724	45.2500	11584.0	774	48.3750	12384.0
725	45.3125	11600.0	775	48.4375	12400.0
726	45.3750	11616.0	776	48.5000	12416.0
727	45.4375	11632.0	777	48.5625	12432.0
728	45.5000	11648.0	778	48.6250	12448.0
729	45.5625	11664.0	779	48.6875	12464.0
730	45.6250	11680.0	780	48.7500	12480.0
731	45.6875	11696.0	781	48.8125	12496.0
732	45.7500	11712.0	782	48.8750	12512.0
733	45.8125	11728.0	783	48.9375	12528.0
734	45.8750	11744.0	784	49.0000	12544.0
735	45.9375	11760.0	785	49.0625	12560.0
736	46.0000	11776.0	786	49.1250	12576.0
737	46.0625	11792.0	787	49.1875	12592.0
738	46.1250	11808.0	788	49.2500	12608.0
739	46.1875	11824.0	789	49.3125	12624.0
740	46.2500	11840.0	790	49.3750	12640.0
741	46.3125	11856.0	791	49.4375	12656.0
742	46.3750	11872.0	792	49.5000	12672.0
743	46.4375	11888.0	793	49.5625	12688.0
744	46.5000	11904.0	794	49.6250	12704.0
745	46.5625	11920.0	795	49.6875	12720.0
746	46.6250	11936.0	796	49.7500	12736.0
747	46.6875	11952.0	797	49.8125	12752.0
748	46.7500	11968.0	798	49.8750	12768.0
749	46.8125	11984.0	799	49.9375	12784.0
750	46.8750	12000.0	800	50.0000	12800.0

Faktor: 1 kg/m^3 = 0.0625 lbs/cu.ft.
1 lbs/cu.ft. = 16.0 kg/m^3

lbs/cu.ft.	=	kg/m^3	lbs/cu.ft.	=	kg/m^3
kg/m^3 =	lbs/cu.ft.		kg/m^3 =	lbs/cu.ft.	
801	50.0625	12816.0	851	53.1875	13616.0
802	50.1250	12832.0	852	53.2500	13632.0
803	50.1875	12848.0	853	53.3125	13648.0
804	50.2500	12864.0	854	53.3750	13664.0
805	50.3125	12880.0	855	53.4375	13680.0
806	50.3750	12896.0	856	53.5000	13696.0
807	50.4375	12912.0	857	53.5625	13712.0
808	50.5000	12928.0	858	53.6250	13728.0
809	50.5625	12944.0	859	53.6875	13744.0
810	50.6250	12960.0	860	53.7500	13760.0
811	50.6875	12976.0	861	53.8125	13776.0
812	50.7500	12992.0	862	53.8750	13792.0
813	50.8125	13008.0	863	53.9375	13808.0
814	50.8750	13024.0	864	54.0000	13824.0
815	50.9375	13040.0	865	54.0625	13840.0
816	51.0000	13056.0	866	54.1250	13856.0
817	51.0625	13072.0	867	54.1875	13872.0
818	51.1250	13088.0	868	54.2500	13888.0
819	51.1875	13104.0	869	54.3125	13904.0
820	51.2500	13120.0	870	54.3750	13920.0
821	51.3125	13136.0	871	54.4375	13936.0
822	51.3750	13152.0	872	54.5000	13952.0
823	51.4375	13168.0	873	54.5625	13968.0
824	51.5000	13184.0	874	54.6250	13984.0
825	51.5625	13200.0	875	54.6875	14000.0
826	51.6250	13216.0	876	54.7500	14016.0
827	51.6875	13232.0	877	54.8125	14032.0
828	51.7500	13248.0	878	54.8750	14048.0
829	51.8125	13264.0	879	54.9375	14064.0
830	51.8750	13280.0	880	55.0000	14080.0
831	51.9375	13296.0	881	55.0625	14096.0
832	52.0000	13312.0	882	55.1250	14112.0
833	52.0625	13328.0	883	55.1875	14128.0
834	52.1250	13344.0	884	55.2500	14144.0
835	52.1875	13360.0	885	55.3125	14160.0
836	52.2500	13376.0	886	55.3750	14176.0
837	52.3125	13392.0	887	55.4375	14192.0
838	52.3750	13408.0	888	55.5000	14208.0
839	52.4375	13424.0	889	55.5625	14224.0
840	52.5000	13440.0	890	55.6250	14240.0
841	52.5625	13456.0	891	55.6875	14256.0
842	52.6250	13472.0	892	55.7500	14272.0
844	52.6875	13488.0	893	55.8125	14288.0
844	52.7500	13504.0	894	55.8750	14304.0
845	52.8125	13520.0	895	55.9375	14320.0
846	52.8750	13536.0	896	56.0000	14336.0
847	52.9375	13552.0	897	56.0625	14352.0
848	53.0000	13568.0	898	56.1250	14368.0
849	53.0625	13584.0	899	56.1875	14384.0
850	53.1250	13600.0	900	56.2500	14400.0

Faktor: 1 kg/m^3 = 0.0625 lbs/cu.ft.
1 lbs/cu.ft. = 16.0 kg/m^3

lbs/cu.ft. = / kg/m^3 =	lbs/cu.ft.	kg/m^3	lbs/cu.ft. = / kg/m^3 =	lbs./cu.ft.	kg/m^3
901	56.3125	14416.0	951	59.4375	15216.0
902	56.3750	14432.0	952	59.5000	15232.0
903	56.4375	14448.0	953	59.5625	15248.0
904	56.5000	14464.0	954	59.6250	15264.0
905	56.5625	14480.0	955	59.6875	15280.0
906	56.6250	14496.0	956	59.7500	15296.0
907	56.6875	14512.0	957	59.8125	15312.0
908	56.7500	14528.0	958	59.8750	15328.0
909	56.8125	14544.0	959	59.9375	15344.0
910	56.8750	14560.0	960	60.0000	15360.0
911	56.9375	14576.0	961	60.0625	15376.0
912	57.0000	14592.0	962	60.1250	15392.0
913	57.0625	14608.0	963	60.1875	15408.0
914	57.1250	14624.0	964	60.2500	15424.0
915	57.1875	14640.0	965	60,3125	15440.0
916	57.2500	14656.0	966	60.3750	15456.0
917	57.3125	14672.0	967	60.4375	15472.0
918	57.3750	14688.0	968	60.5000	15488.0
919	57.4375	14704.0	969	60.5625	15504.0
920	57.5000	14720.0	970	60.6250	15520.0
921	57.5625	14736.0	971	60.6875	15536.0
922	57.6250	14752.0	972	60.7500	15552.0
923	57.6875	14768.0	973	60.8125	15568.0
924	57.7500	14784.0	974	60.8750	15584.0
925	57.8125	14800.0	975	60.9375	15600.0
926	57.8750	14816.0	976	61.0000	15616.0
927	57.9375	14832.0	977	61.0625	15632.0
928	58.0000	14848.0	978	61.1250	15648.0
929	58.0625	14864.0	979	61.1875	15664.0
930	58.1250	14880.0	980	61.2500	15680.0
931	58.1875	14896.0	981	61.3125	15696.0
932	58.2500	14912.0	982	61.3750	15712.0
933	58.3125	14928.0	983	61.4375	15728.0
934	58.3750	14944.0	984	61.5000	15744.0
935	58.4375	14960.0	985	61.5625	15760.0
936	58.5000	14976.0	986	61.6250	15776.0
937	58.5625	14992.0	987	61.6875	15792.0
938	58.6250	15008.0	988	61.7500	15808.0
939	58.6875	15024.0	989	61.8125	15824.0
940	58.7500	15040.0	990	61.8750	15840.0
941	58.8125	15056.0	991	61.9375	15856.0
942	58.8750	15072.0	992	62.0000	15872.0
943	58.9375	15088.0	993	62.0625	15888.0
944	59.0000	15104.0	994	62.1250	15904.0
945	59.0625	15120.0	995	62.1875	15920.0
946	59.1250	15136.0	996	62.2500	15936.0
947	59.1875	15152.0	997	62.3125	15952.0
948	59.2500	15168.0	998	62.3750	15968.0
949	59.3125	15184.0	999	62.4375	15984.0
950	59.3750	15200.0	1000	62.5000	16000.0

Gramm / PSh in engl. Pfund / BHPh
gramms into pounds / BHPhr

Faktor: 1 phys.at. = 14.696 lbs./sq.in.
1 lbs./sq.in. = 0.068046 phys.at.

lbs./sq.in. = phys.at.
phys.at. = lbs./sq.in.

	phys.at. = lbs./sq.in.	lbs./sq.in. = phys.at.		phys.at. = lbs./sq.in.	lbs./sq.in. = phys.at.
1	14.696	0.068046	51	749.491	3.470355
2	29.392	0.136092	52	764.187	3.538401
3	44.088	0.204139	53	778.883	3.606447
4	58.784	0.272185	54	793.579	3.674493
5	73.480	0.340231	55	808.275	3.742539
6	88.175	0.408277	56	822.971	3.810585
7	102.871	0.476323	57	837.667	3.878632
8	117.567	0.544369	58	852.362	3.946678
9	132.263	0.612416	59	867.058	4.014724
10	146.959	0.680462	60	881.754	4.082770
11	161.655	0.748508	61	896.450	4.150816
12	176.351	0.816554	62	911.146	4.218862
13	191.047	0.884600	63	925.842	4.286909
14	205.743	0.952646	64	940.538	4.354955
15	220.439	1.020693	65	955.234	4.423001
16	235.439	1.088739	66	969.930	4.491047
17	249.830	1.156785	67	984.626	4.559093
18	264.526	1.224831	68	999.322	4.627139
19	279.222	1.292877	69	1014.017	4.695186
20	293.918	1.360923	70	1028.713	4.763232
21	308.614	1.428970	71	1043.409	4.831278
22	323.310	1.497016	72	1058.105	4.899324
23	338.006	1.565062	73	1072.801	4.967370
24	352.702	1.633108	74	1087.497	5.035416
25	367.398	1.701154	75	1102.193	5.103463
26	382.094	1.769200	76	1116.889	5.171509
27	396.789	1.837247	77	1131.585	5.239555
28	411.485	1.905293	78	1146.281	5.307601
29	426.181	1.973339	79	1160.976	5.375647
30	440.877	2.041385	80	1175.672	5.443693
31	455.573	2.109431	81	1190.368	5.511740
32	470.269	2.177477	82	1205.064	5.579786
33	484.965	2.245524	83	1219.760	5.647832
34	499.661	2.313570	84	1234.456	5.715878
35	514.357	2.381616	85	1249.152	5.783924
36	529.053	2.449662	86	1263.848	5.851970
37	543.748	2.517708	87	1278.544	5.920017
38	558.444	2.585754	88	1293.240	5.988063
39	573.140	2.653801	89	1307.936	6.056109
40	587.836	2.721847	90	1322.631	6.124155
41	602.532	2.789893	91	1337.327	6.192201
42	617.228	2.857939	92	1352.023	6.260247
43	631.924	2.925985	93	1366.719	6.328294
44	646.620	2.994031	94	1381.415	6.396340
45	661.316	3.062078	95	1396.111	6.464386
46	676.012	3.130124	96	1410.807	6.532432
47	690.708	3.198170	97	1425.503	6.600478
48	705.403	3.266216	98	1440.199	6.668524
49	720.099	3.334262	99	1454.895	6.736571
50	734.795	3.402308	100	1469.591	6.804617

Faktor: 1 phys.at. = 14.696 lbs./sq.in.
1 lbs./sq.in. = 0.068046 phys. at.

lbs./sq.in. / phys.at.	= lbs./sq.in.	= phys.at.	lbs./sq.in. / phys.at.	= lbs./sq.in.	= phys.at.
101	1484.286	6.872663	151	2219.082	10.274971
102	1498.982	6.940709	152	2233.778	10.343017
103	1513.678	7.008755	153	2248.473	10.411064
104	1528.374	7.076801	154	2263.169	10.479110
105	1543.070	7.144848	155	2277.865	10.547156
106	1557.766	7.212894	156	2292.561	10.615202
107	1572.462	7.280940	157	2307.257	10.683248
108	1587.158	7.348986	158	2321.953	10.751294
109	1601.854	7.417032	159	2336.649	10.819341
110	1616.550	7.485078	160	2351.345	10.887387
111	1631.245	7.553125	161	2366.041	10.955433
112	1645.941	7.621171	162	2380.737	11.023479
113	1660.637	7.689217	163	2395.433	11.091525
114	1675.333	7.757263	164	2410.128	11.159571
115	1690.029	7.825309	165	2424.824	11.227618
116	1704.725	7.893355	166	2439.520	11.295664
117	1719.421	7.961402	167	2454.216	11.363710
118	1734.117	8.029448	168	2468.912	11.431756
119	1748.813	8.097494	169	2483.608	11.499802
120	1763.509	8.165540	170	2498.304	11.567848
121	1778.205	8.233586	171	2513.000	11.635895
122	1792.900	8.301632	172	2527.696	11.703941
123	1807.596	8.369679	173	2542.392	11.771987
124	1822.292	8.437725	174	2557.087	11.840033
125	1836.988	8.505771	175	2571.783	11.908079
126	1851.684	8.573817	176	2586.479	11.976125
127	1866.380	8.641863	177	2601.175	12.044172
128	1881.076	8.709909	178	2615.871	12.112218
129	1895.772	8.777956	179	2630.567	12.180264
130	1910.468	8.846002	180	2645.263	12.248310
131	1925.164	8.914048	181	2659.959	12.316356
132	1939.859	8.982094	182	2674.655	12.384402
133	1954.555	9.050140	183	2689.351	12.452449
134	1969.251	9.118186	184	2704.047	12.520495
135	1983.947	9.186233	185	2718.742	12.656587
136	1998.643	9.254279	186	2733.438	12.656587
137	2013.339	9.322325	187	2748.134	12.724633
138	2028.035	9.390371	188	2762.830	12.792679
139	2042.731	9.455417	189	2777.526	12.860726
140	2057.427	9.526463	190	2792.222	12.928772
141	2072.123	9.594510	191	2806.918	12.996818
142	2086.819	9.662556	192	2821.614	13.064864
143	2101.514	9.730602	193	2836.310	13.132910
144	2116.210	9.798648	194	2851.006	13.200956
145	2130.906	9.866694	195	2865.701	13.269003
146	2145.602	9.934740	196	2880.397	13.337049
147	2160.298	10.002787	197	2895.093	13.405095
148	2174.994	10.070833	198	2909.789	13.473141
149	2189.690	10.138879	199	2924.485	13.541187
150	2204.386	10.206925	200	2939.181	13.609233

Faktor: 1 phys.at. = 14.696 lbs./sq.in.
1 lbs./sq.in. = 0.068046 phys.at.

lbs./sq.in. = phys.at / phys.at. = lbs./sq.in.			lbs./sq.in. = phys.at. / phys.at. = lbs./sq.in-		
201	2953.877	13.677280	251	3688.672	17.079588
202	2968.573	13.745326	252	3703.368	17.147634
203	2983.269	13.813372	253	3718.064	17.215680
204	2997.965	13.881418	254	3732.760	17.283726
205	3012.661	13.949464	255	3747.456	17.351773
206	3027.356	14.017510	256	3762.152	17.419819
207	3042.052	14.085557	257	3776.848	17.487865
208	3056.748	14.153603	258	3791.543	17.555911
209	3071.444	14.221649	259	3806.239	17.623957
210	3086.140	14.289695	260	3820.935	17.692003
211	3100.836	14.357741	261	3835.631	17.760050
212	3115.532	14.425787	262	3850.327	17.828096
213	3130.228	14.493834	263	3865.023	17.896142
214	3144.924	14.561880	264	3879.719	17.964188
215	3159.620	14.629926	265	3894.415	18.032234
216	3174.315	14.697972	266	3909.111	18.100280
217	3189.011	14.766018	267	3923.807	18.168327
218	3203.707	14.834064	268	3938.503	18.236373
219	3218.403	14.902111	269	3953.198	18.304419
220	3233.099	14.970157	270	3967.894	18.372465
221	3247.795	15.038203	271	3982.590	18.440511
222	3262.491	15.106249	272	3997.286	18.508557
223	3277.187	15.174295	273	4011.982	18.576604
224	3291.883	15.242341	274	4026.678	18.644650
225	3306.579	15.310388	275	4041.374	18.712696
226	3321.275	15.378434	276	4056.070	18.780742
227	3335.970	15.446480	277	4070.766	18.848788
228	3350.666	15.514526	278	4085.462	18.916834
229	3365.362	15.582572	279	4100.157	18.984881
230	3380.058	15.650618	280	4114.853	19.052927
231	3394.754	15.718665	281	4129.549	19.120973
232	3409.450	15.786711	282	4144.245	19.189019
233	3424.146	15.854757	283	4158.941	19.257065
234	3438.842	15.922803	284	4173.637	19.325111
235	3453.538	15.990849	285	4188.333	19.393158
236	3468.234	16.058895	286	4203.029	19.461204
237	3482.929	16.126942	287	4217.725	19.529250
238	3497.625	16.194988	288	4232.421	19.597296
239	3512.321	16.263034	289	4247.117	19.665342
240	3527.017	16.331080	290	4261.812	19.733388
241	3541.713	16.399126	291	4276.508	19.801435
242	3556.409	16.467172	292	4291.204	19.869481
243	3571.105	16.535219	293	4305.900	19.937527
244	3585.801	16.603265	294	4320.596	20.005573
245	3600.497	16.671311	295	4335.292	20.073619
246	3615.193	16.739357	296	4349.988	20.141665
247	3629.889	16.807403	297	4364.684	20.209712
248	3644.584	16.875449	298	4379.380	20.277758
249	3659.280	16.943496	299	4394.076	20.345804
250	3673.976	17.011542	300	4408.772	20.413850

Faktor: 1 phys.at. = 14.696 lbs./sq.in.
1 lbs./sq.in. = 0.068046 phys.at.

lbs./sq.in. = phys.at. / phys.at. = lbs./sq.in.			lbs./sq.in. = phys.at. / phys.at. = lbs./sq.in.		
301	4423.467	20.481896	351	5158.263	23.884205
302	4438.163	20.549942	352	5172.959	23.952251
303	4452.859	20.617989	353	5187.654	24.020297
304	4467.555	20.686035	354	5202.350	24.088343
305	4482.251	20.754081	355	5217.046	24.156389
306	4496.947	20.822127	356	5231.742	24.224435
307	4511.643	20.890173	357	5246.438	24.292482
308	4526.339	20.958219	358	5261.134	24.360528
309	4541.035	21.026266	359	5275.830	24.428574
310	4555.731	21.094312	360	5290.526	24.496620
311	4570.426	21.162358	361	5305.222	24.564666
312	4585.122	21.230404	362	5319.918	24.632712
313	4599.818	21.298450	363	5334.614	24.700759
314	4614.514	21.366496	364	5349.309	24.768805
315	4629.210	21.434543	365	5364.005	24.836851
316	4643.906	21.502589	366	5378.701	24.904897
317	4658.602	21.570635	367	5393.397	24.972943
318	4673.298	21.638681	368	5408.093	25.040989
319	4687.994	21.706727	369	5422.789	25.109036
320	4702.690	21.774773	370	5437.485	25.177082
321	4717.386	21.842820	371	5452.181	25.245128
322	4732.081	21.910866	372	5466.877	25.313174
323	4746.777	21.978912	373	5481.573	25.381220
324	4761.473	22.046958	374	5496.268	25.449266
325	4776.169	22.115004	375	5510.964	25.517313
326	4790.865	22.183050	376	5525.660	25.585359
327	4805.561	22.251097	377	5540.356	25.653405
328	4820.257	22.319143	378	5555.052	25.721451
329	4834.953	22.387189	379	5569.748	25.789497
330	4849.649	22.455235	380	5584.444	25.857543
331	4864.345	22.523281	381	5599.140	25.925590
332	4879.040	22.591327	382	5613.836	25.993636
333	4893.736	22.659374	383	5628.532	26.061682
334	4908.432	22.727420	384	5643.228	26.129728
335	4923.128	22.795466	385	5657.923	26.197774
336	4937.824	22.863512	386	5672.619	26.265820
337	4952.520	22.931558	387	5687.315	26.333867
338	4967.216	22.999604	388	5702.011	26.401913
339	4981.912	23.067651	389	5716.707	26.469959
340	4996.608	23.135697	390	5731.403	26.538005
341	5011.304	23.203743	391	5746.099	26.606051
342	5026.000	23.271789	392	5760.795	26.674097
343	5040.695	23.339835	393	5775.491	26.742144
344	5055.391	23.407881	394	5790.187	26.810190
345	5070.087	23.475928	395	5804.882	26.878236
346	5084.783	23.543974	396	5819.578	26.946282
347	5099.479	23.612020	397	5834.274	27.014328
348	5114.175	23.680066	398	5848.970	27.082374
349	5128.871	23.748112	399	5863.666	27.150421
350	5143.567	23.816158	400	5878.362	27.218467

Faktor: 1 phys.at. = 14.696 lbs./sq.in.
1 lbs./sq.in. = 0.068046 phys.at.

lbs./sq.in. = / phys.at. =	lbs./sq.in.	phys.at.	lbs./sq.in. = / phys.at. =	lbs./sq.in.	phys.at.
401	5893.058	27.286513	451	6627.853	30.688821
402	5907.754	27.354559	452	6642.549	30.756867
403	5922.450	27.422605	453	6657.245	30.824914
404	5937.146	27.490651	454	6671.941	30.892960
405	5951.842	27.558698	455	6686.637	30.961006
406	5966.537	27.626744	456	6701.333	31.029052
407	5981.233	27.694790	457	6716.029	31.097098
408	5995.929	27.762836	458	6730.724	31.165144
409	6010.625	27.830882	459	6745.420	31.233191
410	6025.321	27.898928	460	6760.116	31.301237
411	6040.017	27.966975	461	6774.812	31.369283
412	6054.713	28.035021	462	6789.508	31.437329
413	6069.409	28.103067	463	6804.204	31.505375
414	6084.105	28.171113	464	6818.900	31.573421
415	6098.801	28.239159	465	6833.596	31.641468
416	6113.496	28.307205	466	6848.292	31.709514
417	6128.192	28.375252	467	6862.988	31.777560
418	6142.888	28.443298	468	6877.684	31.845606
419	6157.584	28.511344	469	6892.379	31.913652
420	6172.280	28.579390	470	6907.075	31.981698
421	6186.976	28.647436	471	6921.771	32.049745
422	6201.672	28.715482	472	6936.467	32.117791
423	6216.368	28.783529	473	6951.163	32.185837
424	6231.064	28.851575	474	6965.859	32.253883
425	6245.760	28.919621	475	6980.555	32.321929
426	6260.456	28.987667	476	6995.251	32.389975
427	6275.151	29.055713	477	7009.947	32.458022
428	6289.847	29.123759	478	7024.643	32.526068
429	6304.543	29.191806	479	7039.338	32.594114
430	6319.239	29.259852	480	7054.034	32.662160
431	6333.935	29.327898	481	7068.730	32.730206
432	6348.631	29.395944	482	7083.426	32.798252
433	6363.327	29.463990	483	7098.122	32.866299
434	6378.023	29.532036	484	7112.818	32.934345
435	6392.719	29.600083	485	7127.514	33.002391
436	6407.415	29.668129	486	7142.210	33.070437
437	6422.110	29.736175	487	7156.906	33.138483
438	6436.806	29.804221	488	7171.602	33.206529
439	6451.502	29.872267	489	7186.298	33.274576
440	6466.198	29.940313	490	7200.993	33.342622
441	6480.894	30.008360	491	7215.689	33.410668
442	6495.590	30.076406	492	7230.385	33.478714
443	6510.286	30.144452	493	7245.081	33.546760
444	6524.982	30.212498	494	7259.777	33.614806
445	6539.678	30.280544	495	7274.473	33.682853
446	6554.374	30.348590	496	7289.169	33.750899
447	6569.070	30.416637	497	7303.865	33.818945
448	6583.765	30.484683	498	7318.561	33.886991
449	6598.461	30.552729	499	7333.257	33.955037
450	6613.157	30.620775	500	7362.648	34.091130

Faktor: 1 phys.at. = 14.696 lbs./sq.in.
1 lbs./sq.in. = 0.068046 phys.at.

lbs./sq.in. = phys.at. / phys.at. = lbs./sq.in.			lbs./sq.in. = phys.at. / phys.at. = lbs./sq.in.		
501	7362.648	34.091130	551	8097.444	37.493438
502	7377.344	34.159176	552	8112.140	37.561484
503	7392.040	34.227222	553	8126.835	37.629530
504	7406.736	34.295268	554	8141.531	37.697577
505	7421.432	34.363314	555	8156.227	37.765623
506	7436.128	34.431361	556	8170.923	37.833669
507	7450.824	34.499407	557	8185.619	37.901715
508	7465.520	34.567453	558	8200.315	37.969761
509	7480.216	34.635499	559	8215.011	38.037807
510	7494.912	34.703545	560	8229.707	38.105854
511	7509.607	34.771591	561	8244.403	38.173900
512	7524.303	34.839638	562	8259.099	38.241946
513	7538.999	34.907684	563	8273.795	38.309992
514	7553.695	34.975730	564	8288.490	38.378038
515	7568.391	35.043776	565	8303.186	38.446084
516	7583.087	35.111822	566	8317.882	38.514131
517	7597.783	35.179868	567	8332.578	38.582177
518	7612.479	35.247915	568	8347.274	38.650223
519	7627.175	35.315961	569	8361.970	38.718269
520	7641.871	35.384007	570	8376.666	38.786315
521	7656.567	35.452053	571	8391.362	38.854361
522	7671.262	35.520099	572	8406.058	38.922408
523	7685.958	35.588145	573	8420.754	38.990454
524	7700.654	35.656192	574	8435.449	39.058500
525	7715.350	35.724238	575	8450.145	39.126546
526	7730.046	35.792284	576	8464.841	39.194592
527	7744.742	35.860330	577	8479.537	39.262638
528	7759.438	35.928376	578	8494.233	39.330685
529	7774.134	35.996422	579	8508.929	39.398731
530	7788.830	36.064469	580	8523.625	39.466777
531	7803.526	36.132515	581	8538.321	39.543823
532	7818.221	36.200561	582	8553.017	39.602869
533	7832.917	36.268607	583	6567.713	39.670915
534	7847.613	36.336653	584	8582.409	39.738962
535	7862.309	36.404699	585	8597.104	39.807008
536	7877.005	36.472746	586	8611.800	39.875054
537	7891.701	36.540792	587	8626.496	39.943100
538	7906.397	36.608838	588	8641.192	40.011146
539	7921.093	36.676884	589	8655.888	40.079192
540	7935.789	36.744930	590	8670.584	40.147239
541	7950.485	36.812976	591	8685.280	40.215285
542	7965.181	36.881023	592	8699.976	40.283331
543	7979.876	36.949069	593	8714.672	40.351377
544	7994.572	37.017115	594	8729.368	40.419423
545	8009.268	37.085161	595	8744.063	40.487469
546	8023.964	37.153207	596	8758.759	40.555516
547	8038.660	37.221253	597	8773.455	40.623562
548	8053.356	37.289300	598	8788.151	40.691608
549	8068.052	37.357346	599	8802.847	40.759654
550	8082.748	37.425392	600	8817.543	40.827700

Faktor: 1 phys.at. = 14.696 lbs./sq.in.
1 lbs./sq.in. = 0.068046 phys.at.

lbs./sq.in. = phys.at. / phys.at. = lbs./sq.in.			lbs./sq.in. = phys.at. / phys.at. = lbs./sq.in.		
601	8832.239	40.895746	651	9567.034	44.298055
602	8846.935	40.963793	652	9581.730	44.366101
603	8861.631	41.031839	653	9596.426	44.434147
604	8876.327	41.099885	654	9611.122	44.502193
605	8891.023	41.167931	655	9625.818	44.570239
606	8905.718	41.235977	656	9640.514	44.638286
607	8920.414	41.304023	657	9655.210	44.706332
608	8935.110	41.372070	658	9669.905	44.774378
609	8949.806	41.440116	659	9684.601	44.842424
610	8964.502	41.508162	660	9699.297	44.910470
611	8979.198	41.576208	661	9713.993	44.978516
612	8993.894	41.644254	662	9728.689	45.046563
613	9008.590	41.712300	663	9743.385	45.114609
614	9023.286	41.780347	664	9758.081	45.182655
615	9037.982	41.848393	665	9772.777	45.250701
616	9052.677	41.916439	666	9787.473	45.318747
617	9067.373	41.984485	667	9802.169	45.386793
618	9082.069	42.052531	668	9816.865	45.454840
619	9096.765	42.120577	669	9831.560	45.522886
620	9111.461	42.188624	670	9846.256	45.590932
621	9126.157	42.256670	671	9860.952	45.658978
622	9140.853	42.324716	672	9875.648	45.727024
623	9155.549	42.392762	673	9890.344	45.795070
624	9170.245	42.460808	674	9905.040	45.863117
625	9184.941	42.528854	675	9919.736	45.931163
626	9199.637	42.596901	676	9934.432	45.999209
627	9214.332	42.664947	677	9949.128	46.067255
628	9229.028	42.732993	678	9963.824	46.135301
629	9243.724	42.801039	679	9978.519	46.203347
630	9258.420	42.869085	680	9993.215	46.271394
631	9273.116	42.937131	681	10007.911	46.339440
632	9287.812	43.005178	682	10022.607	46.407486
633	9302.508	43.073224	683	10037.303	46.475532
634	9317.204	43.141270	684	10051.999	46.543578
635	9331.900	43.209316	685	10066.695	46.611624
636	9346.596	43.277362	686	10081.391	46.679671
637	9361.291	43.345408	687	10096.087	46.747717
638	9375.987	43.413455	688	10110.783	46.815763
639	9390.683	43.481501	689	10125.479	46.883809
640	9405.379	43.549547	690	10140.174	46.951855
641	9420.075	43.617593	691	10154.870	47.019901
642	9434.771	43.685639	692	10169.566	47.087948
643	9449.467	43.753685	693	10184.262	47.155994
644	9464.163	43.821732	694	10198.958	47.224040
645	9478.859	43.889778	695	10213.654	47.292086
646	9493.555	43.957824	696	10228.350	47.360132
647	9508.251	44.025870	697	10243.046	47.428178
648	9522.946	44.093916	698	10257.742	47.496225
649	9537.642	44.161962	699	10272.438	47.564271
650	9552.338	44.230009	700	10287.134	47.632317

Faktor: 1 phys.at. = 14.696 lbs./sq.in.
1 lbs./sq.in. = 0.068046 phys.at.

lbs./sq.in. = phys.at. / phys.at. = lbs./sq.in.			lbs./sq.in. = phys.at. / phys.at. = lbs./sq.in.		
701	10301.829	47.700363	751	11036.625	51.102671
702	10316.525	47.768409	752	11051.321	51.170718
703	10331.221	47.836455	753	11066.016	51.238764
704	10345.917	47.904502	754	11080.712	51.306810
705	10360.613	47.972548	755	11095.408	51.374856
706	10375.309	48.040594	756	11110.104	51.442902
707	10390.005	48.108640	757	11124.800	51.510948
708	10404.701	48.176686	758	11139.496	51.578995
709	10419.397	48.244732	759	11154.192	51.647041
710	10434.093	48.312779	760	11168.888	51.715087
711	10448.788	48.380825	761	11183.584	51.783133
712	10463.484	48.448871	762	11198.280	51.851179
713	10478.180	48.516917	763	11212.976	51.919225
714	10492.876	48.584963	764	11227.671	51.987272
715	10507.572	48.653009	765	11242.367	52.055318
716	10522.268	48.721056	766	11257.063	52.123364
717	10536.964	48.789102	767	11271.759	52.191410
718	10551.660	48.857148	768	11286.455	52.259456
719	10566.356	48.925194	769	11301.151	52.327502
720	10581.052	48.993240	770	11315.847	52.395549
721	10595.748	49.061286	771	11330.543	52.463595
722	10610.443	49.129333	772	11345.239	52.531641
723	10625.139	49.197379	773	11359.935	52.599687
724	10639.835	49.265425	774	11374.630	52.667733
725	10654.531	49.333471	775	11389.326	52.735779
726	10669.227	49.401517	776	11404.022	52.803826
727	10683.923	49.469563	777	11418.718	52.871872
728	10698.619	49.537610	778	11433.414	52.939918
729	10713.315	49.605656	779	11448.110	53.007964
730	10728.011	49.673702	780	11462.806	53.076010
731	10742.707	49.741748	781	11477.502	53.144056
732	10757.402	49.809794	782	11492.198	53.212103
733	10772.098	49.877840	783	11506.894	53.280149
734	10786.794	49.945887	784	11521.590	53.348195
735	1801.490	50.013933	785	11536.285	53.416241
736	10816.186	50.081979	786	11550.981	53.484287
737	10830.882	50.150025	787	11565.677	53.552333
738	10845.578	50.218071	788	11580.373	53.620380
739	10860.274	50.286117	789	11595.069	53.688426
740	10874.970	50.354164	790	11609.765	53.756472
741	10889.666	50.422210	791	11624.461	53.824518
742	10904.362	50.490256	792	11639.157	53.892564
743	10919.057	50.558302	793	11653.853	53.960610
744	10933.753	50.626348	794	11668.549	54.028657
745	10948.449	50.694394	795	11683.244	54.096703
746	10963.145	50.762441	796	11697.940	54.164749
747	10977.841	50.830487	797	11712.636	54.232795
748	10992.537	50.898533	798	11727.332	54.300841
749	11007.233	50.966579	799	11742.028	54.368887
750	11021.929	51.034625	800	11756.724	54.436934

Faktor: 1 phys.at. = 14.696 lbs./sq.in.
1 lbs./sq.in. = 0.068046 phys.at.

lbs./sq.in. / phys.at.	= lbs./sq.in.	= phys.at.	lbs./sq.in. / phys.at.	= lbs./sq.in.	= phys.at.
801	11771.420	54.504980	851	12506.215	57.907288
802	11786.116	54.573026	852	12520.911	57.975334
803	11800.812	54.641072	853	12535.607	58.043380
804	11815.508	54.709118	854	12550.303	58.111427
805	11830.204	54.777164	855	12564.999	58.179473
806	11844.899	54.845211	856	12579.695	58.247519
807	11859.595	54.913257	857	12594.391	58.315565
808	11874.291	54.981303	858	12609.086	58.383611
809	11888.987	55.049349	859	12623.782	58.451657
810	11903.683	55.117395	860	12638.478	58.519704
811	11918.379	55.185441	861	12653.174	58.587750
812	11933.075	55.253488	862	12667.870	58.655796
813	11947.771	55.321534	863	12682.566	58.723842
814	11962.467	55.389580	864	12697.262	58.791888
815	11977.163	55.457626	865	12711.958	58.859934
816	11991.858	55.525672	866	12726.654	58.927981
817	12006.554	55.593718	867	12741.350	58.996027
818	12021.250	55.661765	868	12756.046	59.064073
819	12035.946	55.729811	869	12770.741	59.132119
820	12050.642	55.797857	870	12785.437	59.200165
821	12065.338	55.865903	871	12800.133	59.268211
822	12080.034	55.933949	872	12814.829	59.336258
823	12094.730	56.001995	873	12829.525	59.404304
824	12109.426	56.070042	874	12844.221	59.472350
825	12124.122	56.138088	875	12858.917	59.540396
826	12138.818	56.206134	876	12873.613	59.608442
827	12153.513	56.274180	877	12888.309	59.676488
828	12168.209	56.342226	878	12903.005	59.744535
829	12182.905	56.410272	879	12917.700	59.812581
830	12187.601	56.478319	880	12932.396	59.880627
831	12212.297	56.546365	881	12947.092	59.948673
832	12226.993	56.614411	882	12961.788	60.016719
833	12241.689	56.682457	883	12976.484	60.084765
834	12256.385	56.750503	884	12991.180	60.152812
835	12271.081	56.818549	885	13005.876	60.220858
836	12285.777	56.886596	886	13020.572	60.288904
837	12300.472	56.954642	887	13035.268	60.356950
838	12315.168	57.022688	888	13049.964	60.424996
839	12329.864	57.090734	889	13064.660	60.493042
840	12344.560	57.158780	890	13079.355	60.561089
841	12359.256	57.226826	891	13094.051	60.629135
842	12373.952	57.294873	892	13108.747	60.697181
843	12388.648	57.362919	893	13123.443	60.765227
844	12403.344	57.430965	894	13138.139	60.833273
845	12418.040	57.499011	895	13152.835	60.901319
846	12432.736	57.567057	896	13167.531	60.969366
847	12447.432	57.635103	897	13182.227	61.037412
848	12462.127	57.703150	898	13196.923	61.105458
849	12476.823	57.771196	899	13211.619	61.173504
850	12491.519	57.839242	900	13226.315	61.241550

Faktor: 1 phys.at. = 14.696 lbs./sq.in.
1 lbs./sq.in. = 0.068046 phys.at.

	phys.at. = lbs./sq.in.	lbs./sq.in. = phys.at.		phys.at. = lbs./sq.in.	lbs./sq.in. = phys.at.
901	13241.010	61.309596	951	13975.806	64.711905
902	13255.706	61.377643	952	13990.502	64.779951
903	13270.402	61.445689	953	14005.197	64.847997
904	13285.098	61.513735	954	14019.893	64.916043
905	13299.794	61.581781	955	14034.589	64.984089
906	13314.490	61.649827	956	14049.285	65.052136
907	13329.186	61.717873	957	14063.981	65.120182
908	13343.882	61.785920	958	14078.677	65.188228
909	13358.578	61.853966	959	14093.373	65.256274
910	13373.274	61.922012	960	14108.069	65.324320
911	13387.969	61.990058	961	14122.765	65.392366
912	13402.665	62.058104	962	14137.461	65.460413
913	13417.361	62.126150	963	14152.157	65.528459
914	13432.057	62.194197	964	14166.852	65.596505
915	13446.753	62.262243	965	14181.548	65.664551
916	13461.449	62.330289	966	14196.244	65.732597
917	13476.145	62.398335	967	14210.940	65.800643
918	13490.841	62.466381	968	14225.636	65.868690
919	13505.537	62.534427	969	14240.332	65.936736
920	13520.233	62.602474	970	14255.028	66.004782
921	13534.929	62.670520	971	14269.724	66.072828
922	13549.624	62.738566	972	14284.420	66.140874
923	13564.320	62.806612	973	14299.116	66.208920
924	13579.016	62.874658	974	14313.811	66.276967
925	13593.712	62.942704	975	14328.507	66.345013
926	13608.408	63.010751	976	14343.203	66.413059
927	13623.104	63.078797	977	14357.899	66.481105
928	13637.800	63.146843	978	14372.595	66.549151
929	13652.496	63.214889	979	14387.291	66.617197
930	13667.192	63.282935	980	14401.987	66.685244
931	13681.888	63.350981	981	14416.683	66.753290
932	13696.583	63.419028	982	14431.379	66.821336
933	13711.279	63.487074	983	14446.075	66.889382
934	13725.975	63.555120	984	14460.771	66.957428
935	13740.671	63.623166	985	14475.466	67.025474
936	13755.367	63.691212	986	14490.162	67.093521
937	13770.063	63.759258	987	14504.858	67.161567
938	13784.759	63.827305	988	14519.554	67.229613
939	13799.455	63.895351	989	14534.250	67.297659
940	13814.151	63.963397	990	14548.946	67.365705
941	13828.847	64.031443	991	14563.642	67.433751
942	13843.543	64.099489	992	14578.338	67.501798
943	13858.238	64.167535	993	14593.034	67.569844
944	13872.934	64.235582	994	14607.730	67.637890
945	13887.630	64.303628	995	14622.425	67.705936
946	13902.326	64.371674	996	14637.121	67.773982
947	13917.022	64.439720	997	14651.817	67.842028
948	13931.718	64.507766	998	14666.513	67.910075
949	13946.414	64.575812	999	14681.209	67.978121
950	13961.110	64.643859	1000	14695.905	68.046167

Physikalische Atmosphäre in engl. Pfund / Quadratzoll
physical atmosphere into pounds / square inch 20

Faktor: 1 g/PSh = 0.00224 lbs/HPh
1 lbs/HPh = 446.42 g/PSh

lbs/HPh	=	g/PSh	lbs/HPh	=	g/PSh
g/PSh =	lbs/HPh		g/PSh =	lbs/HPh	
1	0.00224	446.42	51	0.11424	22767.42
2	0.00448	892.84	52	0.11648	23213.84
3	0.00672	1339.26	53	0.18872	23660.26
4	0.00896	1785.68	54	0.12096	24106.68
5	0.01120	2232.10	55	0.12320	24553.10
6	0.01344	2678.52	56	0.12544	24999.52
7	0.01568	3124.94	57	0.12768	25445.94
8	0.01792	3571.36	58	0.12992	25892.36
9	0.02016	4017.78	59	0.13216	26338.78
10	0.02240	4464.20	60	0.13440	26785.20
11	0.02464	4910.62	61	0.13664	27231.62
12	0.02688	5357.04	62	0.13888	27678.04
13	0.02912	5803.46	63	0.14112	28124.46
14	0.03136	6249.88	64	0.14336	28570.88
15	0.03360	6696.30	65	0.14560	29017.30
16	0.03584	7142.72	66	0.14784	29463.72
17	0.03808	7589.14	67	0.15008	29910.14
18	0.04032	8035.56	68	0.15232	30356.56
19	0.04256	8481.98	69	0.15456	30802.98
20	0.04480	8928.40	70	0.15680	31249.40
21	0.04704	9374.82	71	0.15904	31695.82
22	0.04928	9821.24	72	0.16128	32142.24
23	0.05152	10267.66	73	0.16352	32588.66
24	0.05376	10714.08	74	0.16576	33035.08
25	0.05600	11160.50	75	0.16800	33481.50
26	0.05824	11606.92	76	0.17024	33927.92
27	0.06048	12053.34	77	0.17248	34374.34
28	0.06272	12499.76	78	0.17472	34820.76
29	0.06496	12946.18	79	0.17696	35267.18
30	0.06720	13392.60	80	0.17920	35713.60
31	0.06944	13839.02	81	0.18144	36160.02
32	0.07168	14285.44	82	0.18368	36606.44
33	0.07392	14731.86	83	0.18592	37052.86
34	0.07616	15178.28	84	0.18816	37499.28
35	0.07840	15624.70	85	0.19040	37945.70
36	0.08064	16071.12	86	0.19264	38392.12
37	0.08288	16517.54	87	0.19488	38838.54
38	0.08512	16963.96	88	0.19712	39284.96
39	0.08736	17410.38	89	0.19936	39731.38
40	0.08960	17856.80	90	0.20160	40177.80
41	0.09184	18303.22	91	0.20384	40624.22
42	0.09408	18749.64	92	0.20608	41070.64
43	0.09632	19196.06	93	0.20832	41517.06
44	0.09856	19642.48	94	0.21056	41963.48
45	0.10080	20088.90	95	0.21280	42409.90
46	0.10304	20535.32	96	0.21504	42856.32
47	0.10528	20981.74	97	0.21728	43302.74
48	0.10752	21428.16	98	0.21952	43749.16
49	0.10976	21874.58	99	0.22176	44195.58
50	0.11200	22321.00	100	0.22400	44642.00

Faktor: 1 g/PSh = 0.00224 lbs/HPh
1 lbs/HPh = 446.42 g/PSh

lbs/HPh / g/PSh	g/PSh = lbs/HPh	lbs/HPh = g/PSh	lbs/HPh / g/PSh	g/PSh = lbs/HPh	lbs/HPh = g/PSh
101	0.22624	45088.42	151	0.33824	67409.42
102	0.22848	45534.84	152	0.34048	67855.84
103	0.23072	45981.26	153	0.34272	68302.26
104	0.23296	46427.68	154	0.34496	68748.68
105	0.23520	46874.10	155	0.34720	69195.10
106	0.23744	47320.52	156	0.34944	69641.52
107	0.23968	47766.94	157	0.35168	70087.94
108	0.24192	48213.36	158	0.35392	70534.36
109	0.24416	48659.78	159	0.35616	70980.78
110	0.24640	49106.20	160	0.35840	71427.20
111	0.24864	49552.62	161	0.36064	71873.62
112	0.25088	49999.04	162	0.36288	72320.04
113	0.25312	50445.46	163	0.36512	72766.46
114	0.25536	50891.88	164	0.36736	73212.88
115	0.25760	51388.30	165	0.36960	73659.30
116	0.25984	51784.72	166	0.37184	74105.72
117	0.26208	52231.14	167	0.37408	74552.14
118	0.26432	52677.56	168	0.37632	74998.56
119	0.26656	53123.98	169	0.37856	75444.98
120	0.26880	53570.40	170	0.38080	75891.40
121	0.27104	54016.82	171	0.38304	76337.82
122	0.27328	54463.24	172	0.38528	76784.24
123	0.27552	54909.66	173	0.38752	77230.66
124	0.27776	55356.08	174	0.38976	77677.08
125	0.28000	55802.50	175	0.39200	78123.50
126	0.28224	56248.92	176	0.39424	78569.92
127	0.28448	56695.34	177	0.39648	79016.34
128	0.28672	57141.76	178	0.39872	79462.76
129	0.28896	57588.18	179	0.40096	79909.18
130	0.29120	58034.60	180	0.40320	80355.60
131	0.29344	58481.02	181	0.40544	80802.02
132	0.29568	58927.44	182	0.40768	81248.44
133	0.29792	59373.86	183	0.40992	81694.86
134	0.30016	59820.28	184	0.41216	82141.28
135	0.30240	60266.70	185	0.41440	82587.70
136	0.30464	60713.12	186	0.41664	83034.12
137	0.30688	61159.54	187	0.41888	83480.54
138	0.30912	61605.96	188	0.42112	83926.96
139	0.31136	62052.38	189	0.42336	84373.38
140	0.31360	62498.80	190	0.42560	84819.80
141	0.31584	62945.22	191	0.42784	85266.22
142	0.31808	63391.64	192	0.43008	85712.64
143	0.32032	63838.06	193	0.43232	86159.06
144	0.32256	64284.48	194	0.43456	86605.48
145	0.34280	64730.90	195	0.43680	87051.90
146	0.32704	65177.32	196	0.43904	87498.32
147	0.32928	65623.74	197	0.44128	87944.74
148	0.33152	66070.16	198	0.44352	88391.16
149	0.33376	66516.58	199	0.44576	88837.58
150	0.33600	66963.00	200	0.44800	89284.00

Faktor: 1 g/PSh = 0.00224 lbs/HPh
1 lbs/HPh = 446.42 g/PSh

lbs/HPh / g/PSh	g/PSh = lbs/HPh	lbs/HPh = g/PSh	lbs/HPh / g/PSh	g/PSh = lbs/HPh	lbs/HPh = g/PSh
201	0.45024	89730.42	251	0.56224	112051.42
202	0.45248	90176.84	252	0.56448	112497.84
203	0.45472	90623.26	253	0.56672	112944.26
204	0.45696	91069.68	254	0.56896	113390.68
205	0.45920	91516.10	255	0.57120	113837.10
206	0.46144	91962.52	256	0.57344	114283.52
207	0.46368	92408.94	257	0.57568	114729.94
208	0.46592	92855.36	258	0.57792	115176.36
209	0.46816	93301.78	259	0.58016	115622.78
210	0.47040	93748.20	260	0.58240	116069.20
211	0.47264	94194.62	261	0.58464	116515.62
212	0.47488	94641.04	262	0.58688	116962.04
213	0.47712	95087.46	263	0.58912	117408.46
214	0.47936	95533.88	264	0.59136	117854.88
215	0.48160	95980.30	265	0.59360	118301.30
216	0.48384	96426.72	266	0.59584	118747.72
217	0.48608	98673.14	267	0.59808	119194.14
218	0.48832	97319.56	268	0.60032	119640.56
219	0.49056	97765.98	269	0.60256	120086.98
220	0.49280	98212.40	270	0.60480	120533.40
221	0.49504	98658.82	271	0.60704	120979.82
222	0.49728	99105.24	272	0.60928	121426.24
223	0.49952	99551.66	273	0.61152	121872.66
224	0.50176	99998.08	274	0.61376	122319.08
225	0.50400	100444.50	275	0.61600	122765.50
226	0.50624	100890.92	276	0.61824	123211.92
227	0.50848	101337.34	277	0.62048	123658.34
228	0.51072	101783.76	278	0.62272	124104.76
229	0.51296	102230.18	279	0.62496	124551.18
230	0.51520	102676.60	280	0.62720	124997.60
231	0.51744	103123.02	281	0.62944	125444.02
232	0.51968	103569.44	282	0.63168	125890.44
233	0.52192	104015.86	283	0.63392	126336.86
234	0.52416	104462.28	284	0.63616	126783.28
235	0.52640	104908.70	285	0.63840	127229.70
236	0.52864	105355.12	286	0.64064	127676.12
237	0.53088	105801.54	287	0.64288	128122.54
238	0.53312	106247.96	288	0.64512	128568.96
239	0.53536	106694.38	289	0.64736	129015.38
240	0.53760	107140.80	290	0.64960	129461.80
241	0.53984	107587.22	291	0.65184	129908.22
242	0.54208	108033.64	292	0.65408	130354.64
243	0.54432	108480.06	293	0.65632	130801.06
244	0.54656	108926.48	294	0.65856	131247.48
245	0.54880	109372.90	295	0.66080	131693.90
246	0.55104	109819.32	296	0.66304	132140.32
247	0.55328	110265.74	297	0.66528	132586.74
248	0.55552	110721.16	298	0.66752	133033.16
249	0.55776	111158.58	299	0.66976	133479.58
250	0.56000	111605.00	300	0.67200	133926.00

Faktor: 1 g/PSh = 0.00224 lbs/HPh

1 lbs/HPh = 446.42 g/PSh

lbs/HPh = / g/PSh =	lbs/HPh	g/PSh
301	0.67424	134372.42
302	0.67648	134818.84
303	0.67872	135265.26
304	0.68096	135711.68
305	0.68320	136158.10
306	0.68544	136604.52
307	0.68768	137050.94
308	0.68992	137497.36
309	0.69216	137943.78
310	0.69440	138390.20
311	0.69664	138836.62
312	0.69888	139283.04
313	0.70112	139729.46
314	0.70336	140175.88
315	0.70560	140622.30
316	0.70784	141068.72
317	0.71008	141515.14
318	0.71232	141961.56
319	0.71456	142407.98
320	0.71680	142854.40
321	0.71904	143300.82
322	0.72128	143747.24
323	0.72352	144193.66
324	0.72576	144640.08
325	0.72800	145086.50
326	0.73024	145532.92
327	0.73248	145979.34
328	0.73472	146425.76
329	0.73696	146872.18
330	0.73920	147318.60
331	0.74144	147765.02
332	0.74368	148211.44
333	0.74592	148657.86
334	0.74816	149104.28
335	0.75040	149550.70
336	0.75264	149997.12
337	0.75488	150443.54
338	0.75712	150889.96
339	0.75936	151336.38
340	0.76160	151782.80
341	0.76384	152229.22
342	0.76608	152675.64
343	0.76832	153122.02
344	0.77056	153568.48
345	0.77280	154014.90
346	0.77504	154461.32
347	0.77728	154907.74
348	0.77952	155354.16
349	0.78176	155800.58
350	0.78400	156247.00
351	0.78624	156693.42
352	0.78848	157139.84
353	0.79027	157586.26
354	0.79296	158032.68
355	0.79520	158479.10
356	0.79744	158925.52
357	0.79968	159371.94
358	0.80192	159818.36
359	0.80416	160264.78
360	0.80640	160711.20
361	0.80864	161157.62
362	0.81088	161604.04
363	0.81312	162050.46
364	0.81536	162496.88
365	0.81760	162943.30
366	0.81984	163389.72
367	0.82208	163836.14
368	0.82432	164282.56
369	0.82656	164728.98
370	0.82880	165175.40
371	0.83104	165621.82
372	0.83328	166068.24
373	0.83552	166514.66
374	0.83776	166961.08
375	0.84000	167407.50
376	0.84224	167853.92
377	0.84448	168300.34
378	0.84672	168746.76
379	0.84896	169193.18
380	C.85120	169639.60
381	0.85344	170086.02
382	0.85568	170532.44
383	0.85792	170978.86
384	0.86016	171425.28
385	0.86240	171871.70
386	0.86464	172317.12
387	0.86688	172764.54
388	0.86912	173210.96
389	0.87136	173657.38
390	0.87360	174103.80
391	0.87584	174550.22
392	0.87808	174996.64
393	0.88032	175443.06
394	0.88256	175889.48
395	0.88480	176335.90
396	0.88704	176782.32
397	0.88928	177228.74
398	0.89152	177675.16
399	0.89376	178121.58
400	0.89600	178568.00

Faktor: 1 g/PSh = 0.00224 lbs/HPh
1 lbs/HPh = 446.42 g/PSh

lbs/HPh / g/PSh =	lbs/HPh	= g/PSh	lbs/HPh / g/PSh =	lbs/HPh	= g/PSh
401	0.89824	179014.42	451	1.01024	201335.42
402	0.90048	179460.84	452	1.01248	201781.84
403	0.90272	179907.26	453	1.01472	202228.26
404	0.90496	180353.68	454	1.01696	202674.68
405	0.90720	180800.10	455	1.01920	203121.10
406	0.90944	181246.52	456	1.02144	203567.52
407	0.91168	181692.94	457	1.02368	204013.94
408	0.91392	182139.36	458	1.02592	204460.36
409	0.91616	182585.78	459	1.02816	204906.78
410	0.91840	183032.20	460	1.03040	205353.20
411	0.92064	183478.62	461	1.03264	205799.62
412	0.92288	183925.04	462	1.03488	206246.04
413	0.92512	184371.46	463	1.03712	206692.46
414	0.92736	184817.88	464	1.03936	207138.88
415	0.92960	185264.30	465	1.04160	207585.30
416	0.93184	185710.72	466	1.04384	208031.72
417	0.93408	186157.14	467	1.04608	208478.14
418	0.93632	186603.56	468	1.04832	208924.56
419	0.93856	187049.98	469	1.05056	209370.98
420	0.94080	187496.40	470	1.05280	209817.40
421	0.94304	187942.82	471	1.05504	210263.82
422	0.94528	188389.24	472	1.05728	210710.24
423	0.94752	188835.66	473	1.05952	211156.66
424	0.94976	189282.08	474	1.06176	211603.08
425	0.95200	189728.50	475	1.06400	212049.50
426	0.95424	190174.92	476	1.06624	212495.92
427	0.95648	190621.34	477	1.06848	212942.34
428	0.95872	191067.76	478	1.07072	213388.76
429	0.96096	191514.18	479	1.07296	213835.18
430	0.96320	191960.60	480	1.07520	214281.60
431	0.96544	192407.02	481	1.07744	214728.02
432	0.96768	192853.44	482	1.07968	215174.44
433	0.96992	193299.86	483	1.08192	215620.86
434	0.97216	193746.28	484	1.08416	216067.28
435	0.97440	194192.70	485	1.08640	216513.70
436	0.97664	194639.12	486	1.08864	216960.12
437	0.97888	195085.54	487	1.09088	217406.54
438	0.98112	195531.96	488	1.09312	217852.96
439	0.98336	195978.38	489	1.09536	218299.38
440	0.98560	196424.80	490	1.09760	218745.80
441	0.98784	196871.22	491	1.09984	219192.22
442	0.99008	197317.64	492	1.10208	219638.64
443	0.99232	197764.06	493	1.10432	220085.06
444	0.99456	198210.48	494	1.10656	220531.48
445	0.99680	198656.90	495	1.10880	220977.90
446	0.99904	199103.32	496	1.11104	221424.32
447	1.00128	199549.74	497	1.11328	221870.74
448	1.00352	199996.16	498	1.11552	222317.16
449	1.00576	200442.58	499	1.11776	222763.58
450	1.00800	200889.00	500	1.12000	223210.00

Millimeter Wassersäule in Unzen / Quadratzoll
millimeter water column into ounzes / square inch **21**

Faktor: 1 mm WS = 0.022757 oz./sq.in.
1 oz./sq.in. = 43.942 mm WS

oz./sq.in. = mm WS / mm WS = oz./sq.in.			oz./sq.in. = mm WS / mm WS = oz./sq.in.		
1	0.022757	43.942	51	1.160620	2241.043
2	0.045515	87.884	52	1.183378	2284.985
3	0.068272	131.826	53	1.206135	2328.927
4	0.091029	175.768	54	1.228892	2372.869
5	0.113786	219.710	55	1.251649	2416.811
6	0.136544	263.652	56	1.274407	2460.753
7	0.159301	307.594	57	1.297164	2504.695
8	0.182058	351.536	58	1.319921	2548.637
9	0.204815	395.478	59	1.342678	2592.579
10	0.227572	439.420	60	1.365436	2636.521
11	0.250330	483.362	61	1.388193	2680.463
12	0.273087	527.304	62	1.410950	2724.405
13	0.295844	571.246	63	1.433707	2768.347
14	0.318602	615.188	64	1.456465	2812.289
15	0.341359	659.130	65	1.479222	2856.231
16	0.364116	703.072	66	1.501979	2900.173
17	0.386873	747.014	67	1.524736	2944.115
18	0.409631	790.956	68	1.547494	2988.057
19	0.432388	834.898	69	1.570251	3031.999
20	0.455145	878.840	70	1.593008	3075.941
21	0.477902	922.782	71	1.615765	3119.883
22	0.500660	966.724	72	1.638523	3163.825
23	0.523417	1010.666	73	1.661280	3207.767
24	0.546174	1054.608	74	1.684037	3251.709
25	0.568932	1098.550	75	1.706795	3295.651
26	0.591689	1142.492	76	1.729552	3339.593
27	0.614446	1186.434	77	1.752309	3383.535
28	0.637203	1230.376	78	1.775066	3427.477
29	0.659961	1274.318	79	1.797824	3471.419
30	0.682718	1318.260	80	1.820581	3515.361
31	0.705475	1362.202	81	1.843338	3559.303
32	0.728232	1406.144	82	1.866095	3603.245
33	0.750990	1450.086	83	1.888853	3647,187
34	0.773747	1494.028	84	1.911610	3691.129
35	0.796504	1537.970	85	1.934367	3735.071
36	0.819261	1581.912	86	1.957124	3779.013
37	0.842019	1625.854	87	1.979882	3822.955
38	0.864776	1669.796	88	2.002639	3866.897
39	0.887533	1713.738	89	2.025396	3910.839
40	0.910290	1757.680	90	2.048153	3954.781
41	0.933048	1801.622	91	2.070911	3998.723
42	0.955805	1845.564	92	2.093668	4042.665
43	0.978562	1889.506	93	2.116425	4086.607
44	1.001319	1933.448	94	2.139182	4130.549
45	1.024077	1977.390	95	2.161940	4174.491
46	1.046834	2021.332	96	2.184697	4218.433
47	1.069591	2065.274	97	2.207454	4262.375
48	1.092348	2109.216	98	2.230211	4306.317
49	1.115106	2153.158	99	2.252969	4350.259
50	1.137863	2197.101	100	2.275726	4394.201

Faktor: 1 mm WS = 0.022757 oz./sq.in.
1 oz./sq.in. = 43.942 mm WS

oz./sq.in. / mm WS	= mm WS / = oz./sq.in.		oz./sq.in. / mm WS	= mm WS / = oz./sq.in.	
101	2.298483	4438.143	151	3.436346	6635.244
102	2.321241	4482.085	152	3.459104	6679.186
103	2.343998	4526.027	153	3.481861	6723.128
104	2.366755	4569.969	154	3.504618	6767.070
105	2.389512	4613.911	155	3.527375	6811.012
106	2.412270	4657.853	156	3.550133	6854.954
107	2.435027	4701.795	157	3.572890	6898.896
108	2.457784	4745.737	158	3.595647	6942.838
109	2.480541	4789.679	159	3.618404	6986.780
110	2.503299	4833.621	160	3.641162	7030.722
111	2.526056	4877.563	161	3.663919	7074.664
112	2.548813	4921.505	162	3.686676	7118.606
113	2.571570	4965.447	163	3.709433	7162.548
114	2.594328	5009.389	164	3.732191	7206.490
115	2.617085	5053.331	165	3.754948	7250.432
116	2.639842	5097.273	166	3.777705	7294.374
117	2.662599	5141.215	167	3.800462	7338.316
118	2.685357	5185.157	168	3.823220	7382.258
119	2.708114	5229.099	169	3.845977	7426.200
120	2.730871	5273.041	170	3.868734	7470.142
121	2.753628	5316.983	171	3.891491	7514.084
122	2.776386	5360.925	172	3.914249	7558.026
123	2.799143	5404.867	173	3.937006	7601.968
124	2.821900	5448.809	174	3.959763	7645.910
125	2.844658	5492.751	175	3.982521	7689.852
126	2.867415	5536.693	176	4.005278	7733.794
127	2.890172	5580.635	177	4.028035	7777.736
128	2.912929	5624.577	178	4.050792	7821.678
129	2.935687	5668.519	179	4.073550	7865.620
130	2.958444	5712.461	180	4.096307	7909.562
131	2.981201	5756.403	181	4.119064	7953.504
132	3.003958	5800.345	182	4.141821	7997.446
133	3.026716	5844.287	183	4.164579	8041.388
134	3.049473	5888.229	184	4.187336	8085.330
135	3.072230	5932.171	185	4.210093	8129.272
136	3.094987	5976.113	186	4.232850	8173.214
137	3.117745	6020.055	187	4.255608	8217.156
138	3.14502	6063.997	188	4.278365	8261.098
139	3.163259	6107.939	189	4.301122	8305.040
140	3.186016	6151.881	190	4.323879	8348.982
141	3.208774	6195.823	191	4.346637	8392.924
142	3.231531	6239.765	192	4.369394	8436.866
143	3.254288	6283.707	193	4.392151	8480.808
144	3.277045	6327.649	194	4.414908	8524.750
145	3.299803	6371.591	195	4.437666	8568.692
146	3.322560	6415.533	196	4.460423	8612.634
147	3.345317	6459.475	197	4.483180	8656.576
148	3.368074	6503.417	198	4.505937	8700.518
149	3.390832	6547.359	199	4.528695	8744.460
150	3.413589	6591.302	200	4.551452	8788.402

Faktor: 1 mm WS = 0.022757 oz./sq.in.
1 oz./sq.in. = 43.942 mm WS

oz./sq.in. = / mm WS = ↓	oz./sq.in.	mm WS ↓	oz./sq.in. = / mm WS = ↓	oz.sq.in.	mm WS ↓
201	4.574209	8832.344	251	5.712072	11029.445
202	4.596967	8876.286	252	5.734830	11073.387
203	4.619724	8920.228	253	5.757587	11117.329
204	4.642481	8964.170	254	5.780344	11161.271
205	4.665238	9008.112	255	5.803101	11205.213
206	4.687996	9052.054	256	5.825859	11249.155
207	4.710753	9095.996	257	5.848616	11293.097
208	4.733510	9139.938	258	5.871373	11337.039
209	4.756267	9183.880	259	5.894130	11380.981
210	4.779025	9227.822	260	5.916888	11424.923
211	4.801782	9271.764	261	5.939645	11468.865
212	4.824539	9315.706	262	5.962402	11512.807
213	4.847296	9359.648	263	5.985159	11556.749
214	4.870054	9403.590	264	6.007917	11600.691
215	4.892811	9447.532	265	6.030674	11644.633
216	4.915568	9491.474	266	6.053431	11688.575
217	4.938325	9535.416	267	6.076188	11732.517
218	4.961083	9579.358	268	6.098946	11776.459
219	4.983840	9623.300	269	6.121703	11820.401
220	5.006597	9667.242	270	6.144460	11864.343
221	5.029354	9711.184	271	6.167217	11908.285
222	5.052112	9755.126	272	6.189975	11952.227
223	5.074869	9799.068	273	6.212732	11996.169
224	5.097626	9843.010	274	6.235489	12040.111
225	5.120384	9886.952	275	6.258247	12084.053
226	5.143141	9930.894	276	6.281004	12127.995
227	5.165898	9974.836	277	6.303761	12171.937
228	5.188655	10018.778	278	6.326518	12215.879
229	5.211413	10062.720	279	6.349276	12259.821
230	5.234170	10106.662	280	6.372033	12303.763
231	5.256927	10150.604	281	6.394790	12347.705
232	5.279684	10194.546	282	6.417547	12391.647
233	5.302442	10238.488	283	6.440305	12435.589
234	5.325199	10282.430	284	6.463062	12479.531
235	5.347956	10326.372	285	6.485819	12523.473
236	5.370713	10370.314	286	6.508576	12567.415
237	5.393471	10414.256	287	6.531334	12611.357
238	5.416228	10458.198	288	6.554091	12655.299
239	5.438985	10502.140	289	6.576848	12699.241
240	5.461742	10546.082	290	6.599605	12743.183
241	5.484500	10590.024	291	6.622363	12787.125
242	5.507257	10633.966	292	6.645120	12831.067
243	5.530014	10677.908	293	6.667877	12875.009
244	5.552771	10721.850	294	6.690634	12918.951
245	5.575529	10765.792	295	6.713392	12962.893
246	5.598286	10809.734	296	6.736149	13006.835
247	5.621043	10853.676	297	6.758906	13050.777
248	5.643800	10897.618	298	6.781663	13094.719
249	5.666558	10941.560	299	6.804421	13138.661
250	5.689315	10985.503	300	6.827178	13182.603

Faktor: 1 mm WS = 0.022757 oz./sq.in.
1 oz./sq.in. = 43.942 mm WS

oz./sq.in. = / mm WS =	oz./sq.in.	mm WS	oz./sq.in. = / mm WS =	oz./sq.in.	mm WS
301	6.849935	13226.545	351	7.987798	15423.646
302	6.872693	13270.487	352	8.010556	15467.588
303	6.895450	13314.429	353	8.033313	15511.530
304	6.918207	13358.371	354	8.056070	15555.472
305	6.940964	13402.313	355	8.078827	15599.414
306	6.963722	13446.255	356	8.101585	15643.356
307	6.986479	13490.197	357	8.124342	15687.298
308	7.009236	13534.139	358	8.147099	15731.240
309	7.031993	13578.081	359	8.169856	15775.182
310	7.054751	13622.023	360	8.192614	15819.124
311	7.077508	13665.965	361	8.215371	15863.066
312	7.100265	13709.907	362	8.238128	15907.008
313	7.123022	13753.849	363	8.260885	15950.950
314	7.145780	13797.791	364	8.283643	15994.892
315	7.168537	13841.733	365	8.306400	16038.834
316	7.191294	13885.675	366	8.329157	16082.776
317	7.214051	13929.617	367	8.351914	16126.718
318	7.236809	13973.559	368	8.374672	16170.660
319	7.259566	14017.501	369	8.397429	16214.602
320	7.282323	14061.443	370	8.420186	16258.544
321	7.305080	14105.385	371	8.442943	16302.486
322	7.327838	14149.327	372	8.465701	16346.428
323	7.350595	14193.269	373	8.488458	16390.370
324	7.373352	14237.211	374	8.511215	16434.312
325	7.396110	14281.153	375	8.533973	16478.254
326	7.418867	14325.095	376	8.556730	16522.196
327	7.441624	14369.037	377	8.579487	16566.138
328	7.464381	14412.979	378	8.602244	16610.080
329	7.487139	14456.921	379	8.625002	16654.022
330	7.509896	14500.863	380	8.647759	16697.964
331	7.532653	14544.805	381	8.670516	16741.906
332	7.555410	14588.747	382	8.693273	16785.848
333	7.578168	14632.689	383	8.716031	16829.790
334	7.600925	14676.631	384	8.738788	16873.732
335	7.623682	14720.573	385	8.761545	16917.674
336	7.646439	14764.515	386	8.784302	16961.616
337	7.669197	14808.457	387	8.807060	17005.558
338	7.691954	14852.399	388	8.829817	17049.500
339	7.714711	14896.341	389	8.852574	17093.442
340	7.737468	14940.283	390	8.875331	17137.384
341	7.760226	14984.225	391	8.898089	17181.326
342	7.782983	15028.167	392	8.920846	17225.268
343	7.805740	15072.109	393	8.943603	17269.210
344	7.828497	15116.051	394	8.966360	17313.152
345	7.851255	15159.993	395	8.989118	17357.094
346	7.874012	15203.935	396	9.011875	17401.036
347	7.896769	15247.877	397	9.034632	17444.978
348	7.919526	15291.819	398	9.057389	17488.920
349	7.942284	15335.761	399	9.080147	17532.862
350	7.965041	15379.704	400	9.102904	17576.804

Faktor: 1 mm WS = 0.022757 oz./sq.in.
1 oz./sq.in. = 43.942 mm WS

oz./sq.in. = / mm WS =	oz./sq.in.	mm WS	oz./sq.in. = / mm WS =	oz./sq.in.	mm WS
401	9.125661	17620.746	451	10.263524	19817.847
402	9.148419	17664.688	452	10.286282	19861.789
403	9.171176	17708.630	453	10.309039	19905.731
404	9.193933	17752.572	454	10.331796	19949.673
405	9.216690	17796.514	455	10.354553	19993.615
406	9.239448	17840.456	456	10.377311	20037.557
407	9.262205	17884.398	457	10.400068	20081.499
408	9.284962	17928.340	458	10.422825	20125.441
409	9.307719	17972.282	459	10.445582	20169.383
410	9.330477	18016.224	460	10.468340	20213.325
411	9.353234	18060.166	461	10.491097	20257.267
412	9.375991	18104.108	462	10.513854	20301.209
413	9.398748	18148.050	463	10.536611	20345.151
414	9.421506	18191.992	464	10.599369	20389.093
415	9.444263	18235.934	465	10.582126	20433.035
416	9.467020	18279.876	466	10.604883	20476.977
417	9.489777	18323.818	467	10.627640	20520.919
418	9.512535	18367.760	468	10.650398	20564.861
419	9.535292	18411.702	469	10.673155	20608.803
420	9.558049	18455.644	470	10.695912	20652.745
421	9.580806	18499.586	471	10.718669	20696.687
422	9.603564	18543.528	472	10.741427	20740.629
423	9.626321	18587.470	473	10.764184	20784.571
424	9.649078	18631.412	474	10.786941	20828.513
425	9.671836	18675.354	475	10.809699	20872.455
426	9.694593	18719.296	476	10.832456	20916.397
427	9.717350	18763.238	477	10.855213	20960.339
428	9.740107	18807.180	478	10.877970	21004.281
429	9.762865	18851.122	479	10.900728	21048.223
430	9.785622	18895.064	480	10.923485	21092.165
431	9.808379	18939.006	481	10.946242	21136.107
432	9.831136	18982.948	482	10.968999	21180.049
433	9.853894	19026.890	483	10.991757	21223.991
434	9.876651	19070.832	484	11.014514	21267.933
435	9.899408	19114.774	485	11.037271	21311.875
436	9.922165	19158.716	486	11.060028	21355.817
437	9.944923	19202.658	487	11.082786	21399.759
438	9.967680	19246.600	488	11.105543	21443.701
439	9.990437	19290.542	489	11.128300	21487.643
440	10.013194	19334.484	490	11.151057	21531.585
441	10.035952	19378.426	491	11.173815	21575.527
442	10.058709	19422.368	492	11.196572	21619.469
443	10.081466	19466.310	493	11.219329	21663.411
444	10.104223	19510.252	494	11.242086	21707.353
445	10.126981	19554.194	495	11.264844	21751.295
446	10.149738	19598.136	496	11.287601	21795.237
447	10.172495	19642.078	497	11.310358	21839.179
448	10.195252	19686.020	498	11.333115	21883.121
449	10.218010	19729.962	499	11.355873	21927.063
450	10.240767	19773.905	500	11.378630	21971.005

Faktor: 1 mm WS = 0.022757 oz./sq.in.
1 oz./sq.in. = 43.942 mm WS

oz./sq.in. =		mm WS	oz./sq.in. =		mm WS
mm WS =	oz./sq.in.		mm WS =	oz./sq.in.	
501	11.401387	22014.947	551	12.539250	24212.048
502	11.424145	22058.889	552	12.562008	24255.990
503	11.446902	22102.831	553	12.584765	24299.932
504	11.469659	22146.773	554	12.607522	24343.874
505	11.492416	22190.715	555	12.630279	24387.816
506	11.515174	22234.657	556	12.63037	24431.758
507	11.537931	22278.599	557	12.675794	24475.700
508	11.560688	22322.541	558	12.698551	24519.642
509	11.583445	22366.483	559	12.721308	24563.584
510	11.606203	22410.425	560	12.744066	24607.526
511	11.628960	22454.367	561	12.766823	24651.468
512	11.651717	22498.309	562	12.789580	24695.410
513	11.674474	22542.251	563	12.812337	24739.352
514	11.697232	22586.193	564	12.835095	24783.294
515	11.719989	22630.135	565	12.857852	24827.236
516	11.742746	22674.077	566	12.880609	24871.178
517	11.765503	22718.019	567	12.903366	24915.120
518	11.788261	22761.961	568	12.926124	24959.062
519	11.811018	22805.903	569	12.948881	25003.004
520	11.833775	22849.845	570	12.971638	25046.946
521	11.856532	22893.787	571	12.994395	25090.888
522	11.879290	22937.729	572	13.017153	25134.830
523	11.902047	22981.671	573	13.039910	25178.772
524	11.924804	23025.613	574	13.062667	25222.714
525	11.947562	23069.555	575	13.085425	25266.656
526	11.970319	23113.497	576	13.108182	25310.598
527	11.993076	23157.439	577	13.130939	25354.540
528	12.015833	23201.381	578	13.153696	25398.482
529	12.038591	23245.323	579	13.176454	25442.424
530	12.061348	23289.265	580	13.199211	25486.366
531	12.084105	23333.207	581	13.221968	25530.308
532	12.106862	23377.149	582	13.244725	25574.250
533	12.129620	23421.091	583	13.267483	25618.192
534	12.152377	23465.033	584	13.290240	25663.134
535	12.175134	23508.975	585	13.312997	25706.076
536	12.197891	23552.917	586	13.335754	25750.018
537	12.220649	23596.859	587	13.358512	25793.960
538	12.243406	23640.801	588	13.381269	25837.902
539	12.266163	23684.743	589	13.404026	25881.844
540	12.288920	23728.685	590	13.426783	25925.786
541	12.311678	23772.627	591	13.449541	25969.728
542	12.334435	23816.569	592	13.472298	26013.670
543	12.357192	23860.511	593	13.495055	26057.612
544	12.379949	23904.453	594	13.517812	26101.554
545	12.402707	23948.395	595	13.540570	26145.496
546	12.425464	23992.337	596	13.563327	26189.438
547	12.448221	24036.279	597	13.586084	26233.380
548	12.470978	24080.221	598	13.608841	26277.322
549	12.493736	24124.163	599	13.631599	26321.264
550	12.516493	24168.106	600	13.654356	26365.206

Faktor: 1 mm WS = 0.022757 oz./sq.in.
1 oz./sq.in. = 43.942 mm WS

oz./sq.in. / mm WS	= mm WS	= oz./sq.in.
601	13.677113	26409.148
602	13.699871	26453.090
603	13.722628	26497.032
604	13.745385	26540.974
605	13.768142	26584.916
606	13.790900	26628.858
607	13.813657	26672.800
608	13.836414	26716.742
609	13.859171	26760.684
610	13.881929	26804.626
611	13.904686	26848.568
612	13.927443	26892.510
613	13.950200	26936.452
614	13.972958	26980.394
615	13.995715	27024.336
616	14.018472	27068.278
617	14.041229	27112.220
618	14.063987	27156.162
619	14.086744	27200.104
620	14.109501	27244.046
621	14.132258	27287.988
622	14.155016	27331.930
623	14.177773	27375.872
624	14.200530	27419.814
625	14.223288	27463.756
626	14.246045	27507.698
627	14.268802	27551.640
628	14.291559	27595.582
629	14.314317	27639.524
630	14.337074	27683.466
631	14.359831	27727.408
632	14.382588	27771.350
633	14.405346	27815.292
634	14.428103	27859.234
635	14.450860	27903.176
636	14.473617	27947.118
637	14.496375	27991.060
638	14.519132	28035.002
639	14.541889	28078.944
640	14.564646	28122.886
641	14.587404	28166.828
642	14.610161	28210.770
643	14.632918	28254.712
644	14.655675	28298.654
645	14.678433	28342.596
646	14.701190	28386.538
647	14.723947	28430.480
648	14.746704	28474.422
649	14.769462	28518.364
650	14.792219	28562.307
651	14.814976	28606.249
652	14.837734	28650.191
653	14.860491	28694.133
654	14.883248	28738.075
655	14.906005	28782.017
656	14.928763	28825.959
657	14.951520	28869.901
658	14.974277	28913.843
659	14.997034	28957.785
660	15.019792	29001.727
661	15.042549	29045.669
662	15.065306	29089.611
663	15.088063	29133.553
664	15.110821	29177.495
665	15.133578	29221.437
666	15.156335	29265.379
667	15.179092	29309.321
668	15.201850	29353.263
669	15.224607	29397.205
670	15.247364	29441.147
671	15.270121	29485.089
672	15.292879	29529.031
673	15.315636	29572.973
674	15.338393	29616.915
675	15.361151	29660.857
676	15.383908	29704.799
677	15.406665	29748.741
678	15.429422	29792.683
679	15.452180	29836.625
680	15.474937	29880.567
681	15.497694	29924.509
682	15.520451	29968.451
683	15.543209	30012.393
684	15.565966	30056.335
685	15.588723	30100.277
686	15.611480	30144.219
687	15.634238	30188.161
688	15.656995	30232.103
689	15.679752	30276.045
690	15.702509	30319.987
691	15.725267	30363.929
692	15.748024	30407.871
693	15.770781	30451.813
694	15.793538	30495.755
695	15.816296	30539.697
696	15.839053	30583.639
697	15.861810	30627.581
698	15.884567	30671.523
699	15.907325	30715.465
700	15.930082	30759.407

Faktor: 1 mm WS = 0.022757 oz./sq.in.
1 oz./sq.in. = 43.942 mm WS

oz./sq.in. = mm WS mm WS = oz./sq.in.			oz./sq.in. = mm WS mm WS = oz./sq.in.		
701	15.952839	30803.349	751	17.090702	33000.450
702	15.975597	30847.291	752	17.113460	33044.392
703	15.998354	30891.233	753	17.136217	33088.334
704	16.021111	30935.175	754	17.158974	33132.276
705	16.043868	30979.117	755	17.181731	33176.218
706	16.066626	31023.059	756	17.204489	33220.160
707	16.089383	31067.001	757	17.227246	33264.102
708	16.112140	31110.943	758	17.250003	33308.044
709	16.134897	31154.885	759	17.272760	33351.986
710	16.157655	31198.827	760	17.295518	33395.928
711	16.180412	31242.769	761	17.318275	33439.870
712	16.203169	31286.711	762	17.341032	33483.812
713	16.225926	31330.653	763	17.363789	33527.754
714	16.248684	31374.595	764	17.386547	33571.696
715	16.271441	31418.537	765	17.409304	33615.638
716	16.294198	31462.479	766	17.432061	33659.580
717	16.316955	31506.421	767	17.454818	33703.522
718	16.339713	31550.363	768	17.477576	33747.464
719	16.362470	31594.305	769	17.500333	33791.406
720	16.385227	31638.247	770	17.523090	33835.348
721	16.407984	31682.189	771	17.545847	33879.290
722	16.430742	31726.131	772	17.568605	33923.232
723	16.453499	31770.073	773	17.591362	33967.174
724	16.476256	31814.015	774	17.614119	34011.116
725	16.499014	31857.957	775	17.636877	34055.058
726	16.521771	31901.899	776	17.659634	34099.000
727	16.544528	31945.841	777	17.682391	34142.942
728	16.567285	31989.783	778	17.705148	34186.884
729	16.590043	32033.725	779	17.727906	34230.826
730	16.612800	32077.667	780	17.750663	34274.768
731	16.635557	32121.609	781	17.773420	34318.710
732	16.658314	32165.551	782	17.796177	34362.652
733	16.681072	32209.493	783	17.818935	34406.594
734	16.703829	32253.435	784	17.841692	34450.536
735	16.726586	32297.377	785	17.864449	34494.478
736	16.749343	32341.319	786	17.887206	34538.420
737	16.772101	32385.261	787	17.909964	34582.362
738	16.794858	32429.203	788	17.932721	34626.304
739	16.817615	32473.145	789	17.955478	34670.246
740	16.840372	32517.087	790	17.978235	34714.188
741	16.863130	32561.029	791	18.000993	34758.130
742	16.885887	32604.971	792	18.023750	34802.072
743	16.908644	32648.913	793	18.046507	34846.014
744	16.931401	32692.855	794	18.069264	34889.956
745	16.954159	32736.797	795	18.092022	34933.898
746	16.976916	32780.739	796	18.114779	34977.840
747	16.999673	32824.681	797	18.137536	35021.782
748	17.022430	32868.623	798	18.160293	35065.724
749	17.045188	32912.565	799	18.183051	35109.666
750	17.067945	32956.508	800	18.205808	35153.608

Faktor: 1 mm WS = 0.022757 oz./sq.in.
1 oz./sq.in. = 43.942 mm WS

oz./sq.in. = mm WS ↓ / mm WS = ↓ oz./sq.in.			oz./sq.in. = mm WS ↓ / mm WS = ↓ oz./sq.in.		
801	18.228565	35197.550	851	19.366428	37394.651
802	18.251323	35241.492	852	19.389186	37438.593
803	18.274080	35285.434	853	19.411943	37482.535
804	18.296837	35329.376	854	19.434700	37526.477
805	18.319594	35373.318	855	19.457457	37570.419
806	18.342352	35417.260	856	19.480215	37614.361
807	18.365109	35461.202	857	19.502972	37658.303
808	18.387866	35505.144	858	19.525729	37702.245
809	18.410623	35549.086	859	19.548486	37746.187
810	18.433381	35593.028	860	19.571244	37790.129
811	18.456138	35636.970	861	19.594001	37834.071
812	18.478895	35680.912	862	19.616758	37878.013
813	18.501652	35724.854	863	19.639515	37921.955
814	18.524410	35768.796	864	19.662273	37965.897
815	18.547167	35812.738	865	19.685030	38009.839
816	18.569924	35856.680	866	19.707787	38053.781
817	18.592681	35900.622	867	19.730544	38097.723
818	18.615439	35944.564	868	19.753302	38141.665
819	18.638196	35988.506	869	19.776059	38185.607
820	18.660953	36032.448	870	19.798816	38229.549
821	18.683710	36076.390	871	19.821573	38273.491
822	18.706468	36120.332	872	19.844331	38317.433
823	18.729225	36164.274	873	19.867088	38361.375
824	18.751982	36208.216	874	19.889845	38405.317
825	18.774740	36252.158	875	19.912603	38449.259
826	18.797497	36296.100	876	19.935360	38493.201
827	18.820254	36340.042	877	19.958117	38537.143
828	18.843011	36383.984	878	19.980874	38581.085
829	18.865769	36427.926	879	20.003632	38625.027
830	18.888526	36471.868	880	20.026389	38668.969
831	18.911283	36515.810	881	20.049146	38712.911
832	18.934040	36559.752	882	20.071903	38756.853
833	18.956798	36603.694	883	20.094661	38800.795
834	18.979555	36647.636	884	20.117418	38844.737
835	19.002312	36691.578	885	20.140175	38888.679
836	19.025069	36735.520	886	20.162932	38932.621
837	19.047827	36779.462	887	20.185690	38976.563
838	19.070584	36823.404	888	20.208447	39020.505
839	19.093341	36867.346	889	20.231204	39064.447
840	19.116098	36911.288	890	20.253961	39108.389
841	19.138856	36955.230	891	20.276719	39152.331
842	19.161613	36999.172	892	20.299476	39196.273
843	19.184370	37043.114	893	20.322233	39240.215
844	19.207127	37087.056	894	20.344990	39284.157
845	19.229885	37130.998	895	20.367748	39328.099
846	19.252642	37174.940	896	20.390505	39372.041
847	19.275399	37218.882	897	20.413262	39415.983
848	19.298156	37262.824	898	20.436019	39459.925
849	19.320914	37306.766	899	20.458777	39503.867
850	19.343671	37350.709	900	20.481534	39547.809

Faktor: 1 mm WS = 0.022757 oz./sq.in.
1 oz./sq.in. = 43.942 mm WS

oz./sq.in. / mm WS	= mm WS	= oz./sq.in.	oz./sq.in. / mm WS	= mm WS	= oz./sq.in.
901	20.504291	39591.751	951	21.642154	41788.852
902	20.527049	39635.693	952	21.664912	41832.794
903	20.549806	39679.635	953	21.687669	41876.736
904	20.572563	39723.577	954	21.710426	41920.678
905	20.595320	39767.519	955	21.733183	41964.620
906	20.618078	39811.461	956	21.755941	42008.562
907	20.640835	39855.403	957	21.778698	42052.504
908	20.663592	39899.345	958	21.801455	42096.446
909	20.686349	39943.287	959	21.824212	42140.388
910	20.709107	39987.229	960	21.846970	42184.330
911	20.731864	40031.171	961	21.869727	42228.272
912	20.754621	40075.113	962	21.892484	42272.214
913	20.777378	40119.055	963	21.915241	42316.156
914	20.800136	40162.997	964	21.937999	42360.098
915	20.822893	40206.939	965	21.960756	42404.040
916	20.845650	40250.881	966	21.983513	42447.982
917	20.868407	40294.823	967	22.006270	42491.924
918	20.891165	40338.765	968	22.029028	42535.866
919	20.913922	40382.707	969	22.051785	42579.808
920	20.936679	40426.649	970	22.074542	42623.750
921	20.959436	40470.591	971	22.097299	42667.692
922	20.982194	40514.533	972	22.120057	42711.634
923	21.004951	40558.475	973	22.142814	42755.576
924	21.027708	40602.417	974	22.165571	42799.518
925	21.050466	40646.359	975	22.188329	42843.460
926	21.073223	40690.301	976	22.211086	42887.402
927	21.095980	40734.243	977	22.233843	42931.344
928	21.118737	40778.185	978	22.256600	42975.286
929	21.141495	40822.127	979	22.279358	43019.228
930	21.164252	40866.069	980	22.302115	43063.170
931	21.187009	40910.011	981	22.324872	43107.112
932	21.209766	40953.953	982	22.347629	43151.054
933	21.232524	40997.895	983	22.370387	43194.996
934	21.255281	41041.837	984	22.393144	43238.938
935	21.278038	41085.779	985	22.415901	43282.880
936	21.300795	41129.721	986	22.438658	43326.822
937	21.323553	41173.663	987	22.461416	43370.764
938	21.346310	41217.605	988	22.484173	43414.706
939	21.369067	41261.547	989	22.506930	43458.648
940	21.391824	41305.489	990	22.529687	43502.590
941	21.414582	41349.431	991	22.552445	43546.532
942	21.437339	41393.373	992	22.575202	43590.474
943	21.460096	41437.315	993	22.597959	43634.416
944	21.482853	41481.257	994	22.620716	43678.358
945	21.505611	41525.199	995	22.643474	43722.300
946	21.528368	41569.141	996	22.666231	43766.242
947	21.551125	41613.083	997	22.688988	43810.184
948	21.573882	41657.025	998	22.711745	43854.126
949	21.596640	41700.967	999	22.734503	43898.068
950	21.619397	41744.910	1000	22.757260	43942.010

Meter / Sekunde in Fuß / Minute
meter / second into feet / minute 22

Faktor: 1 m/s = 196.851 ft./min
1 ft./min = 0.00508 m/s

ft./min / m/s =	ft./min	= m/s	ft./min / m/s =	ft./min	= m/s
1	196.851	0.00508	51	10039.401	0.25908
2	393.702	0.01016	52	10236.252	0.26416
3	590.553	0.01524	53	10433.103	0.26924
4	787.404	0.02032	54	10629.954	0.27432
5	984.255	0.02540	55	10826.805	0.27940
6	1181.106	0.03048	56	11023.656	0.28448
7	1377.957	0.03556	57	11220.507	0.28956
8	1574.808	0.04064	58	11417.358	0.29464
9	1771.659	0.04572	59	11614.209	0.29972
10	1968.510	0.05080	60	11811.060	0.30480
11	2165.361	0.05580	61	12007.911	0.30988
12	2362.212	0.06096	62	12204.762	0.31496
13	2559.063	0.06604	63	12401.613	0.32004
14	2755.914	0.07112	64	12598.464	0.32512
15	2952.765	0.07620	65	12795.315	0.33020
16	3149.616	0.08128	66	12992.166	0.33528
17	3346.467	0.08636	67	13189.017	0.34036
18	3543.318	0.09144	68	13385.868	0.34544
19	3740.169	0.09652	69	13582.719	0.35052
20	3937.020	0.10160	70	13779.570	0.35560
21	4133.871	0.10668	71	13976.421	0.36068
22	4330.722	0.11176	72	14173.272	0.36576
23	4527.573	0.11684	73	14370.123	0.37084
24	4724.424	0.12192	74	14566.954	0.37592
25	4921.275	0.12700	75	14763.825	0.38100
26	5118.126	0.13208	76	14960.676	0.38608
27	5314.977	0.13716	77	15157.527	0.39116
28	5511.828	0.14224	78	15354.378	0.39624
29	5708.679	0.14732	79	15551.229	0.40132
30	5905.530	0.15240	80	15748.080	0.40640
31	6102.381	0.15748	81	15944.831	0.41148
32	6299.232	0.16256	82	16141.782	0.41656
33	6496.083	0.16764	83	16338.633	0.42164
34	6692.934	0.17272	84	16535.484	0.42672
35	6889.785	0.17780	85	16732.335	0.43180
36	7086.636	0.18288	86	16929.186	0.43688
37	7283.487	0.18796	87	17126.037	0.44196
38	7480.338	0.19304	88	17322.888	0.44704
39	7677.189	0.19812	89	17519.739	0.45212
40	7874.040	0.20320	90	17716.590	0.45720
41	8070.891	0.20828	91	17913.441	0.46228
42	8267.742	0.21336	92	18101.292	0.46736
43	8464.593	0.21844	93	18307.143	0.47244
44	8661.444	0.22352	94	18503.994	0.47752
45	8858.295	0.22860	95	18700.845	0.48260
46	9055.146	0.23368	96	18897.696	0.48768
47	9251.997	0.23876	97	19094.547	0.49276
48	9448.848	0.24384	98	19291.398	0.49784
49	9645.699	0.24892	99	19488.249	0.50292
50	9842.550	0.25400	100	19685.100	0.50800

Faktor: 1 m/s = 196.851 ft./min.
1 ft./min = 0.00508 m/s

	m/s = ft./min	ft./min = m/s		m/s = ft./min	ft./min = m/s
101	19881.951	0.51308	151	29724.501	0.76708
102	20078.802	0.51816	152	29921.352	0.77216
103	20275.653	0.52324	153	30118.203	0.77724
104	20472.504	0.52832	154	30315.054	0.78232
105	20669.355	0.53340	155	30511.905	0.78740
106	20866.206	0.53848	156	30708.756	0.79248
107	21063.057	0.54356	157	30905.607	0.79756
108	21259.908	0.54864	158	31102.458	0.80264
109	21456.759	0.55372	159	31299.309	0.80772
110	21653.610	0.55880	160	31496.160	0.81280
111	21850.461	0.56388	161	31693.011	0.81788
112	22047.312	0.56896	162	31889.862	0.82296
113	22244.163	0.57404	163	32086.713	0.82804
114	22441.014	0.57912	164	32283.564	0.83312
115	22637.865	0.58420	165	32480.415	0.83820
116	22834.716	0.58928	166	32677.266	0.84328
117	23031.567	0.59436	167	32874.117	0.84836
118	23228.418	0.59944	168	33070.968	0.85344
119	23425.269	0.60452	169	33267.819	0.85852
120	23622.120	0.60960	170	33464.670	0.86360
121	23818.971	0.61468	171	33661.521	0.86868
122	24015.822	0.61976	172	33858.372	0.87376
123	24212.673	0.62484	173	34055.223	0.87884
124	24409.524	0.62992	174	34252.074	0.88392
125	24606.375	0.63500	175	34448.925	0.88900
126	24803.226	0.64008	176	34645.776	0.89408
127	25000.077	0.64516	177	34842.627	0.89916
128	25196.928	0.65024	178	35039.478	0.90424
129	25393.779	0.65532	179	35236.329	0.90932
130	25590.630	0.66040	180	35433.180	0.91440
131	25787.481	0.66548	181	35630.031	0.91948
132	25984.332	0.67056	182	35826.882	0.92456
133	26181.183	0.67564	183	36023.433	0.92964
134	26378.034	0.68072	184	36220.584	0.93472
135	26574.885	0.68580	185	36417.435	0.93980
136	26771.736	0.69088	186	36614.286	0.94488
137	26968.587	0.69596	187	36811.137	0.94996
138	27165.438	0.70104	188	37007.988	0.95504
139	27362.289	0.70612	189	37204.839	0.96012
140	27559.140	0.71120	190	37401.690	0.96520
141	27755.991	0.71628	191	37598.541	0.97028
142	27952.842	0.72136	192	37795.392	0.97536
143	28149.693	0.72644	193	37992.243	0.98044
144	28346.544	0.73152	194	38189.094	0.98552
145	28543.395	0.73660	195	38385.945	0.99060
146	28740.246	0.74168	196	38582.796	0.99568
147	28967.097	0.74676	197	38779.647	1.00076
148	29133.948	0.75184	198	38976.498	1.00584
149	29330.799	0.75692	199	39173.349	1.01092
150	29527.650	0.76200	200	39370.200	1.01600

Faktor: 1 m/s = 196.851 ft./min
1 ft./min = 0.00508 m/s

ft./min m/s =	= ft./min	m/s	ft./min m/s =	= ft./min	m/s
201	39567.051	1.02108	251	49409.601	1.27508
202	39763.902	1.02616	252	49606.452	1.28016
203	39960.753	1.03124	253	49803.303	1.28524
204	40157.604	1.03632	254	50000.154	1.29032
205	40354.455	1.04140	255	50197.005	1.29540
206	40551.306	1.04648	256	50393.856	1.30048
207	40748.157	1.05516	257	50590.707	1.30556
208	40945.008	1.05664	258	50787.558	1.31064
209	41141.859	1.06172	259	50984.409	1.31572
210	41338.710	1.06680	260	51181.260	1.32080
211	41535.561	1.07188	261	51378.111	1.32588
212	41732.412	1.07696	262	51574.962	1.33096
213	41929.263	1.08204	263	51771.813	1.33604
214	42126.114	1.08712	264	51968.664	1.34112
215	42322.965	1.09220	265	52165.515	1.34620
216	42519.816	1.09728	266	52362.366	1.35128
217	42716.667	1.10236	267	52559.217	1.35636
218	42913.518	1.10744	268	52756.068	1.36144
219	43110.369	1.11252	269	52952.919	1.36652
220	43307.220	1.11760	270	53149.770	1.37160
221	43504.071	1.12268	271	53346.621	1.37668
222	43700.922	1.12776	272	53543.472	1.38176
223	43897.773	1.13284	273	53740.323	1.38684
224	44094.624	1.13792	274	53937.174	1.39192
225	44291.475	1.14300	275	54134.025	1.39700
226	44488.326	1.14808	276	54330.876	1.40208
227	44685.177	1.15316	277	54527.727	1.40716
228	44882.028	1.15824	278	54724.578	1.41224
229	45078.879	1.16332	279	54921.429	1.41732
230	45275.730	1.16840	280	55118.280	1.42240
231	45472.581	1.17348	281	55315.131	1.42748
232	45669.432	1.17856	282	55511.982	1.43256
233	45866.283	1.18364	283	55708.833	1.43764
234	46063.134	1.18872	284	55905.684	1.44272
235	46259.985	1.19380	285	56102.535	1.44780
236	46456.836	1.19888	286	56299.386	1.45288
237	46653.687	1.20396	287	56496.237	1.45796
238	46850.538	1.20904	288	56693.088	1.46304
239	47047.389	1.21412	289	56889.939	1.46812
240	47244.240	1.21920	290	57086.790	1.47320
241	47441.091	1.22428	291	57283.641	1.47828
242	47637.942	1.22936	292	57480.492	1.48336
243	47834.793	1.23444	293	57677.343	1.48844
244	48031.644	1.23952	294	57874.194	1.49352
245	48228.495	1.24460	295	58071.045	1.49860
246	48425.346	1.24968	296	58267.896	1.50368
247	48622.197	1.25476	297	58464.747	1.50876
248	48819.048	1.25984	298	58661.598	1.51384
249	49015.899	1.26492	299	58858.449	1.51892
250	49212.750	1.27000	300	59055.300	1.52400

Faktor: 1 m/s = 169.851 ft./min
1 ft./min = 0.00508 m/s

ft./min = / m/s =	ft./min	m/s	ft./min = / m/s =	ft./min	m/s
301	59252.151	1.52908	351	69094.701	1.78308
302	59449.002	1.53416	352	69291.552	1.78816
303	59645.853	1.53924	353	69488.403	1.79324
304	59842.704	1.54432	354	69685.254	1.79832
305	60039.555	1.54940	355	69882.105	1.80340
306	60236.406	1.55448	356	70078.956	1.80848
307	60433.257	1.55956	357	70275.807	1.81356
308	60630.108	1.56464	358	70472.658	1.81864
309	60826.959	1.56972	359	70669.509	1.82372
310	61023.810	1.57480	360	70866.360	1.82880
311	61220.661	1.57988	361	71063.211	1.83388
312	61417.512	1.58496	362	71260.062	1.83896
313	61614.363	1.59004	363	71456.913	1.84404
314	61811.214	1.59512	364	71653.764	1.84912
315	62008.065	1.60020	365	71850.615	1.85420
316	62204.916	1.60528	366	72047.466	1.85928
317	62401.767	1.61036	367	72244.317	1.86436
318	62598.618	1.61544	368	72441.168	1.86944
319	62795.469	1.62052	369	72638.019	1.87452
320	62992.320	1.62560	370	72834.870	1.87960
321	63189.171	1.63068	371	73031.721	1.88468
322	63386.022	1.63576	372	73228.572	1.88976
323	63582.873	1.64084	373	73425.423	1.89484
324	63779.724	1.64592	374	73622.274	1.89992
325	63976.575	1.65100	375	73819.125	1.90500
326	64173.426	1.65608	376	74015.976	1.91008
327	64370.277	1.66116	377	74212.827	1.91516
328	64567.128	1.66624	378	74409.678	1.92024
329	64763.979	1.67132	379	74606.529	1.92532
330	64960.830	1.67640	380	74803.380	1.93040
331	65157.681	1.68148	381	75000.231	1.93548
332	65354.532	1.68656	382	75197.082	1.94056
333	65551.383	1.69164	383	75393.933	1.94564
334	65748.234	1.69672	384	75590.784	1.95072
335	65945.085	1.70180	385	75787.635	1.95580
336	66141.936	1.70688	386	75984.486	1.96088
337	66338.787	1.71196	387	76181.337	1.96596
338	66535.638	1.71704	388	76378.188	1.97104
339	66732.489	1.72212	389	76575.039	1.97612
340	66929.340	1.72720	390	76771.890	1.98120
341	67126.191	1.73228	391	76968.741	1.98628
342	67323.022	1.73736	392	77165.592	1.99136
343	67519.893	1.74244	393	77362.443	1.99644
344	67716.744	1.74752	394	77559.294	2.00152
345	67913.593	1.75260	395	77756.145	2.00660
346	68110.446	1.75768	396	77952.996	2.01168
347	68307.297	1.76276	397	78149.847	2.01676
348	68504.148	1.76784	398	78346.698	2.02184
349	68700.999	1.77292	399	78543.549	2.02692
350	68897.850	1.77800	400	78740.400	2.03200

Faktor: 1 m/s = 196.851 ft./min
1 ft./min = 0.00508 m/s

ft./min = m/s m/s = ft./min			ft./min = m/s m/s = ft./min		
401	78937.251	2.03708	451	88779.801	2.29108
402	79134.102	2.04216	452	88976.652	2.29616
403	79330.953	2.04724	453	89173.503	2.30124
404	79527.804	2.05232	454	89370.354	2.30632
405	79724.655	2.05740	455	89567.205	2.31140
406	79921.506	2.06248	456	89764.056	2.31648
407	80118.357	2.06756	457	89960.907	2.32156
408	80315.208	2.07264	458	90157.758	2.32664
409	80512.059	2.07772	459	90354.609	2.33172
410	80708.910	2.08280	460	90551.460	2.33680
411	80905.761	2.08788	461	90748.311	2.34188
412	81102.612	2.09296	462	90945.162	2.34696
413	81299.463	2.09804	463	91142.013	2.35204
414	81496.314	2.10312	464	91338.864	2.35712
415	81693.169	2.10820	465	91535.715	2.36220
416	81890.016	2.11328	466	91732.566	2.36728
417	82086.867	2.11836	467	91929.417	2.37236
418	82283.718	2.12344	468	92126.268	2.37744
419	82480.569	2.12852	469	92323.119	2.38252
420	82677.420	2.13360	470	92519.970	2.38760
421	82874.271	2.13868	471	92716.821	2.39268
422	83071.122	2.14376	472	92913.672	2.39776
423	83267.973	2.14884	473	93110.523	2.40284
424	83464.824	2.15392	474	93307.374	2.40792
425	83661.675	2.15900	475	93504.225	2.41300
426	83858.526	2.16408	476	93701.076	2.41808
427	84055.377	2.16916	477	93897.927	2.42316
428	84252.228	2.17424	478	94094.778	2.42824
429	84449.079	2.17932	479	94291.629	2.43332
430	84645.930	2.18440	480	94488.480	2.43840
431	84842.781	2.18948	481	94685.331	2.44348
432	85039.632	2.19456	482	94882.182	2.44856
433	85236.483	2.19964	483	95079.033	2.45364
434	85433.334	2.20472	484	95275.884	2.45872
435	85630.185	2.20980	485	95472.735	2.46380
436	85827.036	2.21488	486	95669.586	2.46888
437	86023.887	2.21996	487	95866.437	2.47396
438	86220.738	2.22504	488	96063.288	2.47904
439	86417.589	2.23012	489	96260.139	2.48412
440	86614.440	2.23520	490	96456.990	2.48920
441	86811.291	2.24028	491	96653.841	2.49428
442	87008.142	2.24536	492	96850.692	2.49936
443	87204.993	2.25044	493	97047.543	2.50444
444	87401.844	2.25552	494	97244.394	2.50952
445	87598.695	2.26060	495	97441.245	2.51460
446	87795.546	2.26568	496	97638.096	2.51968
447	87992.397	2.27076	497	97834.947	2.52476
448	88189.248	2.27584	498	98031.798	2.52984
449	88386.099	2.28092	499	98228.649	2.53492
450	88582.950	2.28600	500	98425.500	2.54000

Faktor: 1 m/s = 196.851 ft./min
1 ft./min = 0.00508 m/s

ft./min = m/s m/s =	ft./min	m/s	ft./min = m/s m/s =	ft./min	m/s
5o1	98622.351	2.54508	551	108464.901	2.79908
5o2	98819.202	2.55016	552	108661.752	2.80416
5o3	99016.053	2.55524	553	108858.603	2.80924
5o4	99212.904	2.56032	554	109055.454	2.81432
5o5	99409.755	2.56540	555	109252.305	2.81940
5o6	99606.606	2.57048	556	109449.156	2.82448
5o7	99803.457	2.57556	557	109646.007	2.82956
5o8	100000.308	2.58064	558	109842.858	2.83464
5o9	100197.159	2.58572	559	110039.709	2.83972
51o	100394.010	2.59080	56o	110236.560	2.84480
511	100590.861	2.59588	561	110433.411	2.84988
512	100787.712	2.60096	562	110630.262	2.85496
513	100984.563	2.60604	563	110827.113	2.86004
514	101181.414	2.61112	564	111023.964	2.86512
515	101378.265	2.61620	565	111220.815	2.87020
516	101575.116	2.62128	566	111417.666	2.87528
517	101771.967	2.62636	567	111614.517	2.88036
518	101968.818	2.63144	568	111811.368	2.88544
519	102165.669	2.63652	569	112008.219	2.89052
52o	102362.520	2.64160	57o	112205.070	2.89560
521	102559.371	2.64668	571	112401.921	2.90068
522	102756.222	2.65176	572	112598.772	2.90576
523	102953.073	2.65684	573	112795.623	2.91084
524	103149.924	2.66192	574	112992.474	2.91592
525	103346.775	2.66700	575	113189.325	2.92100
526	103543.626	2.67208	576	113386.176	2.92608
527	103740.477	2.67716	577	113583.027	2.93116
528	103937.328	2.68224	578	113779.878	2.93624
529	104134.179	2.68732	579	113976.729	2.94132
53o	104331.030	2.69240	58o	114173.580	2.94640
531	104527.881	2.69748	581	114370.431	2.95148
532	104724.732	2.70256	582	114567.282	2.95656
533	104921.583	2.70764	583	114764.133	2.96164
534	105118.434	2.71272	584	114960.984	2.96672
535	105315.285	2.71780	585	115157.835	2.97180
536	105512.136	2.72288	586	115354.686	2.97688
537	105708.136	2.72796	587	115551.537	2.98196
538	105905.838	2.73304	588	115748.388	2.98704
539	106102.689	2.73812	589	115945.239	2.99212
54o	106299.540	2.74320	59o	116142.090	2.99720
541	106496.391	2.74828	591	116338.941	3.00228
542	106693.242	2.75336	592	116535.792	3.00736
543	106890.093	2.75844	593	116732.643	3.01244
544	107086.944	2.76352	594	116929.494	3.01752
545	107283.795	2.76860	595	117126.345	3.02260
546	107480.646	2.77368	596	117323.196	3.02768
547	107677.497	2.77876	597	117520.047	3.03276
548	107874.348	2.78384	598	117716.898	3.03784
549	108071.199	2.78892	599	117913.749	3.04292
55o	108268.050	2.79400	6oo	118110.600	3.048800

Faktor: 1 m/s = 196.851 ft./min
1 ft./min = 0.00508 m/s

ft./min = m/s m/s = ft./min	ft./min	m/s
601	118307.451	3.05308
602	118504.302	3.05816
603	118701.153	3.06324
604	118898.004	3.06832
605	119094.855	3.07340
606	119291.706	3.07848
607	119488.557	3.08356
608	119685.408	3.08864
609	119882.259	3.09372
610	120079.110	3.09880
611	120275.961	3.10388
612	120472.812	3.10896
613	120669.663	3.11404
614	120866.514	3.11912
615	121063.365	3.12420
616	121260.216	3.12928
617	121457.067	3.13436
618	121653.918	3.13944
619	121850.769	3.14452
620	122047.620	3.14960
621	122244.471	3.15468
622	122441.322	3.15976
623	122638.173	3.16484
624	122835.024	3.16992
625	123031.875	3.17500
626	123228.726	3.18008
627	123425.577	3.18516
628	123622.428	3.06324
629	118898.004	3.06832
630	119094.855	3.07340
631	124212.981	3.20548
632	124409.832	3.21056
633	124606.683	3.21564
634	124803.534	3.22072
635	125000.385	3.22580
636	125197.236	3.23088
637	125394.087	3.23596
638	125590.938	3.24104
639	125787.799	3.24612
640	125984.640	3.25120
641	126181.491	3.25628
642	126378.342	3.26136
643	126575.193	3.26644
644	126772.044	3.27152
645	126968.895	3.27660
646	127165.746	3.28168
647	127362.597	3.28676
648	127559.448	3.29184
649	127756.299	3.29692
650	127953.150	3.30200
651	128150.001	3.30708
652	128346.852	3.31216
653	128543.703	3.31724
654	128740.554	3.32232
655	128937.405	3.32740
656	129134.256	3.33248
657	129331.107	3.33756
658	129527.958	3.34264
659	129724.809	3.34772
660	129921.660	3.35280
661	130118.511	3.35788
662	130315.362	3.36296
663	130512.213	3.36804
664	130709.064	3.37312
665	130905.915	3.37820
666	131102.766	3.38328
667	131299.617	3.38836
668	131496.468	3.39344
669	131693.319	3.39852
670	131890.170	3.40360
671	132087.021	3.40868
672	132283.872	3.41376
673	132807.723	3.41884
674	132677.574	3.42392
675	132874.425	3.42900
676	133071.276	3.43408
677	133268.127	3.43916
678	133464.978	3.44424
679	133661.829	3.44932
680	133858.680	3.45440
681	134055.531	3.45948
682	134252.382	3.46456
683	134449.233	3.46964
684	134646.084	3.47472
685	134842.935	3.47980
686	135039.786	3.48488
687	135236.637	3.48996
688	135433.488	3.49504
689	135630.339	3.50012
690	135827.190	3.50520
691	136024.041	3.51028
692	136220.892	3.51536
693	136177.743	3.52044
694	136614.594	3.52552
695	136811.445	3.53060
696	137008.296	3.53568
697	137205.147	3.54076
698	137401.998	3.54584
699	137598.849	3.55092
700	137795.700	3.55600

Faktor: 1 m/s = 196.851 ft./min
1 ft./min = 0.00508 m/s

	ft./min = m/s m/s = ft./min	
701	137992.551	3.56108
702	138189.402	3.56616
703	138386.253	3.57124
704	138583.104	3.57623
705	138779.955	3.58140
706	138976.806	3.58648
707	139173.657	3.59156
708	139370.508	3.59664
709	139567.359	3.60172
710	139764.210	3.60680
711	139961.061	3.61188
712	140157.912	3.61696
713	140354.763	3.62204
714	140551.614	3.62712
715	140748.465	3.63220
716	140945.316	3.63728
717	141142.167	3.64236
718	141339.018	3.64744
719	141535.869	3.65252
720	141732.720	3.65760
721	141929.571	3.66268
722	142126.422	3.66776
723	142323.273	3.67284
724	142520.124	3.67792
725	142716.975	3.68300
726	142913.826	3.68808
727	143110.677	3.69316
728	143330.528	3.69824
729	143504.379	3.70332
730	143701.230	3.70840
731	143898.081	3.71348
732	144094.932	3.71856
733	144291.783	3.72364
734	144488.634	3.72872
735	144685.485	3.73380
736	144882.336	3.73888
737	145079.187	3.74396
738	145276.038	3.74904
739	145472.889	3.75412
740	145669.740	3.75920
741	145866.591	3.76428
742	146063.442	3.76936
743	146260.293	3.77444
744	146457.144	3.77952
745	146653.995	3.78460
746	146850.846	3.78968
747	147047.697	3.79476
748	147244.548	3.79984
749	147441.399	3.80492
750	147638.250	3.81000
751	147835.101	3.81508
752	148031.952	3.82016
753	148228.803	3.82524
754	148425.654	3.83032
755	148622.505	3.83540
756	148819.356	3.84048
757	149016.207	3.84556
758	149213.058	3.85064
759	149409.909	3.85572
760	149606.760	3.86080
761	149803.611	3.86588
762	150000.462	3.87096
763	150197.313	3.87604
764	150394.164	3.88112
765	150591.051	3.88620
766	150787.866	3.89128
767	151984.717	3.89636
768	151181.568	3.90144
769	151378.419	3.90652
770	151575.270	3.91160
771	151772.121	3.91668
772	151968.972	3.92176
773	152165.823	3.92684
774	152362.674	3.93192
775	152559.525	3.93700
776	152756.376	3.94208
777	152953.227	3.94716
778	153150.078	3.95224
779	158346.929	3.95732
780	153543.780	3.96240
781	153740.631	3.96748
782	153937.482	3.97256
783	154134.333	3.97764
784	154331.184	3.98272
785	154528.028	3.98780
786	154724.884	3.99288
787	154921.737	3.99796
788	155118.588	4.00304
789	155315.439	4.00812
790	155512.290	4.01320
791	155709.141	4.01828
792	155905.992	4.02336
793	156102.843	4.02844
794	156299.694	4.03352
795	156496.545	4.03860
796	156693.396	4.04368
797	156890.247	4.04876
798	157087.098	4.05384
799	157283.949	4.05892
800	157480.800	4.06400

Faktor: 1 m/s = 196.851 ft./min
1 ft./min = 0.00508 m/s

ft./min = / m/s =	ft./min	m/s
8o1	157677.651	4.06908
8o2	157874.502	4.07416
8o3	158071.353	4.07924
8o4	158268.204	4.08432
8o5	158465.055	4.08940
8o6	158661.906	4.09448
8o7	158858.757	4.09956
8o8	159055.608	4.10464
8o9	159252.459	4.10972
81o	159449.310	4.11480
811	159646.161	4.11988
812	159843.012	4.12496
813	160039.863	4.13004
814	160236.714	4.13512
815	160433.565	4.14020
816	160630.416	4.14528
817	160827.267	4.15036
818	161024.118	4.15544
819	161220.969	4.16052
82o	161417.820	4.16560
821	161614.671	4.17068
822	161811.522	4.17576
823	162008.373	4.18084
824	162205.224	4.18592
825	162402.075	4.19100
826	162598.926	4.19608
827	162795.777	4.20116
828	162992.628	4.20624
829	163189.479	4.21132
83o	163386.330	4.21640
831	163583.181	4.22148
832	163780.032	4.22656
833	163976.883	4.23164
834	164173.734	4.23672
835	164370.585	4.24180
836	164567.436	4.24688
837	164764.287	4.25196
838	164961.138	4.25704
839	165157.989	4.26212
84o	165535.840	4.26720
841	165551.691	4.27228
842	165748.542	4.27736
843	165945.393	4.28244
844	166142.244	4.28752
845	166339.095	4.29260
846	166535.946	4.29768
847	166732.797	4.30276
848	166929.648	4.30784
849	167126.499	4.31292
85o	167323.350	4.31800
851	167520.201	4.32308
852	167717.052	4.32816
853	167913.903	4.33324
854	168110.754	4.34832
855	168307.605	4.34340
856	168504.456	4.34848
857	168701.307	4.35356
858	168898.158	4.35864
859	169095.009	4.36372
86o	169291.860	4.36880
861	169488.711	4.37388
862	169685.562	4.37896
863	169882.413	4.38404
864	170079.264	4.38912
865	170276.115	4.39420
866	170472.966	4.39928
867	170669.817	4.40436
868	170.866.668	4.40944
869	171063.519	4.41452
87o	171260.370	4.41960
871	171457.221	4.42468
872	171654.072	4.42976
873	171850.923	4.43484
874	172074.774	4.43992
875	172244.625	4.44500
876	172441.766	4.44008
877	172638.327	4.45516
878	172835.178	4.46024
879	173032.029	4.46532
88o	173228.880	4.47040
881	173425.731	4.47548
882	173622.582	4.48056
883	173819.433	4.48564
884	174016.284	4.49072
885	174213.135	4.49580
886	174099.986	4.50088
887	174606.837	4.50596
888	174803.688	4,51104
889	175000.539	4.51612
89o	175197.390	4.52120
891	175394.241	4.52628
892	175591.092	4.53136
893	175787.943	4.53644
894	175984.794	4.54152
895	176181.645	4.54660
896	176378.496	4.55168
897	176575.347	4.55676
898	176772.198	4.56184
899	176969.049	4.56692
9oo	177165.900	4.57200

Faktor: 1 m/s = 196.851 ft./min
1 ft./min = 0.00508 m/s

ft./min =	m/s = ft./min	m/s	ft./min =	m/s = ft./min	m/s
901	177362.751	4.57708	951	187205.301	4.83108
902	177559.602	4.58216	952	187402.152	4.83616
903	177756.453	4.58724	953	187599.003	4.84124
904	177953.304	4.59232	954	187795.854	4.84632
905	178150.155	4.59740	955	187992.705	4.85140
906	178347.006	4.60248	956	188189.556	4.85648
907	178543.857	4.60756	957	188386.407	4.86156
908	178740.708	4.61264	958	188583.258	4.86664
909	178937.559	4.61772	959	188780.109	4.87172
910	179134.410	4.62280	960	188976.960	4.87680
911	179331.261	4.62788	961	189173.811	4.88188
912	179528.112	4.63296	962	189370.662	4.88696
913	179724.963	4.63804	963	189567.513	4.89204
914	179992.814	4.64312	964	189764.364	4.89712
915	180118.665	4.64820	965	189961.215	4.90220
916	180315.516	4.65328	966	190158.066	4.90728
917	180512.367	4.65836	967	190354.917	4.91236
918	180709.218	4.66344	968	190551.768	4.91744
919	180906.069	4.66852	969	190748.619	4.92252
920	181102.920	4.67360	970	190945.470	4.92760
921	181299.771	4.67868	971	191142.321	4.93268
922	181496.622	4.68376	972	191339.172	4.93776
923	181693.473	4.68884	973	191536.023	4.94284
924	181890.324	4.69392	974	191732.874	4.94792
925	182087.175	4.69900	975	191297.725	4.95300
926	182284.026	4.70408	976	192126.576	4.95808
927	182480.877	4.70916	977	192323.427	4.96316
928	182677.728	4.71424	978	192529.278	4.96824
929	182874.579	4.71932	979	192717.129	4.97332
930	183071.430	4.72440	980	192913.980	4.97840
931	183268.281	4.72948	981	193110.831	4.98348
932	183465.132	4.73456	982	193307.682	4.98856
933	183661.983	4.73964	983	193504.533	4.99364
934	183858.834	4.74472	984	193701.384	4.99872
935	184055.685	4.74980	985	193898.235	5.00380
936	184252.536	4.75488	986	194095.086	5.00888
937	184449.387	4.75996	987	194291.937	5.01396
938	184646.238	4.76504	988	194488.788	5.01904
939	184843.089	4.77012	989	194685.639	5.02412
940	185039.940	4.77520	990	194882.490	5.02920
941	185236.791	4.78028	991	195079.341	5.03428
942	185433.642	4.78536	992	195276.192	5.03936
943	185630.493	4.79044	993	195473.043	5.04444
944	185827.344	4.79552	994	195669.894	5.04952
945	186024.195	4.80060	995	195866.745	5.05460
946	186221.046	4.80568	996	196063.596	5.05968
947	186417.897	4.81076	997	196260.447	5.06476
948	186614.748	4.81584	998	196457.298	5.06984
949	186811.599	4.82092	999	196654.149	5.07492
950	187008.450	4.82600	1000	196851.000	5.08000

Kilogrammeterquadrat in Pfund Quadratzoll
kilogram square meter into pounds square inch 23

Bei dieser Tabelle ist berücksichtigt, daß die Massenwirkung von sich drehenden Teilen in den verschiedenen Maßsystemen verschiedenartig definiert wird.

In this table it has been considered that the mass effect of rotating parts is defined differently in the various systems of measurement.

In Ländern mit metrischem Maßsystem wird der Begriff Schwungmoment GD^2 (kgm^2), in Ländern mit englischem Maßsystem der Begriff flywheeleffect WR^2 (lbs. $ft.^2$) benutzt.

In countries with the netric system of measurement one uses the term moment of inertia WD^2 (kgm^2) and in countries with the British system of measurement the term flywheel effect WR^2 (lbs. $ft.^2$)

Im metrischen Maßsystem wird also das Gewicht mit D^2, also mit dem Quadrat des Trägheitsdurchmessers, im englischen Maßsystem mit R^2, also mit dem Quadrat des Trägkeitsradius multipliziert.

This means that in the metric system of measurement the weight is multiplied by D^2, i.e. by the square of the diameter of inertia, and in the British system of measurement by R^2, i.e. by the square of the radius of inertia.

Es besteht demnach die folgende Beziehung:

Thus, the following relation exists:

1 kgm^2	(GD^2)	entspricht corresponds	5.9324 lbs. $ft.^2$ (WR^2)
1 lbs. $ft.^2$	(WR^2)	entspricht corresponds	0.1686 kgm^2 (GD^2)

Faktor: 1 kgm^2 = 854.3 lbs.sq.in.
1 lbs.sq.in. = 0.001174 kgm^2

lbs.sq.in. =		kgm^2	lbs.sq.in. =		kgm^2
kgm^2 =	lbs.sq.in.		kgm^2 =	lbs.sq.in.	
1	854.3	0.001171	51	43569.1	0.059698
2	1708.6	0.002341	52	44423.4	0.060869
3	2562.9	0.003512	53	45277.7	0.062039
4	3417.2	0.004682	54	46132.0	0.063210
5	4271.5	0.005853	55	46986.3	0.064380
6	5125.8	0.007023	56	47840.6	0.065551
7	5980.1	0.008194	57	48694.9	0.066722
8	6834.4	0.009364	58	49549.2	0.067892
9	7688.7	0.010535	59	50403.5	0.069063
10	8543.0	9.011706	60	51257.8	0.070233
11	9397.3	0.012876	61	52112.1	0.071404
12	10251.6	0.014047	62	52966.4	0.072574
13	11105.9	0.015217	63	53820.7	0.073745
14	11960.1	0.016388	64	54675.0	0.074915
15	12814.4	0.017558	65	55529.3	0.076086
16	13668.7	0.018729	66	56383.6	0.077257
17	14523.0	0.019899	67	57237.9	0.078427
18	15377.3	0.021070	68	58092.1	0.079598
19	16231.6	0.022241	69	58946.4	0.080768
20	17085.9	0.023411	70	59800.7	0.081939
21	17940.2	0.024582	71	60655.0	0.083109
22	18794.5	0.025752	72	61509.3	0.084280
23	19648.8	0.026923	73	62363.6	0.085450
24	20503.1	0.028093	74	63217.9	0.086621
25	21357.4	0.029264	75	64072.2	0.087792
26	22211.7	0.030434	76	64926.5	0.088962
27	23066.0	0.031605	77	65780.8	0.090133
28	23920.3	0.032776	78	66635.1	0.091303
29	24774.6	0.033946	79	67489.4	0.092474
30	25628.9	0.035117	80	68343.7	0.093644
31	26483.2	0.036287	81	69198.0	0.094815
32	27337.5	0.037458	82	70052.3	0.095985
33	28191.8	0.038628	83	70906.6	0.097156
34	29046.1	0.039799	84	71760.9	0.098327
35	29900.4	0.040969	85	72615.2	0.099497
36	30754.7	0.042140	86	73469.5	0.100668
37	31609.0	0.043310	87	74323.8	0.101838
38	32463.3	0.044481	88	75178.1	0.103009
39	33317.6	0.045652	89	76032.4	0.104179
40	34171.9	0.046822	90	76886.7	0.105350
41	35026.1	0.047993	91	77741.0	0.106520
42	35880.4	0.049163	92	78595.3	0.107691
43	36734.7	0.050334	93	79449.6	0.108862
44	37589.0	0.051504	94	80303.9	0.110032
45	38443.3	0.052675	95	81158.1	0.111203
46	39297.6	0.053845	96	82012.4	0.112373
47	40151.9	0.055016	97	82866.7	0.113544
48	41006.2	0.056187	98	83721.0	0.114714
49	41860.5	0.057357	99	84575.3	0.115885
50	42714.8	0.058528	100	85429.6	0.117055

Faktor: 1 kgm^2 = 854.3 lbs.sq.in.
1 lbs.sq.in. = 0.001174 kgm^2

	lbs.sq.in. =	kgm^2		lbs.sq.in. =	kgm^2
kgm^2 =	lbs.sq.in.		kgm^2 =	lbs.sq.in.	
101	86283.9	0.117055	151	128998.7	0.176754
102	87138.2	0.119397	152	129853.0	0.177924
103	87992.5	0.120567	153	130707.3	0.179095
104	88846.8	0.121738	154	131561.6	0.180265
105	89701.1	0.122908	155	132415.9	0.181436
106	90555.4	0.124079	156	133270.2	0.182606
107	91409.7	0.125249	157	134124.5	0.183777
108	92264.0	0.126420	158	134978.8	0.184948
109	93118.3	0.127590	159	135833.1	0.186118
110	93972.6	0.128761	160	136687.4	0.187289
111	94826.9	0.129931	161	137541.7	0.188459
112	95681.2	0.131102	162	138396.0	0.189630
113	96535.5	0.132273	163	139250.3	0.190800
114	97389.8	0.133443	164	140104.6	0.191971
115	98244.1	0.134614	165	140958.9	0.193141
116	99098.4	0.135784	166	141813.2	0.194312
117	99952.7	0.136955	167	142667.5	0.195483
118	100807.0	0.138125	168	143521.8	0.196653
119	101661.3	0.139296	169	144376.1	0.197824
120	102515.6	0.140466	170	145230.4	0.198994
121	103369.9	0.141637	171	146084.7	0.200165
122	104224.1	0.142808	172	146939.0	0.201335
123	105078.4	0.143978	173	147793.3	0.202506
124	105932.7	0.145149	174	148647.6	0.203676
125	106787.0	0.146319	175	149501.9	0.204847
126	107641.3	0.147490	176	150356.1	0.206018
127	108495.6	0.148660	177	151210.4	0.207188
128	109349.9	0.149831	178	152064.7	0.208359
129	110204.2	0.151001	179	152919.0	0.209529
130	111058.5	0.152172	180	153773.3	0.210700
131	111912.8	0.153343	181	154627.6	0.211870
132	112767.1	0.154513	182	155481.9	0.213041
133	113621.4	0.155684	183	156336.2	0.214211
134	114475.7	0.156854	184	157190.5	0.215382
135	115330.0	0.158025	185	158044.8	0.216552
136	116184.3	0.159195	186	158899.1	0.217723
137	117038.6	0.160366	187	159753.4	0.218894
138	117892.9	0.161536	188	160607.7	0.220064
139	118747.2	0.162707	189	161462.0	0.221235
140	119601.5	0.163878	190	162316.3	0.222405
141	120455.8	0.165048	191	163170.6	0.223576
142	121310.1	0.166219	192	164024.9	0.224746
143	122164.4	0.167389	193	164879.2	0.225917
144	123018.7	0.168560	194	165733.5	0.227087
145	123873.0	0.169730	195	166587.8	0.228258
146	124727.3	0.170901	196	167442.1	0.229429
147	125581.6	0.172071	197	168296.4	0.230599
148	126435.9	0.173242	198	169150.7	0.231770
149	127290.1	0.174413	199	170005.0	0.232940
150	128144.4	0.175583	200	170859.3	0.234111

Faktor: 1 kgm^2 = 854.3 lbs.sq.in.
1 lbs.sq.in. = 0.001174 kgm^2

	lbs.sq.in. =	kgm^2		lbs.sq.in. =	kgm^2
	kgm^2 = lbs.sq.in.			kgm^2 = lbs.sq.in.	
201	171713.6	0.235281	251	214428.4	0.293809
202	172567.9	0.236452	252	215282.7	0.294980
203	173422.1	0.237622	253	216137.0	0.296150
204	174276.4	0.238793	254	216991.3	0.297321
205	175130.7	0.239964	255	217845.6	0.298491
206	175985.0	0.241134	256	218699.9	0.299662
207	176839.3	0.242305	257	219554.1	0.300832
208	177693.6	0.243475	258	220408.4	0.302003
209	178547.9	0.244646	259	221262.7	0.303173
210	179402.2	0.245816	260	222117.0	0.304344
211	180256.5	0.246987	261	222971.3	0.305515
212	181110.8	0.248157	262	223825.6	0.306685
213	181965.1	0.249328	263	224679.9	0.307856
214	182819.4	0.250499	264	225534.2	0.309026
215	183673.7	0.251669	265	226388.5	0.310197
216	184528.0	0.252840	266	227242.8	0.311367
217	185382.3	0.254010	267	228097.1	0.312538
218	186236.6	0.255181	268	228951.4	0.313708
219	187090.9	0.256351	269	229805.7	0.314879
220	187945.2	0.257522	270	230660.0	0.316050
221	188799.5	0.258692	271	231514.3	0.317220
222	189653.8	0.259863	272	232368.6	0.318391
223	190508.1	0.261034	273	233222.9	0.319561
224	191362.4	0.262204	274	234077.2	0.320732
225	192216.7	0.263375	275	234931.5	0.321902
226	193071.0	0.264545	276	235785.8	0.323073
227	193925.3	0.265716	277	236640.1	0.324243
228	194779.6	0.266886	278	237494.4	0.325414
229	195633.9	0.268057	279	238348.7	0.326585
230	196488.1	0.269227	280	239203.0	0.327755
231	197342.4	0.270398	281	240057.3	0.328926
232	198196.7	0.271569	282	240911.6	0.330096
233	199051.0	0.272739	283	241765.9	0.331267
234	199905.3	0.273910	284	242620.1	0.332437
235	200759.6	0.275080	285	243474.4	0.333608
236	201613.9	0.276251	286	244328.7	0.334778
237	202468.2	0.277421	287	245183.0	0.335949
238	203322.5	0.278592	288	246037.3	0.337120
239	204176.8	0.279762	289	246891.6	0.338290
240	205031.1	0.280933	290	247745.9	0.339461
241	205885.4	0.282104	291	248600.2	0.340631
242	206739.7	0.283274	292	249454.5	0.341802
243	207594.0	0.284445	293	250308.8	0.342972
244	208448.3	0.285615	294	251163.1	0.344143
245	209302.6	0.286786	295	252017.4	0.345313
246	210156.9	0.287956	296	252871.7	0.346484
247	211011.2	0.289127	297	253726.0	0.347655
248	211865.5	0.290297	298	254580.3	0.348825
249	212719.8	0.291468	299	255434.6	0.349996
250	213574.1	0.292639	300	256288.9	0.351166

Faktor: 1 kgm^2 = 854.3 lbs.sq.in.
1 lbs.sq.in. = 0.001174 kgm^2

lbs.sq.in. = kgm^2 / kgm^2 = lbs.sq.in.			lbs.sq.in. = kgm^2 / kgm^2 = lbs.sq.in.		
301	257143.2	0.352337	351	299858.0	0.410864
302	257997.5	0.353507	352	300712.3	0.412035
303	258851.8	0.354678	353	301566.6	0.413206
304	259706.1	0.355848	354	302420.9	0.414376
305	260560.4	0.357019	355	303275.2	0.415547
306	261414.7	0.358190	356	304129.5	0.416717
307	262269.0	0.359360	357	304983.8	0.417888
308	263123.3	0.360531	358	305838.1	0.419058
309	263977.6	0.361701	359	306692.4	0.420229
310	264831.9	0.362872	360	307546.7	0.421399
311	265686.1	0.364042	361	308401.0	0.422570
312	266540.4	0.365213	362	309255.3	0.423741
313	267394.7	0.366383	363	310109.6	0.424911
314	268249.0	0.367554	364	310963.9	0.426082
315	269103.3	0.368725	365	311818.1	0.427252
316	269957.6	0.369895	366	312672.4	0.428423
317	270811.9	0.371066	367	313526.7	0.429593
318	271666.2	0.372236	368	314381.0	0.430764
319	272520.5	0.373407	369	315235.3	0.431934
320	273374.8	0.374577	370	316089.6	0.433105
321	274229.1	0.375748	371	316943.9	0.434276
322	275083.4	0.376918	372	317798.2	0.435446
323	275937.7	0.378089	373	318652.5	0.436617
324	276792.0	0.379259	374	319506.8	0.437787
325	277646.3	0.380430	375	320361.1	0.438958
326	278500.6	0.381601	376	321215.4	0.440128
327	279354.9	0.382771	377	322069.7	0.441299
328	280209.2	0.383942	378	322924.0	0.442469
329	281063.5	0.385112	379	323778.3	0.443640
330	281917.8	0.386283	380	324632.6	0.444811
331	282772.1	0.387453	381	325486.9	0.445981
332	283626.4	0.388624	382	326341.2	0.447152
333	284480.7	0.389794	383	327195.5	0.448322
334	285335.0	0.390965	384	328049.8	0.449493
335	286189.3	0.392136	385	328904.1	0.450663
336	287.043.6	0.393306	386	329758.4	0.451834
337	287897.9	0.394477	387	330612.7	0.453004
338	288752.1	0.395647	388	331467.0	0.454175
339	289606.4	0.396818	389	332321.3	0.455346
340	290460.7	0.397988	390	333175.6	0.456516
341	291315.0	0.399159	391	334029.9	0.457687
342	292169.3	0.400329	392	334884.1	0.458857
343	293023.6	0.401500	393	335738.4	0.460028
344	293877.9	0.402671	394	336592.7	0.461198
345	294732.2	0.403841	395	337447.0	0.462369
346	295586.5	0.405012	396	338301.3	0.463539
347	296440.8	0.406182	397	339155.6	0.464710
348	297295.1	0.407353	398	340009.9	0.465880
349	298149.4	0.408523	399	340864.2	0.467051
350	299003.7	0.409694	400	341718.5	0.468222

Faktor: 1kgm^2 = 854.3 lbs.sq.in.
1 lbs.sq.in. = 0.001174 kgm^2

lbs.sq.in. = kgm^2 / kgm^2 = lbs.sq.in.			lbs.sq.in. = kgm^2 / kgm^2 = lbs.sq.in.		
401	342572.8	0.469392	451	385287.6	0.527920
402	343427.1	0.470563	452	386141.9	0.529090
403	344281.4	0.471733	453	386996.2	0.530261
404	345135.7	0.472904	454	387850,5	0.531432
405	345990.0	0.474074	455	388704.8	0.532602
406	346844.3	0.475245	456	389559.1	0.533773
407	347698.6	0.476415	457	390413.4	0.534943
408	348552.9	0.477586	458	391267.7	0.536114
409	349407.2	0.478757	459	392122.0	0.537284
410	350261.5	0.479927	460	392976.3	0.538455
411	351115.8	0.481098	461	393830.6	0.539625
412	351970.1	0.482268	462	394684.9	0.540796
413	352824.4	0.483439	463	395539.2	0.541967
414	353678.7	0.484609	464	396393.5	0.543137
415	354533.0	0.485780	465	397247.8	0.544308
416	355387.3	0.486950	466	398102.1	0.545478
417	356241.6	0.488121	467	398956.4	0.546649
418	357095.9	0.489292	468	399810.7	0.547819
419	357950.1	0.490462	469	400665.0	0.548990
420	358804.4	0.491633	470	401519.3	0.550160
421	359658.7	0.492803	471	402373.6	0.551331
422	360513.0	0.493974	472	403227.9	0.552501
423	361367.3	0.495144	473	404082.1	0.553672
424	362221.6	0.496315	474	404936.4	0.554843
425	363075.9	0.497485	475	405790.7	0.556013
426	363930.2	0.498656	476	406645.0	0.557184
427	364784.5	0.499827	477	407499.3	0.558354
428	365638.8	0.500997	478	408353.6	0.559525
429	366493.1	0.502168	479	409207.9	0.560695
430	367347.4	0.503338	480	410062.2	0.561866
431	368201.7	0.504509	481	410916.5	0.563036
432	369056.0	0.505679	482	411770.8	0.564207
433	369910.3	0.506850	483	412625.1	0.565378
434	370764.6	0.508020	484	413479.4	0.566548
435	371618.9	0.509191	485	414333.7	0.567719
436	372473.2	0.510362	486	415188.0	0.568889
437	373327.5	0.511532	487	416042.3	0.570060
438	374181.8	0.512703	488	416896.6	0.571230
439	375036.1	0.513873	489	417750.9	0.572401
440	375890.4	0.515044	490	418605.2	0.573571
441	376744.7	0.516214	491	419459.5	0.574742
442	377599.0	0.517385	492	420313.8	0.575913
443	378453.3	0.518555	493	421168.1	0.577083
444	379307.6	0.519726	494	422022.4	0.578254
445	380161.9	0.520897	495	422876.7	0.579424
446	381016.1	0.522067	496	423731.0	0.580595
447	381870.4	0.523238	497	424585.3	0.581765
448	382724.7	0.524408	498	425439.6	0.582936
449	383579.0	0.525579	499	426293.9	0.584106
450	384433.3	0.526749	500	427148.2	0.585277

Faktor: 1 kgm² = 854.3 lbs.sq.in.
1 lbs.sq.in. = 0.001174 kgm²

	lbs.sq.in. = kgm²	
kgm² = lbs.sq.in.		
501	428002.4	0.586448
502	428856.7	0.587618
503	429711.0	0.588789
504	430565.3	0.589959
505	431419.6	0.591130
506	432273.9	0.592300
507	433128.2	0.593471
508	433982.5	0.594641
509	434836.8	0.595812
510	435691.1	0.596983
511	436545.4	0.598153
512	437399.7	0.599324
513	438254.0	0.600494
514	439108.3	0.601665
515	439962.6	0.602835
516	440816.9	0.604006
517	441671.2	0.605176
518	442525.5	0.606347
519	443379.8	0.607518
520	444234.1	0.608688
521	445088.4	0.609859
522	445942.7	0.611029
523	446797.0	0.612200
524	447651.3	0.613370
525	448505.6	0.614541
526	449359.9	0.615711
527	450214.2	0.616882
528	451068.4	0.618053
529	451922.7	0.619223
530	452777.0	0.620394
531	453631.3	0.621564
532	454485.6	0.622735
533	455339.9	0.623905
534	456194.2	0.625076
535	457048.5	0.626246
536	457902.8	0.627417
537	458757.1	0.628587
538	459611.4	0.629758
539	460465.7	0.630929
540	461320.0	0.632099
541	462174.3	0.633270
542	463028.6	0.634440
543	463882.9	0.635611
544	464737.2	0.636781
545	465591.5	0.637952
546	466445.8	0.639122
547	467300.1	0.640293
548	468154.4	0.641464
549	469008.7	0.642634
550	469863.0	0.643805

	lbs.sq.in. = kgm²	
kgm² = lbs.sq.in.		
551	470717.3	0.644975
552	471571.6	0.646146
553	472425.9	0.647316
554	473280.2	0.648487
555	474134.4	0.649657
556	474988.7	0.650828
557	475843.0	0.651999
558	476697.3	0.653169
559	477551.6	0.654340
560	478405.9	0.655510
561	479260.2	0.656681
562	480114.5	0.657851
563	480968.8	0.659022
564	481823.1	0.660192
565	482677.4	0.661363
566	483531.7	0.662534
567	484386.0	0.663704
568	485240.3	0.664875
569	486094.6	0.666045
570	486948.9	0.667216
571	487803.2	0.668386
572	488657.5	0.669557
573	489511.8	0.670727
574	490366.1	0.671898
575	491220.4	0.673069
576	492074.7	0.674239
577	492929.0	0.675410
578	493783.3	0.676580
579	494637.6	0.677751
580	495491.9	0.678921
581	496346.2	0.680092
582	497200.4	0.681262
583	498054.7	0.682433
584	498909.0	0.683604
585	499763.3	0.684774
586	500617.6	0.685945
587	501471.9	0.687115
588	502326.2	0.688286
589	503180.5	0.689456
590	504034.8	0.690627
591	504889.1	0.691797
592	505743.4	0.692968
593	506597.7	0.694139
594	507452.0	0.695309
595	508306.3	0.696480
596	509160.6	0.697650
597	510014.9	0.698821
598	510869.2	0.699991
599	511723.5	0.701162
600	512577.8	0.702332

Faktor: 1 kgm^2 = 854.3 lbs.sq.in.
1 lbs.sq.in. = 0.001174 kgm^2

lbs.sq.in. = / kgm^2 =	lbs.sq.in.	kgm^2	lbs.sq.in. = / kgm^2 =	lbs.sq.in.	kgm^2
601	513432.1	0.703503	651	556146.9	0.762031
602	514286.4	0.704674	652	557001.2	0.763201
603	515140.7	0.705844	653	557855.5	0.764372
604	515995.0	0.707015	654	558709.8	0.765542
605	516849.3	0.708185	655	559564.1	0.766713
606	517703.6	0.709356	656	560418.4	0.767883
607	518557.9	0.710526	657	561272.7	0.769054
608	519412.2	0.711697	658	562127.0	0.770225
609	520266.4	0.712867	659	562981.3	0.771395
610	521120.7	0.714038	660	563835.6	0.772566
611	521975.0	0.715208	661	564689.9	0.773736
612	522829.3	0.716379	662	565544.2	0.774907
613	523683.6	0.717550	663	566398.4	0.776077
614	524537.9	0.718720	664	567252.7	0.777248
615	525392.2	0.719891	665	568107.0	0.778418
616	526246.5	0.721061	666	568961.3	0.779589
617	527100.8	0.722232	667	569815.6	0.780760
618	527955.1	0.723402	668	570669.9	0.781930
619	528809.4	0.724573	669	571524.2	0.783101
620	529663.7	0.725743	670	572378.5	0.784271
621	530518.0	0.726914	671	573232.8	0.785442
622	531372.3	0.728085	672	574087.1	0.786612
623	532226.6	0.729255	673	574941.4	0.787783
624	533080.9	0.730426	674	575795.7	0.788953
625	533935.2	0.731596	675	576650.0	0.790124
626	534789.5	0.732767	676	577504.3	0.791295
627	535643.8	0.733937	677	578358.6	0.792465
628	536498.1	0.735108	678	579212.9	0.793636
629	537352.4	0.736278	679	580067.2	0.794806
630	538206.7	0.737449	680	580921.5	0.795977
631	539061.0	0.738620	681	581775.8	0.797147
632	539915.3	0.739790	682	58630.1	0.798318
633	540769.6	0.740961	683	583484.4	0.799488
634	541623.9	0.742131	684	584338.7	0.800659
635	542478.2	0.743302	685	585193.0	0.801829
636	543332.4	0.744472	686	586047.3	0.803000
637	544186.7	0.745643	687	586901.6	0.804171
638	545041.0	0.746813	688	587755.9	0.805341
639	545895.3	0.747984	689	588610.2	0.806512
640	546749.6	0.749155	690	589464.4	0.807682
641	547603.9	0.750325	691	590318.7	0.808853
642	548458.2	0.751496	692	591173.0	0.810023
643	549312.5	0.752666	693	592027.3	0.811194
644	550166.8	0.753837	694	592881.6	0.812364
645	551021.1	0.755007	695	593735.9	0.813535
646	551875.4	0.756178	696	594590.2	0.814706
647	552729.7	0.757348	697	595444.5	0.815876
648	553584.0	0.758519	698	596298.8	0.817047
649	554438.3	0.759690	699	597153.1	0.818217
650	555292.6	0.760860	700	598007.4	0.819388

Faktor: 1 kgm^2 = 854.3 lbs.sq.in.
1 lbs.sq.in. = 0.001174 kgm^2

	lbs.sq.in. = / kgm^2 =	kgm² / lbs.sq.in.		lbs.sq.in. = / kgm^2 =	kgm² / lbs.sq.in.
701	598861.7	0.820558	751	641576.5	0.879086
702	599716.0	0.821729	752	642430.8	0.880257
703	600570.3	0.822899	753	643285.1	0.881427
704	601424.6	0.824070	754	644139.4	0.882598
705	602278.9	0.825241	755	644993.7	0.883768
706	603133.2	0.826411	756	645848.0	0.884939
707	603987.5	0.827582	757	646702.3	0.886109
708	604841.8	0.828752	758	647556.6	0.887280
709	605696.1	0.829923	759	648410.9	0.888450
710	606550.4	0.831093	760	649265.2	0.889621
711	607404.7	0.832264	761	650119.5	0.890792
712	608259.0	0.833434	762	650973.8	0.891962
713	609113.3	0.834605	763	651828.1	0.893133
714	609967.6	0.835776	764	652682.4	0.894303
715	610821.9	0.836946	765	653536.7	0.895474
716	611676.2	0.838117	766	654391.0	0.896644
717	612530.4	0.839287	767	655245.3	0.897815
718	613384.7	0.840458	768	656099.6	0.898985
719	614239.0	0.841628	769	656953.9	0.900156
720	615093.3	0.842799	770	657808.2	0.901327
721	615947.6	0.843969	771	658662.4	0.902497
722	616801.9	0.845140	772	659516.7	0.903668
723	617656.2	0.846311	773	660371.0	0.904838
724	61851.5	0.847481	774	661225.3	0.906009
725	619364.8	0.848652	775	662079.6	0.907179
726	620219.1	0.849822	776	662933.9	0.908350
727	621073.4	0.850993	777	663788,2	0.909520
728	621927.7	0.852163	778	664642.5	0.910691
729	622782.0	0.853334	779	665496.8	0.911862
730	623636.3	0.854504	780	666351.1	0.913032
731	624490.6	0.855675	781	667205.4	0.914203
732	625344.9	0.856846	782	668059.7	0.915373
733	626199.2	0.858016	783	668914.0	0.916544
734	627053.5	0.859187	784	669768.3	0.917714
735	627907.8	0.860357	785	670622.6	0.918885
736	628762.1	0.861528	786	671476.9	0.920055
737	629616.4	0.862698	787	672331.2	0.921226
738	630470.7	0.863869	788	673185.5	0.922397
739	631325.0	0.865039	789	674039.8	0.923567
740	632179.3	0.866210	790	674039.8	0.924738
741	633033.6	0.867381	791	675748.4	0.925908
742	633887.9	0.868551	792	676602.7	0.927079
743	634742.2	0.869722	793	677457.0	0.928249
744	635596.4	0.870892	794	678311.3	0.929420
745	636450.7	0.872063	795	679165.6	0.930590
746	637305.0	0.873233	796	680019.9	0.931761
747	638159.3	0.874404	797	680874.2	0.932932
748	639013.6	0.875574	798	681728.4	0.934102
749	639867.9	0.876745	799	682582.7	0.935273
750	640722.2	0.877916	800	683437.0	0.936443

Faktor: 1 kgm^2 = 854.3 lbs.sq.in.
1 lbs.sq.in. = 0.001174 kgm^2

lbs.sq.in. = / kgm^2 =	lbs.sq.in.	kgm^2	lbs.sq.in. = / kgm^2 =	lbs.sq.in.	kgm^2
801	684291.3	0.937614	851	727006.2	0.996141
802	685145.6	0.938784	852	727860.4	0.997312
803	685999.9	0.939955	853	728714.7	0.998483
804	686854.2	0.941125	854	729569.0	0.999653
805	687708.5	0.942296	855	730423.3	1.000824
806	688562.8	0.943467	856	731277.6	1.001994
807	689417.1	0.944637	857	732131.9	1.003165
808	690271.4	0.945808	858	732986.2	1.004335
809	691125.7	0.946978	859	733840.5	1.005506
810	691980.0	0.948149	860	734694.8	1.006676
811	692834.3	0.949319	861	735549.1	1.007847
812	693688.6	0.950490	862	736403.4	1.009018
813	694542.9	0.951660	863	737257.7	1.010188
814	695397.2	0.952831	864	738112.0	1.011359
815	696251.5	0.954002	865	738966.3	1.012529
816	697105.8	0.955172	866	739820.6	1.013700
817	697960.1	0.956343	867	740674.9	1.014870
818	698814.4	0.957513	868	741529.2	1.016041
819	699668.7	0.958684	869	742383.5	1.017211
820	700523.0	0.959854	870	743237.8	1.018382
821	701377.3	0.961025	871	744092.1	1.019553
822	702231.6	0.962195	872	744946.4	1.020723
823	703085.9	0.963366	873	745800.7	1.021894
824	703940.2	0.964536	874	746655.0	1.023064
825	704794.4	0.965707	875	747509.3	1.024235
826	705648.7	0.966878	876	748363.6	1.025405
827	706503.0	0.968048	877	749217.9	1.026576
828	707357.3	0.969219	878	750072.2	1.027746
829	708211.6	0.970389	879	750926.4	1.028917
830	709065.9	0.971560	880	751780.7	1.030088
831	709920.2	0.972730	881	752635.0	1.031258
932	710774.5	0.973901	882	753489.3	1.032429
833	711628.8	0.975071	883	754343.6	1.033599
834	712483.1	0.976242	884	755197.9	1.034770
835	713337.4	0.977413	885	756052.2	1.035940
836	714191.7	0.978583	886	75606.5	1.037111
837	715046.0	0.979754	887	757760.8	1.038281
838	715900.3	0.980924	888	758615.1	1.039452
839	716754.6	0.982095	889	759469.4	1.040623
840	717608.9	0.983265	890	760323.7	1.041793
841	718463.2	0.984436	891	761178.0	1.042964
842	719317.5	0.985606	892	762032.3	1.044134
843	720171.8	0.986777	893	762886.6	1.045305
844	721026.1	0.987948	894	763740.9	1.046475
845	721880.4	0.989118	895	764595.2	1.047646
846	722734.7	0.990289	896	765449.5	1.048816
847	723589.0	0.991459	897	766303.8	1.049987
848	724443.3	0.992630	898	767158.1	1.051157
849	725297.6	0.993800	899	768012.4	1.052328
850	726151.9	0.994971	900	768866.7	1.053499

Faktor: 1 kgm^2 = 854.3 lbs.sq.in.
1 lbs.sq.in. = 0.001174 kgm^2

	lbs.sq.in. = / kgm^2 = lbs.sq.in.	kgm^2		lbs.sq.in. = / kgm^2 = lbs.sq.in.	kgm^2
901	769721.0	1.054669	951	812435.8	1.113197
902	770575.3	1.055840	952	813290.1	1.114367
903	771429.6	1.057010	953	814144.4	1.115538
904	772283.9	1.058181	954	814998.7	1.116709
905	773138.2	1.059351	955	815853.0	1.117879
906	773992.4	1.060522	956	816707.3	1.119050
907	774846.7	1.061692	957	817561.6	1.120220
908	775701.0	1.062863	958	818415.9	1.121391
909	776555.3	1.064034	959	819270.2	1.122561
910	777409.6	1.065204	960	820124.4	1.123732
911	778263.9	1.066375	961	820978.7	1.124902
912	779118.2	1.067545	962	821833.0	1.126073
913	779972.5	1.068716	963	822687.3	1.127244
914	780826.8	1.069886	964	823541.6	1.128414
915	781681.1	1.071057	965	824395.9	1.129585
916	782535.4	1.072227	966	825250.2	1.130755
917	783389.7	1.073398	967	826104.5	1.131926
918	784244.0	1.074569	968	826958.8	1.133096
919	785098.3	1.075739	969	827813.1	1.134267
920	785952.6	1.076910	970	828667.4	1.135437
921	786806.9	1.078080	971	829521.7	1.136608
922	787661.2	1.079251	972	830376.0	1.137778
923	788515.5	1.080421	973	831230.3	1.138949
924	789369.8	1.081592	974	832084.6	1.140120
925	790224.1	1.082762	975	832938.9	1.141290
926	791078.4	1.083933	976	833793.2	1.142461
927	791932.7	1.085104	977	834647.5	1.143631
928	792787.0	1.086274	978	835501.8	1.144802
929	793641.3	1.087445	979	836356.1	1.145972
930	794495.6	1.088615	980	837210.4	1.147143
931	795349.9	1.089786	981	838064.7	1.148313
932	796204.2	1.090956	982	838919.0	1.149484
933	797058.4	1.092127	983	839773.3	1.150655
934	797912.7	1.093297	984	840627.6	1.151825
935	798767.0	1.094468	985	841481.9	1.152996
936	799621.3	1.095639	986	842336.2	1.154166
937	800475.6	1.096809	987	843190.4	1.155337
938	801329.9	1.097980	988	844044.7	1.156507
939	802184.2	1.099150	989	844899.0	1.157678
940	803038.5	1.100321	990	845753.3	1.158848
941	803892.8	1.101491	991	846607.6	1.160019
942	804747.1	1.102662	992	847461.9	1.161190
943	805601.4	1.103832	993	848316.2	1.162360
944	806455.7	1.105003	994	849170.5	1.163531
945	807310.0	1.106174	995	850024.8	1.164701
946	808164.3	1.107344	996	850879.1	1.165872
947	809018.6	1.108515	997	851733.4	1.167042
948	809872.9	1.109685	998	852587.7	1.168213
949	810727.2	1.110856	999	853442.0	1.169383
950	811581.5	1.112026	1000	854296.3	1.170554

Kilogrammeterquadrat in Pfund Quadratfuß
kilogram square meter into pounds square foot 24

Faktor: 1 kgm^2 = 5.9326 lbs.sq.ft.
1 lbs.sq.ft. = 0.16856 kgm^2

lbs.sq.ft. = / kgm^2 =	lbs.sq.ft.	kgm^2	lbs.sq.ft. = / kgm^2 =	lbs.sq.ft.	kgm^2
1	5.9326	0.16856	51	302.5631	8.59655
2	11.8652	0.33712	52	308.4957	8.76511
3	17.7978	0.50568	53	314.4283	8.93367
4	23.7304	0.67424	54	320.3609	9.10223
5	29.6631	0.84280	55	326.2936	9.27079
6	35.5957	1.01136	56	332.2262	9.43935
7	41.5283	1.17992	57	338.1588	9.60791
8	47.4609	1.34848	58	344.0914	9.77647
9	53.3935	1.51704	59	350.0240	9.94503
10	59.3261	1.68560	60	355.9566	10.11359
11	65.2587	1.85416	61	361.8892	10.28215
12	71.1913	2.02272	62	367.8218	10.45071
13	77.1239	2.19128	63	373.7544	10.61927
14	83.0565	2.35984	64	379.6870	10.78783
15	88.9892	2.52840	65	385.6197	10.95639
16	94.9218	2.69696	66	391.5523	11.12495
17	100.8544	2.86552	67	397.4849	11.29351
18	106.7870	3.03408	68	403.4175	11.46207
19	112.7196	3.20264	69	409.3501	11.63063
20	118.6522	3.37120	70	415.2827	11.79919
21	124.5848	3.53976	71	421.2153	11.96775
22	130.5174	3.70832	72	427.1479	12.13631
23	136.4500	3.87688	73	433.0805	12.30487
24	142.3826	4.04544	74	439.0131	12.47343
25	148.3153	4.21400	75	444.9458	12.64199
26	154.2479	4.38256	76	450.8784	12.81055
27	160.1805	4.55112	77	456.8110	12.97911
28	166.1131	4.71968	78	462.7436	13.14767
29	172.0457	4.88824	79	468.6762	13.31623
30	177.9783	5.05680	80	474.6088	13.48479
31	183.9109	5.22536	81	480.5414	13.65335
32	189.8435	5.39392	82	486.4740	13.82191
33	195.7761	5.56248	83	492.4066	13.99047
34	201.7087	5.73104	84	498.3392	14.15903
35	207.6414	5.89960	85	504.2719	14.32759
36	213.5740	6.06816	86	510.2045	14.49615
37	219.5066	6.23672	87	516.1371	14.66471
38	225.4392	6.40528	88	522.0697	14.83327
39	231.3718	6.57383	89	528.0023	15.00183
40	237.3044	6.74239	90	533.9349	15.17039
41	243.2370	6.91095	91	539.8675	15.33895
42	249.1696	7.07951	92	545.8001	15.50751
43	255.1022	7.24807	93	551.7327	15.67607
44	261.0348	7.41663	94	557.6653	15.84463
45	266.9675	7.58519	95	563.5980	16.01319
46	272.9001	7.75375	96	569.5306	16.18175
47	278.8327	7.92231	97	575.4632	16.35031
48	284.7653	8.09087	98	581.3958	16.51887
49	290.6979	8.25943	99	587.3284	16.68743
50	296.6305	8.42799	100	593.2610	16.85599

Faktor: 1 kgm^2 = 5.9326 lbs.sq.ft.
1 lbs.sq.ft. = 0.16856 kgm^2

lbs.sq.ft. = / kgm^2 =	lbs.sq.ft.	kgm^2	lbs.sq.ft. = / kgm^2 =	lbs.sq.ft.	kgm^2
1o1	599.1936	17.02455	151	895.8241	25.45254
1o2	605.1262	17.19311	152	901.7567	25.62110
1o3	611.0588	17.36167	153	907.6893	25.78966
1o4	616.9915	17.53023	154	913.6220	25.95822
1o5	622.9241	17.69879	155	919.5546	26.12678
1o6	628.8567	17.86735	156	925.4872	26.29534
1o7	634.7893	18.03591	157	931.4198	26.46390
1o8	640.7219	18.20447	158	937.3524	26.63246
1o9	646.6545	18.37303	159	943.2850	26.80102
11o	652.5871	18.54159	16o	949.2176	26.96958
111	658.5197	18.71015	161	955.1502	27.13814
112	664.4523	18.87871	162	961.0828	27.30670
113	670.3849	19.04727	163	967.0154	27.47526
114	676.3176	19.21583	164	972.9481	27.64382
115	682.2502	19.38439	165	978.8807	27.81238
116	688.1828	19.55294	166	984.8133	27.98094
117	694.1154	19.72150	167	990.7459	28.14950
118	700.0480	19.89006	168	996.6785	28.31806
119	705.9806	20.05862	169	1002.6111	28.48662
12o	711.9132	20.22718	17o	1008.5437	28.65518
121	717.8458	20.39574	171	1014.4763	28.82374
122	723.7784	20.56430	172	1020.4089	28.99230
123	729.7110	20.73286	173	1026.3415	29.16086
124	735.6437	20.90142	174	1032.2742	29.32942
125	741.5763	21.06998	175	1038.2068	29.49798
126	747.5089	21.23854	176	1044.1394	29.66654
127	753.4415	21.40710	177	1050.0046	29.83510
128	759.3741	21.57566	178	1056.0046	30.00366
129	765.3067	21.74422	179	1061.9372	30.17222
13o	771.2393	21.91278	18o	1067.8698	30.34078
131	777.1719	22.08134	181	1073.8024	30.50934
132	783.1045	22.24990	182	1079.7350	30.67790
133	789.0371	22.41846	183	1085.6676	30.84646
134	794.9698	22.58702	184	1091.6003	31.01502
135	800.9024	22.75558	185	1097.5329	31.18358
136	806.8350	22.92414	186	1103.4655	31.35214
137	812.7676	23.09270	187	1109.3981	31.52070
138	818.7002	23.26126	188	1115.3307	31.68926
139	824.6328	23.42982	189	1121.2633	31.85782
14o	830.5654	23.59838	19o	1127.1959	32.02638
141	836.4980	23.76694	191	1133.1285	32.19494
142	842.4306	23.93550	192	1139.0611	32.36350
143	848.3632	24.10406	193	1144.9937	32.53205
144	854.2959	24.27262	194	1150.9264	32.70061
145	860.2285	24.44118	195	1156.8590	32.86917
146	866.1611	24.60974	196	1162.7916	33.03773
147	872.0937	24.77830	197	1168.7242	33.20629
148	878.0263	24.94686	198	1174.6568	33.37485
149	883.9589	25.11542	199	1180.5894	33.54341
15o	889.8915	25.28398	2oo	1186.5220	33.71197

Faktor: 1 kgm^2 = 5.9326 lbs.sq.ft.
1 lbs.sq.ft. = 0.16856 kgm^2

lbs.sq.ft. =		kgm^2	lbs.sq.ft. =		kgm^2
kgm^2 =	lbs.sq.ft.		kgm^2 =	lbs.sq.ft.	
201	1192.4546	33.88053	251	1489.0851	42.30853
202	1198.3872	34.04909	252	1495.0177	42.47709
203	1204.3199	34.21765	253	1500.9504	42.64565
204	1210.2525	34.38621	254	1506.8830	42.81421
205	1216.1851	34.55477	255	1512.8156	42.98277
206	1222.1177	34.72333	256	1518.7482	43.15133
207	1228.0503	34.89189	257	1524.6808	43.31989
208	1233.9829	35.06045	258	1530.6134	43.48845
209	1239.9155	35.22901	259	1536.5460	43.65701
210	1245.8481	35.39757	260	1542.4786	43.82557
211	1251.7807	35.56613	261	1548.4112	43.99413
212	1257.7133	35.73469	262	1554.3438	44.16269
213	1263.6460	35.90325	263	1560.2765	44.33125
214	1269.5786	36.07181	264	1566.2091	44.49981
215	1275.5112	36.24037	265	1572.1417	44.66837
216	1281.4438	36.40893	266	1578.0743	44.83693
217	1287.3764	36.57749	267	1584.0069	45.00549
218	1293.3090	36.74605	268	1589.9395	45.17405
219	1299.2416	36.91461	269	1595.8721	45.34261
220	1305.1742	37.08317	270	1601.8047	45.51116
221	1311.1068	37.25173	271	1607.7373	45.67972
222	1317.0394	37.42029	272	1613.6699	45.84828
223	1322.9721	37.58885	273	1619.6026	46.01684
224	1328.9047	37.75741	274	1625.5352	46.18540
225	1334.8373	37.92597	275	1631.4678	46.35396
226	1340.7699	38.09453	276	1637.4004	46.52252
227	1346.7025	38.26309	277	1643.3330	46.69108
228	1352.6351	38.43165	278	1649.2656	46.85964
229	1358.5677	38.60021	279	1655.1982	47.02820
230	1364.5003	38.76877	280	1661.1308	47.19676
231	1370.4329	38.93733	281	1667.0634	47.36532
232	1376.3655	39.10589	282	1672.9960	47.53388
233	1382.2982	39.27445	283	1678.9287	47.70244
234	1388.2308	39.44301	284	1684.8613	47.87100
235	1394.1634	39.61157	285	1690.7939	48.03956
236	1400.0960	39.78013	286	1696.7265	48.20812
237	1406.0286	39.94869	287	1702.6591	48.37668
238	1411.9612	40.11725	288	1708.5917	48.54524
239	1417.8938	40.28581	289	1714.5243	48.71380
240	1423.8264	40.45437	290	1720.4569	48.88236
241	1429.7590	40.62293	291	1726.3895	49.05092
242	1435.6916	40.79149	292	1732.3221	49.21948
243	1441.6243	40.96005	293	1738.2548	49.38804
244	1447.5569	41.12861	294	1744.1874	49.55660
245	1453.4895	41.29717	295	1750.1200	49.72516
246	1459.4221	41.46573	296	1756.0526	49.89372
247	1465.3547	41.63429	297	1761.9852	50.06228
248	1471.2873	41.80285	298	1767.9178	50.23084
249	1477.2199	41.97141	299	1773.8504	50.39940
250	1483.1525	42.13997	300	1779.7830	50.56796

Faktor: 1 kgm² = 5.9326 lbs.sq.ft.
1 lbs.sq.ft. = 0.16856 kgm²

lbs.sq.ft. = kgm² / kgm² = lbs.sq.ft.	lbs.sq.ft.	kgm²	lbs.sq.ft. = kgm² / kgm² = lbs.sq.ft.	lbs.sq.ft.	kgm²
301	1785.7156	50.73652	351	2082.3461	59.16451
302	1791.6483	50.90508	352	2088.2788	59.33307
303	1797.5809	51.07364	353	2094.2114	59.50163
304	1803.5135	51.24220	354	2100.1440	59.67019
305	1809.4461	51.41076	355	2106.0766	59.83875
306	1815.3787	51.57932	356	2112.0092	60.00731
307	1821.3113	51.74788	357	2117.9418	60.17587
308	1827.2439	51.91644	358	2123.8744	60.34443
309	1833.1765	52.08500	359	2129.8070	60.51299
310	1839.1091	52.25356	360	2135.7396	60.68155
311	1845.0417	52.42212	361	2141.6722	60.85011
312	1850.9744	52.59068	362	2147.6049	61.01867
313	1856.9070	52.75924	363	2153.5375	61.18723
314	1862.8396	52.92780	364	2159.4701	61.35579
315	1868.7722	53.09636	365	2165.4027	61.52435
316	1874.7048	53.26492	366	2171.3353	61.69291
317	1880.6374	53.43348	367	2177.2679	61.86147
318	1886.5700	53.60204	368	2183.2005	62.03003
319	1892.5026	53.77060	369	2189.1331	62.19859
320	1898.4352	53.93916	370	2195.0657	62.36715
321	1904.3678	54.10772	371	2200.9983	62.53571
322	1910.3005	54.27628	372	2206.9310	62.70427
323	1916.2331	54.44484	373	2212.8636	62.87283
324	1922.1657	54.61340	374	2218.7962	63.04139
325	1928.0983	54.78196	375	2224.7288	63.20995
326	1934.0309	54.95052	376	2230.6614	63.37851
327	1939.9635	55.11908	377	2236.5940	63.54707
328	1945.8961	55.28764	378	2242.5266	63.71563
329	1951.8287	55.45620	379	2248.4592	63.88419
330	1957.7613	55.62476	380	2254.3918	64.05275
331	1963.6939	55.79332	381	2260.3244	64.22131
332	1969.6266	55.96188	382	2266.2571	64.38987
333	1975.5592	56.13044	383	2272.1897	64.55843
334	1981.4918	56.29900	384	2278.1223	64.72699
335	1987.4244	56.46756	385	2284.0549	64.89555
336	1993.3570	56.63612	386	2289.9875	65.06411
337	1999.2896	56.80468	387	2295.9201	65.23267
338	2005.2222	56.97324	388	2301.8527	65.40123
339	2011.1548	57.14180	389	2307.7853	65.56979
340	2017.0874	57.31036	390	2313.7179	65.73835
341	2023.0200	57.47892	391	2319.6505	65.90691
342	2028.9527	57.64748	392	2325.5832	66.07547
343	2034.8853	57.81604	393	2331.5158	66.24403
344	2040.8179	57.98460	394	2337.4484	66.41259
345	2046.7505	58.15316	395	2343.3810	66.58115
346	2052.6831	58.32172	396	2349.3136	66.74971
347	2058.6157	58.49027	397	2355.2462	66.91827
348	2064.5483	58.65883	398	2361.1788	67.08683
349	2070.4809	58.82739	399	2367.1114	67.25539
350	2076.4135	58.99595	400	2373.0440	67.42395

Faktor: 1 kgm^2 = 5.9326 lbs.sq.ft.
1 lbs.sq.ft. = 0.16856 kgm^2

lbs.sq.ft. = / kgm^2 =	lbs.sq.ft.	kgm^2	lbs.sq.ft. = / kgm^2 =	lbs.sq.ft.	kgm^2
401	2378.9767	67.59251	451	2675.6072	76.02050
402	2384.9093	67.76107	452	2681.5398	76.18906
403	2390.8419	67.92963	453	2687.4724	76.35762
404	2396.7745	68.09819	454	2693.4050	76.52618
405	2402.7071	68.26675	455	2699.3376	76.69474
406	2408.6397	68.43531	456	2705.2702	76.86330
407	2414.5723	68.60387	457	2711.2028	77.03186
408	2420.5049	68.77243	458	2717.1354	77.20042
409	2426.4375	68.94099	459	2723.0680	77.36898
410	2432,3701	69.10955	460	2729.0006	77.53754
411	2438.3028	69.27811	461	2734.9333	77.70610
412	2444.2354	69.44667	462	2740.8659	77.87466
413	2450.1680	69.61523	463	2746.7985	78.04322
414	2456.1006	69.78379	464	2752.7311	78.21178
415	2462.0332	69.95235	465	2758.6637	78.38034
416	2467.9658	70.12091	466	2764.5963	78.54890
417	2473.8984	70.28947	467	2770.5289	78.71746
418	2479.8310	70.45803	468	2776.4615	78.88602
419	2485.7636	70.62659	469	2782.3941	79.05458
420	2491.6962	70.79515	470	2788.3267	79.22314
421	2497.6289	70.96371	471	2794.2594	79.39170
422	2503.5615	71.13227	472	2800.1920	79.56026
423	2509.4941	71.30083	473	2806.1246	79.72882
424	2515.4267	71.46938	474	2812.0572	79.89738
425	2521.3593	71.63794	475	2817.9898	80.06594
426	2527.2919	71.80650	476	2823.9224	80.23450
427	2533.2245	71.97506	477	2829.8550	80.40306
428	2539.1571	72.14362	478	2835.7876	80.57162
429	2545.0897	72.31218	479	2841.7202	80.74018
430	2551.0223	72.48074	480	2847.6528	80.90874
431	2556.9550	72.64930	481	2853.5855	81.07730
432	2562.8876	72.81786	482	2859.5181	81.24586
433	2568.8202	72.98642	483	2865.4507	81.41442
434	2574.7528	73.15498	484	2871.3833	81.58298
435	2580.6854	73.32354	485	2877.3159	81.75154
436	2586.6180	73.49210	486	2883.2485	81.92010
437	2592.5506	73.66066	487	2889.1811	82.08866
438	2598.4832	73.82922	488	2895.1137	82.25722
439	2604.4158	73.99778	489	2901.0463	82.42578
440	2610.3484	74.16634	490	2906.9789	82.59434
441	2616.2811	74.33490	491	2912.9116	82.76290
442	2622.2137	74.50346	492	2918.8442	82.93146
443	2628.1463	74.67202	493	2924.7768	83.10002
444	2634.0789	74.84058	494	2930.7094	83.26858
445	2640.0115	75.00914	495	2936.6420	83.43714
446	2645.9441	75.17770	496	2942.5746	83.60570
447	2651.8767	75.34626	497	2948.5072	83.77426
448	2657.8093	75.51482	498	2954.4398	83.94282
449	2663.7419	75.68338	499	2960.3724	84.11138
450	2669.6745	75.85194	500	2966.3051	84.27994

Faktor: 1 kgm² = 5.9326 lbs.sq.ft.
1 lbs.sq.ft. = 0.16856 kgm²

lbs.sq.ft. = / kgm² =	lbs.sq.ft.	kgm²	lbs.sq.ft. = / kgm² =	lbs.sq.ft.	kgm²
501	2972.2377	84.44849	551	3268.8682	92.87649
502	2978.1703	84.61705	552	3274.8008	93.04505
503	2984.1029	84.78561	553	3280.7334	93.21361
504	2990.0355	84.95417	554	3286.6660	93.38217
505	2995.9681	85.12273	555	3292.5986	93.55073
506	3001.9007	85.29129	556	3298.5312	93.71929
507	3007.8333	85.45985	557	3304.4638	93.88785
508	3013.7659	85.62841	558	3310.3964	94.05641
509	3019.6985	85.79697	559	3316.3290	94.22497
510	3025.6312	85.96553	560	3322.2617	94.39353
511	3031.5638	86.13409	561	3328.1943	94.56209
512	3037.4964	86.30265	562	3334.1269	94.73065
513	3043.4290	86.47121	563	3340.0595	94.89921
514	3049.3616	86.63977	564	3345.9921	95.06777
515	3055.2942	86.80833	565	3351.9247	95.23633
516	3061.2268	86.97689	566	3357.8573	95.40489
517	3067.1594	87.14545	567	3363.7899	95.57345
518	3073.0920	87.31401	568	3369.7225	95.74201
519	3079.0246	87.48257	569	3375.6551	95.91057
520	3084.9573	87.65113	570	3381.5878	96.07913
521	3090.8899	87.81969	571	3387.5204	96.24769
522	3096.8225	87.98825	572	3393.4530	96.41625
523	3102.7551	88.15681	573	3399.3856	96.58481
524	3108.6877	88.32537	574	3405.3182	96.75337
525	3114.6203	88.49393	575	3411.2508	96.92193
526	3120.5529	88.66249	576	3417.1834	97.09049
527	3126.4855	88.83105	577	3423.1160	97.25904
528	3132.4181	88.99961	578	3429.0486	97.42760
529	3138.3507	89.16817	579	3434.9812	97.59616
530	3144.2834	89.33673	580	3440.9139	97.76472
531	3150.2160	89.50529	581	3446.8465	97.93328
532	3156.1486	89.67385	582	3452.7791	98.10184
533	3162.0812	89.84241	583	3458.7117	98.27040
534	3168.0138	90.01097	584	3464.6443	98.43896
535	3173.9464	90.17953	585	3470.5769	98.60752
536	3179.8790	90.34809	586	3476.5095	98.77608
537	3185.8116	90.51665	587	3482.4421	98.94464
538	3191.7442	90.68521	588	3488.3747	99.11320
539	3197.6768	90.85377	589	3494.3073	99.28176
540	3203.6095	91.02233	590	3500.2400	99.45032
541	3209.5421	91.19089	591	3506.1726	99.61888
542	3215.4747	91.35945	592	3512.1052	99.78744
543	3221.4073	91.52801	593	3518.0378	99.95600
544	3227.3399	91.69657	594	3523.9704	100.12456
545	3233.2725	91.86513	595	3529.9030	100.29312
546	3239.2051	92.03369	596	3535.8356	100.46168
547	3245.1377	92.20225	597	3541.7682	100.63024
548	3251.0703	92.37081	598	3547.7008	100.79880
549	3257.0029	92.53937	599	3553.6334	100.96736
550	3262.9356	92.70793	600	3559.5661	101.13592

Faktor: 1 kgm^2 = 5.9326 lbs.sq.ft.
1 lbs.sq.ft. = 0.16856 kgm^2

lbs.sq.ft. = kgm^2 / kgm^2 = lbs.sq.ft.			lbs.sq.ft. = kgm^2 / kgm^2 = lbs.sq.ft.		
601	3565.4987	101.30448	651	3862.1292	109.73248
602	3571.4313	101.47304	652	3868.0618	109.90104
603	3577.3639	101.64160	653	3873.9944	110.06960
604	3583.2965	101.81016	654	3879.9270	110.23815
605	3589.2291	101.97872	655	3885.8596	110.40671
606	3595.1617	102.14728	656	3891.7922	110.57527
607	3601.0943	102.31584	657	3897.7248	110.74383
608	3607.0269	102.48440	658	3903.6574	110.91239
609	3612.9596	102.65296	659	3909.5901	111.08095
610	3618.8922	102.82152	660	3915.5227	111.24951
611	3624.8248	102.99008	661	3921.4553	111.41807
612	3630.7574	103.15864	662	3927.3879	111.58663
613	3636.6900	103.32720	663	3933.3205	111.75519
614	3642.6226	103.49576	664	3939.2531	111.92375
615	3648.5552	103.66432	665	3945.1857	112.09231
616	3654.4878	103.83288	666	3951.1183	112.26087
617	3660.4204	104.00144	667	3957.0509	112.42948
618	3666.3530	104.17000	668	3962.9835	112.59799
619	3672.2857	104.33856	669	3968.9162	112.76655
620	3678.2183	104.50712	670	3974.8488	112.93511
621	3684.1509	104.67568	671	3980.7814	113.10367
622	3690.0835	104.84424	672	3986.7140	113.27223
623	3696.0161	105.01280	673	3992.6466	113.44079
624	3701.9487	105.18136	674	3998.5792	113.60935
625	3707.8813	105.34992	675	4004.5118	113.77791
626	3713.8139	105.51848	676	4010.4444	113.94647
627	3719.7465	105.68704	677	4016.3770	114.11503
628	3725.6791	105.85560	678	4022.3096	114.28359
629	3731.6118	106.02416	679	4028.2423	114.45215
630	3737.5444	106.19272	680	4034.1749	114.62071
631	3743.4770	106.36128	681	4040.1075	114.78927
632	3749.4096	106.52984	682	4046.0401	114.95783
633	3755.3422	106.69840	683	4051.9727	115.12639
634	3761.2748	106.86696	684	4057.9053	115.29495
635	3767.2074	107.03552	685	4063.8379	115.46351
636	3773.1400	107.20408	686	4069.7705	115.63207
637	3779.0726	107.37264	687	4075.7031	115.80063
638	3785.0052	107.54120	688	4081.6357	115.96919
639	3790.9379	107.70976	689	4087.5684	116.13775
640	3796.8705	107.87832	690	4093.5010	116.30631
641	3802.8031	108.04688	691	4099.4336	116.47487
642	3808.7357	108.21544	692	4105.3662	116.64343
643	3814.6683	108.38400	693	4111.2988	116.81199
644	3820.6009	108.55256	694	4117.2314	116.98055
645	3826.5335	108.72112	695	4123.1640	117.14911
646	3832.4661	108.88968	696	4129.0966	117.31767
647	3838.3987	109.05824	697	4135.0292	117.48623
648	3844.3313	109.22680	698	4140.9618	117.65479
649	3850.2640	109.39536	699	4146.8945	117.82335
650	3856.1966	109.56392	700	4152.8271	117.99191

Faktor: 1 kgm^2 = 5.9326 lbs.sq.ft.
1 lbs.sq.ft. = 0.16856 kgm^2

lbs.sq.ft. / kgm^2	kgm^2 → lbs.sq.ft.	lbs.sq.ft. → kgm^2	lbs.sq.ft. / kgm^2	kgm^2 → lbs.sq.ft.	lbs.sq.ft. → kgm^2
701	4158.7597	118.16047	751	4455.3902	126.58846
702	4164.6923	118.32903	752	4461.3228	126.75702
703	4170.6249	118.49759	753	4467.2554	126.92558
704	4176.5575	118.66615	754	4473.1880	127.09414
705	4182.4901	118.83471	755	4479.1206	127.26270
706	4188.4227	119.00327	756	4485.0532	127.43126
707	4194.3553	119.17183	757	4490.9858	127.59982
708	4200.2880	119.34039	758	4496.9185	127.76838
709	4206.2206	119.50895	759	4502.8511	127.93694
710	4212.1532	119.67751	760	4508.7837	128.10550
711	4218.0858	119.84607	761	4514.7163	128.27406
712	4224.0184	120.01463	762	4520.6489	128.44262
713	4229.9510	120.18319	763	4526.5815	128.61118
714	4235.8836	120.35175	764	4532.5141	128.77974
715	4241.8162	120.52031	765	4538.4467	128.94830
716	4247.7488	120.68887	766	4544.3793	129.11686
717	4253.6841	120.85743	767	4550.3119	129.28542
718	4259.6141	121.02599	768	4556.2446	129.45398
719	4265.5467	121.19455	769	4562.1772	129.62254
720	4271.4793	121.36311	770	4568.1098	129.79110
721	4277.4119	121.53167	771	4574.0424	129.95966
722	4283.3445	121.70023	772	4579.9750	130.12822
723	4289.2771	121.86879	773	4585.9076	130.29678
724	4295.2097	122.03735	774	4591.8402	130.46534
725	4301.1423	122.20591	775	4597.7728	130.63390
726	4307.0749	122.37447	776	4603.7054	130.80246
727	4313.0075	122.54303	777	4609.6380	130.97102
728	4318.9402	122.71159	778	4615.5707	131.13958
729	4324.8728	122.88015	779	4621.5033	131.30814
730	4330.8054	123.04871	780	4627.4359	131.47670
731	4336.7380	123.21726	781	4633.3685	131.64526
732	4342.6706	123.38582	782	4639.3011	131.81382
733	4348.6032	123.55438	783	4645.2337	131.98238
734	4354.5358	123.72294	784	4651.1663	132.15094
735	4360.4684	123.89150	785	4657.0989	132.31950
736	4366.4010	124.06006	786	4663.0315	132.48806
737	4372.3336	124.22862	787	4668.9641	132.65662
738	4378.2663	124.39718	788	4674.8968	132.82518
739	4384.1989	124.56574	789	4680.8294	132.99374
740	4390.1315	124.73430	790	4686.7620	133.16230
741	4396.0641	124.90286	791	4692.6946	133.33086
742	4401.9967	125.07142	792	4698.6272	133.49942
743	4407.9293	125.23998	793	4704.5598	133.66798
744	4413.8619	125.40854	794	4710.4924	133.83654
745	4419.7945	125.57710	795	4716.4250	134.00510
746	4425.7271	125.74566	796	4722.3576	134.17366
747	4431.6597	125.91422	797	4728.2902	134.34222
748	4437.5924	126.08278	798	4734.2229	134.51078
749	4443.5250	126.25134	799	4740.1555	134.67934
750	4449.4576	126.41990	800	4746.0881	134.84790

Faktor: 1 kgm^2 = 5.9326 lbs.sq.ft.
1 lbs.sq.ft. = 0.16856 kgm^2

lbs.sq.ft. = / kgm^2 =	↓ lbs.sq.ft.	kgm^2 ↓	lbs.sq.ft. = / kgm^2 =	↓ lbs.sq.ft.	kgm^2 ↓
801	4752.0207	135.01646	851	5048.6512	143.44445
802	4757.9533	135.18502	852	5054.5838	143.61301
803	4763.8859	135.35358	853	5060.5164	143.78157
804	4769.8185	135.52214	854	5066.4490	143.95013
805	4775.7511	135.69070	855	5072.3816	144.11869
806	4781.6837	135.85926	856	5078.3142	144.28725
807	4787.6164	136.02782	857	5084.2469	144.45581
808	4793.5490	136.19637	858	5090.1795	144.62437
809	4799.4816	136.36493	859	5096.1121	144.79293
810	4805.4142	136.53349	860	5102.0447	144.96149
811	4811.3468	136.70205	861	5107.9773	145.13005
812	4817.2794	136.87061	862	5113.9099	145.29861
813	4823.2120	137.03917	863	5119.8425	145.46717
814	4829.1446	137.20773	864	5125.7751	145.63573
815	4835.0772	137.37629	865	5131.7077	145.80429
816	4841.0098	137.54485	866	5137.6403	145.97285
817	4846.9425	137.71341	867	5143.5730	146.14141
818	4852.8751	137.88197	868	5149.5056	146.30997
819	4858.8077	138.05053	869	5155.4382	146.47853
820	4864.7403	138.21909	870	5161.3708	146.64709
821	4870.6729	138.38765	871	5167.3034	146.81565
822	4876.6055	138.55621	872	5173.2360	146.98421
823	4882.5381	138.72477	873	5179.1686	147.15277
824	4888.4707	138.89333	874	5185.1012	147.32133
825	4894.4033	139.06189	875	5191.0338	147.48989
826	4900.3359	139.23045	876	5196.9664	147.65845
827	4906.2686	139.39901	877	5202.8991	147.82701
828	4912.2012	139.56757	878	5208.8317	147.99557
829	4918.1338	139.73613	879	5214.7643	148.16413
830	4924.0664	139.90469	880	5220.6969	148.33269
831	4929.9990	140.07325	881	5226.6295	148.50125
832	4935.9316	140.24181	882	5232.5621	148.66981
833	4941.8642	140.41037	883	5238.4947	148.83837
834	4947.7968	140.57893	884	5244.4273	149.00693
835	4953.7294	140.74749	885	5250.3599	149.17548
836	4959.6620	140.91605	886	5256.2925	149.34404
837	4965.5947	141.08461	887	5262.2252	149.51260
838	4971.5273	141.25317	888	5268.1578	149.68116
839	4977.4599	141.42173	889	5274.0904	149.84972
840	4983.3925	141.59029	890	5280.0230	150.01828
841	4989.3251	141.75885	891	5285.9556	150.18684
842	4995.2577	141.92741	892	5291.8882	150.35540
843	5001.1903	142.09597	893	5297.8208	150.52396
844	5007.1229	142.26453	894	5303.7534	150.69252
845	5013.0555	142.43309	895	5309.6860	150.86108
846	5018.9881	142.60165	896	5315.6186	151.02964
847	5024.9208	142.77021	897	5321.5513	151.19820
848	5030.8534	142.93877	898	5327.4839	151.36676
849	5036.7860	143.10733	899	5333.4165	151.53532
850	5042.7186	143.27589	900	5339.3491	151.70388

Faktor: 1 kgm^2 = 5.9326 lbs.sq.ft.
1 lbs.sq.ft. = 0.16856 kgm^2

lbs.sq.ft. = kgm^2 / kgm^2 = lbs.sq.ft.	lbs.sq.ft.	kgm^2
901	5345.2817	151.87244
902	5351.2143	152.04100
903	5357.1469	152.20956
904	5363.0795	152.37812
905	5369.0121	152.54668
906	5374.9448	152.71524
907	5380.8774	152.88380
908	5386.8100	153.05236
909	5392.7426	153.22092
910	5398.6752	153.38948
911	5404.6078	153.55804
912	5410.5404	153.72660
913	5416.4730	153.89516
914	5422.4056	154.06372
915	5428.3382	154.23228
916	5434.2709	154.40084
917	5440.2035	154.56940
918	5446.1361	154.73796
919	5452.0687	154.90652
920	5458.0013	155.07508
921	5463.9339	155.24364
922	5469.8665	155.41220
923	5475.7991	155.58076
924	5481.7317	155.74932
925	5487.6643	155.91788
926	5493.5970	156.08644
927	5499.5296	156.25500
928	5505.4622	156.42356
929	5511.3948	156.59212
930	5517.3274	156.76068
931	5523.2600	156.92924
932	5529.1926	157.09780
933	5535.1252	157.26636
934	5541.0578	157.43492
935	5546.9904	157.60348
936	5552.9231	157.77204
937	5558.8557	157.94060
938	5564.7883	158.10916
939	5570.7209	158.27772
940	5576.6535	158.44628
941	5582.5861	158.61484
942	5588.5187	158.78340
943	5594.4513	158.95196
944	5600.3839	159.12052
945	5606.3165	159.28908
946	5612.2492	159.45764
947	5618.1818	159.62620
948	5624.1144	159.79476
949	5630.0470	159.96332
950	5635.9796	160.13188
951	5641.9122	160.30044
952	5647.8448	160.46900
953	5653.7774	160.63756
954	5659.7100	160.80612
955	5665.6426	160.97468
956	5671.5753	161.14324
957	5677.5079	161.31180
958	5683.4405	161.48036
959	5689.3731	161.64892
960	5695.3057	161.81748
961	5701.2383	161.98604
962	5707.1709	162.15459
963	5713.1035	162.32315
964	5719.0361	162.49171
965	5724.9687	162.66027
966	5730.9014	162.82883
967	5736.8340	162.99739
968	5742.7666	163.16595
969	5748.6992	163.33451
970	5754.6318	163.50307
971	5760.5644	163.67163
972	5766.4970	163.84019
973	5772.4296	164.00875
974	5778.3622	164.17731
975	5784.2948	164.34587
976	5790.2275	164.51443
977	5796.1601	164.68299
978	5802.0927	164.85155
979	5808.0253	165.02011
980	5813.9579	165.18867
981	5819.8905	165.35723
982	5825.8231	165.52579
983	5831.7557	165.69435
984	5837.6883	165.86291
985	5843.6209	166.03147
986	5849.5536	166.20003
987	5855.4862	166.36859
988	5861.4188	166.53715
989	5867.3514	166.70571
990	5873.2840	166.87427
991	5879.2166	167.04283
992	5885.1492	167.21139
993	5891.0818	167.37995
994	5897.0144	167.54851
995	5902.9470	167.71707
996	5908.8797	167.88563
997	5914.8123	168.05419
998	5920.7449	168.22275
999	5926.6775	168.39131
1000	5932.6101	168.55987

PS in Brake Horse Power
HP into brake horse power 25

Faktor: 1 PS = 0.98632 BHP
1 BHP = 1.0139 PS

BHP	=	PS	BHP	=	PS
PS = BHP			PS = BHP		
1	0.98632	1.0139	51	50.30249	51.7072
2	1.97265	2.0277	52	51.28882	52.7210
3	2.95897	3.0416	53	52.27514	53.7349
4	3.94529	4.0555	54	53.26146	54.7488
5	4.93162	5.0693	55	54.24779	55.7626
6	5.91794	6.0832	56	55.23411	56.7765
7	6.90426	7.0971	57	56.22043	57.7904
8	7.89059	8.1109	58	57.20676	58.8042
9	8.87691	9.1248	59	58.19308	59.8181
10	9.86323	10.1387	60	59.17940	60.8320
11	10.84956	11.1525	61	60.16573	61.8458
12	11.83588	12.1664	62	61.15205	62.8597
13	12.82220	13.1803	63	62.13837	63.8736
14	13.80853	14.1941	64	63.12470	64.8874
15	14.79485	15.2080	65	64.11102	65.9013
16	15.78117	16.2219	66	65.09734	66.9152
17	16.76750	17.2357	67	66.08367	67.9290
18	17.75382	18.2496	68	67.06999	68.9429
19	18.74014	19.2635	69	68.05631	69.9568
20	19.72647	20.2773	70	69.04264	70.9706
21	20.71279	21.2912	71	70.02896	71.9845
22	21.69911	22.3051	72	71.01528	72.9984
23	22.68544	23.3189	73	72.00161	74.0122
24	23.67176	24.3528	74	72.98793	75.0261
25	24.65808	25.3467	75	73.97425	76.0400
26	25.64441	26.3605	76	74.96058	77.0538
27	26.63073	27.3744	77	75.94690	78.0677
28	27.61705	28.3883	78	76.93322	79.0816
29	28.60338	29.4021	79	77.91955	80.0954
30	29.58970	30.4160	80	78.90587	81.1093
31	30.57602	31.4299	81	79.89219	82.1232
32	31.56235	32.4437	82	80.87852	83.1370
33	32.54867	33.4576	83	81.86484	84.1509
34	33.53499	34.4715	84	82.85116	85.1648
35	34.52132	35.4853	85	83.83749	86.1786
36	35.50764	36.4992	86	84.82381	87.1925
37	36.49396	37.5130	87	85.81013	88.2064
38	37.48029	38.5269	88	86.79646	89.2202
39	38.46661	39.5408	89	87.78278	90.2341
40	39.45293	40.5546	90	88.76910	91.2480
41	40.43926	41.5685	91	89.75543	92.2618
42	41.42558	42.5824	92	90.74175	93.2757
43	42.41190	43.5962	93	91.72807	94.2896
44	43.39823	44.6101	94	92.71440	95.3034
45	44.38455	45.6240	95	93.70072	96.3173
46	45.37088	46.6378	96	94.68704	97.3312
47	46.35720	47.6517	97	95.67337	98.3450
48	47.34352	48.6656	98	96.65969	99.3589
49	48.32985	49.6794	99	97.64601	100.3728
50	49.31617	50.6933	100	98.63234	101.3866

Faktor: 1 PS = 0.98632 BHP
1 BHP = 1.0139 PS

BHP / PS = BHP	= PS	BHP / PS = BHP	= PS
101	99.61866	102.4005	151	148.93483	153.0938

PS = BHP	BHP	PS	PS = BHP	BHP	PS
101	99.61866	102.4005	151	148.93483	153.0938
102	100.60498	103.4144	152	149.92115	154.1077
103	101.59131	104.4282	153	150.90748	155.1215
104	102.57763	105.4421	154	151.89380	156.1354
105	103.56395	106.4560	155	152.88012	157.1493
106	104.55028	107.4698	156	153.86645	158.1631
107	105.53660	108.4837	157	154.85277	159.1770
108	106.52292	109.4975	158	155.83909	160.1909
109	107.50925	110.5114	159	156.82542	161.2047
110	108.49557	111.5253	160	157.81174	162.2186
111	109.48189	112.5391	161	158.79806	163.2325
112	110.46822	113.5530	162	159.78439	164.2463
113	111.45454	114.5669	163	160.77071	165.2602
114	112.44086	115.5807	164	161.75703	166.2741
115	113.42719	116.5946	165	162.74336	167.2879
116	114.41351	117.6085	166	163.72968	168.3018
117	115.39983	118.6223	167	164.71600	169.3157
118	116.38616	119.6362	168	165.70233	170.3295
119	117.37248	120.6501	169	166.68865	171.3434
120	118.35880	121.6639	170	167.67497	172,3573
121	119.34513	122.6778	171	168.66130	173.3711
122	120.33145	123.6917	172	169.64762	174.3850
123	121.31777	124.7055	173	170.63394	175.3989
124	122.30410	125.7194	174	171.62027	176.4127
125	123.29042	126.7333	175	172.60659	177.4266
126	124.27674	127.7471	176	173.59291	178.4405
127	125.26307	128.7610	177	174.57924	179.4543
128	126.24939	129.7749	178	175.56556	180.4682
129	127.23571	130.7887	179	176.55188	181.4820
130	128.22204	131.8026	180	177.53821	182.4959
131	129.20836	132.8165	181	178.52453	183.5098
132	130.19468	133.8303	182	179.51085	184.5236
133	131.18101	134.8442	183	180.49718	185.5375
134	132.16733	135.8581	184	181.48350	186.5514
135	133.15365	136.8719	185	182.46982	187.5652
136	134.13998	137.8858	186	183.45615	188.5791
137	135.12630	138.8997	187	184.44247	189.5930
138	136.11263	139.9135	188	185.42879	190.6068
139	137.09895	140.9274	189	186.41512	191.6207
140	138.08527	141.9413	190	187.40144	192.6346
141	139.07160	142.9551	191	188.38776	193.6484
142	140.05792	143.9690	192	189.37409	194.6623
143	141.04424	144.9829	193	190.36041	195.6762
144	142.03057	145.9967	194	191.34673	196.6900
145	143.01689	147.0106	195	192.33306	197.7039
146	144.00321	148.0245	196	193.31938	198.7178
147	144.98954	149.0383	197	194.30570	199.7316
148	145.97586	150.0522	198	195.29203	200.7455
149	146.96218	151.0661	199	196.27835	201.7594
150	147.94851	152.0799	200	197.26467	202.7732

Faktor: 1 PS = 0.98632 BHP
1 BHP = 1.0139 PS

BHP / PS = BHP	=	PS	BHP / PS = BHP	=	PS
201	198.25100	203.7871	251	247.56717	254.4804
202	199.23732	204.8010	252	248.55349	255.4943
203	200.22364	205.8148	253	249.53981	256.5081
204	201.20997	206.8287	254	250.52614	257.5220
205	202.19629	207.8426	255	251.51246	258.5359
206	203.18261	208.8564	256	252.49878	259.5497
207	204.16894	209.8703	257	253.48511	260.5636
208	205.15526	210.8842	258	254.47143	261.5775
209	206.14158	211.8980	259	255.45775	262.5913
210	207.12791	212.9119	260	256.44408	263.6052
211	208.11423	213.9258	261	257.43040	264.6191
212	209.10055	214.9396	262	258.41672	265.6329
213	210.08688	215.9535	263	259.40305	266.6468
214	211.07320	216.9674	264	260.38937	267.6607
215	212.05952	217.9812	265	261.37569	268.6745
216	213.04585	218.9951	266	262.36202	269.6884
217	214.03217	220.0090	267	263.34834	270.7023
218	215.01849	221.0228	268	264.33466	271.7161
219	216.00482	222.0367	269	265.32099	272.7300
220	216.99114	223.0506	270	266.30731	273.7439
221	217.97746	224.0644	271	267.29363	274.7577
222	218.96379	225.0783	272	268.27996	275.7716
223	219.95011	226.0922	273	269.26628	276.7855
224	220.93643	227.1060	274	270.25260	277.7993
225	221.92276	228.1199	275	271.23893	278.8132
226	222.90908	229.1338	276	272.22525	279.8271
227	223.89540	230.1476	277	273.21157	280.8409
228	224.88173	231.1615	278	274.19790	281.8548
229	225.86805	232.1754	279	275.18422	282.8687
230	226.85438	233.1892	280	276.17054	283.8825
231	227.84070	234.2031	281	277.15687	284.8964
232	228.82702	235.2170	282	278.14319	285.9103
233	229.81335	236.2308	283	279.12951	286.9241
234	230.79967	237.2447	284	280.11584	287.9380
235	231.78599	238.2586	285	281.10216	288.9519
236	232.77232	239.2724	286	282.08848	289.9657
237	233.75864	240.2863	287	283.07481	290.9796
238	234.74496	241.3002	288	284.06113	291.9935
239	235.73129	242.3140	289	285.04745	293.0073
240	236.71761	243.3279	290	286.03378	294.0212
241	237.70393	244.3418	291	287.02010	295.0351
242	238.69026	245.3556	292	288.00642	296.0489
243	239.67658	246.3695	293	288.99275	297.0628
244	240.66290	247.3834	294	289.97907	298.0767
245	241.64923	248.3972	295	290.96539	299.0905
246	242.63555	249.4111	296	291.95172	300.1044
247	243.62187	250.4250	297	292.93804	301.1183
248	244.60820	251.4388	298	293.92436	302.1321
249	245.59452	252.4527	299	294.91069	303.1460
250	246.58084	253.4666	300	295.89701	304.1599

Faktor: 1 PS = 0.98632 BHP
1 BHP = 1.0139 PS

BHP / PS	PS = BHP	BHP = PS	BHP / PS	PS = BHP	BHP = PS
301	296.88333	305.1737	351	346.19950	355.8670
302	297.86966	306.1876	352	347.18583	356.8809
303	298.85598	307.2015	353	348.17215	357.8948
304	299.84230	308.2153	354	349.15847	358.9086
305	300.82863	309.2292	355	350.14480	359.9225
306	301.81495	310.2431	356	351.13112	360.9364
307	302.80127	311.2569	357	352.11744	361.9502
308	303.78760	312.2708	358	353.10377	362.9641
309	304.77392	313.2847	359	354.09009	363.9780
310	305.76024	314.2985	360	355.07641	364.9918
311	306.74657	315.3124	361	356.06274	366.0057
312	307.73289	316.3263	362	357.04906	367.0196
313	308.71921	317.3401	363	358.03538	368.0334
314	309.70554	318.3540	364	359.02171	369.0473
315	310.69186	319.3679	365	360.00803	370.0612
316	311.67818	320.3817	366	360.99435	371.0750
317	312.66451	321.3956	367	361.98068	372.0889
318	313.65083	322.4095	368	362.96700	373.1028
319	314.63716	323.4233	369	363.95332	374.1166
320	315.62348	324.4372	370	364.93965	375.1305
321	316.60980	325.4511	371	365.92597	376.1444
322	317.59613	326.4649	372	366.91229	377.1582
323	318.58245	327.4788	373	367.89862	378.1721
324	319.56877	328.4926	374	368.88494	379.1860
325	320.55510	329.5065	375	369.87126	380.1998
326	321.54142	330.5204	376	370.85759	381.2137
327	322.52774	331.5342	377	371.84391	382.2276
328	323.51407	332.5481	378	372.83023	383.2414
329	324.50039	333.5620	379	373.81656	384.2553
330	325.48671	334.5758	380	374.80288	385.2692
331	326.47304	335.5897	381	375.78920	386.2830
332	327.45936	336.6036	382	376.77553	387.2969
333	328.44568	337.6174	383	377.76185	388.3108
334	329.43201	338.6313	384	378.74817	389.3246
335	330.41833	339.6452	385	379.73450	390.3385
336	331.40465	340.6590	386	380.72082	391.3524
337	332.39098	341.6729	387	381.70714	392.3662
338	333.37730	342.6868	388	382.69347	393.3801
339	334.36362	343.7006	389	383.67979	394.3940
340	335.34995	344.7145	390	384.66611	395.4078
341	336.33627	345.7284	391	385.65244	396.4217
342	337.32259	346.7422	392	386.63876	397.4356
343	338.30892	347.7561	393	387.62508	398.4494
344	339.29524	348.7700	394	388.61141	399.4633
345	340.28156	349.7838	395	389.59773	400.4771
346	341.26789	350.7977	396	390.58405	401.4910
347	342.25421	351.8116	397	391.57038	402.5049
348	343.24053	352.8254	398	392.55670	403.5187
349	344.22686	353.8393	399	393.54302	404.5326
350	345.21318	354.8532	400	394.52935	405.5465

Faktor: 1 PS = 0.98632 BHP
1 BHP = 1.0139 PS

PS = BHP	BHP	PS	PS = BHP	BHP	PS
401	395.51567	406.5603	451	444.83184	457.2537
402	396.50199	407.5742	452	445.81816	458.2675
403	397.48832	408.5881	453	446.80449	459.2814
404	398.47464	409.6019	454	447.79081	460.2953
405	399.46096	410.6158	455	448.77713	461.3091
406	400.44729	411.6297	456	449.76346	462.3230
407	401.43361	412.6435	457	450.74978	463.3369
408	402.41993	413.6574	458	451.73610	464.3507
409	403.40626	414.6713	459	452.72243	465.3646
410	404.39258	415.6851	460	453.70875	466.3785
411	405.37891	416.6990	461	454.69507	467.3923
412	406.36523	417.7129	462	455.68140	468.4062
413	407.35155	418.7267	463	456.66772	469.4201
414	408.33788	419.7406	464	457.65404	470.4339
415	409.32420	420.7545	465	458.64037	471.4478
416	410.31052	421.7683	466	459.62669	472.4616
417	411.29685	422.7822	467	460.61301	473.4755
418	412.28317	423.7961	468	461.59934	474.4894
419	413.26949	424.8099	469	462.58566	475.5032
420	414.25582	425.8238	470	463.57198	476.5171
421	415.24214	426.8377	471	464.55831	477.5310
422	416.22846	427.8515	472	465.54463	478.5448
423	417.21479	428.8654	473	466.53095	479.5587
424	418.20111	429.8793	474	467.51728	480.5726
425	419.18743	430.8931	475	468.50360	481.5864
426	420.17376	431.9070	476	469.48992	482.6003
427	421.16008	432.9209	477	470.47625	483.6142
428	422.14640	433.9347	478	471.46257	484.6280
429	423.13273	434.9486	479	472.44889	485.6419
430	424.11905	435.9625	480	473.43522	486.6558
431	425.10537	436.9763	481	474.42154	487.6696
432	426.09170	437.9902	482	475.40786	488.6835
433	427.07802	439.0041	483	476.39419	489.6974
434	428.06434	440.0179	484	477.38051	490.7112
435	429.05067	441.0318	485	478.36683	491.7251
436	430.03699	442.0457	486	479.35316	492.7390
437	431.00964	443.0595	487	480.33948	493.7528
438	432.00964	444.0734	488	481.32580	494.7667
439	432.99596	445.0873	489	482.31213	495.7806
440	433.98228	446.1011	490	483.29845	496.7944
441	434.96861	447.1150	491	484.28477	497.8083
442	435.95493	448.1289	492	485.27110	498.8222
443	436.94125	449.1427	493	486.25742	499.8360
444	437.92758	450.1566	494	487.24374	500.8499
445	438.91390	451.1705	495	488.23007	501.8638
446	439.90022	452.1843	496	489.21639	502.8776
447	440.88655	453.1962	497	490.20271	503.8915
448	441.87287	454.2121	498	491.18904	504.9054
449	442.85919	455.2259	499	492.17536	505.9192
450	443.84552	456.2398	500	493.16169	506.9331

Faktor: 1 PS = 0.98632 BHP
1 BHP = 1.0139 PS

BHP / PS	PS = BHP	BHP = PS	BHP / PS	PS = BHP	BHP = PS
501	494.14801	507.9470	551	543.46418	558.6403
502	495.13433	508.9608	552	544.45050	559.6541
503	496.12066	509.9747	553	545.43682	560.6680
504	497.10698	510.9886	554	546.42315	561.6819
505	498.09330	512.0024	555	547.40947	562.6957
506	499.07963	513.0163	556	548.39579	563.7096
507	500.06595	514.0302	557	549.38212	564.7235
508	501.05227	515.0440	558	550.36844	565.7373
509	502.03860	516.0579	559	551.35476	566.7512
510	503.02492	517.0718	560	552.34109	567.7651
511	504.01124	518.0856	561	553.32741	568.7789
512	504.99757	519.0995	562	554.31373	569.7928
513	505.98389	520.1134	563	555.30006	570.8067
514	506.97021	521.1272	564	556.28638	571.8205
515	507.95654	522.1411	565	557.27270	572.8344
516	508.94286	523.1550	566	558.25903	573.8483
517	509.92918	524.1688	567	559.24535	574.8621
518	510.91551	525.1827	568	560.23167	575.8760
519	511.90183	526.1966	569	561.21800	576.8899
520	512.88815	527.2104	570	562.20432	577.9037
521	513.87448	528.2243	571	563.19064	578.9176
522	514.86080	529.2382	572	564.17697	579.9315
523	515.84712	530.2520	573	565.16329	580.9453
524	516.83345	531.2659	574	566.14961	581.9592
525	517.81977	532.2798	575	567.13594	582.9731
526	518.80609	533.2936	576	568.12226	583.9869
527	519.79242	534.3075	577	569.10858	585.0008
528	520.77874	535.3214	578	570.09491	586.0147
529	521.76506	536.3352	579	571.08123	587.0285
530	522.75139	537.3491	580	572.06755	588.0424
531	523.73771	538.3630	581	573.05388	589.0563
532	524.72403	539.3768	582	574.04020	590.0701
533	525.71036	540.3907	583	575.02652	591.0840
534	526.69668	541.4046	584	576.01285	592.0979
535	527.68300	542.4184	585	576.99917	593.1117
536	528.66933	543.4323	586	577.98549	594.1256
537	529.65565	544.4461	587	578.97182	595.1395
538	530.64197	545.4600	588	579.95814	596.1533
539	531.62830	546.4739	589	580.94446	597.1672
540	532.61462	547.4877	590	581.93079	598.1811
541	533.60094	548.5016	591	582.91711	599.1949
542	534.58727	549.5155	592	583.90344	600.2088
543	535.57359	550.5293	593	584.88976	601.2227
544	536.55991	551.5432	594	585.87608	602.2365
545	537.54624	552.5571	595	586.86241	603.2504
546	538.53256	553.5709	596	587.84873	604.2643
547	539.51888	554.5848	597	588.83505	605.2781
548	540.50521	555.5987	598	589.82138	606.2920
549	541.49153	556.6125	599	590.80770	607.3059
550	542.47785	557.6264	600	591.79402	608.3197

Faktor: 1 PS = 0.98632 BHP
1 BHP = 1.0139 PS

BHP / PS	PS = BHP	BHP = PS	BHP / PS	PS = BHP	BHP = PS
601	592.78035	609.3336	651	642.09651	660.0269
602	593.76667	610.3475	652	643.08284	661.0408
603	594.75299	611.3613	653	644.06916	662.0546
604	595.73932	612.3752	654	645.05548	663.0685
605	596.72564	613.3891	655	646.04181	664.0824
606	597.71196	614.4029	656	647.02813	665.0962
607	598.69829	615.4168	657	648.01445	666.1101
608	599.68461	616.4306	658	649.00078	667.1240
609	600.67093	617.4445	659	649.98710	668.1378
610	601.65726	618.4584	660	650.97342	669.1517
611	602.64358	619.4722	661	651.95975	670.1656
612	603.62990	620.4861	662	652.94607	671.1794
613	604.61623	621.5000	663	653.93239	672.1933
614	605.60255	622.5138	664	654.91872	673.2072
615	606.58887	623.5277	665	655.90504	674.2210
616	607.57520	624.5416	666	656.89136	675.2349
617	608.56152	625.5554	667	657.87769	676.2488
618	609.54784	626.5693	668	658.86401	677.2626
619	610.53417	627.5832	669	659.85033	678.2765
620	611.52049	628.5970	670	660.83666	679.2904
621	612.50681	629.6109	671	661.82298	680.3042
622	613.49314	630.6248	672	662.80930	881.3181
623	614.47946	631.6386	673	663.79563	882.3320
624	615.46578	632.6525	674	664.78195	683.3458
625	616.45211	633.6664	675	665.76827	684.3597
626	617.43843	634.6802	676	666.75460	685.3736
627	618.42475	635.6941	677	667.74092	686.3874
628	619.41108	636.7080	678	668.72724	687.4013
629	620.39740	637.7218	679	669.71357	688.4151
630	621.38372	638.7357	680	670.69989	689.4290
631	622.37005	639.7496	681	671.68621	690.4429
632	623.35637	640.7634	682	672.67254	691.4567
633	624.34269	641.7773	683	673.65886	692.4706
634	625.32902	642.7912	684	674.64519	693.4845
635	626.31534	643.8050	685	675.63151	694.4983
636	627.30166	644.8189	686	676.61783	695.5122
637	628.28799	645.8328	687	677.60416	696.5261
638	629.27431	646.8466	688	678.59048	697.5399
639	630.26063	647.8605	689	679.57680	698.5538
640	631.24696	648.8744	690	680.56313	699.5677
641	632.23328	649.8882	691	681.54945	700.5815
642	633.21960	650.9021	692	682.53577	701.5954
643	634.20593	651.9160	693	683.52210	702.6093
644	635.19225	652.9298	694	684.50842	703.6231
645	636.17857	653.9437	695	685.49474	704.6370
646	637.16490	654.9576	696	686.48107	705.6509
647	638.15122	655.9714	697	687.46739	706.6647
648	639.13754	656.9853	698	688.45371	707.6786
649	640.12387	657.9992	699	689.44004	708.6925
650	641.11019	659.0130	700	690.42636	709.7063

Faktor: 1 PS = 0.98632 BHP
1 BHP = 1.0139 PS

BHI = PS	PS = BHP	= PS	BHP = PS	PS = BHP	= PS
701	691.41268	710.7202	751	740.72885	761.4135
702	692.39901	711.7341	752	741.71517	762.4274
703	693.38533	712.7479	753	742.70150	763.4412
704	694.37165	713.7618	754	743.68782	764.4551
705	695.35798	714.7757	755	744.67414	765.4690
706	696.34430	715.7895	756	745.66047	766.4828
707	697.33062	716.8034	757	746.64679	767.4967
708	698.31695	717.8173	758	747.63311	768.5106
709	699.30327	718.8311	759	748.61944	769.5244
710	700.28959	719.8450	760	749.60576	770.5383
711	701.27592	720.8589	761	750.59208	771.5522
712	702.26224	721.8727	762	751.57841	772.5660
713	703.24856	722.8866	763	752.56473	773.5799
714	704.23489	723.9005	764	753.55105	774.5938
715	705.22121	724.9143	765	754.53738	775.6076
716	706.20753	725.9282	766	755.52370	776.6215
717	707.19386	726.9421	767	756.51002	777.6354
718	708.18018	727.9559	768	757.49635	778.6492
719	709.16650	728.9698	769	758.48267	779.6631
720	710.15283	729.9837	770	759.46899	780.6770
721	711.13915	730.9975	771	760.45532	781.6908
722	712.12547	732.0114	772	761.44164	782.7047
723	713.11180	733.0253	773	762.42797	783.7186
724	714.09812	734.0391	774	763.41429	784.7324
725	715.08444	735.0530	775	764.40061	785.7463
726	716.07077	736.0669	776	765.38694	786.7602
727	717.05709	737.0807	777	766.37326	787.7740
728	718.04341	738.0946	778	767.35958	788.7879
729	719.02974	739.1085	779	768.34591	789.8018
730	720.01606	740.1223	780	769.33223	790.8156
731	721.00238	741.1362	781	770.31855	791.8295
732	721.98871	742.1501	782	771.30488	792.8434
733	722.97503	743.1639	783	772.29120	793.8572
734	723.96135	744.1778	784	773.27752	794.8711
735	724.94768	745.1917	785	774.26385	795.8850
736	725.93400	746.2055	786	775.25017	796.8988
737	726.92032	747.2194	787	776.23649	797.9127
738	727.90665	748.2333	788	777.22282	798.9266
739	728.89297	749.2471	789	778.20914	799.9404
740	729.87929	750.2610	790	779.19546	800.9543
741	730.86562	751.2749	791	780.18179	801.9682
742	731.85194	752.2887	792	781.16811	802.9820
743	732.83826	753.3026	793	782.15443	803.9959
744	733.82459	754.3165	794	783.14076	805.0098
745	734.81091	755.3303	795	784.12708	806.0236
746	735.79723	756.3442	796	785.11340	807.0375
747	736.78356	757.3581	797	786.09973	808.0514
748	737.76988	758.3719	798	787.08605	809.0652
749	738.75620	759.3858	799	788.07237	810.0791
750	739.74253	760.3997	800	789.05870	811.0930

Faktor: 1 PS = 0.98632 BHP
1 BHP = 1.0139 PS

BHP = PS / PS = BHP	PS = BHP	BHP = PS	BHP = PS / PS = BHP	PS = BHP	BHP = PS
801	790.04502	812.1068	851	839.36119	862.8001
802	791.03134	813.1207	852	840.34751	863.8140
803	792.01767	814.1346	853	841.33383	864,8279
804	793.00399	815.1484	854	842.32016	865.8417
805	793.99031	816.1623	855	843.30648	866.8556
806	794.97664	817.1762	856	844.29280	867.8695
807	795.96296	818.1900	857	845.27913	868.8833
808	796.94928	819.2039	858	846.26545	869.8972
809	797.93561	820.2178	859	847.25177	870.9111
810	798.92193	821.2316	860	848.23810	871.9249
811	799.90825	822.2455	861	849.22442	872.9388
812	800.89458	823.2594	862	850.21074	873.9527
813	801.88090	824.2732	863	851.19707	874.9665
814	802.86722	825.2871	864	852.18339	875.9804
815	803.85355	826.3010	865	853.16972	876.9943
816	804.83987	827.3148	866	854.15604	878.0081
817	805.82619	828.3287	867	855.14236	879.0220
818	806.81252	829.3426	868	856.12869	880.0359
819	807.79884	830.3564	869	857.11501	881.0497
820	808.78516	831.3703	870	858.10133	882.0636
821	809.77149	832.3842	871	859.08766	883.0775
822	810.75781	833.3980	872	860.07398	884.0913
823	811.74413	834.4119	873	861.06030	885.1052
824	812.73046	835.4257	874	862.04663	886.1191
825	813.71678	836.4396	875	863.03295	887.1329
826	814.70310	837.4535	876	864.01927	888.1468
827	815.68943	838.4673	877	865.00560	889.1607
828	816.67575	839.4812	878	865.99192	890.1745
829	817.66207	840.4951	879	866.97824	891.1884
830	818.64840	841.5089	880	867.96457	892,2023
831	819.63472	842.5228	881	868.95089	893.2161
832	820.62104	843.5367	882	869.93721	894.2300
833	821.60737	844.5505	883	870.92354	895.2439
834	822.59369	845.5644	884	871.90986	896.2577
835	823.58001	846.5783	885	872.89618	897.2716
836	824.56634	847.5921	886	873.88251	898.2855
837	825.55266	848.6060	887	874.86883	899.2993
838	826.53898	849.6199	888	875.85515	900.3132
839	827.52531	850.6337	889	876.84148	901.3271
840	828.51163	851.6476	890	877.82780	902.3409
841	829.49795	852.6615	891	878.81412	903.3548
842	830.48428	853.6753	892	879.80045	904.3687
843	831.47060	854.6892	893	880.78677	905.3825
844	832.45692	855.7031	894	881.77309	906.3964
845	833.44325	856.7169	895	882.75942	907.4102
846	834.42957	857.7308	896	883.74574	908.4241
847	835.41589	858.7447	897	884.73206	909.4380
848	836.40222	859.7585	898	885.71839	910.4518
849	837.38854	860.7724	899	886.70471	911.4657
850	838.37486	861.7863	900	887.69103	912.4796

Faktor: 1 PS = 0.98632 BHP
1 BHP = 1.0139 PS

BHP / PS	PS = BHP	= PS	BHP / PS	PS = BHP	= PS
901	888.67736	913.4934	951	937.99352	954.1868
902	889.66368	914.5073	952	938.97985	965.2006
903	890.65000	915.5212	953	939.96617	966.2145
904	891.63633	916.5350	954	940.95249	967.2284
905	892.62265	917.5489	955	941.93882	968.2422
906	893.60897	918.5628	956	942.92514	969.2561
907	894.59530	919.5766	957	943.91147	970.2700
908	895.58162	920.5905	958	944.89779	971.2838
909	896.56794	921.6044	959	945.88411	972.2977
910	897.55427	922.6182	960	946.87044	973.3116
911	898.54059	923.6321	961	947.85676	974.3254
912	899.52691	924.6460	962	948.84308	975.3393
913	900.51324	925.6598	963	949.82941	976.3532
914	901.49956	926.6737	964	950.81573	977.3670
915	902.48588	927.6876	965	951.80205	978.3809
916	903.47221	928.7014	966	952.78838	979.3947
917	904.45853	929.7153	967	953.77470	980.4086
918	905.44485	930.7292	968	954.76102	981.4225
919	906.43118	931.7430	969	955.74735	982.4363
920	907.41750	932.7569	970	956.73367	983.4502
921	908.40382	933.7708	971	957.71999	984.4641
922	909.39015	934.7846	972	958.70632	985.4779
923	910.37647	935.7985	973	959.69264	986.4918
924	911.36279	936.8124	974	960.67896	987.5057
925	912.34912	937.8262	975	961.66529	988.5195
926	913.33544	938.8401	976	962.65161	989.5334
927	914.32176	939.8540	977	963.63793	990.5473
928	915.30809	940.8678	978	964.62426	991.5611
929	916.29441	941.8817	979	965.61058	992.5750
930	917.28073	942.8956	980	966.59690	993.5889
931	918.26706	943.9094	981	967.58323	994.6027
932	919.25338	944.9233	982	968.56955	995.6166
933	920.23970	945.9372	983	969.55587	996.6305
934	921.22603	946.9510	984	970.54220	997.6443
935	922.21235	947.9649	985	971.52852	998.6582
936	923.19867	948.9788	986	972.51484	999.6721
937	924.18500	949.9926	987	973.50117	1000.6859
938	925.17132	951.0065	988	974.48749	1001.6998
939	926.15764	952.0204	989	975.47381	1002.7137
940	927.14397	953.0342	990	976.46014	1003.7275
941	928.13029	954.0481	991	977.44646	1004.7414
942	929.11661	955.0620	992	978.43278	1005.7553
943	930.10294	956.0758	993	979.41911	1006.7691
944	931.08926	957.0897	994	980.40543	1007.7830
945	932.07558	958.1036	995	981.39175	1008.7969
946	933.06191	959.1174	996	982.37808	1009.8107
947	934.04823	960.1313	997	983.36440	1010.8246
948	935.03455	961.1452	998	984.35072	1011.8385
949	936.02088	962.1590	999	985.33705	1012.8523
950	937.00720	963.1729	1000	986.32337	1013.8662

PS in Kilowatt

HP into kilowatts 26

Faktor: 1 PS = 0,7453 kWs
1 kWs = 1.3604 PS

kW = PS	PS = kW	kW = PS	kW = PS	PS = kW	kW = PS
1	0.7453	1.3604	51	38.0103	69.3804
2	1.4906	2.7208	52	38.7556	70.7408
3	2.2359	4.0812	53	39.5009	72.1012
4	2.9812	5.4416	54	40.2462	73.4616
5	3.7265	6.8020	55	40.9915	74.8220
6	4.4718	8.1624	56	41.7368	76.1824
7	5.2171	9.5228	57	42.4821	77.5428
8	5.9624	10.8832	58	43.2274	78.9032
9	6.7077	12.2436	59	43.9727	80.2636
10	7.4530	13.6040	60	44.7180	81.6240
11	8.1983	14.9644	61	45.4633	82.9844
12	8.9436	16.3248	62	46.2086	84.3448
13	9.6889	17.6852	63	46.9539	85.7052
14	10.4342	19.0456	64	47.6992	87.0656
15	11.1795	20.4060	65	48.4445	88.4260
16	11.9248	21.7664	66	49.1898	89.7864
17	12.6702	23.1268	67	49.9351	91.1468
18	13.4155	24.4872	68	50.6804	92.5072
19	14.1508	25.8476	69	51.4257	93.8676
20	14.9060	27.2080	70	52.1710	95.2280
21	15.6513	28.5684	71	52.9163	96.5884
22	16.3966	29.9288	72	53.6616	97.9488
23	17.1419	31.2892	73	54.4069	99.3092
24	17.8872	32.6496	74	55.1522	100.6696
25	18.6325	34.0100	75	55.8975	102.0300
26	19.3778	35.3704	76	56.6428	103.3904
27	20.1231	36.7308	77	57.3881	104.7508
28	20.8684	38.0912	78	58.1334	106.1112
29	21.6137	39.4516	79	58.8787	107.4716
30	22.3590	40.8120	80	59.6240	108.8320
31	23.1043	42.1724	81	60.3693	110.1924
32	23.8496	43.5328	82	61.1146	111.5528
33	24.5949	44.8932	83	61.8599	112.9132
34	25.3402	46.2536	84	62.6052	114.2736
35	26.0855	47.6140	85	63.3505	115.6340
36	26.8308	48.9744	86	64.0958	116.9944
37	27.5761	50.3348	87	64.8411	118.3548
38	28.3214	51.6952	88	65.5864	119.7152
39	29.0667	53.0556	89	66.3317	121.0756
40	29.8120	54.4160	90	67.0770	122.4360
41	30.5573	55.7764	91	67.8223	123.7964
42	31.3026	57.1368	92	68.5676	125.1568
43	32.0479	58.4972	93	69.3129	126.5172
44	32.7932	59.8576	94	70.0582	127.8776
45	33.5385	61.2180	95	70.8035	129.2380
46	34.2838	62.5784	96	71.5488	130.5984
47	35.0291	63.9388	97	72.2941	131.9588
48	35.7744	65.2992	98	73.0394	131.3192
49	36.5197	66.6596	99	73.7847	134.6796
50	37.2650	68.0200	100	74.5300	136.0400

Faktor: 1 PS = 0.7453 kWs
1 kWs = 1.3604 PS

kW = PS	PS = kW	kW = PS	kW = PS	PS = kW	kW = PS
1o1	75.2753	137.4004	151	112.5403	205.4204
1o2	76.0206	138.7608	152	113.2856	206.7808
1o3	76.7659	140.1212	153	114.0309	208.1412
1o4	77.5112	141.4816	154	114.7762	209.5016
1o5	78.2565	142.8420	155	115.5215	210.8620
1o6	79.0018	144.2024	156	116.2668	212.2224
1o7	79.7471	145.5628	157	117.0121	213.5828
1o8	80.4924	146.9232	158	117.7574	214.9432
1o9	81.2377	148.2836	159	118.5027	216.3036
11o	81.9830	149.6440	16o	119.2480	217.6640
111	82.7283	151.0044	161	119.9933	219.0244
112	83.4736	152.3648	162	120.7386	220.3848
113	84.2189	153.7252	163	121.4839	221.7452
114	84.9642	155.0856	164	122.2292	223.1056
115	85.7095	156.4460	165	122.9745	224.4660
116	86.4548	157.8064	166	123.7198	225.8264
117	87.2001	159.1668	167	124.4651	227.1868
118	87.9454	160.5272	168	125.2104	228.5472
119	88.6907	161.8876	169	125.9557	229.9076
12o	89.4360	163.2480	17o	126.7010	231.2680
121	90.1813	164.6084	171	127.4463	232.6284
122	90.9266	165.9688	172	128.1916	233.9888
123	91.6719	167.3292	173	128.9369	235.3492
124	92.4172	168.6896	174	129.6822	236.7096
125	93.1625	170.0500	175	130.4275	238.0700
126	93.9078	171.4104	176	131.1728	239.4304
127	94.6531	172.7708	177	131.9181	240.7908
128	95.3984	174.1312	178	132.6634	242.1512
129	96.1437	175.4916	179	133.4087	243.5116
13o	96.8890	176.8520	18o	134.1540	244.8720
131	97.6343	178.2124	181	134.8993	246.2324
132	98.3796	179.5728	182	135.6446	247.5928
133	99.1249	180.9332	183	136.3899	248.9532
134	99.8702	182.2936	184	137.1352	250.3136
135	100.6155	183.6540	185	137.8805	251.6740
136	101.3608	185.0144	186	138.6258	253.0344
137	102.1061	186.3748	187	139.3711	254.3948
138	102.8514	187.7352	188	140.1164	255.7552
139	103.8967	189.0956	189	140.8617	257.1156
14o	104.3420	190.4560	19o	141.6070	258.4760
141	105.0873	191.8164	191	142.3523	259.8364
142	105.8326	193.1768	192	143.0976	261.1968
143	106.5779	194.5372	193	143.8429	262.5572
144	107.3232	195.8976	194	144.5882	263.9176
145	108.0685	197.2580	195	145.3335	265.2780
146	108.8138	198.6184	196	146.0788	266.6384
147	109.5591	199.9788	197	146.8241	267.9988
148	110.3044	201.3392	198	147.5694	269.3592
149	111.0497	202.6996	199	148.3147	270.7196
15o	111.7950	204.0600	2oo	149.0600	272.0800

Faktor: 1 PS = 0.7453 kWs
1 kWs = 1.3604 PS

	PS = kW	kW = PS
201	149.8053	273.4404
202	150.5506	274.8008
203	151.2959	276.1612
204	152.0412	277.5216
205	152.7865	278.8820
206	153.5318	280.2424
207	154.2771	281.6028
208	155.0224	282.9632
209	155.7677	284.3236
210	156.5130	285.6840
211	157.2583	287.0444
212	158.0036	288.4048
213	158.7489	289.7652
214	159.4942	291.1256
215	160.2395	292.4860
216	160.9848	293.8464
217	161.7301	295.2068
218	162.4754	296.5672
219	163.2207	297.9276
220	163.9660	299.2880
221	164.7113	300.6484
222	165.4566	302.0088
223	166.2219	303.3692
224	166.9472	304.7296
225	167.6925	306.0900
226	168.4378	307.4504
227	169.1831	308.8108
228	169.9284	310.1712
229	170.6737	311.5316
230	171.4190	312.8920
231	172.1643	314.2524
232	172.9096	315.6128
233	173.6549	316.9732
234	174.4002	318.3336
235	175.1455	319.6940
236	175.8908	321.0544
237	176.6361	322.4148
238	177.3814	323.7752
239	178.1267	325.1356
240	178.8720	326.4960
241	179.6173	327.8564
242	180.3626	329.2168
243	181.1079	330.5772
244	181.8532	331.9376
245	182.5985	333.2980
246	183.3438	334.6584
247	184.0891	336.0188
248	184.8344	337.3792
249	185.5797	338.7396
250	186.3250	340.1000
251	187.0703	341.4604
252	187.8156	342.8208
253	188.5609	344.1812
254	189.3062	345.5416
255	190.0515	346.9020
256	190.7968	348.2624
257	191.5421	349.6228
258	192.2874	350.9832
259	193.0327	352.3436
260	193.7780	353.7040
261	194.5233	355.0644
262	195.2686	356.4248
263	196.0139	357.7852
264	196.7592	359.1456
265	197.5045	360.5060
266	198.2498	361.8664
267	198.9951	363.2268
268	199.7404	364.5872
269	200.4857	365.9476
270	201.2310	367.3080
271	201.9763	368.6684
272	202.7216	370.0288
273	203.4669	371.3892
274	204.2122	372.7496
275	204.9575	374.1100
276	205.7028	375.4704
277	206.4481	376.8308
278	207.1934	378.1912
279	207.9387	379.5516
280	208.6840	380.9120
281	209.4293	382.2724
282	210.1746	383.6328
283	210.9199	384.9932
284	211.6652	386.3536
285	212.4105	387.7140
286	213.1558	389.0744
287	213.9011	390.4348
288	214.6464	391.7952
289	215.3917	393.1556
290	216.1370	394.5160
291	216.8823	395.8764
292	217.6276	397.2368
293	218.3729	398.5972
294	219.1182	399.9576
295	219.8635	401.3180
296	220.6088	402.6784
297	221.3541	404.0388
298	222.0994	405.3992
299	222.8447	406.7596
300	223.5900	408.1200

Faktor: 1 PS = 0.7453 kWs
1 kWs = 1.3604 PS

kW / PS	PS = kW	kW = PS	kW / PS	PS = kW	kW = Ps
301	224.3353	409.4804	351	261.6003	477.5004
302	225.0806	410.8408	352	262.3456	478.8608
303	225.8259	412.2012	353	263.0909	480.2212
304	226.5712	413.5616	354	263.8362	481.5816
305	227.3165	414.9220	355	264.5815	482.9420
306	228.0618.	416.2824	356	265.3268	484.3024
307	228.8071	417.6428	357	266.0721	485.6628
308	229.5524	419.0032	358	266.8174	487.0232
309	230.2977	420.3636	359	267.5627	488.3836
310	231.0430	421.7240	360	268.3080	489.7440
311	231.7883	423.0844	361	269.0533	491.1044
312	232.5336	424.4448	362	269.7986	492.4648
313	233.2789	425.8052	363	270.5439	493.8252
314	234.0242	427.1656	364	271.2892	495.1856
315	234.7695	428.5260	365	272.0345	496.5460
316	235.5148	429.8864	366	272.7798	497.9064
317	236.2601	431.2468	367	273.5251	499.2668
318	237.0054	432.6072	368	274.2704	500.6272
319	237.7507	433.9676	369	275.0157	501.9876
320	238.4960	435.3280	370	275.7610	503.3480
321	239.2413	436.6884	371	276.5063	504.7084
322	239.9866	438.0488	372	277.2516	506.0688
323	240.7319	439.4092	373	277.9969	507.4292
324	241.4772	440.7696	374	278.7422	508.7896
325	242.2225	442.1300	375	279.4875	510.1500
326	242.9678	443.4904	376	280.2328	511.5104
327	243.7131	444.8508	377	280.9781	512.8708
328	244.4584	446.2112	378	281.7234	514.2312
329	245.2037	447.5716	379	282.4687	515.5916
330	245.9490	448.9320	380	283.2140	516.9520
331	246.6943	450.2924	381	283.9593	518.3124
332	247.4396	451.6528	382	284.7046	519.6728
333	248.1849	453.0132	383	285.4499	521.0332
334	248.9302	454.3736	384	286.1952	522.3936
335	249.6755	455.7340	385	286.9405	523.7540
336	250.4208	457.0944	386	287.6858	525.1144
337	251.1661	458.4548	387	288.4311	526.4748
338	252.9114	459.8152	388	289.1764	527.8352
339	252.6567	461.1756	389	289.9217	529.1956
340	253.4020	462.5360	390	290.6670	530.5560
341	254.1473	463.8964	391	291.4123	531.9164
342	254.8926	465.2568	392	292.1576	533.2768
343	255.6379	466.6172	393	292.9029	534.6372
344	256.3832	467.9776	394	293.6482	535.9976
345	257.1285	469.3380	395	294.3935	537.3580
346	257.8738	470.6984	396	295.1388	538.7184
347	258.6191	472.0588	397	295.8841	540.0788
348	259.3644	473.4192	398	296.6294	541.4392
349	260.1097	474.7796	399	297.3747	542.7996
350	260.8550	476.1400	400	298.1200	544.1600

Faktor: 1 PS = 0.7453 kWs
1 kWs = 1.3604 PS

kW / PS = kW	=	PS	kW / PS = kW	=	PS
401	298.8653	545.5204	451	336.1303	613.5404
402	299.6106	546.8808	452	336.8756	614.9008
403	300.3559	548.2412	453	337.6209	616.2612
404	301.1012	549.6016	454	338.3662	617.6216
405	301.8465	550.9620	455	339.1115	618.9820
406	302.5918	552.3224	456	339.8568	620.3424
407	303.3371	553.6828	457	340.6021	621.7028
408	304.0824	555.0432	458	341.3474	623.0632
409	304.8277	556.4036	459	342.0927	624.4236
410	305.5730	557.7640	460	342.8380	625.7840
411	306.3183	559.1244	461	343.5833	627.1444
412	307.0636	560.4848	462	344.3286	628.5048
413	307.8089	561.8452	463	345.0739	629.8652
414	308.5542	563.2056	464	345.8192	631.2256
415	309.2995	564.5660	465	346.5645	632.5860
416	310.0448	565.9264	466	347.3098	633.9464
417	310.7901	567.2868	467	348.0551	635.3068
418	311.5354	568.6472	468	348.8004	636.6672
419	312.2807	570.0076	469	349.5457	638.0276
420	313.0260	571.3680	470	350.2910	639.3880
421	313.7713	572.7284	471	351.0363	640.7484
422	314.5166	574.0888	472	351.7816	642.1088
423	315.2619	575.4492	473	352.5269	643.4692
424	316.0072	576.8096	474	353.2722	644.8296
425	316.7525	578.1700	475	354.0175	646.1900
426	317.4978	579.5304	476	354.7628	647.5504
427	318.2431	580.8908	477	355.5081	648.9108
428	318.9884	582.2512	478	356.2534	650.2712
429	319.7337	583.6116	479	356.9987	651.6316
430	320.4790	584.9720	480	357.7440	652.9920
431	321.2243	586.3324	481	358.4893	654.3524
432	321.9696	587.6928	482	359.2346	655.7128
433	322.7149	589.0532	483	359.9799	657.0732
434	323.4602	590.4136	484	360.7252	658.4336
435	324.2055	591.7740	485	361.4705	659.7940
436	324.9508	593.1344	486	362.2158	661.1544
437	325.6961	594.4948	487	362.9611	662.5148
438	326.4414	595.8552	488	363.7064	663.8752
439	327.1867	597.2156	489	364.4517	665.2356
440	327.9320	598.5760	490	365.1970	666.5960
441	328.6773	599.9364	491	365.9423	667.9564
442	329.4226	601.2968	492	366.6876	669.3168
443	330.1679	602.6572	493	367.4329	670.6772
444	330.9132	604.0176	494	368.1782	672.0376
445	331.5685	605.3780	495	368.9235	673.3980
446	332.4038	606.7384	496	369.6688	674.7584
447	333.1491	608.0988	497	370.4141	676.1188
448	333.8944	609.4592	498	371.1594	677.4792
449	334.6397	610.8196	499	371.9047	678.8396
450	335.3850	612.1800	500	372.6500	680.2000

Faktor: 1 PS = 0.7453 kWs
1 kWs = 1.3604 PS

kW / PS = kW	= PS	kW / PS = kW	= PS
501	373.3953	681.5604	551	410.6603	749.5804
502	374.1406	682.9208	552	411.4056	750.9408
503	374.8859	684.2812	553	412.1509	752.3012
504	375.6312	685.6416	554	412.8962	753.6616
505	376.3765	687.0020	555	413.6415	755.0220
506	377.1218	688.3624	556	414.3868	756.3824
507	377.8671	689.7228	557	415.1321	757.7428
508	378.6124	691.0832	558	415.8774	759.1032
509	379.3577	692.4436	559	416.6227	760.4636
510	380.1030	693.8040	560	417.3680	761.8240
511	380.8483	695.1644	561	418.1133	763.1844
512	381.5936	696.5248	562	418.8586	764.5448
513	382.3389	697.8852	563	419.6039	765.9052
514	383.0842	699.2456	564	420.3492	767.2656
515	383.8295	700.6060	565	421.0945	768.6260
516	384.5748	701.9664	566	421.8398	769.9864
517	385.3201	703.3268	567	422.5851	771.3468
518	386.0654	704.6872	568	423.3304	772.7072
519	386.8107	706.0476	569	424.0757	774.0676
520	387.5560	707.4080	570	424.8210	775.4280
521	388.3013	708.7684	571	425.5663	776.7884
522	389.0466	710.1288	572	426.3116	778.1488
523	389.7919	711.4892	573	427.0569	779.5092
524	390.5372	712.8496	574	427.8022	780.8696
525	391.2825	714.2100	575	428.5475	782.2300
526	392.0278	715.5704	576	429.2928	783.5904
527	392.7731	716.9308	577	430.0381	784.9508
528	393.5184	718.2912	578	430.7834	786.3112
529	394.2637	719.6516	579	431.5287	787.6716
530	395.0090	721.0120	580	432.2740	789.0320
531	395.7543	722.3724	581	433.0193	790.3924
532	396.4996	723.7328	582	433.7646	791.7528
533	397.2449	725.0932	583	434.5099	793.1132
534	397.9902	726.4536	584	435.2552	794.4736
535	398.7355	727.8140	585	436.0005	795.8340
536	399.4808	729.1744	586	436.7458	797.1944
537	400.2261	730.5348	587	437.4911	798.5548
538	400.9714	731.8952	588	438.2364	799.9152
539	401.7167	733.2556	589	438.9817	801.2756
540	402.4620	734.6160	590	439.7270	802.6360
541	403.2073	735.9764	591	440.4723	803.9964
542	403.9526	737.3368	592	441.2176	805.3568
543	404.6979	738.6972	593	441.9629	806.7172
544	405.4432	740.0576	594	442.7082	808.0776
545	406.1885	741.4180	595	443.4535	809.4380
546	406.9338	742.7784	596	444.1988	810.7984
547	407.6791	744.1388	597	444.9441	812.1588
548	408.4244	745.4992	598	445.6894	813.5192
549	409.1697	746.8596	599	446.4347	814.8796
550	409.9150	748.2200	600	447.1800	816.2400

Faktor: 1 PS = 0.7453 kWs
1 kWs = 1.3604 PS

kW	=	PS	kW	=	PS
PS = kW			PS = kW		
601	447.9253	817.6004	651	485.1903	885.6204
602	448.6706	818.9608	652	485.9356	886.9808
603	449.4159	820.3212	653	486.6809	888.3412
604	450.1612	821.6816	654	487.4262	889.7016
605	450.9065	823.0420	655	488.1715	891.0620
606	451.6518	824.4024	656	488.9168	892.4224
607	452.3971	825.7628	657	489.6621	893.7828
608	453.1424	827.1232	658	490.4074	895.1432
609	453.8877	828.4836	659	491.1527	896.5036
610	454.6330	829.8440	660	491.8980	897.8640
611	455.3783	831.2044	661	492.6433	899.2244
612	456.1236	832.5648	662	493.3886	900.5848
613	456.8689	833.9252	663	494.1339	901.9452
614	457.6142	835.2856	664	494.8792	903.3056
615	458.3595	836.6460	665	495.6245	904.6660
616	459.1048	838.0064	666	696.3698	906.0264
617	459.8501	839.3668	667	497.1151	907.3868
618	460.5954	840.7272	668	497.8604	908.7472
619	461.3407	842.0876	669	498.6057	910.1076
620	462.0860	843.4480	670	499.3510	911.4680
621	462.8313	844.8084	671	500.0963	912.8284
622	463.5766	846.1688	672	500.8416	914.1888
623	464.3219	847.5292	673	501.5869	915.5492
624	465.0672	848.8896	674	502.3322	916.9096
625	465.8125	850.2500	675	503.0775	918.2700
626	466.5578	851.6104	676	503.8228	919.6304
627	467.3031	852.9708	677	504.5681	920.9908
628	468.0484	854.3312	678	505.3134	922.3512
629	468.7937	855.6916	679	506.0587	923.7116
630	469.5390	857.0520	680	506.8040	925.0720
631	470.2843	858.4124	681	507.5493	926.4324
632	471.0296	859.7728	682	508.2946	927.7928
633	471.7749	861.1332	683	509.0399	929.1532
634	472.5202	862.4936	684	509.7852	930.5136
635	473.2655	863.8540	685	510.5305	931.8740
636	474.0108	865.2144	686	511.2758	933.2344
637	474.7561	866.5748	687	512.0211	934.5948
638	475.5014	867.9352	688	512.7664	935.9552
639	476.2467	869.2956	689	513.5117	937.3156
640	476.9920	870.6560	690	514.2570	938.6760
641	477.7373	872.0164	691	515.0023	940.0364
642	478.4826	873.3768	692	515.7476	941.3968
643	479.2279	874.7372	693	516.4929	942.7572
644	479.9732	876.0976	694	517.2382	944.1176
645	480.7185	877.4580	695	517.9835	945.4780
646	481.4638	878.8184	696	518.7288	946.8384
647	482.2091	880.1788	697	519.4741	948.1988
648	482.9544	881.5392	698	520.2194	949.5592
649	483.6997	882.8996	699	520.9647	950.9196
650	484.4450	884.2600	700	521.7100	952.2800

Faktor: 1 PS = 0.7453 kWs
1 kWs = 1.3604 PS

kW / PS	PS = kW	kW = PS	kW / PS	PS = kW	kW = PS
701	522.4553	953.6404	751	559.7203	1021.6604
702	523.2006	955.0008	752	560.4656	1023.0208
703	523.9459	956.3612	753	561.2109	1024.3812
704	524.6912	957.7216	754	561.9562	1025.7416
705	525.4365	959.0820	755	562.7015	1027.1020
706	526.1818	960.4424	756	563.4468	1028.4624
707	526.9271	961.8028	757	564.1921	1029.8228
708	527.6724	963.1632	758	564.9374	1031.1832
709	528.4177	964.5236	759	565.6827	1032.5436
710	529.1630	965.8840	760	566.4280	1033.9040
711	529.9083	967.2444	761	567.1733	1035.2644
712	530.6536	968.6048	762	567.9186	1036.6248
713	531.3989	969.9652	763	568.6639	1037.9852
714	532.1442	971.3256	764	569.4092	1039.3456
715	532.8895	972.6860	765	570.1545	1040.7060
716	533.6348	974.0464	766	570.8998	1042.0664
717	534.3801	975.4068	767	571.6451	1043.4268
718	535.1254	976.7672	768	572.3904	1044.7872
719	735.8707	978.1276	769	573.1357	1046.1476
720	536.6160	979.4880	770	573.8810	1047.5080
721	537.3613	980.8484	771	574.6263	1048.8684
722	538.1066	982.2088	772	575.3716	1050.2288
723	538.8519	983.5692	773	576.1169	1051.5892
724	539.5972	984.9296	774	576.8622	1052.9496
725	540.3425	986.2900	775	577.6075	1054.3100
726	541.0878	987.6504	776	578.3528	1055.6704
727	541.8331	989.0108	777	579.0981	1057.0308
728	542.5784	990.3712	778	579.8434	1058.3912
729	543.3237	991.7316	779	580.5887	1059.7516
730	544.0690	993.0920	780	581.3340	1061.1120
731	544.8143	994.4524	781	582.0793	1062.4724
732	545.5596	995.8128	782	582.8246	1063.8328
733	546.3049	997.1732	783	583.5699	1065.1932
734	547.0502	998.5336	784	584.3152	1066.5536
735	547.7955	999.8940	785	585.0605	1067.9140
736	548.5408	1001.2544	786	585.8058	1069.2744
737	549.2861	1002.6148	787	586.5511	1070.6348
738	550.0314	1003.9752	788	587.2964	1071.9952
739	550.7767	1005.3356	789	588.0417	1073.3556
740	551.5220	1006.6960	790	588.7870	1074.7160
741	552.2673	1008.0564	791	589.5323	1076.0764
742	553.0126	1009.4168	792	590.2776	1077.4368
743	553.7579	1010.7772	793	591.0229	1078.7972
744	554.5032	1012.1376	794	591.7682	1080.1576
745	555.2485	1013.4980	795	592.5135	1081.5180
746	555.9938	1014.8584	796	593.2588	1082.8784
747	556.7391	1016.2188	797	594.0041	1084.2388
748	557.4844	1017.5792	798	594.7494	1085.5992
749	558.2297	1018.9396	799	595.4947	1086.9596
750	558.9750	1020.3000	800	596.2400	1088.3200

Faktor: 1 PS = 0.7453 kWs
1 kWS = 1.3604 PS

kW / PS	= kWs	= PS	kW / PS	= kWs	= PS
801	596.9853	1089.6804	851	634.2503	1157.7004
802	597.7306	1091.0408	852	634.9956	1159.0608
803	598.4759	1092.4012	853	635.7409	1160.4212
804	599.2212	1093.7616	854	636.4862	1161.7816
805	599.9665	1095.1220	855	637.2315	1163.1420
806	600.7118	1096.4824	856	637.9768	1164.5024
807	601.4571	1097.8428	857	638.7221	1165.8628
808	602.2024	1099.2032	858	639.4674	1167.2232
809	602.9477	1100.5636	859	640.2127	1168.5836
810	603.6930	1101.9240	860	640.9580	1169.9440
811	604.4383	1103.2844	861	641.7033	1171.3044
812	605.1836	1104.6448	862	642.4486	1172.6648
813	605.9289	1106.0052	863	643.1939	1174.0252
814	606.6742	1107.3656	864	643.9392	1175.3856
815	607.4195	1108.7260	865	644.6845	1176.7460
816	608.1648	1110.0864	866	645.4298	1178.1064
817	608.9101	1111.4468	867	646.1751	1179.4668
818	609.6554	1112.8072	868	646.9204	1180.8272
819	610.4007	1114.1676	869	647.6657	1182.1876
820	611.1460	1115.5280	870	648.4110	1183.5480
821	611.8913	1116.8884	871	649.1563	1184.9084
822	612.6366	1118.2488	872	649.9016	1186.2688
823	613.3819	1119.6092	873	650.6469	1187.6292
824	614.1272	1120.9696	874	651.3922	1188.9896
825	614.8725	1122.3300	875	652.1375	1190.3500
826	615.6178	1123.6904	876	652.8828	1191.7104
827	616.3631	1125.0508	877	653.6281	1193.0708
828	617.1084	1126.4112	878	654.3734	1194.4312
829	617.8537	1127.7716	879	655.1187	1195.7916
830	618.5990	1129.1320	880	655.8640	1197.1520
831	619.3443	1130.4924	881	656.6093	1198.5124
832	620.0896	1131.8528	882	657.3546	1199.8728
833	620.8349	1133.2132	883	658.0999	1201.2332
834	621.5802	1134.5736	884	658.8452	1202.5936
835	622.3255	1135.9340	885	659.5905	1203.9540
836	623.0708	1137.2944	886	660.3358	1205.3144
837	623.8161	1138.6548	887	661.0811	1206.6748
838	624.5614	1140.0152	888	661.8264	1208.0352
839	625.3067	1141.3756	889	662.5717	1209.3956
840	626.0520	1142.7360	890	663.3170	1210.7560
841	626.7973	1144.0964	891	664.0623	1212.1164
842	627.5426	1145.4568	892	664.8076	1213.4768
843	628.2879	1146.8172	893	665.5529	1214.8372
844	629.0332	1148.1776	894	666.2982	1216.1976
845	629.7785	1149.5380	895	667.0435	1217.5580
846	630.5238	1150.8984	896	667.7888	1218.9184
847	631.2691	1152.2588	897	668.5311	1220.2788
848	632.0144	1153.6192	898	669.2794	1221.6392
849	632.7597	1154.9796	899	670.0247	1222.9996
850	633.5050	1156.3400	900	670.7700	1224.3600

Faktor: 1 PS = 0.7453 kWs
1 kWs = 1.3604 PS

kW / PS	PS = kW	kW = PS	kW / PS	PS = kW	kW = PS
901	671.5153	1225.7204	951	708.7803	1293.7404
902	672.2606	1227.0808	952	709.5256	1295.1008
903	673.0059	1228.4412	953	710.2709	1296.4612
904	673.7512	1229.8016	954	711.0162	1297.8216
905	674.4965	1231.1620	955	711.7615	1299.1820
906	675.2418	1232.5224	956	712.5068	1300.5424
907	675.9871	1233.8828	957	713.2521	1301.9028
908	676.7324	1235.2432	958	713.9974	1303.2632
909	677.4777	1236.6036	959	714.7427	1304.6236
910	678.2230	1237.9640	960	715.4880	1305.9840
911	678.9683	1239.3244	961	716.2333	1307.3444
912	679.7136	1240.6848	962	716.9786	1308.7048
913	680.4589	1242.0452	963	717.7239	1310.0652
914	681.2042	1243.4056	964	718.4692	1311.4256
915	681.9495	1244.7660	965	719.2145	1312.7860
916	682.6948	1246.1264	966	719.9598	1314.1464
917	683.4401	1247.4868	967	720.7051	1315.5068
918	684,1854	1248.8472	968	721.4504	1316.8672
919	684.9307	1250.2076	969	722.1957	1318.2276
920	685.6760	1251.5680	970	722.9410	1319.5880
921	686.4213	1252.9284	971	723.6863	1320.9484
922	687.1666	1254.2888	972	724.4316	1322.3088
923	687.9119	1255.8492	973	725.1769	1323.6692
924	688.6572	1257.0096	974	725.9222	1325.0296
925	689.4025	1258.3700	975	726.6675	1326.3900
926	690.1478	1259.7304	976	727.4128	1327.7504
927	690.8931	1261.0908	977	728.1581	1329.1108
928	691.6384	1262.4512	978	728.9034	1330.4712
929	692.3837	1263.8116	979	729.6478	1331.8316
930	693.1290	1265.1720	980	730.3940	1333.1920
931	693.8743	1266.5324	981	731.1393	1334.5524
932	694.6196	1267.8928	982	731.8846	1335.9128
933	695.3649	1269.2532	983	732.6299	1337.2732
934	696.1102	1270.6136	984	733.3752	1338.6336
935	696.8555	1271.9740	985	734.1205	1339.9940
936	697.6008	1273.3344	986	734.8658	1341.3544
937	698.3461	1274.6948	987	735.6111	1342.7148
938	699.0914	1276.0552	988	736.3564	1344.0752
939	699.8367	1277.4156	989	737.1017	1345.4356
940	700.5820	1278.7760	990	737.8470	1346.7960
941	701.3273	1280.1364	991	738.5923	1348.1564
942	702.0726	1281.4968	992	739.3376	1349.5168
943	702.8179	1282.8572	993	740.0829	1350.8772
944	703.5632	1284.2176	994	740.8282	1352.2376
945	704.3085	1285.5780	995	741.5735	1353.5980
946	705.0538	1286.9384	996	742.3188	1354.9584
947	705.7991	1288.2988	997	743.0641	1356.3188
948	706.5444	1289.6592	998	743.8094	1357.6792
949	707.2897	1291.0196	999	744.5547	1359.0396
950	708.0350	1292.3800	1000	745.3000	1360.4000

Meterkilogramm in Fuß Pfund

meter kilograms into foot pounds

Faktor: 1 mkg = 7.2330 ft. lbs.
1 ft. lbs. = 0.13825 mkg

ft.lbs. = mkg / mkg = ft.lbs.	ft.lbs.	mkg	ft.lbs. = mkg / mkg = ft.lbs.	ft.lbs.	mkg
1	7.2330	0.13825	51	368.8842	7.05099
2	14.4660	0.27651	52	376.1172	7.18925
3	21.6991	0.41476	53	383.3502	7.32750
4	28.9321	0.55302	54	390.5833	7.46576
5	36.1651	0.69127	55	397.8163	7,60401
6	43.3981	0.82953	56	405.0493	7.74227
7	50.6312	0.96778	57	412.2823	7.88052
8	57.8642	1.10604	58	419.5154	8.01878
9	65.0972	1.24429	59	426.7484	8.15703
10	72.3302	1.38255	60	433.9814	8.29529
11	79.5633	1.52080	61	441.2144	8.43354
12	86.7963	1.65906	62	448.4475	8.57180
13	94.0293	1.79731	63	455.6805	8.71005
14	101.2623	1.93557	64	462.9135	8.84830
15	108.4954	2.07382	65	470.1465	8.98656
16	115.7284	2.21208	66	477.3796	9.12481
17	122.9614	2.35033	67	484.6126	9.26307
18	130.1944	2.48859	68	491.8456	9.40132
19	137.4274	2.62684	69	499.0786	9.53958
20	144.6605	2.76510	70	506.3116	9.67783
21	151.8935	2.90335	71	513.5447	9.81609
22	159.1265	3.04160	72	520.7777	9.95434
23	166.3595	3.17986	73	528.0107	10.09260
24	173.5926	3.31811	74	535.2437	10.23085
25	180.8256	3.45637	75	542.4768	10.36911
26	188.0586	3.59462	76	549.7098	10.50736
27	195.2916	3.73288	77	556.9428	10.64562
28	202.5247	3.87113	78	564.1758	10.78387
29	209.7577	4.00939	79	571.4089	10.92213
30	216.9907	4.14764	80	578.6419	11.06038
31	224.2237	4.28590	81	585.8749	11.19864
32	231.4568	4.42415	82	593.1079	11.33689
33	238.6898	4.56241	83	600.3410	11.47515
34	245.9228	4.70066	84	607.5740	11.61340
35	253.1558	4.83892	85	614.8070	11.75165
36	260.3888	4.97717	86	622.0400	11.88991
37	267.6219	5.11543	87	629.2730	12.02816
38	274.8549	5.25368	88	636.5061	12.16642
39	282.0879	5.39194	89	643.7391	12.30467
40	289.3209	5.53019	90	650.9721	12.44293
41	296.5540	5.66845	91	658.2051	12.58118
42	303.7870	5.80670	92	665.4382	12.71944
43	311.0200	5.94495	93	672.6712	12.85769
44	318.2530	6.08321	94	679.9042	12.99595
45	325.4861	6.22146	95	687.1372	13.13420
46	332.7191	6.35972	96	694.3703	13.27246
47	339.9521	6.49797	97	701.6033	13.41071
48	347.1851	6.63623	98	708.8363	13.54897
49	354.4182	6.77448	99	716.0693	13.68722
50	361.6512	6.91274	100	723.3024	13.82548

Faktor: 1 mkg = 7.2330 ft. lbs.
1 ft. lbs. = 0.13825 mkg

ft.lbs. = / mkg =	ft.lbs.	mkg	ft.lbs. = / mkg =	ft.lbs.	mkg
101	730.5354	13.96373	151	1092.1865	20.87647
102	737.7684	14.10199	152	1099.4196	21.01472
103	745.0014	14.24024	153	1106.6526	21.15298
104	752.2344	14.37850	154	1113.8856	21.29123
105	759.4675	14.51675	155	1121.1186	21.42949
106	766.7005	14.65500	156	1128.3517	21.56774
107	773.9335	14.79326	157	1135.5847	21.70600
108	781.1665	14.93151	158	1142.8177	21.84425
109	788.3996	15.06977	159	1150.0507	21.98251
110	795.6326	15.20802	160	1157.2838	22.12076
111	802.8656	15.34628	161	1164.5168	22.25902
112	810.0986	15.48453	162	1171.7498	22.39727
113	817.3317	15.62279	163	1178.9828	22.53553
114	824.5647	15.76104	164	1186.2159	22.67378
115	831.7977	15.89930	165	1193.4489	22.81204
116	839.0307	16.03755	166	1200.6819	22.95029
117	846.2637	16.17581	167	1207.9149	23.08854
118	853.4968	16.31406	168	1215.1479	23.22680
119	860.7298	16.45232	169	1222.3810	23.36505
120	867.9628	16.59057	170	1229.6140	23.50331
121	875.1958	16.72883	171	1236.8470	23.64156
122	882.4289	16.86708	172	1244.0800	23.77982
123	889.6619	17.00534	173	1251.3131	23.91807
124	896.8949	17.14359	174	1258.5461	24.05633
125	904.1279	17.28185	175	1265.7791	24.19458
126	911.3610	17.42010	176	1273.0121	24.33284
127	918.5940	17.55835	177	1280.2452	24.47109
128	925.8270	17.69661	178	1287.4782	24.60935
129	933.0600	17.83486	179	1294.7112	24.74760
130	940.2931	17.97312	180	1301.9442	24.88586
131	947.5261	18.11137	181	1309.1773	25.02411
132	954.7591	18.24963	182	1316.4103	25.16237
133	961.9921	18.38788	183	1323.6433	25.30062
134	969.2251	18.52614	184	1330.8763	25.43888
135	976.4582	18.66439	185	1338.1093	25.57713
136	983.6912	18.80265	186	1345.3424	25.71539
137	990.9242	18.94090	187	1352.5754	25.85364
138	998.1572	19.07916	188	1359.8084	25.99189
139	1005.3903	19.21741	189	1367.0414	26.13015
140	1012.6233	19.35567	190	1374.2745	26.26840
141	1019.8563	19.49392	191	1381.5075	26.40666
142	1027.0893	19.63218	192	1388.7405	26.54491
143	1034.3224	19.77043	193	1395.9735	26.68317
144	1041.5554	19.90869	194	1403.2066	26.82142
145	1048.7884	20.04694	195	1410.4396	26.95968
146	1056.0214	20.18519	196	1417.6726	27.09793
147	1063.2545	20.32345	197	1424.9056	27.23619
148	1070.4875	20.46170	198	1432.1387	27.37444
149	1077.7205	20.59996	199	1439.3717	27.51270
150	1084.9535	20.73821	200	1446.6047	27.65095

Faktor: 1 mkg = 7.2330 ft. lbs.
1 ft. lbs. = 0.13825 mkg

ft.lbs. =		mkg	ft.lbs. =		mkg
mkg =	ft.lbs.		mkg =	ft.lbs.	
201	1453.8377	27.78921	251	1815.4889	34.70194
202	1461.0707	27.92746	252	1822.7219	34.84020
203	1468.3038	28.06572	253	1829.9549	34.97845
204	1475.5368	28.20397	254	1837.1880	35.11671
205	1482.7698	28.34223	255	1844.4210	35.25496
206	1490.0028	28.48048	256	1851.6540	35.39322
207	1497.2359	28.61874	257	1858.8870	35.53147
208	1504.4689	28.75699	258	1866.1201	35.66973
209	1511.7019	28.89524	259	1873.3531	35.80798
210	1518.9349	29.03350	260	1880.5861	35.94624
211	1526.1680	29.17175	261	1887.8191	36.08449
212	1533.4010	29.31001	262	1895.0522	36.22275
213	1540.6340	29.44826	263	1902.2852	36.36100
214	1547.8670	29.58652	264	1909.5182	36.49926
215	1555.1001	29.72477	265	1916.7512	36.63751
216	1562.3331	29.86303	266	1923.9843	36.77577
217	1569.5661	30.00128	267	1931.2173	36.91402
218	1576.7991	30.13954	268	1938.4503	37.05228
219	1584.0321	30.27779	269	1945.6833	37.19053
220	1591.2652	30.41605	270	1952.9163	37.32879
221	1598.4982	30.55430	271	1960.1494	37.46704
222	1605.7312	30.69256	272	1967.3824	37.60529
223	1612.9642	30.83081	273	1974.6154	37.74355
224	1620.1973	30.96907	274	1981.8484	37.88180
225	1627.4303	31.10732	275	1989.0815	38.02006
226	1634.6633	31.24558	276	1996.3145	38.15831
227	1641.8963	31.38383	277	2003.5475	38.29657
228	1649.1294	31.52209	278	2010.7805	38.43482
229	1656.3624	31.66034	279	2018.0136	38.57308
230	1663.5954	31.79859	280	2025.2466	38.71133
231	1670.8284	31.93685	281	2032.4796	38.84959
232	1678.0615	32.07510	282	2039.7126	38.98784
233	1685.2945	32.21336	283	2046.9457	39.12610
234	1692.5275	32.35161	284	2054.1787	39.26435
235	1699.7605	32.48987	285	2061.4117	39.40261
236	1706.9935	32.62812	286	2068.6447	39.54086
237	1714.2266	32.76638	287	2075.8777	39.67912
238	1721.4596	32.90463	288	2083.1108	39.81737
239	1728.6926	33.04289	289	2090.3438	39.95563
240	1735.9256	33.18114	290	2097.5768	40.09388
241	1743.1587	33.31940	291	2104.8098	40.23214
242	1750.3917	33.45765	292	2112.0429	40.37039
243	1757.6247	33.59591	293	2119.2759	40.50864
244	1764.8577	33.73416	294	2126.5089	40.64690
245	1772.0908	33.87242	295	2133.7419	40.78515
246	1779.3238	34.01067	296	2140.9750	40.92341
247	1786.5568	34.14893	297	2148.2080	41.06166
248	1793.7898	34.28718	298	2155.4410	41.19992
249	1801.0229	34.42544	299	2162.6740	41.33817
250	1808.2559	34.56369	300	2169.9071	41.47643

Faktor: 1 mkg = 7.2330 ft. lbs.
1 ft. lbs. = 0.13825 mkg

ft.lbs. = / mkg =	ft.lbs.	mkg	ft.lbs. = / mkg =	ft.lbs.	mkg
301	2177.1401	41.61468	351	2538.7912	48.52742
302	2184.3731	41.75294	352	2546.0243	48.66568
303	2191.6061	41.89119	353	2553.2573	48.80393
304	2198.8391	42.02945	354	2560.4903	48.94219
305	2206.0722	42.16770	355	2567.7233	49.08044
306	2213.3052	42.30596	356	2574.9564	49.21869
307	2220.5382	42.44421	357	2582.1894	49.35695
308	2227.7712	42.58247	358	2589.4224	49.49520
309	2235.0043	42.72072	359	2596.6554	49.63346
310	2242.2373	42.85898	360	2603.8885	49.77171
311	2249.4703	42.99723	361	2611.1215	49.90997
312	2256.7033	43.13549	362	2618.3545	50.04822
313	2263.9364	43.27374	363	2625.5875	50.18648
314	2271.1694	43.41199	364	2632.8206	50.32473
315	2278.4024	43.55025	365	2640.0536	50.46299
316	2285.6354	43.68850	366	2647.2866	50.60124
317	2292.8684	43.82676	367	2654.5196	50.73950
318	2300.1015	43.96501	368	2661.7526	50.87775
319	2307.3345	44.10327	369	2668.9857	51.01601
320	2314.5675	44.24152	370	2676.2187	51.15426
321	2321.8005	44.37978	371	2683.4517	51.29252
322	2329.0336	44.51803	372	2690.6847	51.43077
323	2336.2666	44.65629	373	2697.9178	51.56903
324	2343.4996	44.79454	374	2705.1508	51.70728
325	2350.7326	44.93280	375	2712.3838	51.84554
326	2357.9657	45.07105	376	2719.6168	51.98379
327	2365.1987	45.20931	377	2726.8499	52.12204
328	2372.4317	45.34756	378	2734.0829	52.26030
329	2379.6647	45.48582	379	2741.3159	52.39855
330	2386.8978	45.62407	380	2748.5489	52.53681
331	2394.1308	45.76233	381	2755.7820	52.67506
332	2401.3638	45.90058	382	2763.0150	52.81332
333	2408.5968	46.03884	383	2770.2480	52.95157
334	2415.8298	46.17709	384	2777.4810	53.08983
335	2423.0629	46.31534	385	2784.7140	53.22808
336	2430.2959	46.45360	386	2791.9471	53.36634
337	2437.5289	46.59185	387	2799.1801	53.50459
338	2444.7619	46.73011	388	2806.4131	53.64285
339	2451.9950	46.86836	389	2813.6461	53.78110
340	2459.2280	47.00662	390	2820.8792	53.91936
341	2466.4610	47.14487	391	2828.1122	54.05761
342	2473.6940	47.28313	392	2835.3452	54.19587
343	2480.9271	47.42138	393	2842.5782	54.33412
344	2488.1601	47.55964	394	2849.8113	54.47238
345	2495.3931	47.69789	395	2857.0443	54.61063
346	2502.6261	47.83615	396	2864.2773	54.74888
347	2509.8592	47.97440	397	2871.5103	54.88714
348	2517.0922	48.11266	398	2878.7434	55.02539
349	2524.3252	48.25091	399	2885.9764	55.16365
350	2531.5582	48.38917	400	2893.2094	55.30190

Faktor: 1 mkg = 7.2330 ft. lbs.
1 ft. lbs. = 0.13825 mkg

ft.lbs. / mkg	mkg = ft.lbs.	ft.lbs. = mkg	ft.lbs. / mkg	mkg = ft.lbs.	ft.lbs. = mkg
401	2900.4424	55.44016	451	3262.0936	62.35290
402	2907.6754	55.57841	452	3269.3266	62.49115
403	2914.9085	55.71667	453	3276.5596	62.62941
404	2922.1415	55.85492	454	3283.7927	62.76766
405	2929.3745	55.99318	455	3291.0257	62.90592
406	2936.6075	56.13143	456	3298.2587	63.04417
407	2943.8406	56.26969	457	3305.4917	63.18243
408	2951.0736	56.40794	458	3312.7248	63.32068
409	2958.3066	56.54620	459	3319.9578	63.45893
410	2965.5396	56.68445	460	3327.1908	63.59719
411	2972.7727	56.82271	461	3334.4238	63.73544
412	2980.0057	56.96096	462	3341.6569	63.87370
413	2987.2387	57.09922	463	3348.8899	64.01195
414	2994.4717	57.23747	464	3356.1229	64.15021
415	3001.7048	57.37573	465	3363.3559	64.28846
416	3008.9378	57.51398	466	3370.5890	64.42672
417	3016.1708	57.65223	467	3377.8220	64.56497
418	3023.4038	57.79049	468	3385.0550	64.70323
419	3030.6368	57.92874	469	3392.2880	64.84148
420	3037.8699	58.06700	470	3399.5210	64.97974
421	3045.1029	58.20525	471	3406.7541	65.11799
422	3052.3359	58.34351	472	3413.9871	65.25625
423	3059.5689	58.48176	473	3421.2201	65.39450
424	3066.8020	58.62002	474	3428.4531	65.53276
425	3074.0350	58.75827	475	3435.6862	65.67101
426	3081.2680	58.89653	476	3442.9192	65.80927
427	3088.5010	59.03478	477	3450.1522	65.94752
428	3095.7341	59.17304	478	3457.3852	66.08578
429	3102.9671	59.31129	479	3464.6183	66.22403
430	3110.2001	59.44955	480	3471.8513	66.36228
431	3117.4331	59.58780	481	3479.0843	66.50054
432	3124.6662	59.72606	482	3486.3173	66.63879
433	3131.8992	59.86431	483	3493.5504	66.77705
434	3139.1322	60.00257	484	3500.7834	66.91530
435	3146.3652	60.14082	485	3508.0164	67.05356
436	3153.5982	60.27908	486	3515.2494	67.19181
437	3160.8313	60.41733	487	3522.4824	67.33007
438	3160.0643	60.55558	488	3529.7155	67.46832
439	3175.2973	60.69384	489	3536.9485	67.60658
440	3182.5303	60.83209	490	3544.1815	67.74483
441	3189.7634	60.97035	491	3551.4145	67.88309
442	3196.9964	61.10860	492	3558.6476	68.02134
443	3204.2294	61.24686	493	3565.8806	68.15960
444	3211.4624	61.38511	494	3573.1136	68.29785
445	3218.6955	61.52337	495	3580.3466	68.43611
446	3225.9285	61.66162	496	3587.5797	68.57436
447	3233.1615	61.79988	497	3594.8127	68.71262
448	3240.3945	61.93813	498	3602.0457	68.85087
449	3247.6276	62.07639	499	3609.2787	68.98913
450	3254.8606	62.21464	500	3616.5118	69.12738

Faktor: 1 mkg = 7.2330 ft. lbs.
1 ft. lbs. = 0.13825 mkg

ft.lbs. = mkg / mkg = ft.lbs.	ft.lbs.	mkg	ft.lbs. = mkg / mkg = ft.lbs.	ft.lbs.	mkg
501	3623.7448	69.26563	551	3985.3959	76.17837
502	3630.9778	69.40389	552	3992.6290	76.31663
503	3638.2108	69.54214	553	3999.8620	76.45488
504	3645.4438	69.68040	554	4007.0950	76.59314
505	3652.6769	69.81865	555	4014.3280	76.73139
506	3659.9099	69.95691	556	4021.5611	76.86965
507	3667.1429	70.09516	557	4028.7941	77.00790
508	3674.3759	70.23342	558	4036.0271	77.14616
509	3681.6090	70.37167	559	4043.2601	77.28441
510	3688.8420	70.50993	560	4050.4932	77.42267
511	3696.0750	70.64818	561	4057.7262	77.56092
512	3703.3080	70.78644	562	4064.9592	77.69918
513	3710.5411	70.92469	563	4072.1922	77.83743
514	3717.7741	71.06295	564	4079.4253	77.97568
515	3725.0071	71.20120	565	4086.6583	78.11394
516	3732.2401	71.33946	566	4093.8913	78.25219
517	3739.4731	71.47771	567	4101.1243	78.39045
518	3746.7062	71.61597	568	4108.3573	78.52870
519	3753.9392	71.75422	569	4115.5904	78.66696
520	3761.1722	71.89248	570	4122.8234	78.90521
521	3768.4052	72.03073	571	4130.0564	78.94347
522	3775.6383	72.16898	572	4137.2894	79.08172
523	3782.8713	72.30724	573	4144.5225	79.21998
524	3790.1043	72.44549	574	4151.7555	79.35823
525	3797.3373	72.58375	575	4158.9885	79.49649
526	3804.5704	72.72200	576	4166.2215	79.63474
527	3811.8034	72.86026	577	4173.4546	79.77300
528	3819.0364	72.99851	578	4180.6876	79.91125
529	3826.2694	73.13677	579	4187.9206	80.04951
530	3833.5025	73.27502	580	4195.1536	80.18776
531	3840.7355	73.41328	581	4202.3867	80.32602
532	3847.9685	73.55153	582	4209.6197	80.46427
533	3855.2015	73.68979	583	4216.8527	80.60253
534	3862.4345	73.82804	584	4224.0857	80.74078
535	3869.6676	73.96630	585	4231.3187	80,87903
536	3876.9006	74.10455	586	4238.5518	81.01729
537	3884.1336	74.24281	587	4245.7848	81.15554
538	3891.3666	74.38106	588	4253.0178	81.29380
539	3898.5997	74.51932	589	4260.2508	81.43205
540	3905.8327	74.65757	590	4267.4839	81.57031
541	3913.0657	74.79583	591	4274.7169	81.70856
542	3920.2987	74.93408	592	4281.9499	81.84682
543	3927.5318	75.07233	593	4289.1829	81.98507
544	3934.7648	75.21059	594	4296.4160	82.12333
545	3941.9978	75.34884	595	4303.6490	82.26158
546	3949.2308	75.48710	596	4310.8820	82.39984
547	3956.4639	75.62535	597	4318.1150	82.53809
548	3963.6969	75.76361	598	4325.3481	82.67635
549	3970.9299	75.90186	599	4332.5811	82.81460
550	3978.1629	76.04012	600	4339.8141	82.95286

Faktor: 1 mkg = 7.2330 ft. lbs.
1 ft. lbs. = 0.13825 mkg

ft.lbs. = / mkg =	ft.lbs.	mkg	ft.lbs. = / mkg =	ft.lbs.	mkg
601	4347.0471	83.09111	651	4708.6983	90.00385
602	4354.2801	83.22937	652	4715.9313	90.14210
603	4361.5132	83.36762	653	4723.1643	90.28036
604	4368.7462	83.50588	654	4730.3974	90.41861
605	4375.9792	83.64413	655	4737.6304	90.55687
606	4383.2122	83.78238	656	4744.8634	90.69512
607	4390.4453	83.92064	657	4752.0964	90.83338
608	4397.6783	84.05889	658	4759.3295	90.97163
609	4404.9113	84.19715	659	4766.5625	91.10989
610	4412.1443	84.33540	660	4773.7955	91.24814
611	4419.3774	84.47366	661	4781.0285	91.38640
612	4426.6104	84.61191	662	4788.2616	91.52465
613	4433.8434	84.75017	663	4795.4946	91.66291
614	4441.0764	84.88842	664	4802.7276	91.80116
615	4448.3095	85.02668	665	4809.9806	91.93942
616	4455.5425	85.16493	666	4817.1937	92.07767
617	4462.7755	85.30319	667	4824.4267	92.21592
618	4470.0085	85.44144	668	4831.6597	92.35418
619	4477.2415	85.57970	669	4838.8927	92.49243
620	4484.4746	85.71795	670	4846.1257	92.63069
621	4491.7076	85.85621	671	4853.3588	92.76894
622	4498.9406	85.99446	672	4860.5918	92.90720
623	4506.1736	86.13272	673	4867.8248	93.04545
624	4513.6067	86.27097	674	4875.0578	93.18371
625	4520.6397	86.40923	675	4882.2909	93.32196
626	4527.8727	86.54748	676	4889.5239	93.46022
627	4535.1057	86.68573	677	4896.7569	93.59847
628	4542.3388	86.82399	678	4903.9899	93.73673
629	4549.5718	86.96224	679	4911.2230	93.87498
630	4556.8048	87.10050	680	4918.4560	94.01324
631	4564.0378	87.23875	681	4925.6890	94.15149
632	4571.2709	87.37701	682	4932.9220	94.28975
633	4578.5039	87.51526	683	4940.1551	94.42800
634	4585.7369	87.65352	684	4947.3881	94.56626
635	4592.9699	87.79177	685	4954.6211	94.70451
636	4600.2029	87.93003	686	4961.8541	94.84277
637	4607.4360	88.06828	687	4969.0871	94.98102
638	4614.6690	88.20654	688	4976.3202	95.11927
639	4621.9020	88.34479	689	4983.5532	95.25753
640	4629.1350	88.48305	690	4990.7862	95.39578
641	4636.3681	88.62130	691	4998.0192	95.53404
642	4643.6011	88.75956	692	5005.2523	95.67229
643	4650.8341	88.89781	693	5012.4853	95.81055
644	4658.0671	89.03607	694	5019.7183	95.94880
645	4665.3002	89.17432	695	5026.9513	96.08706
646	4672.5332	89.31257	696	5034.1844	96.22531
647	4679.7662	89.45083	697	5041.4174	96.36357
648	4686.9992	89.58908	698	5048.6504	96.50182
649	4694.2323	89.72734	699	5055.8834	96.64008
650	4701.4653	89.86559	700	5063.1165	96.77833

Faktor: 1 mkg = 7.2330 ft. lbs.
1 ft. lbs. = 0.13825 mkg

ft.lbs. = / mkg =	ft.lbs.	mkg	ft.lbs. = / mkg =	ft.lbs.	mkg
701	5070.3495	96.91659	751	5432.0006	103.82932
702	5077.5825	97.05484	752	5439.2337	103.96758
703	5084.8155	97.19310	753	5446.4667	104.10583
704	5092.0485	97.33135	754	5453.6997	104.24409
705	5099.2816	97.46961	755	5460.9327	104.38234
706	5106.5146	97.60786	756	5468.1658	104.52060
707	5113.7476	97.74612	757	5475.3988	104.65885
708	5120.9806	97.88437	758	5482.6318	104.79711
709	5128.2137	98.02262	759	5489.8648	104.93536
710	5135.4467	98.16088	760	5497.0979	105.07362
711	5142.6797	98.29913	761	5504.3309	105.21187
712	5149.9127	98.43739	762	5511.5639	105.35013
713	5157.1458	98.57564	763	5518.7969	105.48838
714	5164.3788	98.71390	764	5526.0300	105.62664
715	5171.6118	98.85215	765	5533.2630	105.76489
716	5178.8448	98.99041	766	5540.4960	105.90315
717	5186.0778	99.12866	767	5547.7290	106.04140
718	5193.3109	99.26692	768	5554.9620	106.17966
719	5200.5439	99.40517	769	5562.1951	106.31791
720	5207.7769	99.54343	770	5569.4281	106.45617
721	5215.0099	99.68168	771	5576.6611	106.59442
722	5222.2430	99.81994	772	5583.8941	106.73267
723	5229.4760	99.95819	773	5591.1272	106.87093
724	5236.7090	100.09645	774	5598.3602	107.00918
725	5243.9420	100.23470	775	5605.5932	107.14744
726	5251.1751	100.37296	776	5612.8262	107.28569
727	5258.4081	100.51121	777	5620.0593	107.42395
728	5265.6411	100.64947	778	5627.2923	107.56220
729	5272.8741	100.78772	779	5634.5253	107.70046
730	5280.1072	100.92597	780	5641.7563	107.83871
731	5287.3402	101.06423	781	5648.9914	107.97697
732	5294.5732	101.20248	782	5656.2244	108.11522
733	5301.8062	101.34074	783	5663.4574	108.25348
734	5309.0392	101.47899	784	5670.6904	108.39173
735	5316.2723	101.61725	785	5677.9234	108.52999
736	5323.5053	101.75550	786	5685.1565	108.66824
737	5330.7383	101.89376	787	5692.3895	108.80650
738	5337.9713	102.03201	788	5699.6225	108.94475
739	5345.2044	102.17027	789	5706.8555	109.08301
740	5352.4374	102.30852	790	5714.0886	109.22126
741	5359.6704	102.44678	791	5721.3216	109.35952
742	5366.9034	102.58503	792	5728.5546	109.49777
743	5374.1365	102.72329	793	5735.7876	109.63602
744	5381.3695	102.86154	794	5743.0207	109.77428
745	5380.6025	102.99980	795	5750.2537	109.91253
746	5395.8355	103.13805	796	5757.4867	110.05079
747	5403.0686	103.27631	797	5764.7197	110.18904
748	5410.3016	103.41456	798	5771.9528	110.32730
749	5417.5346	103.55282	799	5779.1858	110.46555
750	5424.7676	103.69107	800	5786.4188	110.60381

Faktor: 1 mkg = 7.2330 ft. lbs.
1 ft. lbs. = 0.13825 mkg

ft.lbs. = / mkg =	↓ft.lbs.	mkg↓	ft.lbs. = / mkg =	↓ft.lbs.	mkg↓
801	5793.6518	110.74206	851	6155.3030	117.65480
802	5800.8848	110.88032	852	6162.5360	117.79306
803	5808.1179	111.01857	853	6169.7690	117.93131
804	5815.3509	111.15683	854	6177.0021	118.06957
805	5822.5839	111.29508	855	6184.2351	118.20782
806	5829.8169	111.43334	856	6191.4681	118.34607
807	5837.0500	111.57159	857	6198.7011	118.48433
808	5844.2830	111.70985	858	6205.9342	118.62258
809	5851.5160	111.84810	859	6213.1672	118.76084
810	5858.7490	111.98636	860	6220.4002	118.89909
811	5865.9821	112.12461	861	6227.6332	119.03735
812	5873.2151	112.26287	862	6234.8663	119.17560
813	5880.4481	112.40112	863	6242.0993	119.31386
814	5887.6811	112.53937	864	6249.3323	119.45211
815	5894.9142	112.67763	865	6256.5653	119.59037
816	5902.1472	112.81588	866	6263.7984	119.72862
817	5909.3802	112.95414	867	6271.0314	119.86688
818	5916.6132	113.09239	868	6278.2644	120.00513
819	5923.8462	113.23065	869	6285.4974	120.14339
820	5931.0793	113.36890	870	6292.7304	120.28164
821	5938.3123	113.50716	871	6299.9635	120.41990
822	5945.5453	113.64541	872	6307.1965	120.55815
823	5952.7783	113.78367	873	6314.4295	120.69641
824	5960.0114	113.92192	874	6321.6625	120.83466
825	5967.2444	114.06018	875	6328.8956	120.97292
826	5974.4774	114.19843	876	6336.1286	121.11117
827	5981.7104	114.33669	877	6343.3616	121.24942
828	5988.9435	114.47494	878	6350.5946	121.38768
829	5996.1765	114.61320	879	6357.8277	121.52593
830	6003.4095	114.75145	880	6365.0607	121.66419
831	6010.6425	114.88971	881	6372.2937	121.80244
832	6017.8756	115.02796	882	6379.5267	121.94070
833	6025.1086	115.16622	883	6386.7598	122.07895
834	6032.3416	115.30447	884	6393.9928	122.21721
835	6039.5746	115.44272	885	6401.2258	122.35546
836	6046.8076	115.58098	886	6408.4588	122.49372
837	6054.0407	115.71923	887	6415.6918	122.63197
838	6061.2737	115.85749	888	6422.9249	122.77023
839	6068.5067	115.99574	889	6430.1579	122.90848
840	6075.7397	116.13400	890	6437.3909	123.04674
841	6082.9728	116.27225	891	6444.6239	123.18499
842	6090.2058	116.41051	892	6451.8570	123.32325
843	6097.4388	116.54876	893	6459.0900	123.46150
844	6104.6718	116.68702	894	6466.3230	123.59976
845	6111.9049	116.82527	895	6473.5560	123.73801
846	6119.1379	116.96353	896	6480.7891	123.87626
847	6126.3709	117.10178	897	6486.0221	124.01452
848	6133.6039	117.24004	898	6495.2551	124.15277
849	6140.8370	117.37829	899	6502.4881	124.29103
850	6148.0700	117.51655	900	6509.7212	124.42928

Faktor: 1 mkg = 7.2330 ft. lbs.
1 ft. lbs. = 0.13825 mkg

ft.lbs. = / mkg =	ft.lbs.	mkg	ft.lbs. = / mkg =	ft.lbs.	mkg
901	6516.9542	124.56754	951	6878.6053	131.48028
902	6524.1872	124.70579	952	6885.8384	131.61853
903	6531.4202	124.84405	953	6893.0714	131.75679
904	6536.6532	124.98230	954	6900.3044	131.69504
905	6545.8863	125.12056	955	6907.5374	132.03330
906	6553.1193	125.25881	956	6914.7705	132.17155
907	6560.3523	125.39707	957	6922.0035	132.30981
908	6567.5853	125.53532	958	6929.2365	132.44806
909	6574.8184	125.67358	959	6936.4695	132.58631
910	6582.0514	125.81183	960	6943.7026	132.72457
911	6589.2844	125.95009	961	6950.9356	132.86282
912	6596.5174	126.08834	962	6958.1686	133.00108
913	6603.7505	126.22660	963	6965.4016	133.13933
914	6610.9835	126.36485	964	6972.6347	133.27759
915	6618.2165	126.50311	965	6979.8677	133.41584
916	6625.4495	126.64136	966	6987.1007	133.55410
917	6632.8825	126.77961	967	6994.3337	133.69235
918	6639.9156	126.91787	968	7001.5667	133.83061
919	6647.1486	127.05612	969	7008.7998	133.96886
920	6654.3616	127.19438	970	7016.0328	134.10712
921	6661.6146	127.33263	971	7023.2658	134.24537
922	6668.8477	127.47089	972	7030.4988	134.38363
923	6676.0807	127.60914	973	7037.7319	134.52188
924	6683.3137	127.74740	974	7044.9649	134.66014
925	6690.5467	127.88565	975	7052.1979	134.79839
926	6697.7798	128.02391	976	7059.4309	134.93665
927	6705.0128	128.16216	977	7066.6640	135.07490
928	6712.2458	128.30042	978	7073.8970	135.21316
929	6719.4788	128.43867	979	7081.1300	135.35141
930	6726.7119	128.57693	980	7088.3630	135.48966
931	6733.9449	128.71518	981	7095.5961	135.62792
932	6741.1779	128.85344	982	7102.8291	135.76617
933	6748.4109	128.99169	983	7110.0621	135.90443
934	6755.6439	129.12995	984	7117.2951	136.04268
935	6762.8770	129.26820	985	7124.5281	136.18094
936	6770.1100	129.40646	986	7131.7612	136.31919
937	6777.3430	129.54471	987	7138.9942	136.45745
938	6784.5760	129.68296	988	7146.2272	136.59570
939	6791.8091	129.82122	989	7153.4602	136.73396
940	6799.0421	129.95947	990	7160.6933	136.87221
941	6806.2751	130.09773	991	7167.9263	137.01047
942	6813.5081	130.23598	992	7175.1593	137.14872
943	6820.7412	130.37424	993	7182.3923	137.28698
944	6827.9742	130.51249	994	7189.6254	137.42523
945	6835.2072	130.65075	995	7196.8584	137.56349
946	6842.4402	130.78900	996	7204.0914	137.70174
947	6849.6733	130.92726	997	7211.3244	137.84000
948	6856.9063	131.06551	998	7218.5575	137.97825
949	6864.1393	131.20377	999	7225.7905	138.11651
950	6871.3723	131.34202	1000	7233.0235	138.25476

Kilokalorien in British Thermal Units
kilocalories into British Thermal Units 28

Faktor: 1 kcal. = 3.9683 B.Th.U.
1 B.Th.U. = 0.25200 kcal.

B.Th.U. = kcal / kcal = B.Th.U.	B.Th.U.	kcal	B.Th.U. = kcal / kcal = B.Th.U.	B.Th.U.	kcal
1	3.9683	0.25200	51	202.3843	12.85179
2	7.9366	0.50399	52	206.3526	13.10378
3	11.9050	0.75599	53	210.3210	13.35578
4	15.8733	1.00798	54	214.2893	13.60777
5	19.8416	1.25998	55	218.2576	13.85977
6	23.8099	1.51197	56	222.2259	14.11176
7	27.7782	1.76397	57	226.1942	14.36376
8	31.7466	2.01597	58	230.1626	14.61576
9	35.7149	2.26796	59	234.1309	14.86775
10	39.6832	2.51996	60	238.0992	15.11975
11	43.6515	2.77195	61	242.0675	15.37174
12	47.6198	3.02395	62	246.0358	15.62374
13	51.5882	3.27595	63	250.0042	15.87574
14	55.5565	3.52794	64	253.9725	16.12773
15	59.5248	3.77994	65	257.9408	16.37973
16	63.4931	4.03193	66	261.9091	16.63172
17	67.4614	4.28393	67	265.8774	16.88372
18	71.4298	4.53592	68	269.8458	17.13571
19	75.3981	4.78792	69	273.8141	17.38771
20	79.3664	5.03992	70	277.7824	17.63971
21	83.3347	5.29191	71	281.7507	17.89170
22	87.3030	5.54391	72	285.7190	18.14370
23	91.2714	5.79590	73	289.6874	18.39569
24	95.2397	6.04790	74	293.6557	18.64769
25	99.2080	6.29990	75	297.6240	18.89969
26	103.1763	6.55189	76	301.5923	19.15168
27	107.1446	6.80389	77	305.5606	19.40368
28	111.1130	7.05588	78	309.5290	19.65567
29	115.0813	7.30788	79	313.4973	19.90767
30	119.0496	7.55987	80	317.4656	20.15966
31	123.0179	7.81187	81	321.4339	20.41166
32	126.9862	8.06387	82	325.4022	20.66366
33	130.9546	8.31586	83	329.3706	20.91565
34	134.9229	8.56786	84	333.3389	21.16765
35	138.8912	8.81985	85	337.3072	21.41964
36	142.8595	9.07185	86	341.2755	21.67164
37	146.8278	9.32384	87	345.2438	21.92363
38	150.7962	9.57584	88	349.2122	22.17563
39	154.7645	9.82784	89	353.1805	22.42763
40	158.7328	10.07983	90	357.1488	22.67962
41	162.7011	10.33183	91	361.1171	22.93162
42	166.6694	10.58382	92	365.0854	23.18361
43	170.6378	10.83582	93	369.0538	23.43561
44	174.6061	11.08782	94	373.0221	23.68761
45	178.5744	11.33981	95	376.9904	23.93960
46	182.5427	11.59181	96	380.9587	24.19160
47	186.5110	11.84380	97	384.9270	24.44359
48	190.4794	12.09580	98	388.8954	24.69559
49	194.4477	12.34779	99	392.8637	24.94758
50	198.4160	12.59979	100	396.8320	25.19958

Faktor: 1 kcal = 3.9683 B.Th.U.
1 B.Th.U. = 0.25200 kcal

B.Th.U.	=	kcal	B.Th.U.	=	kcal
kcal =	B.Th.U.		kcal =	B.Th.U.	
101	400,8003	25.45158	151	599.2163	38.05137
102	404.7687	25.70357	152	603.1847	38.30336
103	408.7370	25.95557	153	607.1530	38.55536
104	412.7053	26.20756	154	611.1213	38.80735
105	416.6736	26.45956	155	615.0896	39.05935
106	420.6419	26.71155	156	619.0579	39.31134
107	424.6103	26.96355	157	623.0263	39.56334
108	428.5786	27.21555	158	626.9946	39.81534
109	432.5469	27.46754	159	630.9629	40.06733
110	436.5152	27.71954	160	634.9312	40.31933
111	440.4835	27.97153	161	638.8995	40.57132
112	444.4519	28.22353	162	642.8679	40.82332
113	448.4202	28.47553	163	646.8362	41.07532
114	452.3885	28.72752	164	650.8045	41.32731
115	456.3568	28.97952	165	654.7728	41.57931
116	460.3251	29.23151	166	558.7411	41.83130
117	464.2935	29.48351	167	662.7095	42.08330
118	468.2618	29.73550	168	666.6778	42.33529
119	472.2301	29.98750	169	670.6461	42.58729
120	476.1984	30.23950	170	674.6144	42.83929
121	480.1667	30.49149	171	678.5827	43.09128
122	484.1351	30.74349	172	682.5511	43.34328
123	488.1034	30.99548	173	686.5194	43.59527
124	492.0717	31.24748	174	690.4877	43.84727
125	496.0400	31.49948	175	694.4560	44.09927
126	500.0083	31.75147	176	698.4243	44.35126
127	503.9767	32.00347	177	702.3927	44.60326
128	507.9767	32.25546	178	706.3610	44.85525
129	511.9133	32.50746	179	710.3293	45.10725
130	515.8816	32.75945	180	714.2976	45.35924
131	519.8499	33.01145	181	718.2659	45.61124
132	523.8183	33.26345	182	722.2343	45.86324
133	527.7866	33.51544	183	726.2026	46.11523
134	531.7549	33.76744	184	730.1709	46.36723
135	535.7232	34.01943	185	734.1392	46.61922
136	539.6915	34.27143	186	738.1075	46.87122
137	543.6599	34.52342	187	742.0759	47.12321
138	547.6282	34.77542	188	746.0442	47.37521
139	551.5965	35.02742	189	750.0125	47.62721
140	555.5648	35.27941	190	753.9808	47.87920
141	559.5331	35.53141	191	757.9491	48.13120
142	563.5015	35.78340	192	761.9175	48.38319
143	567.4698	36.03540	193	765.8858	48.63519
144	571.4381	36.28740	194	769.8541	48.88719
145	575.4064	36.53939	195	773.8224	49.13918
146	579.3747	36.79139	196	777.7907	49.39118
147	583.3431	37.04338	197	781.7591	49.64317
148	587.3114	37.29538	198	785.7274	49.89517
149	591.2797	37.54737	199	789.6957	50.14716
150	595.2480	37.79937	200	793.6640	50.39916

Faktor: 1 kcal = 3.9683 B.Th.U.
1 B.Th.U. = 0.25200 kcal

B.Th.U. = / kcal =	B.Th.U.	kcal	B.Th.U. = / kcal =	B.Th.U.	kcal
201	797.6323	50.65116	251	996.0483	63.25095
202	801.6007	50.90315	252	1000.0167	63.50294
203	805.5690	51.15515	253	1003.9850	63.75494
204	809.5373	51.40714	254	1007.9533	64.00693
205	813.5056	51.65914	255	1011.9216	64.25893
206	817.4739	51.91113	256	1015.8899	64.51092
207	821.4423	52.16313	257	1019.8583	64.76292
208	825.4106	52.41513	258	1023.8266	65.01492
209	829.3789	52.66712	259	1027.7949	65.26691
210	833.3472	52.91912	260	1031.7632	65.51891
211	837.3155	53.17111	261	1035.7315	65.77090
212	841.2839	53.42311	262	1039.6999	66.02290
213	845.2522	53.67511	263	1043.6682	66.27490
214	849.2205	53.92710	264	1047.6365	66.52689
215	853.1888	54.17910	265	1051.6048	66.77889
216	857.1571	54.43109	266	1055.5731	67.03088
217	861.1255	54.68309	267	1059.5415	67.28288
218	865.0938	54.93508	268	1063.5098	67.53487
219	869.0621	55.18708	269	1067.4781	67.78687
220	873.0304	55.43908	270	1071.4464	68.03887
221	876.9987	55.69107	271	1075.4147	68.29086
222	880.9671	55.94307	272	1079.3831	68.54286
223	884.9354	56.19506	273	1083.3514	68.79485
224	888.9037	56.44706	274	1087.3197	69.04685
225	892.8720	56.69906	275	1091.2880	69.29885
226	896.8403	56.95105	276	1095.2563	69.55084
227	900.8087	57.20305	277	1099.2247	69.80284
228	904.7770	57.45504	278	1103.1930	70.05483
229	908.7453	57.70704	279	1107.1613	70.30683
230	912.7136	57.95903	280	1111.1296	70.55882
231	916.6819	58.21103	281	1115.0979	70.81082
232	920.6503	58.46303	282	1119.0663	71.06282
233	924.6186	58.71502	283	1123.0346	71.31481
234	928.5869	58.96702	284	1127.0029	71.56681
235	932.5552	59.21901	285	1130.9712	71.81880
236	936.5235	59.47101	286	1134.9395	72.07080
237	940.4919	59.72300	287	1138.9079	72.32279
238	944.4602	59.97500	288	1142.8762	72.57479
239	948.4285	60.22700	289	1146.8445	72.82679
240	952.3968	60.47899	290	1150.8128	73.07878
241	956.3651	60.73099	291	1154.7811	73.33078
242	960.3335	60.98298	292	1158.7495	73.58277
243	964.3018	61.23498	293	1162.7178	73.83477
244	968.2701	61.48698	294	1166.6861	74.08677
245	972.2384	61.73897	295	1170.6544	74.33876
246	976.2067	61.99097	296	1174.6227	74.59076
247	980.1751	62.24296	297	1178.5911	74.84275
248	984.1434	62.49496	298	1182.5594	75.09475
249	988.1117	62.74695	299	1186.5277	73.34674
250	992.0800	62.99895	300	1190.4960	75.59874

Faktor: 1 kcal = 3.9683 B.Th.U.
1 B.Th.U. = 0.25200 kcal

B.Th.U. = / kcal =	B.Th.U.	kcal	B.Th.U. = / kcal =	B.Th.U.	kcal
301	1194.4644	75.85074	351	1392.8804	88.45053
302	1198.4327	76.10273	352	1396.8487	88.70252
303	1202.4010	76.35473	353	1400.8170	88.95452
304	1206.3693	76.60672	354	1404.7853	89.20651
305	1210.3376	76.85872	355	1408.7536	89.45851
306	1214.3060	77.11071	356	1412.7220	89.71050
307	1218.2743	77.36271	357	1416.6903	89.96250
308	1222.2426	77.61471	358	1420.6586	90.21450
309	1226.2109	77.86670	359	1424.6269	90.46649
310	1230.1792	78.11870	360	1428.5952	90.71849
311	1234.1476	78.37069	361	1432.5636	90.97048
312	1238.1159	78.62269	362	1436.5319	91.22248
313	1242.0842	78.87469	363	1440.5002	91.47448
314	1246.0525	79.12668	364	1444.4685	91.72647
315	1250.0208	79.37868	365	1448.4368	91.97847
316	1253.9892	79.63067	366	1452.4052	92.23046
317	1257.9575	79.88267	367	1456.3735	92.48246
318	1261.9258	80.13466	368	1460.3418	92.73445
319	1265.8941	80.38666	369	1464.3101	92.98645
320	1269.8624	80.63866	370	1468.2784	93.23845
321	1273.8308	80.89065	371	1472.2468	93.49044
322	1277.7991	81.14265	372	1476.2151	93.74244
323	1281.7674	81.39464	373	1480.1834	93.99443
324	1285.7357	81.64664	374	1484.1517	94.24643
325	1289.7040	81.89864	375	1488.1200	94.49843
326	1293.6724	82.15063	376	1492.0884	94.75042
327	1297.6407	82.40263	377	1496.0567	95.00242
328	1301.6090	82.65462	378	1500.0250	95.25441
329	1305.5773	82.90662	379	1503.9933	95.50641
330	1309.5456	83.15861	380	1507.9616	95.75840
331	1313.5140	83.41061	381	1511.9300	96.01040
332	1317.4823	83.66261	382	1515.8983	96.26240
333	1321.4506	83.91460	383	1519.8666	96.51439
334	1325.4189	84.16660	384	1523.8349	96.76639
335	1329.3872	84.41859	385	1527.8032	97.01838
336	1333.3556	84.67059	386	1531.7716	97.27038
337	1337.3239	84.92258	387	1535.7399	97.52237
338	1341.2922	85.17458	388	1539.7082	97.77437
339	1345.2605	85.42658	389	1543.6765	98.02637
340	1349.2288	85.67857	390	1547.6448	98.27836
341	1353.1972	85.93057	391	1551.6132	98.53036
342	1357.1655	86.18256	392	1555.5815	98.78235
343	1361.1338	86.43456	393	1559.5498	99.03435
344	1365.1021	86.68656	394	1563.5181	99.28635
345	1369.0704	86.93855	395	1567.4864	99.53834
346	1373.0388	87.19055	396	1571.4548	99.79034
347	1377.0071	87.44254	397	1575.4231	100.04233
348	1380.9754	87.69454	398	1579.3914	100.29433
349	1384.9437	87.94653	399	1583.3597	100.54632
350	1388.9120	88.19853	400	1587.3280	100.79832

Faktor: 1 kcal = 3.9683 B.Th.U.
1 B.Th.U. = 0.25200 kcal

B.Th.U. / kcal	= B.Th.U.	= kcal	B.Th.U. / kcal	= B.Th.U.	= kcal
401	1591.2964	101.05032	451	1789.7124	113.65011
402	1595.2647	101.30231	452	1793.6807	113.90210
403	1599.2330	101.55431	453	1797.6490	114.15410
404	1603.2013	101.80630	454	1801.6173	114.40609
405	1607.1696	102.05830	455	1805.5856	114.65809
406	1611.1380	102.31029	456	1809.5540	114.91008
407	1615.1063	102.56229	457	1813.5223	115.16208
408	1619.0746	102.81429	458	1817.4906	115.41408
409	1623.0429	103.06628	459	1821.4589	115.66607
410	1627.0112	103.31828	460	1825.4272	115.91807
411	1630.9796	103.57027	461	1829.3956	116.17006
412	1634.9479	103.82227	462	1833.3639	116.42206
413	1638.9162	104.07427	463	1837.3322	116.67406
414	1642.8845	104.32626	464	1841.3005	116.92605
415	1646.8528	104.57826	465	1845.2688	117.17805
416	1650.8212	104.83025	466	1849.2372	117.43004
417	1654.7895	105.08225	467	1853.2055	117.68204
418	1658.7578	105.33424	468	1857.1738	117.93403
419	1662.7261	105.58624	469	1861.1421	118.18603
420	1666.6944	105.83824	470	1865.1104	118.43803
421	1670.6628	106.09023	471	1869.0788	118.69002
422	1674.6311	106.34223	472	1873.0471	118.94202
423	1678.5994	106.59422	473	1877.0154	119.19401
424	1682.5677	106.84622	474	1880.9837	119.44601
425	1686.5360	107.09822	475	1884.9520	119.69801
426	1690.5044	107.35021	476	1888.9204	119.95000
427	1694.4727	107.85420	477	1892.8887	120.20200
428	1702.4093	108.10620	478	1896.8570	120.45399
429	1706.3776	108.35819	479	1900.8253	120.70599
430	1706.3776	108.35819	480	1904.7936	120.95798
431	1710.3460	108.61019	481	1908.7620	121.20998
432	1714.3143	108.86219	482	1912.7303	121.46198
433	1718.2826	109.11418	483	1916.6986	121.71397
434	1722.2509	109.36618	484	1920.6669	121.96597
435	1726.2192	109.61817	485	1924.6352	122.21796
436	1730.1876	109.87017	486	1928.6036	122.46996
437	1734.1559	110.12216	487	1932.5719	122.72195
438	1738.1242	110.37416	488	1936.5402	122.97395
439	1742.0925	110.62616	489	1940.5085	123.22595
440	1746.0608	110.87815	490	1944.4768	123.47794
441	1750.0292	111.13015	491	1948.4452	123.72994
442	1753.9975	111.38214	492	1952.4135	123.98193
443	1757.9658	111.63414	493	1956.3818	124.23393
444	1761.9341	111.88614	494	1960.3501	124.48593
445	1765.9024	112.13813	495	1964.3184	124.73792
446	1769.8708	112.39013	496	1968.2868	124.98992
447	1773.8391	112.64212	497	1972.2551	125.24191
448	1777.8074	112.89412	498	1976.2234	125.49391
449	1781.7757	113.14611	499	1980.1917	125.74590
450	1785.7440	113.39811	500	1984.1601	125.99790

Faktor: 1 kcal = 3.9683 B.Th.U.
1 B.Th.U. = 0.25200 kcal

B.Th.U. = / kcal =	B.Th.U.	kcal	B.Th.U. = / kcal =	B.Th.U.	kcal
501	1988.1284	126.24990	551	2186.5444	138.84969
502	1992.0967	126.50189	552	2190.5127	139.10168
503	1996.0650	126.75389	553	2194.4810	139.35368
504	2000.0333	127.00588	554	2198.4493	139.60567
505	2004.0017	127.25788	555	2202.4177	139.85767
506	2007.9700	127.50987	556	2206.3860	140.10966
507	2011.9383	127.76187	557	2210.3543	140.36166
508	2015.9066	128.01387	558	2214.3226	140.61366
509	2019.8749	128.26586	559	2218.2909	140.86565
510	2023.8433	128.51786	560	2222.2593	141.11765
511	2027.8116	128.76985	561	2226.2276	141.36964
512	2031.7799	129.02185	562	2230.1959	141.62164
513	2035.7482	129.27385	563	2234.1642	141.87364
514	2039.7165	129.52584	564	2238.1325	142.12563
515	2043.6849	129.77784	565	2242.1009	142.37763
516	2047.6532	130.02983	566	2246.0692	142.62962
517	2051.6215	130.28183	567	2250.0375	142.88162
518	2055.5898	130.53382	568	2254.0058	143.13361
519	2059.5581	130.78582	569	2257.9741	143.38561
520	2063.5265	131.03782	570	2261.9425	143.63761
521	2067.4948	131.28981	571	2265.9108	143.88960
522	2071.4631	131.54181	572	2269.8791	144.14160
523	2075.4314	131.79380	573	2273.8474	144.39359
524	2079.3997	132.04580	574	2277.8157	144.64559
525	2083.3681	132.29780	575	2281.7841	144.89759
526	2087.3364	132.54979	576	2285.7524	145.14958
527	2091.3047	132.80179	577	2289.7207	145.40158
528	2095.2730	133.05378	578	2293.6890	145.65357
529	2099.2413	133.30578	579	2297.6573	145.90557
530	2103.2097	133.55777	580	2301.6257	146.15756
531	2107.1780	133.80977	581	2305.5940	146.40956
532	2111.1463	134.06177	582	2309.5623	146.66156
533	2115.1146	134.31376	583	2313.5306	146.91355
534	2119.0829	134.56576	584	2317.4989	147.16555
535	2123.0513	134.81775	585	2321.4673	147.41754
536	2127.0196	135.06975	586	2325.4356	147.66954
537	2130.9879	135.32174	587	2329.4039	147.92153
538	2134.9562	135.57374	588	2333.3722	148.17353
539	2138.9245	135.82574	589	2337.3405	148.42553
540	2142.8929	136.07773	590	2341.3089	148.67752
541	2146.8612	136.32973	591	2345.2772	148.92952
542	2150.8295	136.58172	592	2349.2455	149.18151
543	2154.7978	136.83372	593	2353.2138	149.43351
544	2158.7661	137.08572	594	2357.1821	149.68551
545	2162.7345	137.33771	595	2361.1505	149.93750
546	2166.7028	137.58971	596	2365.1188	150.18950
547	2170.6711	137.84170	597	2369.0871	150.44149
548	2174.6394	138.09370	598	2373.0554	150.69349
549	2178.6077	138.34569	599	2377.0237	150.94548
550	2182.5761	138.59769	600	2380.9921	151.19748

Faktor: 1 kcal = 3.9683 B.Th.U.
1 B.Th.U. = 0.25200 kcal

B.Th.U. = kcal kcal = B.Th.U.			B.Th.U. = kcal kcal = B.Th.U.		
601	2384.9604	151.44948	651	2583.3764	164.04927
602	2388.9287	151.70147	652	2587.3447	164.30126
603	2392.8970	151.95347	653	2591.3130	164.55326
604	2396.8653	152.20546	654	2595.2813	164.80525
605	2400.8337	152.45746	655	2599.2497	165.05725
606	2404.8020	152.70945	656	2603.2180	165.30924
607	2408.7703	152.96145	657	2607.1863	165.56124
608	2412.7386	153.21345	658	2611.1546	165.81324
609	2416.7069	153.46544	659	2615.1229	166.06523
610	2420.6753	153.71744	660	2619.0913	166.31723
611	2424.6436	153.96943	661	2623.0596	166.56922
612	2428.6119	154.22143	662	2627.0279	166.82122
613	2432.5802	154.47343	663	2630.9962	167.07322
614	2436.5485	154.72542	664	2634.9645	167.32521
615	2440.5169	154.97742	665	2638.9329	167.57721
616	2444.4852	155.22941	666	2642.9012	167.82920
617	2448.4535	155.48141	667	2646.8695	168.08120
618	2452.4218	155.73340	668	2650.8378	168.33319
619	2456.3901	155.98540	669	2654.8061	168.58519
620	2460.3585	156.23740	670	2658.7745	168.83719
621	2464.3268	156.48939	671	2662.7428	169.08918
622	2468.2951	156.74139	672	2666.7111	169.34118
623	2472.2634	156.99338	673	2670.6794	169.59317
624	2476.2317	157.24538	674	2674.6477	169.84517
625	2480.2001	157.49738	675	2678.6161	170.09717
626	2484.1684	157.74937	676	2682.5844	170.34916
627	2488.1367	158.00137	677	2686.5527	170.60116
628	2492.1050	158.25336	678	2690.5210	170.85315
629	2496.0733	158.50536	679	2694.4892	171.10515
630	2500.0417	158.75735	680	2698.4577	171.35714
631	2504.0100	159.00935	681	2702.4260	171.60914
632	2507.9783	159.26135	682	2706.3943	171.86114
633	2511.9466	159.51334	683	2710.3626	172.11313
634	2515.9149	159.76534	684	2714.3309	172.36513
635	2519.8833	160.01733	685	2718.2993	172.61712
636	2523.8516	160.26933	686	2722.2676	172.86912
637	2527.8199	160.52132	687	2726.2359	173.12111
638	2531.7882	160.77332	688	2730.2042	173.37311
639	2535.7565	161.02532	689	2734.1725	173.62511
640	2539.7249	161.27731	690	2738.1409	173.87710
641	2543.6932	161.52931	691	2742.1092	174.12910
642	2547.6615	161.78130	692	2746.0775	174.38109
643	2551.6298	162.03330	693	2750.0458	174.63309
644	2555.5981	162.28530	694	2754.0141	174.88509
645	2559.5665	162.53729	695	2757.9825	175.13708
646	2563.5348	162.78929	696	2761.9508	175.38908
647	2567.5031	163.04128	697	2765.9191	175.64107
648	2571.4714	163.29328	698	2769.8874	175.89307
649	2575.4397	163.54527	696	2773.8557	176.14506
650	2579.4081	163.79727	700	2777.8241	176.39706

Faktor: 1 kcal = 3.9683 B.Th.U.
1 B.Th.U. = 0.25200 kcal

B.Th.U. / kcal	kcal = B.Th.U.	B.Th.U. = kcal
701	2781.7924	176.64906
702	2785.7607	176.90105
703	2789.7290	177.15305
704	2793.6974	177.40504
705	2797.6657	177.65704
706	2801.6340	177.90903
707	2805.6023	178.16103
708	2809.5706	178.41303
709	2813.5390	178.66502
710	2817.5073	178.91702
711	2821.4756	179.16901
712	2825.4439	179.42101
713	2829.4122	179.67301
714	2833.3806	179.92500
715	2837.3489	180.17700
716	2841.3172	180.42899
717	2845.2855	180.68099
718	2849.2538	180.93298
719	2853.2222	181.18498
720	2857.1905	181.43698
721	2861.1588	181.68897
722	2865.1271	181.94097
723	2869.0954	182.19296
724	2873.0638	182.44496
725	2877.0321	182.69696
726	2881.0004	182.94895
727	2884.9687	183.20095
728	2888.9370	183.45294
729	2892.9054	183.70494
730	2896.8737	183.95693
731	2900.8420	184.20893
732	2904.8103	184.46093
733	2908.7786	184.71292
734	2912.7470	184.96492
735	2916.7153	185.21691
736	2920.6836	185.46891
737	2924.6519	185.72090
738	2928.6202	185.97290
739	2932.5086	186.22490
740	2936.5569	186.47689
741	2940.5252	186.72889
742	2944.4935	186.98088
743	2948.4618	187.23288
744	2952.4302	187.48488
745	2956.3985	187.73687
746	2960.3668	187.98887
747	2964.3351	188.24086
748	2968.3034	188.49286
749	2972.2718	188.74485
750	2976.2401	188.99685
751	2980.2084	189.24885
752	2984.1767	189.50084
753	2988.1450	189.75284
754	2992.1134	190.00483
755	2996.0817	190.25683
756	3000.0500	190.50882
757	3004.0183	190.76082
758	3007.9866	191.01282
759	3011.9550	191.26481
760	3015.9233	191.51681
761	3019.8916	191.76880
762	3023.8599	192.02080
763	3027.8282	192.27280
764	3031.7966	192.52479
765	3035.7649	192.77679
766	3039.7332	193.02878
767	3043.7015	193.28078
768	3047.6698	193.53277
769	3051.6382	193.78477
770	3055.6065	194.03677
771	3059.5748	194.28876
772	3063.5431	194.54076
773	3067.5114	194.79275
774	3071.4798	195.04475
775	3075.4481	195.29675
776	3079.4164	195.54874
777	3083.3847	195.80074
778	3087.3530	196.05273
779	3091.3214	196.30473
780	3095.2897	196.55672
781	3099.2580	196.80872
782	3103.2263	197.06072
783	3107.1946	197.31271
784	3111.1630	197.56471
785	3115.1313	197.81670
786	3119.0996	198.06870
787	3123.0679	198.32069
788	3127.0362	198.57269
789	3131.0046	198.82469
790	3132.9729	199.07668
791	3138.9412	199.32868
792	3142.9095	199.58067
793	3146.8778	199.83267
794	3150.8462	200.08467
795	3154.8145	200.33666
796	3158.7828	200.58866
797	3162.7511	200.84065
798	3166.7194	201.09265
799	3170.6878	201.34464
800	3174.6561	201.59664

Faktor: 1 kcal = 3.9683 B.Th.U.
1 B.Th.U. = 0.25200 kcal

B.Th.U. = kcal			B.Th.U. = kcal		
	kcal = B.Th.U.			kcal = B.Th.U.	
801	3178.6244	201.84864	851	3377.0404	214.44843
802	3182.5927	202.10063	852	3381.0087	214.70042
803	3186.5610	202.35263	853	3384.9770	214.95242
804	3190.5294	202.60462	854	3388.9454	215.20441
805	3194.4977	202.85662	855	3392.9137	215.45641
806	3198.4660	203.10861	856	3396.8820	215.70840
807	3202.4343	203.36061	857	3400.8503	215.96040
808	3206.4026	203.61261	858	3404.8186	216.21240
809	3210.3710	203.86460	859	3408.7870	216.46439
810	3214.3393	204.11660	860	3412.7553	216.71639
811	3218.3076	204.36859	861	3416.7236	216.96838
812	3222.2759	204.62059	862	3420.6919	217.22038
813	3226.2442	204.87259	863	3424.6602	217.47238
814	3230.2126	205.12458	864	3428.6286	217.72437
815	3234.1809	205.37658	865	3432.5969	217.97637
816	3238.1492	205.62857	866	3436.5652	218.22836
817	3242.1175	205.88057	867	3440.5335	218.48036
818	3246.0858	206.13256	868	3444.5018	218.73235
819	3250.0542	206.38456	869	3448.4702	218.98435
820	3254.0225	206.63656	870	3452.4385	219.23635
821	3257.9908	206.88855	871	3456.4068	219.48834
822	3261.9591	207.14055	872	3460.3751	219.74034
823	3265.9274	207.39254	873	3464.3434	219.99233
824	3269.8958	207.64454	874	3468.3118	220.24433
825	3273.8641	207.89654	875	3472.2801	220.49633
826	3277.8324	208.14853	876	3476.2484	220.74832
827	3281.8007	208.40053	877	3480.2167	221.00032
828	3285.7690	208.65252	878	3484.1850	221.25231
829	3289.7374	208.90452	879	3488.1534	221.50431
830	3293.7057	209.15651	880	3492.1217	221.75630
831	3297.6740	209.40851	881	3496.0900	222.00830
832	3301.6423	209.66051	882	3500.0583	222.26030
833	3305.6106	209.91250	883	3504.0266	222.51229
834	3309.5790	210.16450	884	3507.9950	222.76429
835	3313.5473	210.41649	885	3511.9633	223.01628
836	3317.5156	210.66849	886	3515.9316	223.26828
837	3321.4839	210.92048	887	3519.8999	223.52027
838	3325.4522	211.17248	888	3523.8682	223.77227
839	3329.4206	211.42448	889	3527.8366	224.02427
840	3333.3889	211.67647	890	3531.8049	224.27626
841	3337.3572	211.92847	891	3535.7732	224.52826
842	3341.3255	212.18046	892	3539.7415	224.78025
843	3345.2938	212.43246	893	3543.7098	225.03225
844	3349.2622	212.68446	894	3547.6782	225.28425
845	3353.2305	212.93645	895	3551.6465	225.53624
846	3357.1988	213.18845	896	3555.6148	225.78824
847	3361.1671	213.44044	897	3559.5831	226.04023
848	3365.1354	213.69244	898	3563.5514	226.29223
849	3369.1038	213.94443	899	3567.5198	226.54422
850	3373.0721	214.19643	900	3571.4881	226.79622

Faktor: 1 kcal = 3.9683 B.Th.U.
1 B.Th.U. = 0.25200 kcal

B.Th.U. = kcal			B.Th.U. = kcal		
kcal =	B.Th.U.		kcal =	B.Th.U.	
901	3575.4564	227.04822	951	3773.8724	239.64801
902	3579.4247	227.30021	952	3777.8407	239.90000
903	3583.3931	227.55221	953	3781.8091	240.15200
904	3587.3614	227.80420	954	3785.7774	240.40399
905	3591.3297	228.05620	955	3789.7457	240.65599
906	3595.2980	228.30819	956	3793.7140	240.90798
907	3599.2663	228.56019	957	3797.6823	241.15998
908	3603.2347	228.81219	958	3801.6507	241.41198
909	3607.2030	229.06418	959	3805.6190	241.66397
910	3611.1713	229.31618	960	3809.5873	241.91597
911	3615.1396	229.56817	961	3813.5556	242.16796
912	3619.1079	229.82017	962	3817.5239	242.41996
913	3623.0763	230.07217	963	3821.4923	242.67196
914	3627.0446	230.32416	964	3825.4606	242.92395
915	3631.0129	230.57616	965	3829.4289	243.17595
916	3634.9812	230.82815	966	3833.3972	243.42794
917	3638.9495	231.08015	967	3837.3655	243.67994
918	3642.9179	231.33214	968	3841.3339	243.93193
919	3646.8862	231.58414	969	3845.3022	244.18393
920	3650.8545	231.83614	970	3849.2705	244.43593
921	3654.8228	232.08813	971	3853.2388	244.68792
922	3658.7911	232.34013	972	3857.2071	244.93992
923	3662.7595	232.59212	973	3861.1755	245.19191
924	3666.7278	232.84412	974	3865.1438	245.44391
925	3670.6961	233.06912	975	3869.1121	245.69591
926	3674.6644	233.34811	976	3873.0804	245.94790
927	3678.6327	233.60011	977	3877.0487	246.19990
928	3682.6011	233.85210	978	3881.0171	246.45189
929	3686.5694	234.10410	979	3884.9854	246.70389
930	3690.5377	234.35609	980	3888.9537	246.95588
931	3694.5060	234.60809	981	3892.9220	247.20788
932	3698.4743	234.86009	982	3896.8903	247.45988
933	3702.4427	235.11208	983	3900.8587	247.71187
934	3706.4110	235.36408	984	3904.8270	247.96387
935	3710.3793	235.61607	985	3908.7953	248.21586
936	3714.3476	235.86807	986	3912.7636	248.46786
937	3718.3159	236.12006	987	3916.7319	248.71985
938	3722.2843	236.37206	988	3920.7003	248.97185
939	3726.2526	236.62406	989	3924.6686	249.22385
940	3730.2209	236.87605	990	3928.6369	249.47584
941	3734.1892	237.12805	991	3932.6052	249.72784
942	3738.1575	237.38004	992	3936.5735	249.97983
943	3742.1259	237.63204	993	3940.5419	250.23183
944	3746.0942	237.88404	994	3944.5102	250.48383
945	3750.0625	238.13603	995	3948.4785	250.73582
946	3754.0308	238.38803	996	3952.4468	250.98782
947	3757.9991	238.64002	997	3956.4151	251.23981
948	3761.9675	238.89202	998	3960.3835	251.49181
949	3765.9358	239.14401	999	3964.3518	251.74380
950	3769.9041	239.39601	1000	3968.3201	251.99580

lokalorien / Kilogramm in British Thermal Units / engl. Pfund
kilocalories / kilogram into British Thermal Units / pound

Faktor: 1 kcal/kg = 0.55556 B.Th.U./lbs
1 B.Th.U./lbs = 1.8000 kcal/kg

B.Th.U./lbs = kcal/kg kcal/kg ↓	=B.Th.U./lbs ↓	↓	B.Th.U./lbs = kcal/kg kcal/kg ↓	= B.Th.U./lbs ↓	↓
1	0.55556	1.8000	51	28.33333	91.8000
2	1.11111	3.6000	52	28.88889	93.6000
3	1.66667	5.4000	53	29.44444	95.4000
4	2.22222	7.2000	54	30.00000	97.2000
5	2.77778	9.0000	55	30.55556	99.0000
6	3.33333	10.8000	56	31.11111	100.8000
7	3.88889	12.6000	57	31.66667	102.6000
8	4.44444	14.4000	58	32.22222	104.4000
9	5.00000	16.2000	59	32.77778	106.2000
10	5.55556	18.0000	60	33.33333	108.0000
11	6.11111	19.8000	61	33.88889	109.8000
12	6.66667	21.6000	62	34.44444	111.6000
13	7.22222	23.4000	63	35.00000	113.4000
14	7.77778	25.2000	64	35.55556	115.2000
15	8.33333	27.0000	65	36.11111	117.0000
16	8.88889	28.8000	66	36.66667	118.8000
17	9.44444	30.6000	67	37.22222	120.6000
18	10.00000	32.4000	68	37.77778	122.4000
19	10.55556	34.2000	69	38.33333	124.2000
20	11.11111	36.0000	70	38.88889	126.0000
21	11.66667	37.8000	71	39.44444	127.8000
22	12.22222	39.6000	72	40.00000	129.6000
23	12.77778	41.4000	73	40.55556	131.4000
24	13.33333	43.2000	74	41.11111	133.2000
25	13.88889	45.0000	75	41.66667	135.0000
26	14.44444	46.8000	76	42.22222	136.8000
27	15.00000	48.6000	77	42.77778	138.6000
28	15.55556	50.4000	78	43.33333	140.4000
29	16.11111	52.2000	79	43.88889	142.2000
30	16.66667	54.0000	80	44.44444	144.0000
31	17.22222	55.8000	81	45.00000	145.8000
32	17.77778	57.6000	82	45.55556	147.6000
33	18.33333	59.4000	83	46.11111	149.4000
34	18.88889	61.2000	84	46.66667	151.2000
35	19.44444	63.0000	85	47.22222	153.0000
36	20.00000	64.8000	86	47.77778	154.8000
37	20.55556	66.6000	87	48.33333	156.6000
38	21.11111	68.4000	88	48.88889	158.4000
39	21.66667	70.2000	89	49.44444	160.2000
40	22.22222	72.0000	90	50.00000	162.0000
41	22.77778	73.8000	91	50.55556	163.8000
42	23.33333	75.6000	92	51.11111	165.6000
43	23.88889	77.4000	93	51.66667	167.4000
44	24.44444	79.2000	94	52.22222	169.2000
45	25.00000	81.0000	95	52.77778	171.0000
46	25.55556	82.8000	96	53.33333	172.8000
47	26.11111	84.6000	97	53.88889	174.6000
48	26.66667	86.4000	98	54.44444	176.4000
49	27.22222	88.2000	99	55.00000	178.2000
50	27.77778	90.0000	100	55.55556	180.0000

Faktor: 1 kcal/kg = 0.55556 B.Th.U./lbs
1 B.Th.U./lbs = 1.8000 kcal/kg

B.Th.U./lbs / kcal/kg	= kcal/kg	= B.Th.U./lbs	B.Th.U./lbs / kcal/kg	= kcal/kg	= B.Th.U./lbs
101	56.11111	181.8000	151	83.88889	271.8000
102	56.66667	183.6000	152	84.44445	273.6000
103	57.22222	185.4000	153	85.00000	275.4000
104	57.77778	187.2000	154	85.55556	277.2000
105	58.33333	189.0000	155	86.11111	279.0000
106	58.88889	190.8000	156	86.66667	280.8000
107	59.44444	192.6000	157	87.22222	282.6000
108	60.00000	194.4000	158	87.77778	284.4000
109	60.55556	196.2000	159	88.33333	286.2000
110	61.11111	198.0000	160	88.88889	288.0000
111	61.66667	199.8000	161	89.44445	289.8000
112	62.22222	201.6000	162	90.00000	291.6000
113	62.77776	203.4000	163	90.55556	293.4000
114	63.33333	205.2000	164	91.11111	295.2000
115	63.88889	207.0000	165	91.66667	297.0000
116	64.44444	208.8000	166	92.22222	298.8000
117	65.00000	210.6000	167	92.77778	300.6000
118	65.55556	212.4000	168	93.33333	302.4000
119	66.11111	214.2000	169	93.88889	304.2000
120	66.66667	216.0000	170	94.44445	306.0000
121	67.22222	217.8000	171	95.00000	307.8000
122	67.77778	219.6000	172	95.55556	309.6000
123	68.33333	221.4000	173	96.11111	311.4000
124	68.88889	223.2000	174	96.66667	313.2000
125	69.44445	225.0000	175	97.22222	315.0000
126	70.00000	226.8000	176	97.77778	316.8000
127	70.55556	228.6000	177	98.33333	318.6000
128	71.11111	230.4000	178	98.88889	320.4000
129	71.66667	232.2000	179	99.44445	322.2000
130	72.22222	234.0000	180	100.00000	324.0000
131	72.77778	235.8000	181	100.55556	325.8000
132	73.33333	237.6000	182	101.11111	327.6000
133	73.88889	239.4000	183	101.66667	329.4000
134	74.44445	241.2000	184	102.22222	331.2000
135	75.00000	243.0000	185	102.77778	333.0000
136	75.55556	244.8000	186	103.33333	334.8000
137	76.11111	246.6000	187	103.88889	336.6000
138	76.66667	248.4000	188	104.44445	338.4000
139	77.22222	250.2000	189	105.00000	340.2000
140	77.77778	252.0000	190	105.55556	342.0000
141	78.33333	253.8000	191	106.11111	343.8000
142	78.88889	255.6000	192	106.66667	345.6000
143	79.44445	257.4000	193	107.22222	347.4000
144	80.00000	259.2000	194	107.77778	349.2000
145	80.55556	261.0000	195	108.33333	351.0000
146	81.11111	262.8000	196	108.88889	352.8000
147	81,66667	264.6000	197	109.44445	354.6000
148	82.22222	266.4000	198	110.00000	356.3000
149	82.77778	268.2000	199	110.55556	358.2000
150	83.33333	270.0000	200	111.11111	360.0000

Faktor: 1 kcal/kg = 0.55556 B.Th.U./lbs
1 B.Th.U./lbs = 1.8000 kcal/kg

B.Th.U./lbs / kcal/kg	= kcal/kg / = B.Th.U./lbs		B.Th.U./lbs / kcal/kg	= kcal/kg / = B.Th.U./lbs	
201	111.66667	361.8000	251	139.44445	451.8000
202	112.22222	363.6000	252	140.00000	453.6000
203	112.77778	365.4000	253	140.55556	455.4000
204	113.33333	367.2000	254	141.11111	457.2000
205	113.88889	369.0000	255	141.66667	459.0000
206	114.44445	370.8000	256	142.22222	460.8000
207	115.00000	372.6000	257	142.77778	462.6000
208	115.55556	374.4000	258	143.33333	464.4000
209	116.11111	376.2000	259	143.88889	466.2000
210	116.66667	378.0000	260	144.44445	468.0000
211	117.22222	379.8000	261	145.00000	469.8000
212	117.77778	381.6000	262	145.55556	471.6000
213	118.33333	383.4000	263	146.11111	473.4000
214	118.88889	385.2000	264	146.66667	475.2000
215	119.44445	387.0000	265	147.22222	477.0000
216	120.00000	388.8000	266	147.77778	478.8000
217	120.55556	390.6000	267	148.33333	480.6000
218	121.11111	392.4000	268	148.88889	482.4000
219	121.66667	394.2000	269	149.44445	484.2000
220	122.22222	396.0000	270	150.00000	486.0000
221	122.77778	397.8000	271	150.55556	487.8000
222	123.33333	399.6000	272	151.11111	489.6000
223	123.88889	401.4000	273	151.66667	491.4000
224	124.44445	403.2000	274	152.22222	493.2000
225	125.00000	405.0000	275	152.77778	495.0000
226	125.55556	406.8000	276	153.33333	496.8000
227	126.11111	408.6000	277	153.88889	498.6000
228	126.66667	410.4000	278	154.44445	500.4000
229	127.22222	412.2000	279	155.00000	502.2000
230	127.77778	414.0000	280	155.55556	504.0000
231	128.33333	415.8000	281	156.11111	505.8000
232	128.88889	417.6000	282	156.66667	507.6000
233	129.44445	419.4000	283	157.22222	509.4000
234	130.00000	421.2000	284	157.77778	511.2000
235	130.55556	423.0000	285	158.33333	513.0000
236	131.11111	424.8000	286	158.88889	514.8000
237	131.66667	426.6000	287	159.44445	516.6000
238	132.22222	428.4000	288	160.00000	518.4000
239	132.77778	430.2000	289	160.55556	520.2000
240	133.33333	432.0000	290	161.11111	522.0000
241	133.88889	433.8000	291	161.66667	523.8000
242	134.44445	435.6000	292	162.22222	525.6000
243	135.00000	437.4000	293	162.77778	527.4000
244	135.55556	439.2000	294	163.33333	529.2000
245	136.11111	441.0000	295	163.88889	531.0000
246	136.66667	442.8000	296	164.44445	532.8000
247	137.22222	444.6000	297	165.00000	534.6000
248	137.77778	446.4000	298	165.55556	536.4000
249	138.33333	448.2000	299	166.11111	538.2000
250	138.88889	450.0000	300	166.66667	540.0000

Faktor: 1 kcal/kg = 0.55556 B.Th.U./lbs
1 B.Th.U./lbs = 1.8000 kcal/kg

	B.Th.U./lbs = kcal/kg kcal/kg =	B.Th.U./lbs		B.Th.U./lbs = kcal/kg kcal/kg =	B.Th.U./lbs
301	167.22222	541.8000	351	195.00000	631.8000
302	167.77778	543.6000	352	195.55556	633.6000
303	168.33333	545.4000	353	196.11111	635.4000
304	168.88889	547.2000	354	196.66667	637.2000
305	169.44445	549.0000	355	197.22222	639.0000
306	170.00000	550.8000	356	197.77778	640.8000
307	170.55556	552.6000	357	198.33333	642.6000
308	171.11111	554.4000	358	198.88889	644.4000
309	171.66667	556.2000	359	199.44445	646.2000
310	172.22222	558.0000	360	200.00000	648.0000
311	172.77778	559.8000	361	200.55556	649.8000
312	173.33333	561.6000	362	201.11111	651.6000
313	173.88889	563.4000	363	201.66667	653.4000
314	174.44445	565.2000	364	202.22222	655.2000
315	175.00000	567.0000	365	202.77778	657.0000
316	175.55556	568.8000	366	203.33333	658.8000
317	176.11111	570.6000	367	203.88889	660.6000
318	176.66667	572.4000	368	204.44445	662.4000
319	177.22222	574.2000	369	205.00000	664.2000
320	177.77778	576.0000	370	205.55556	666.0000
321	178.33333	577.8000	371	206.11111	667.8000
322	178.88889	579.6000	372	206.66667	669.6000
323	179.44445	581.4000	373	207.22222	671.4000
324	180.00000	583.2000	374	207.77778	673.2000
325	180.55556	585.0000	375	208.33334	675.0000
326	181.11111	586.8000	376	208.88889	676.8000
327	181.66667	588.6000	377	209.44445	678.6000
328	182.22222	590.4000	378	210.00000	680.4000
329	182.77778	592.2000	379	210.55556	682.2000
330	183.33333	594.0000	380	211.11111	684.0000
331	183.88889	595.8000	381	211.66667	685.8000
332	184.44445	597.6000	382	212.22222	687.6000
333	185.00000	599.4000	383	212.77778	689.4000
334	185.55556	601.2000	384	213.33334	691.2000
335	186.11111	603.0000	385	213.88889	693.0000
336	186.66667	604.8000	386	214.44445	694.8000
337	187.22222	606.6000	387	215.00000	696.6000
338	187.77778	608.4000	388	215.55556	698.4000
339	188.33333	610.2000	389	216.11111	700.2000
340	188.88889	612.0000	390	216.66667	702.0000
341	189.44445	613.8000	391	217.22222	703.8000
342	190.00000	615.6000	392	217.77778	705.6000
343	190.55556	617.4000	393	218.33334	707.4000
344	191.11111	619.2000	394	218.88889	709.2000
345	191.66667	621.0000	395	219.44445	711.0000
346	192.22222	622.8000	396	220.00000	712.8000
347	192.77778	624.6000	397	220.55556	714.6000
348	193.33333	626.4000	398	221.11111	716.4000
349	193.88889	628.2000	399	221.66667	718.2000
350	194.44445	630.0000	400	222.22222	720.0000

Faktor: 1 kcal/kg = 0.55556 B.Th.U./lbs
1 B.Th.U./lbs = 1.8000 kcal/kg

B.Th.U./lbs = kcal/kg kcal/kg = B.Th.U./lbs			B.Th.U./lbs = kcal/kg kcal/kg = B.Th.U./lbs		
401	222.77778	721.8000	451	250.55556	811.8000
402	223.33334	723.6000	452	251.11111	813.6000
403	223.88889	725.4000	453	251.66667	815.4000
404	224.44445	727.2000	454	252.22222	817.2000
405	225.00000	729.0000	455	252.77778	819.0000
406	225.55556	730.8000	456	253.33334	820.8000
407	226.11111	732.6000	457	253.88889	822.6000
408	226.66667	734.4000	458	254.44445	824.4000
409	227.22222	736.2000	459	255.00000	826.2000
410	227.77778	738.0000	460	255.55556	828.0000
411	228.33334	739.8000	461	256.11111	829.8000
412	228.88889	741.6000	462	256.66667	831.6000
413	229.44445	743.4000	463	257.22222	833.4000
414	230.00000	745.2000	464	257.77778	835.2000
415	230.55556	747.0000	465	258.33334	837.0000
416	231.11111	748.8000	466	258.88889	838.8000
417	231.66667	750.6000	467	259.44445	840.6000
418	232.22222	752.4000	468	260.00000	842.4000
419	232.77778	754.2000	469	260.55556	844.2000
420	233.33334	756.0000	470	261.11111	846.0000
421	233.88889	757.8000	471	261.66667	847.8000
422	234.44445	759.6000	472	262.22222	849.6000
423	235.00000	761.4000	473	262.77778	851.4000
424	235.55556	763.2000	474	263.33334	853.2000
425	236.11111	765.0000	475	263.88889	855.0000
426	236.66667	766.8000	476	264.44445	856.8000
427	237.22222	768.6000	477	265.00000	858.6000
428	237.77778	770.4000	478	265.55556	860.4000
429	238.33334	772.2000	479	266.11111	862.2000
430	238.88889	774.0000	480	266.66667	864.0000
431	239.44445	775.8000	481	267.22222	865.8000
432	240.00000	777.6000	482	267.77778	867.6000
433	240.55556	779.4000	483	268.33334	869.4000
434	241.11111	781.2000	484	268.88889	871.2000
435	241.66667	783.0000	485	269.44445	873.0000
436	242.22222	784.8000	486	270.00000	874.8000
437	242.77778	786.6000	487	270.55556	876.6000
438	243.33334	788.4000	488	271.11111	878.4000
439	243.88889	790.2000	489	271.66667	880.2000
440	244.44445	792.0000	490	272.22222	882.0000
441	245.00000	793.8000	491	272.77778	883.8000
442	245.55556	795.6000	492	273.33334	885.6000
443	246.11111	797.4000	493	273.88889	887.4000
444	246.66667	799.2000	494	274.44445	889.2000
445	247.22222	801.0000	495	275.00000	891.0000
446	247.77778	802.8000	496	275.55556	892.8000
447	248.33334	804.6000	497	276.11111	894.6000
448	248.88889	806.4000	498	276.66667	896.4000
449	249.44445	808.2000	499	277.22222	898.2000
450	250.00000	810.0000	500	277.77778	900.0000

Faktor: 1 kcal/kg = 0.55556 B.Th.U./lbs
1 B.Th.U./lbs = 1.8000 kcal/kg

B.Th.U./lbs = kcal/kg kcal/kg = B.Th.U./lbs			B.Th.U./lbs = kcal/kg kcal/kg = B.Th.U./lbs		
501	278.33334	901.8000	551	306.11111	991.8000
502	278.88889	903.6000	552	306.66667	993.6000
503	279.44445	905.4000	553	307.22222	995.4000
504	280.00000	907.2000	554	307.77778	997.2000
505	280.55556	909.0000	555	308.33334	999.0000
506	281.11111	910.8000	556	308.88889	1000.8000
507	281.66667	912.6000	557	309.44445	1002.6000
508	282.22222	914.4000	558	310.00000	1004.4000
509	282.77778	916.2000	559	310.55556	1006.2000
510	283.33334	918.0000	560	311.11111	1008.0000
511	283.88889	919.8000	561	311.66667	1009.8000
512	284.44445	921.6000	562	312.22222	1011.6000
513	285.00000	923.4000	563	312.77778	1013.4000
514	285.55556	925.2000	564	313.33334	1015.2000
515	286.11111	927.0000	565	313.88889	1017.0000
516	286.66667	928.8000	566	314.44445	1018.8000
517	287.22222	930.6000	567	315.00000	1020.6000
518	287.77778	932.4000	568	315.55556	1022.4000
519	288.33334	934.2000	569	316.11111	1024.2000
520	288.88889	936.0000	570	316.66667	1026.0000
521	289.44445	937.8000	571	317.22222	1027.8000
522	290.00000	939.6000	572	317.77778	1029.6000
523	290.55556	941.4000	573	318.33334	1031.4000
524	291.11111	943.2000	574	318.88889	1033.2000
525	291.66667	945.0000	575	319.44445	1035.0000
526	292.22222	946.8000	576	320.00000	1036.8000
527	292.77778	948.6000	577	320.55556	1038.6000
528	293.33334	950.4000	578	321.11111	1040.4000
529	293.88889	952.2000	579	321.66667	1042.2000
530	294.44445	954.0000	580	322.22222	1044.0000
531	295.00000	955.8000	581	322.77778	1045.8000
532	295.55556	957.6000	582	323.33334	1047.6000
533	296.11111	959.4000	583	323.88889	1049.4000
534	296.66667	961.2000	584	324.44445	1051.2000
535	297.22222	963.0000	585	325.00000	1053.0000
536	297.77778	964.8000	586	325.55556	1054.8000
537	298.33334	966.6000	587	326.11111	1056.6000
538	298.88889	968.4000	588	326.66667	1058.4000
539	299.44445	970.2000	589	327.22222	1060.2000
540	300.00000	972.0000	590	327.77778	1062.0000
541	300.55556	973.8000	591	328.33334	1063.8000
542	301.11111	975.6000	592	328.88889	1065.6000
543	301.66667	977.4000	593	329.44445	1067.4000
544	302.22222	979.2000	594	330.00000	1069.2000
545	302.77778	981.0000	595	330.55556	1071.0000
546	303.33334	982.8000	596	331.11111	1072.8000
547	303.88889	984.6000	597	331.66667	1074.6000
548	304.44445	986.4000	598	332.22222	1076.4000
549	305.00000	988.2000	599	332.77778	1078.2000
550	305.55556	990.0000	600	333.33334	1080.0000

Faktor: 1 kcal/kg = 0.55556 B.Th.U./lbs
1 B.Th.U./lbs = 1.8000 kcal/kg

B.Th.U./lbs = kcal/kg kcal/kg ↓ = B.Th.U./lbs			B.Th.U./lbs = kcal/kg kcal/kg ↓ = B.Th.U./lbs		
601	333.88889	1081.8000	651	361.66667	1171.8000
602	334.44445	1083.6000	652	362.22223	1173.6000
603	335.00000	1085.4000	653	362.77778	1175.4000
604	335.55556	1087.2000	654	363.33334	1177.2000
605	336.11111	1089.0000	655	363.88889	1179.0000
606	336.66667	1090.8000	656	364.44445	1180.8000
607	337.22222	1092.6000	657	365.00000	1182.6000
608	337.77778	1094.4000	658	365.55556	1184.4000
609	338.33334	1096.2000	659	366.11111	1186.2000
610	338.88889	1098.0000	660	366.66667	1188.0000
611	339.44445	1099.8000	661	367.22223	1189.8000
612	340.00000	1101.6000	662	367.77778	1191.6000
613	340.55556	1103.4000	663	368.33334	1193.4000
614	341.11111	1105.2000	664	368.88889	1195.2000
615	341.66667	1107.0000	665	369.44445	1197.0000
616	342.22222	1108.8000	666	370.00000	1198.8000
617	342.77778	1110.6000	667	370.55556	1200.6000
618	343.33334	1112.4000	668	371.11111	1202.4000
619	343.88889	1114.2000	669	371.66667	1204.2000
620	344.44445	1116.0000	670	372.22223	1206.0000
621	345.00000	1117.8000	671	372.77778	1207.8000
622	345.55556	1119.6000	672	373.33334	1209.6000
623	346.11111	1121.4000	673	373.88889	1211.4000
624	346.66667	1123.2000	674	374.44445	1213.2000
625	347.22223	1125.0000	675	375.00000	1215.0000
626	347.77778	1126.8000	676	375.55556	1216.8000
627	348.33334	1128.6000	677	376.11111	1218.6000
628	348.88889	1130.4000	678	376.66667	1220.4000
629	349.44445	1132.2000	679	377.22223	1222.2000
630	350.00000	1134.0000	680	377.77778	1224.0000
631	350.55556	1135.8000	681	378.33334	1225.8000
632	351.11111	1137.6000	682	378.88889	1227.6000
633	351.66667	1139.4000	683	379.44445	1229.4000
634	352.22223	1141.2000	684	380.00000	1231.2000
635	352.77778	1143.0000	685	380.55556	1233.0000
636	353.33334	1144.8000	686	381.11111	1234.8000
637	353.88889	1146.6000	687	381.66667	1236.6000
638	354.44445	1148.4000	688	382.22223	1238.4000
639	355.00000	1150.2000	689	382.77778	1240.2000
640	355.55556	1152.0000	690	383.33334	1242.0000
641	356.11111	1153.8000	691	383.88889	1243.8000
642	356.66667	1155.6000	692	384.44445	1245.6000
643	357.22223	1157.4000	693	385.00000	1247.4000
644	357.77778	1159.2000	694	385.55556	1249.2000
645	358.33334	1161.0000	695	386.11111	1251.0000
646	358.88889	1162.8000	696	386.66667	1252.8000
647	359.44445	1164.6000	697	387.22223	1254.6000
648	360.00000	1166.4000	698	387.77778	1256.4000
649	360.00000	1166.4000	699	388.33334	1258.2000
650	361.11111	1170.0000	700	388.88889	1260.0000

Faktor: 1 kcal/kg = 0.55556 B.Th.U./lbs
1 B.Th.U./lbs = 1.8000 kcal/kg

B.Th.U./lbs kcal/kg	= kcal/kg = B.Th.U./Lbs		B.Th.U./lbs kcal/kg	= kcal/kg = B.Th.U./lbs	
701	389.44445	1261.8000	751	417.22223	1351.8000
702	390.00000	1263.6000	752	417.77778	1353.6000
703	390.55556	1265.4000	753	418.33334	1355.4000
704	391.11111	1267.2000	754	418.88889	1357.2000
705	391.66667	1269.0000	755	419.44445	1359.0000
706	392.22223	1270.8000	756	420.00000	1360.8000
707	392.77778	1272.6000	757	420.55556	1362.6000
708	393.33334	1274.4000	758	421.11111	1364.4000
709	393.88889	1276.2000	759	421.66667	1366.2000
710	394.44445	1278.0000	760	422.22223	1368.0000
711	395.00000	1279.8000	761	422.77778	1369.8000
712	395.55556	1281.6000	762	423.33334	1371.6000
713	396.11111	1283.4000	763	423.88889	1373.4000
714	396.66667	1285.2000	764	424.44445	1375.2000
715	397.22223	1287.0000	765	425.00000	1377.0000
716	397.77778	1288.8000	766	425.55556	1378.8000
717	398.33334	1290.6000	767	426.11111	1380.6000
718	398.88889	1292.4000	768	426.66667	1382.4000
719	399.44445	1294.2000	769	427.22223	1384.2000
720	400.00000	1296.0000	770	427.77778	1386.0000
721	400.55556	1297.8000	771	428.33334	1387.8000
722	401.11111	1299.6000	772	428.88889	1389.6000
723	401.66667	1301.4000	773	429.44445	1391.4000
724	402.22223	1303.2000	774	430.00000	1393.2000
725	402.77778	1305.0000	775	430.55556	1395.0000
726	403.33334	1306.8000	776	431.11111	1396.8000
727	403.88889	1308.6000	777	431.66667	1398.6000
728	404.44445	1310.4000	778	432.22223	1400.4000
729	405.00000	1312.2000	779	432.77778	1402.2000
730	405.55556	1314.0000	780	433.33334	1404.0000
731	406.11111	1315.8000	781	433.88889	1405.8000
732	406.66667	1317.6000	782	434.44445	1407.6000
733	407.22223	1319.4000	783	435.00000	1409.4000
734	407.77778	1321.2000	784	435.55556	1411.2000
735	408.33334	1323.0000	785	436.11111	1413.0000
736	408.88889	1324.8000	786	436.66667	1414.8000
737	409.44445	1326.6000	787	437.22223	1416.6000
738	410.00000	1328.4000	788	437.77778	1418.4000
739	410.55556	1330.2000	789	438.33334	1420.2000
740	411.11111	1332.0000	790	438.88889	1422.0000
741	411.66667	1333.8000	791	439.44445	1423.8000
742	412.22223	1335.6000	792	440.00000	1425.6000
743	412.77778	1337.4000	793	440.55556	1427.4000
744	413.33334	1339.2000	794	441.11111	1429.2000
745	413.88889	1341.0000	795	441.66667	1431.0000
746	414.44445	1342.8000	796	442.22223	1432.8000
747	415.00000	1344.6000	797	442.77778	1434.6000
748	415.55556	1346.4000	798	443.33334	1436.4000
749	416.11111	1348.2000	799	443.88889	1438.2000
750	416.66667	1350.0000	800	444.44445	1440.0000

Faktor: 1 kcal/kg = 0.55556 B.Th.U./lbs
1 B.Th.U./lbs = 1.8000 kcal/kg

B.Th.U./lbs = kcal/kg kcal/kg = B.Th.U./lbs			B.Th.U./lbs = kcal/kg kcal/kg = B.Th.U./lbs		
801	445.00000	1441.8000	851	472.77778	1531.8000
802	445.55556	1443.6000	852	473.33334	1533.6000
803	446.11111	1445.4000	853	473.88889	1535.4000
804	446.66667	1447.2000	854	474.44445	1537.2000
805	447.22223	1449.0000	855	475.00000	1539.0000
806	447.77778	1450.8000	856	475.55556	1540.8000
807	448.33334	1452.6000	857	476.11111	1542.6000
808	448.88889	1454.4000	858	476.66667	1544.4000
809	449.44445	1456.2000	859	477.22223	1546.2000
810	450.00000	1458.0000	860	477.77778	1548.0000
811	450.55556	1459.8000	861	478.33334	1549.8000
812	451.11111	1461.6000	862	478.88889	1551.6000
813	451.66667	1463.4000	863	479.44445	1553.4000
814	452.22223	1465.2000	864	480.00000	1555.2000
815	452.77778	1467.0000	865	480.55556	1557.0000
816	453.33334	1468.8000	866	481.11111	1558.8000
817	453.88889	1470.6000	867	481.66667	1560.6000
818	454.44445	1472.4000	868	482.22223	1562.4000
819	455.00000	1474.2000	869	482.77778	1564.2000
820	455.55556	1476.0000	870	483.33334	1566.0000
821	456.11111	1477.8000	871	483.88889	1567.8000
822	456.66667	1479.6000	872	484.44445	1569.6000
823	457.22223	1481.4000	873	485.00000	1571.4000
824	457.77778	1483.2000	874	485.55556	1573.2000
825	458.33334	1485.0000	875	486.11112	1575.0000
826	458.88889	1486.8000	876	486.66667	1576.8000
827	459.44445	1488.6000	877	487.22223	1578.6000
828	460.00000	1490.4000	878	487.77778	1580.4000
829	460.55556	1492.2000	879	488.33334	1582.2000
830	461.11111	1494.0000	880	488.88889	1584.0000
831	461.66667	1495.8000	881	489.44445	1585.8000
832	462.22223	1497.6000	882	490.00000	1587.6000
833	462.77778	1499.4000	883	490.55556	1589.4000
834	463.33334	1501.2000	884	491.11112	1591.2000
835	463.88889	1503.0000	885	491.66667	1593.0000
836	464.44445	1504.8000	886	492.22223	1594.8000
837	465.00000	1506.6000	887	492.77778	1596.6000
838	465.55556	1508.4000	888	493.33334	1598.4000
839	466.11111	1510.2000	889	493.88889	1600.2000
840	466.66667	1512.0000	890	494.44445	1602.0000
841	467.22223	1513.8000	891	495.00000	1603.8000
842	467.77778	1515.6000	892	495.55556	1605.6000
843	468.33334	1517.4000	893	496.11112	1607.4000
844	468.88889	1519.2000	894	496.66667	1609.2000
845	469.44445	1521.0000	895	497.22223	1611.0000
846	470.00000	1522.8000	896	497.77778	1612.8000
847	470.55556	1524.6000	897	498.33334	1614.6000
848	471.11111	1526.4000	898	498.88889	1616.4000
849	471.66667	1528.2000	899	499.44445	1618.2000
850	472.22223	1530.0000	900	500.00000	1620.0000

Faktor: 1 kcal/kg = 0.55556 B.Th.U./lbs
1 B.Th.U./lbs = 1.8000 kcal/kg

	B.Th.U./lbs = kcal/kg	kcal/kg = B.Th.U./lbs
901	500.55556	1621.8000
902	501.11112	1623.6000
903	501.66667	1625.4000
904	502.22223	1627.2000
905	502.77778	1629.0000
906	503.33334	1630.8000
907	503.88889	1632.6000
908	504.44445	1634.4000
909	505.00000	1636.2000
910	505.55556	1638.0000
911	506.11112	1639.8000
912	506.66667	1641.6000
913	507.22223	1643.4000
914	507.77778	1645.2000
915	508.33334	1647.0000
916	508.88889	1648.8000
917	509.44445	1650.6000
918	510.00000	1652.4000
919	510.55556	1654.2000
920	511.11112	1656.0000
921	511.66667	1657.8000
922	512.22223	1659.6000
923	512.77778	1661.4000
924	513.33334	1663.2000
925	513.88889	1665.0000
926	514.44445	1666.8000
927	515.00000	1668.6000
928	515.55556	1670.4000
929	516.11112	1672.2000
930	516.66667	1674.0000
931	517.22223	1675.8000
932	517.77778	1677.6000
933	518.33334	1679.4000
934	518.88889	1681.2000
935	519.44445	1683.0000
936	520.00000	1684.8000
937	520.55556	1686.6000
938	521.11112	1688.4000
939	521.66667	1690.2000
940	522.22223	1692.0000
941	522.77778	1693.8000
942	523.33334	1695.6000
943	523.88889	1697.4000
944	524.44445	1699.2000
945	525.00000	1701.0000
946	525.55556	1702.8000
947	526.11112	1704.6000
948	526.66667	1706.4000
949	527.22223	1708.2000
950	527.77778	1710.0000

	B.Th.U./lbs = kcal/kg	kcal/kg = B.Th.U./lbs
951	528.33334	1711.8000
952	528.88889	1713.6000
953	529.44445	1715.4000
954	530.00000	1717.2000
955	530.55556	1719.0000
956	531.11112	1720.8000
957	531.66667	1722.6000
958	532.22223	1724.4000
959	532.77778	1726.2000
960	533.33334	1728.0000
961	533.88889	1729.8000
962	534.44445	1731.6000
963	535.00000	1733.4000
964	535.55556	1735.2000
965	536.11112	1737.0000
966	536.66667	1738.8000
967	537.22223	1740.6000
968	537.77778	1742.4000
969	538.33334	1744.2000
970	538.88889	1746.0000
971	539.44445	1747.8000
972	540.00000	1749.6000
973	540.55556	1751.4000
974	541.11112	1753.2000
975	541.66667	1755.0000
976	542.22223	1756.8000
977	542.77778	1758.6000
978	543.33334	1760.4000
979	543.88889	1762.2000
980	544.44445	1764.0000
981	545.00000	1765.8000
982	545.55556	1767.6000
983	546.11112	1769.4000
984	546.66667	1771.2000
985	547.22223	1773.0000
986	547.77778	1774.8000
987	548.33334	1776.6000
988	548.88889	1778.4000
989	549.44445	1780.2000
990	550.00000	1782.0000
991	550.55556	1783.8000
992	551.11112	1785.6000
993	551.66667	1787.4000
994	552.22223	1789.2000
995	552.77778	1791.0000
996	553.33334	1792.8000
997	553.88889	1794.6000
998	554.44445	1796.4000
999	555.00000	1798.2000
1000	555.55556	1800.0000

ilokalorien / Kubikmeter in British Thermal Units / Kubikfuß
ocalories / cubic meter into British Thermal Units / cubic foot 30

Faktor: 1 kcal/m^3 = 0.11237 B.Th.U./cu.ft.
1 B.Th.U./cu.ft. = 8.8992 kcal/m^3

B.Th.U./cu.ft. =		kcal/m^3	B.Th.U./cu.ft. =		kcal/m^3
kcal/m^3 =	B.Th.U./cu.ft.		kcal/m^3 =	B.Th.U./cu.ft.	
1	0.11237	8.8992	51	5.73086	453.8589
2	0.22474	17.7984	52	5.84323	462.7581
3	0.33711	26.6976	53	5.95560	471.6573
4	0.44948	35.5968	54	6.06796	480.5565
5	0.56185	44.4960	55	6.18033	489.4557
6	0.67422	53.3952	56	6.29270	498.3549
7	0.78659	62.2944	57	6.40507	507.2541
8	0.89896	71.1936	58	6.51744	516.1533
9	1.01133	80.0927	59	6.62981	525.0525
10	1.12370	88.9919	60	6.74218	533.9516
11	1.23607	97.8911	61	6.85455	542.8508
12	1.34844	106.7903	62	6.96692	551.7500
13	1.46081	115.6895	63	7.07929	560.6492
14	1.57318	124.5887	64	7.19166	569.5484
15	1.68555	133.4879	65	7.30403	578.4476
16	1.79792	142.3871	66	7.41640	587.3468
17	1.91029	151.2863	67	7.52877	596.2460
18	2.02265	160.1855	68	7.64114	605.1452
19	2.13502	169.0847	69	7.75351	614.0444
20	2.24739	177.9839	70	7.86588	622.9436
21	2.35976	186.8831	71	7.97825	631.8428
22	2.47213	195.7823	72	8.09062	640.7420
23	2.58450	204.6815	73	8.20299	649.6412
24	2.69687	213.5807	74	8.31536	658.5404
25	2.80924	222.4799	75	8.42773	667.4396
26	2.92161	231.3790	76	8.54010	676.3388
27	3.03398	240.2782	77	8.65247	685.2379
28	3.14635	249.1774	78	8.76484	694.1371
29	3.25872	258.8766	79	8.87721	703.0363
30	3.37109	266.9758	80	8.98958	711.9355
31	3.4846	275.8750	81	9.10195	720.8347
32	3.59583	284.7742	82	9.21432	729.7339
33	3.70820	293.6734	83	9.32669	738.6331
34	3.82057	302.5726	84	9.43906	747.5323
35	3.93294	311.4718	85	9.55143	756.4315
36	4.04531	320.3710	86	9.66380	765.3307
37	4.15768	329.2702	87	9.77617	774.2299
38	4.27005	338.1694	88	9.88854	783.1291
39	4.38242	347.0686	89	10.00091	792.0283
40	4.49479	355.9678	90	10.11327	800.9275
41	4.60716	364.8670	91	10.22564	809.8267
42	4.71953	373.7662	92	10.33801	818.7259
43	4.83190	382.6653	93	10.45038	827.6251
44	4.94427	391.5645	94	10.56275	836.5242
45	5.05664	400.4637	95	10.67512	845.4234
46	5.16901	409.3629	96	10.78749	854.3226
47	5.28138	418.2621	97	10.89986	863.2218
48	5.39375	427.1613	98	11.01223	872.1210
49	5.50612	436.0605	99	11.12460	881.0202
50	5.61849	444.9597	100	11.23697	889.9194

Faktor: 1 kcal/m^3 = 0.11237 B.Th.U./cu.ft.
1 B.Th.U./cu.ft. = 8.8992 kcal/m^3

B.Th.U./cu.ft. = kcal/m^3 → kcal/m^3 =	B.Th.U./cu.ft.	kcal/m^3	B.Th.U./cu.ft. = kcal/m^3 → kcal/m^3 =	B.Th.U./cu.ft.	kcal/m^3
101	11.34934	898.8186	151	16.96783	1343.7783
102	11.46171	907.7178	152	17.08020	1352.6775
103	11.57408	916.6170	153	17.19257	1361.5767
104	11.68645	925.5162	154	17.30494	1370.4759
105	11.79882	934.4154	155	17.41731	1379.3751
106	11.91119	943.3146	156	17.52968	1388.2743
107	12.02356	952.2138	157	17.64205	1397.1735
108	12.13593	961.1130	158	17.75442	1406.0727
109	12.24830	970.0122	159	17.86679	1414.9719
110	12.36067	978.9114	160	17.97916	1423.8711
111	12.47304	987.8105	161	18.09152	1432.7703
112	12.58541	996.7097	162	18.20389	1441.6694
113	12.69778	1005.6089	163	18.31626	1450.5686
114	12.81015	1014.5081	164	18.42863	1459.4678
115	12.92252	1023.4073	165	18.54100	1468.3670
116	13.03489	1032.3065	166	18.65337	1477.2662
117	13.14726	1041.2057	167	18.76574	1486.1654
118	13.25963	1050.1049	168	18.87811	1495.0646
119	13.37200	1059.0041	169	18.99048	1503.9638
120	13.48437	1067.9033	170	19.10285	1512.8630
121	13.59674	1076.8025	171	19.21522	1521.7622
122	13.70911	1085.7017	172	19.32759	1530.6614
123	13.82148	1094.6009	173	19.43996	1539.5606
124	13.93385	1103.5001	174	19.55233	1548.4598
125	14.04622	1112.3993	175	19.66470	1557.3590
126	14.15858	1121.2985	176	19.77707	1566.2502
127	14.27095	1130.1977	177	19.88944	1575.1574
128	14.38332	1139.0968	178	20.00181	1584.0565
129	14.49569	1147.9960	179	20.11418	1592.9557
130	14.60806	1156.8952	180	20.22655	1601.8549
131	14.72043	1165.7944	181	20.33892	1610.7541
132	14.83280	1174.6936	182	20.45129	1619.6533
133	14.94517	1183.5928	183	20.56366	1628.5525
134	15.05754	1192.4920	184	20.67603	1637.4517
135	15.16991	1201.3912	185	20.78840	1646.3509
136	15.28228	1210.2904	186	20.90077	1655.2501
137	15.39465	1219.1896	187	21.01314	1664.1493
138	15.50702	1228.0888	188	21.12551	1673.0485
139	15.61939	1236.9880	189	21.23788	1681.9477
140	15.73176	1245.8872	190	21.35025	1690.8469
141	15.84413	1254.7864	191	21.46262	1699.7461
142	15.95650	1263.6856	192	21.57499	1708.6453
143	16.06887	1272.5848	193	21.68736	1717.5445
144	16.18124	1281.4840	194	21.79973	1726.4437
145	16.29361	1290.3831	195	21.91210	1735.3428
146	16.40598	1299.2823	196	22.02447	1744.2420
147	16.51835	1308.1815	197	22.13683	1753.1412
148	16.63072	1317.0807	198	22.24920	1762.0404
149	16.74309	1325.9799	199	22.36157	1770.9396
150	16.85546	1334.8791	200	22.47394	1779.8388

Faktor: 1 kcal/m^3 = 0.11237 B.Th.U./cu.ft.
1 B.Th.U./cu.ft. = 8.8992 kcal/m^3

	B.Th.U./cu.ft. = kcal/m^3			B.Th.U./cu.ft. = kcal/m^3	
	kcal/m^3 = B.Th.U./cu.ft.			kcal/m^3 = B.Th.U./cu.ft.	
201	22.58631	1788.7380	251	28.20480	2233.6977
202	22.69868	1797.6372	252	28.31717	2242.5969
203	22.81105	1806.5364	253	28.42954	2251.4961
204	22.92342	1815.4356	254	28.54191	2260.3953
205	23.03579	1824.3348	255	28.65428	2269.2945
206	23.14816	1833.2340	256	28.76665	2278.1937
207	23.26053	1842.1332	257	28.87902	2287.0929
208	23.37290	1851.0324	258	28.99139	2295.9921
209	23.48527	1859.9316	259	29.10376	2304.8913
210	23.59764	1868.8308	260	29.21613	2313.7905
211	23.71001	1877.7300	261	29.32850	2322.6897
212	23.82238	1886.6291	262	29.44087	2331.5889
213	23.93475	1895.5283	263	29.55324	2340.4880
214	24.04712	1904.4275	264	29.66561	2349.3872
215	24.15949	1913.3267	265	29.77798	2358.2864
216	24.27186	1922.2259	266	29.89035	2367.1856
217	24.38423	1931.1251	267	30.00272	2376.0848
218	24.49660	1940.0243	268	30.11508	2384.9840
219	24.60897	1948.9235	269	30.22745	2393.8832
220	24.72134	1957.8227	270	30.33982	2402.7824
221	24.83371	1966.7219	271	30.45219	2411.6816
222	24.94608	1975.6211	272	30.56456	2420.5808
223	25.05845	1984.5203	273	30.67693	2429.4800
224	25.17082	1993.4195	274	30.78930	2438.3792
225	25.28319	2002.3187	275	30.90167	2447.2784
226	25.39556	2011.2179	276	31.01404	2456.1776
227	25.50793	2020.1171	277	31.12641	2465.0768
228	25.62030	2029.0163	278	31.23878	2473.9760
229	25.73267	2037.9154	279	31.35115	2482.8752
230	25.84504	2046.8146	280	31.46352	2491.7743
231	25.95741	2055.7138	281	31.57589	2500.6735
232	26.06978	2064.6130	282	31.68826	2509.5727
233	26.18214	2073.5122	283	31.80063	2518.4719
234	26.29451	2082.4114	284	31.91300	2527.3711
235	26.40688	2091.3106	285	32.02537	2536.2703
236	26.51925	2100.2098	286	32.13774	2545.1695
237	26.63162	2109.1090	287	32.25011	2554.0687
238	26.74399	2118.0082	288	32.36248	2562.9679
239	26.85636	2126.9074	289	32.47485	2571.8671
240	26.96873	2135.8066	290	32.58722	2580.7663
241	27.08110	2144.7058	291	32.69959	2589.6655
242	27.19347	2153.6050	292	32.81196	2598.5647
243	27.30584	2162.5042	293	32.92433	2607.4639
244	27.41821	2171.4034	294	33.03670	2616.3631
245	27.53058	2180.3026	295	33.14907	2625.2623
246	27.64295	2189.2017	296	33.26144	2634.1615
247	27.75532	2198.1009	297	33.37381	2643.0606
248	27.86769	2207.0001	298	33.48618	2651.9598
249	27.98006	2215.8993	299	33.59855	2660.8590
250	28.09243	2224.7985	300	33.71092	2669.7582

Faktor: 1 kcal/m^3 = 0.11237 B.Th.U./cu.ft.
1 B.Th.U./cu.ft. = 8.8992 kcal/m^3

B.Th.U./cu.ft. = kcal/m^3 / kcal/m^3 =	B.Th.U./cu.ft.	kcal/m^3	B.Th.U./cu.ft. = kcal/m^3 / kcal/m^3 =	B.Th.U./cu.ft.	kcal/m^3
301	33.82329	2678.6574	351	39.44177	3123.6171
302	33.93566	2687.5566	352	39.55414	3132.5163
303	34.04803	2696.4558	353	39.66651	3141.4155
304	34.16039	2705.3550	354	39.77888	3150.3147
305	34.27276	2714.2542	355	39.89125	3159.2139
306	34.38513	2723.1534	356	40.00362	3168.1131
307	34.49750	2732.0526	357	40.11599	3177.0123
308	34.60987	2740.9518	358	40.22836	3185.9115
309	34.72224	2749.8510	359	40.34073	3194.8107
310	34.83461	2758.7502	360	40.45310	3203.7099
311	34.94698	2767.6494	361	40.56547	3212.6091
312	35.05935	2776.5486	362	40.67784	3221.5083
313	35.17172	2785.4478	363	40.79021	3230.4075
314	35.28409	2794.3469	364	40.90258	3239.3067
315	35.39646	2803.2461	365	41.01495	3248.2058
316	35.50883	2812.1453	366	41.12732	3257.1050
317	35.62120	2821.0445	367	41.23969	3266.0042
318	35.73357	2829.9437	368	41.35206	3274.9034
319	35.84594	2838.8429	369	41.46443	3283.8026
320	35.95831	2847.7421	370	41.57680	3292.7018
321	36.07068	2856.6413	371	41.68917	3301.6010
322	36.18305	2865.5405	372	41.80154	3310.5002
323	36.29542	2874.4397	373	41.91391	3319.3994
324	36.40779	2883.3389	374	42.02628	3328.2986
325	36.52016	2892.2381	375	42.13865	3337.1978
326	36.63253	2901.1373	376	42.25101	3346.0970
327	36.74490	2910.0365	377	42.36338	3354.9962
328	36.85727	2918.9357	378	42.47575	3363.8954
329	36.96964	2927.8349	379	42.58812	3372.7946
330	37.08201	2936.7341	380	42.70049	3381.6938
331	37.19438	2945.6332	381	42.81286	3390.5930
332	37.30675	2954.5324	382	42.92523	3399.4921
333	37.41912	2963.4316	383	43.03760	3408.3913
334	37.53149	2972.3308	384	43.14997	3417.2905
335	37.64386	2981.2300	385	43.26234	3426.1897
336	37.75623	2990.1292	386	43.37471	3435.0889
337	37.86860	2999.0284	387	43.48708	3443.9881
338	37.98097	3007.9276	388	43.59945	3452.8873
339	38.09334	3016.8268	389	43.71182	3461.7865
340	38.20570	3025.7260	390	43.82419	3470.6857
341	38.31807	3034.6252	391	43.93656	3479.5849
342	38.43044	3043.5244	392	44.04893	3488.4841
343	38.52481	3052.4236	393	44.16130	3497.3833
344	38.65518	3061.3228	394	44.27367	3506.2825
345	38.76755	3070.2220	395	44.38604	3515.1817
346	38.87992	3079.1212	396	44.49841	3524.0809
347	38.99229	3088.0204	397	44.61078	3532.9801
348	39.10466	3096.9195	398	44.72315	3541.8793
349	39.21703	3105.8187	399	44.83552	3550.7784
350	39.32940	3114.7179	400	44.94789	3559.6776

Faktor: 1 kcal/m^3 = 0.11237 B.Th.U./cu.ft.
1 B.Th.U./cu.ft. = 8.8992 kcal/m^3

B.Th.U./cu.ft. =		kcal/m^3	B.Th.U./cu.ft. =		kcal/m^3
kcal/m^3 =	B.Th.U./cu.ft.		kcal/m^3 =	B.Th.U./cu.ft.	
401	45.06026	3568.5768	451	50.67874	4013.5365
402	45.17263	3577.4760	452	50.79111	4022.4357
403	45.28500	3586.3752	453	50.90348	4031.3349
404	45.39737	3595.2744	454	51.01585	4040.2341
405	45.50974	3604.1736	455	51.12822	4049.1333
406	45.62211	3613.0728	456	51.24059	4058.0325
407	45.73448	3621.9720	457	51.35296	4066.9317
408	45.84685	3630.8712	458	51.46533	4075.8309
409	45.95922	3639.7704	459	51.57770	4084.7301
410	46.07159	3648.6696	460	51.69007	4093.6293
411	46.18395	3657.5688	461	51.80244	4102.5285
412	46.29632	3666.4680	462	51.91481	4111.4277
413	46.40869	3675.3672	463	52.02718	4120.3269
414	46.52106	3684.2664	464	52.13955	4129.2261
415	46.63343	3693.1656	465	52.25192	4138.1253
416	46.74580	3702.0647	466	52.36429	4147.0245
417	46.85817	3710.9639	467	52.47666	4155.9236
418	46.97054	3719.8631	468	52.58903	4164.8228
419	47.08291	3728.7623	469	52.70140	4173.7220
420	47.19528	3737.6615	470	52.81377	4182.6212
421	47.30765	3746.5607	471	52.92614	4191.5204
422	47.42002	3755.4599	472	53.03851	4200.4196
423	47.53239	3764.3591	473	53.15088	4209.3188
424	47.64476	3773.2583	474	53.26325	4218.2180
425	47.75713	3782.1575	475	53.37562	4227.1172
426	47.86950	3791.0567	476	53.48799	4236.0164
427	47.98187	3799.9559	477	53.60036	4244.9156
428	48.09424	3808.8551	478	53.71273	4253.8148
429	48.20661	3817.7543	479	53.82510	4262,7140
430	48.31898	3826.6535	480	53.93747	4271.6132
431	48.43135	3835.5527	481	54.04984	4280.5124
432	48.54372	3844.4319	482	54.16221	4289.4116
433	48.65609	3853.3510	483	54.27457	4298.3108
434	48.76846	3862.2502	484	54.38694	4307.2099
435	48.88083	3871.1494	485	54.49931	4316.1091
436	48.99320	3880.0486	486	54.61168	4325.0083
437	49.10557	3888.9478	487	54.72405	4333.9075
438	49.21794	3897.8470	488	54.83642	4342.8067
439	49.33031	3906.7462	489	54.94879	4351.7059
440	49.44268	3915.6454	490	55.06116	4360.6051
441	49.55505	3924.5446	491	55.17353	4369.5043
442	49.66742	3933.4438	492	55.28590	4378.4035
443	49.77979	3942.3430	493	55.39827	4387.3027
444	49.89216	3951.2422	494	55.51064	4396.2019
445	50.00453	3960.1414	495	55.62301	4405.1011
446	50.11690	3969.0406	496	55.73538	4414.0003
447	50.22926	3977.9398	497	55.84775	4422.8995
448	50.34163	3986.8390	498	55.96012	4431.7987
449	50.45400	3995.7382	499	56.07249	4440.6979
450	50.56637	4004.6373	500	56.18486	4449.5971

Faktor: 1 kcal/m^3 = 0.11237 B.Th.U./cu.ft.
1 B.Th.U./cu.ft. = 8.8992 kcal/m^3

B.Th.U./cu.ft. = / kcal/m^3 =	B.Th.U./cu.ft.	kcal/m^3	B.Th.U./cu.ft. = / kcal/m^3 =	B.Th.U./cu.ft.	kcal/m^3
501	56.29723	4458.4962	551	61.91572	4903.4559
502	56.40960	4467.3954	552	62.02809	4912.3551
503	56.52197	4476.2946	553	62.14046	4921.2543
504	56.63434	4485.1938	554	62.25282	4930.1535
505	56.74671	4494.0930	555	62.36519	4939.0527
506	56.85908	4502.9922	556	62.47756	4947.9519
507	56.97145	4511.8914	557	62.58993	4956.8511
508	57.08382	4520.7906	558	62.70230	4965.7503
509	57.19619	4529.6898	559	62.81467	4974.6495
510	57.30856	4538.5890	560	62.92704	4983.5487
511	57.42093	4547.4882	561	63.03941	4992.4479
512	57.53330	4556.3874	562	63.15178	5001.3471
513	57.64567	4565.2866	563	63.26415	5010.2463
514	57.75804	4574.1858	564	63.37652	5019.1455
515	57.87041	4583.0850	565	63.48889	5028.0447
516	57.98278	4591.9842	566	63.60126	5036.9439
517	58.09515	4600.8833	567	63.71363	5045.8431
518	58.20751	4609.7825	568	63.82600	5054.7422
519	58.31988	4618.6817	569	63.93837	5063.6414
520	58.43225	4627.5809	570	64.05074	5072.5406
521	58.54462	4636.4801	571	64.16311	5081.4398
522	58.65699	4645.3793	572	64.27548	5090.3390
523	58.76936	4654.2785	573	64.38785	5099.2382
524	58.88173	4663.1777	574	64.50022	5108.1374
525	58.99410	4672.0769	575	64.61259	5117.0366
526	59.10647	4680.9761	576	64.72496	5125.9358
527	59.21884	4689.8753	577	64.83733	5134.8350
528	59.33121	4698.7745	578	64.94970	5143.7342
529	59.44358	4707.6737	579	65.06207	5152.6334
530	59.55595	4716.5729	580	65.17444	5161.5326
531	59.66832	4725.4721	581	65.28681	5170.4318
532	59.78069	4734.3713	582	65.39918	5179.3310
533	59.89306	4743.2705	583	65.51155	5188.2302
534	60.00543	4752.1696	584	65.62392	5197.1294
535	60.11780	4761.0688	585	65.73629	5206.0285
536	60.23017	4769.9680	586	65.84866	5214.9277
537	60.34254	4778.8672	587	65.96103	5223.8269
538	60.45491	4787.7664	588	66.07340	5232.7261
539	60.56728	4796.6656	589	66.18577	5241.6253
540	60.67965	4805.5648	590	66.29813	5250.5245
541	60.79202	4814.4640	591	66.41050	5259.4237
542	60.90439	4823.3632	592	66.52287	5268.3229
543	61.01676	4832.2624	593	66.63524	5277.2221
544	61.12913	4841.1616	594	66.74761	5286.1213
545	61.24150	4850.0608	595	66.85998	5295.0205
546	61.35387	4858.9600	596	66.97235	5303.9197
547	61.46624	4867.8592	597	67.08472	5312.8189
548	61.57861	4876.7584	598	67.19709	5321.7181
549	61.69098	4885.6576	599	67.30946	5330.6173
550	61.80335	4894.5568	600	67.42183	5339.5165

Faktor: 1 kcal/m^3 = 0.11237 B.Th.U./cu.ft.
1 B.Th.U./cu.ft. = 8.8992 kcal/m^3

	B.Th.U./cu.ft. = kcal/m^3 kcal/m^3 = B.Th.U./cu.ft.			B.Th.U./cu.ft. = kcal/m^3 kcal/m^3 = B.Th.U./cu.ft.	
601	67.53420	5348.4157	651	73.15269	5793.3754
602	67.64657	5357.3148	652	73.26506	5802.2746
603	67.75894	5366.2140	653	73.37743	5811.1737
604	67.87131	5375.1132	654	73.48980	5820.0729
605	67.98368	5384.0124	655	73.60217	5828.9721
606	68.09605	5392.9116	656	73.71454	5837.8713
607	68.20842	5401.8108	657	73.82691	5846.7705
608	68.32079	5410.7100	658	73.93928	5855.6697
609	68.43316	5419.6092	659	74.05165	5864.5689
610	68.54553	5428.5084	660	74.16402	5873.4681
611	68.65790	5437.4076	661	74.27638	5882.3673
612	68.77027	5446.3068	662	74.38875	5891.2665
613	68.88264	5455.2060	663	74.50112	5900.1657
614	68.99501	5464.1952	664	74.61349	5909.0649
615	69.10738	5473.0044	665	74.72586	5917.9641
616	69.21975	5481.9036	666	74.83823	5926.8633
617	69.33212	5490.8028	667	74.95060	5935.7625
618	69.44449	5499.7020	668	75.06297	5944.6617
619	69.55686	5508.6011	669	75.17534	5953.5609
620	69.66923	5517.5003	670	75.28771	5962.4600
621	69.78160	5526.3995	671	75.40008	5971.3592
622	69.89397	5535.2987	672	75.51245	5980.2584
623	70.00634	5544.1979	673	75.62482	5989.1576
624	70.11871	5553.0971	674	75.73719	5998.0568
625	70.23108	5561.9963	675	75.84956	6006.9560
626	70.34344	5570.8955	676	75.96193	6015.8552
627	70.45581	5579.7947	677	76.07430	6024.7544
628	70.56818	5588.6939	678	76.18667	6033.6536
629	70.68055	5597.5931	679	76.29904	6042.5528
630	70.79292	5606.4923	680	76.41141	6051.4520
631	70.90529	5615.3915	681	76.52378	6060.3512
632	71.01766	5624.2907	682	76.63615	6069.2504
633	71.13003	5633.1899	683	76.74852	6078.1496
634	71.24240	5642.0891	684	76.86089	6087.0488
635	71.35477	5650.9883	685	76.97326	6095.9480
636	71.46714	5659.8874	686	77.08563	6104.8472
637	71.57951	5668.7866	687	77.19800	6113.7463
638	71.69188	5677.6858	688	77.31037	6122.6455
639	71.80425	5686.5850	689	77.42274	6131.5447
640	71.91662	5695.4842	690	77.53511	6140.4439
641	72.02899	5704.3834	691	77.64748	6149.3431
642	72.14136	5713.2826	692	77.75985	6158.2423
643	72.25373	5722.1818	693	77.87222	6167.1415
644	72.36610	5731.0810	694	77.98459	6176.0407
645	72.47847	5739.9802	695	78.09696	6184.9399
646	72.59084	5748.8794	696	78.20933	6193.8391
647	72.70321	5757.7786	697	78.32169	6202.7383
648	72.81558	5766.6778	698	78.43406	6211.6375
649	72.92795	5775.5770	699	78.54643	6220.5367
650	73.04032	5784.4762	700	78.65880	6229.4359

Faktor: 1 kcal/m^3 = 0.11237 B.Th.U./cu.ftl
1 B.Th.U./cu.ft. = 8.8992 kcal/m^3

B.Th.U./cu.ft. / kcal/m^3	kcal/m^3 = B.Th.U./cu.ft.	B.Th.U./cu.ft. = kcal/m^3	B.Th.U./cu.ft. / kcal/m^3	kcal/m^3 = B.Th.U./cu.ft.	B.Th.U./cu.ft. = kcal/m^3
701	78.77117	6238.3351	751	84.38966	6683.2948
702	78.88354	6247.2343	752	84.50203	6692.1940
703	78.99591	6256.1335	753	84.61440	6701.0932
704	79.10828	6265.0326	754	84.72677	6709.9924
705	79.22065	6273.9318	755	84.83914	6718.8915
706	79.33302	6282.8310	756	84.95151	6727.7907
707	79.44539	6291.7302	757	85.06388	6736.6899
708	79.55776	6300.6294	758	85.17625	6745.5891
709	79.67013	6309.5286	759	85.28862	6754.4883
710	79.78250	6318.4278	760	85.40099	6763.3875
711	79.89487	6327.3270	761	85.51336	6772.2867
712	80.00724	6336.2262	762	85.62573	6781.1859
713	80.11961	6345.1254	763	85.73810	6790.0851
714	80.23198	6354.0246	764	85.85047	6798.9843
715	80.34435	6362.9238	765	85.96284	6807.8835
716	80.45672	6371.8230	766	86.07521	6816.7827
717	80.56909	6380.7222	767	86.18758	6825.6819
718	80.68146	6389.6214	768	86.29994	6834.5811
719	80.79383	6398.5206	769	86.41231	6843.4803
720	80.90620	6407.4198	770	86.52468	6852.3795
721	81.01857	6416.3189	771	86.63705	6861.2787
722	81.13094	6425.2181	772	86.74942	6870.1778
723	81.24331	6434.1173	773	86.86179	6879.0770
724	81.35568	6443.0165	774	86.97416	6887.9762
725	81.46805	6451.9157	775	87.08653	6896.8754
726	81.58042	6460.8149	776	87.19890	6905.7746
727	81.69279	6469.7141	777	87.31127	6914.6738
728	81.80516	6478.6133	778	87.42364	6923.5730
729	81.91753	6487.5125	779	87.53601	6932.4722
730	82.02990	6496.4117	780	87.64838	6941.3714
731	82.14227	6505.3109	781	87.76075	6950.2706
732	82.25464	6514.2101	782	87.87312	6959.1698
733	82.36700	6523.1093	783	87.98549	6968.0690
734	82.47937	6532.0085	784	88.09786	6976.9682
735	82.59174	6540.9077	785	88.21023	6985.8674
736	82.70411	6549.8069	786	88.32260	6994.7660
737	82.81648	6558.7061	787	88.43497	7003.6658
738	82.92885	6567.6052	788	88.54734	7012.5650
739	83.04122	6576.5044	789	88.65971	7021.4641
740	83.15359	6585.4036	790	88.77208	7030.3633
741	83.26596	6594.3028	791	88.88445	7039.2625
742	83.37833	6603.2020	792	88.99682	7048.1617
743	83.49070	6612.1012	793	89.10919	7057.0609
744	83.60307	6621.0004	794	89.22156	7065.9601
745	83.71544	6629.8996	795	89.33393	7074.8593
746	83.82781	6638.7988	796	89.44630	7083.7585
747	83.94018	6647.6980	797	89.55867	7092.6577
748	84.05255	6656.5972	798	89.67104	7101.5569
749	84.16492	6665.4964	799	89.78341	7110.4561
750	84.27729	6674.3956	800	89.89578	7119.3553

Umrechnung: Fahrenheit in Celsius
Celsius in Fahrenheit

F / C	F	C	F / C	F	C
301	+ 573.8	+ 149.4	351	+ 663.8	+ 177.2
302	575.6	150.0	352	665.6	177.8
303	577.4	150.6	353	667.4	178.3
304	579.2	151.1	354	669.2	178.9
305	581.0	151.7	355	671.0	179.4
306	+ 583.8	+ 152.2	356	+ 673.8	+ 180.0
307	584.6	152.8	357	675.6	180.6
308	586.4	153.3	358	676.4	181.1
309	588.2	153.9	359	678.2	181.7
310	590.0	154.4	360	680.0	182.2
311	+ 592.8	+ 155.0	361	+ 681.8	+ 182.8
312	593.6	155.6	362	683.6	183.3
313	595.4	156.1	363	685.4	183.9
314	597.2	156.7	364	687.2	184.4
315	599.0	157.2	365	689.0	185.0
316	+ 600.8	+ 157.8	366	+ 690.8	+ 185.6
317	602.6	158.3	367	692.6	186.1
318	604.4	158.9	368	694.4	186.7
319	606.2	159.4	369	696.2	187.2
320	608.0	160.0	370	698.0	187.8
321	+ 610.8	+ 160.6	371	+ 699.8	+ 188.3
322	611.6	161.1	372	701.6	188.9
323	613.4	161.7	373	703.4	189.4
324	615.2	162.2	374	705.2	190.0
325	617.0	162.8	375	707.0	190.6
326	+ 618.8	+ 163.3	376	+ 708.8	+ 191.1
327	620.6	163.9	377	710.6	191.7
328	622.4	164.4	378	712.4	192.2
329	624.2	165.0	379	714.2	192.8
330	626.0	165.6	380	716.0	193.3
331	+ 627.8	+ 166.1	381	+ 717.8	+ 193.9
332	629.6	166.7	382	719.6	194.4
333	631.4	167.2	383	721.4	195.0
334	633.2	167.8	384	723.2	195.6
335	635.0	168.3	385	725.0	196.1
336	+ 636.8	+ 168.9	386	+ 726.8	+ 196.7
337	638.6	169.4	387	728.6	197.2
338	640.4	170.0	388	730.4	197.8
339	642.2	170.6	389	732.2	198.3
340	644.0	171.1	390	734.0	198.9
341	+ 645.8	+ 171.7	391	+ 735.8	+ 199.4
342	647.6	172.2	392	737.6	200.0
343	649.4	172.8	393	739.4	200.6
344	651.2	173.3	394	741.2	201.1
345	653.0	173.9	395	743.0	201.7
346	+ 654.8	+ 174.4	396	+ 744.8	+ 202.2
347	656.6	175.0	397	746.6	202.8
348	658.4	175.6	398	748.4	203.3
349	660.2	176.1	399	750.2	203.9
350	662.0	176.7	400	752.0	204.4

Umrechnung: Fahrenheit in Celsius
Celsius in Fahrenheit

F / C	C → F	F → C	F / C	C → F	F → C
401	+ 753.8	+ 205.0	451	+ 843.8	+ 232.8
402	755.6	205.6	452	845.6	233.3
403	757.4	206.1	453	847.4	233.9
404	759.2	206.7	454	849.2	234.4
405	761.0	207.2	455	851.0	235.0
406	+ 762.8	+ 207.8	456	+ 852.8	+ 235.6
407	764.6	208.3	457	854.6	236.1
408	766.4	208.9	458	856.4	236.7
409	768.2	209.4	459	858.2	237.2
410	770.0	210.0	460	860.0	237.8
411	+ 771.8	+ 210.6	461	+ 861.8	+ 238.3
412	773.6	211.1	462	863.6	238.9
413	775.4	211.7	463	865.4	239.4
414	777.2	212.2	464	867.2	240.0
415	779.0	212.8	465	869.0	240.6
416	+ 780.8	+ 213.3	466	+ 870.8	+ 241.1
417	782.6	213.9	467	872.6	241.7
418	784.4	214.4	468	874.4	242.2
419	786.2	215.0	469	876.2	242.8
420	788.0	215.6	470	878.0	243.3
421	+ 789.8	+ 216.1	471	+ 879.8	+ 243.9
422	791.6	216.7	472	881.6	244.4
423	793.4	217._	473	883.4	245.0
424	795.2	217.8	474	885.2	245.6
425	797.0	218.3	475	887.0	246.1
426	+ 798.8	+ 218.9	476	+ 888.8	+ 246.7
427	800.6	219.4	477	890.6	247.2
428	802.4	220.0	478	892.4	247.8
429	804.2	220.6	479	894.2	248.3
430	806.0	221.1	480	896.0	248.9
431	+ 807.8	+ 221.7	481	+ 897.8	+ 249.4
432	809.6	222.2	482	899.6	250.0
433	811.4	222.8	483	901.4	250.6
434	813.2	223.3	484	903.2	251.1
435	815.0	223.9	485	905.0	251.7
436	+ 816.8	+ 224.4	486	+ 906.8	+ 252.2
437	818.6	225.0	487	908.6	252.8
438	820.4	225.6	488	910.4	253.3
439	822.2	226.1	489	912.2	253.9
440	824.0	226.7	490	914.0	254.4
441	+ 825.8	+ 227.2	491	+ 915.8	+ 255.0
442	827.6	227.8	492	917.6	255.6
443	829.4	288.3	493	919.4	256.1
444	831.2	228.9	494	921.2	256.7
445	833.0	229.4	495	923.0	257.2
446	+ 834.8	+ 230.0	496	+ 924.8	+ 257.8
447	836.6	230.6	497	926.6	258.3
448	838.4	231.1	498	928.4	258.9
449	840.2	231.7	499	930.2	259.4
450	842.0	232.2	500	932.0	260.0

Faktor: 1 kcal/m³ = 0.11237 B.Th.U./cu.ft.
1 B.Th.U./cu.ft. = 8.8992 kcal/m³

B.Th.U./cu.ft. = kcal/m³	kcal/m³ = B.Th.U./cu.ft. (↓)	(↓)	B.Th.U./cu.ft. = kcal/m³	kcal/m³ = B.Th.U./cu.ft. (↓)	(↓)
801	90.00815	7128.2545	851	95.62663	7573.2142
802	90.12052	7137.1537	852	95.73900	7582.1134
803	90.23289	7146.0529	853	95.85137	7591.0126
804	90.34525	7154.9521	854	95.96374	7599.9118
805	90.45762	7163.8513	855	96.07611	7608.8110
806	90.56999	7172.7504	856	96.18848	7617.7101
807	90.68236	7181.6496	857	96.30085	7626.6093
808	90.79473	7190.5488	858	96.41322	7635.5085
809	90.90710	7199.4480	859	96.52559	7644.4077
810	91.01947	7208.3472	860	96.63796	7653.3069
811	91.13184	7217.2464	861	96.75033	7662.2061
812	91.24421	7226.1456	862	96.86270	7671.1053
813	91.35658	7235.0448	863	96.97507	7680.0045
814	91.46895	7243.9440	864	97.08744	7688.9037
815	91.58132	7252.8432	865	97.19981	7697.8029
816	91.69369	7261.7424	866	97.31218	7706.7021
817	91.80606	7270.6416	867	97.42455	7715.6013
818	91.91843	7279.5408	868	97.53692	7724.5005
819	92.03080	7288.4400	869	97.64929	7733.3997
820	92.14317	7297.3392	870	97.76166	7742.2989
821	92.25554	7306.2384	871	97.87403	7751.1981
822	92.36791	7315.1376	872	97.98640	7760.0973
823	92.48028	7324.0367	873	98.09877	7768.9964
824	92.59265	7332.9359	874	98.2114	7777.8956
825	92.70502	7341.8351	875	98.32351	7786.7948
826	92.81739	7350.7343	876	98.43587	7795.6940
827	92.92976	7359.6335	877	98.54824	7804.5932
828	93.04213	7368.5327	878	98.66061	7813.4924
829	93.15450	7377.4319	879	98.77298	7822.3916
830	93.26687	7386.3311	880	98.88535	7831.2908
831	93.37924	7395.2303	881	98.99772	7840.1900
832	93.49161	7404.1295	882	99.11009	7849.0892
833	93.60398	7413.0287	883	99.22246	7857.9884
834	93.71635	7421.9279	884	99.33483	7866.8876
835	93.82872	7430.8271	885	99.44720	7875.7868
836	93.94109	7439.7263	886	99.55957	7884.6860
837	94.05346	7448.6255	887	99.67194	7893.5852
838	94.16583	7457.5247	888	99.78431	7902.4844
839	94.27820	7466.4238	889	99.89668	7911.3836
840	94.39056	7475.3230	890	100.00905	7920.2827
841	94.50293	7484.2222	891	100.12142	7929.1819
842	94.61530	7493.1214	892	100.23379	7938.0811
843	94.72767	7502.0206	893	100.34616	7946.9803
844	94.84004	7510.9198	894	100.45853	7955.8795
845	94.95241	7519.8190	895	100.57090	7964.7787
846	95.06478	7528.7182	896	100.68327	7973.6779
847	95.17715	7537.6174	897	100.79564	7982.5771
848	95.28952	7546.5166	898	100.90801	7991.4763
849	95.40189	7555.4158	899	101.02038	8000.3755
850	95.51426	7564.3150	900	101.13275	8009.2747

Faktor: 1 kcal/m^3 = 0.11237 B.Th.U./cu.ft.
1 B.Th.U./cu.ft. = 8.8992 kcal/m^3

B.Th.U./cu.ft. = / kcal/m^3 =	B.Th.U./cu.ft.	kcal/m^3	B.Th.U./cu.ft. = / kcal/m^3 =	B.Th.U./cu.ft.	kcal/m^3
901	101.24512	8018.1739	951	106.86360	8463.1336
902	101.35749	8027.0731	952	106.97597	8472.0328
903	101.46986	8035.9723	953	107.08834	8480.9320
904	101.58223	8044.8715	954	107.20071	8489.8312
905	101.69460	8053.7707	955	107.31308	8498.7304
906	101.80697	8062.6699	956	107.42545	8507.6296
907	101.91934	8071.5690	957	107.53782	8516.5288
908	102.03171	8080.4682	958	107.65019	8525.4279
909	102.14408	8089.3674	959	107.76256	8534.3271
910	102.25645	8098.2666	960	107.87493	8543.2263
911	102.36881	8107.1658	961	107.98730	8552.1255
912	102.48118	8116.0650	962	108.09967	8561.0247
913	102.59355	8124.9642	963	108.21204	8569.9239
914	102.70592	8133.8634	964	108.32441	8578.8231
915	102.81829	8142.7626	965	108.43678	8587.7223
916	102.93066	8151.6618	966	108.54915	8596.6215
917	103.04303	8160.5610	967	108.66152	8605.5207
918	103.15540	8169.4602	968	108.77389	8614.4199
919	103.26777	8178.3594	969	108.88626	8623.3191
920	103.38014	8187.2586	970	108.99863	8632.2183
921	103.49251	8196.1578	971	109.11100	8641.1175
922	103.60488	8205.0570	972	109.22337	8650.0167
923	103.71725	8213.9562	973	109.33574	8658.9159
924	103.82962	8222.8553	974	109.44811	8667.8151
925	103.94199	8231.7545	975	109.56048	8676.7142
926	104.05436	8240.6537	976	109.67285	8685.6134
927	104.16673	8249.5529	977	109.78522	8694.5126
928	104.27910	8258.4521	978	109.89759	8703.4118
929	104.39147	8267.3513	979	110.00996	8712.3110
930	104.50384	8276.2505	980	110.12233	8721.2102
931	104.61621	8285.1497	981	110.23470	8730.1094
932	104.72858	8294.0489	982	110.34707	8739.0086
933	104.84095	8302.9481	983	110.45943	8747.9078
934	104.95332	8311.8473	984	110.57180	8756.8070
935	105.06569	8320.7465	985	110.68417	8765.7062
936	105.17806	8329.6457	986	110.79654	8774.6054
937	105.29043	8338.5449	987	110.90891	8783.5046
938	105.40280	8347.4441	988	111.02128	8792.4038
939	105.51517	8356.3433	989	111.13365	8801.3030
940	105.62754	8365.2425	990	111.24602	8810.2022
941	105.73991	8374.1416	991	111.35839	8819.1014
942	105.85228	8383.0408	992	111.47076	8828.0005
943	105.96465	8391.9400	993	111.58313	8836.8997
944	106.07702	8400.8392	994	111.69550	8845.6981
945	106.18939	8409.7384	995	111.80787	8854.6981
946	106.30176	8418.6376	996	111.92024	8863.5973
947	106.41412	8427.5368	997	112.03261	8872.4965
948	106.52649	8436.4360	998	112.14498	8881.3957
949	106.63886	8445.3352	999	112.25735	8890.2949
950	106.75123	8454.2344	1000	112.36972	8899.1941

Fahrenheit in Celsius
deg. Fahrenheit into centigrade

Allgemein gelten zwischen den Temperaturskalen von Celsius und Fahrenheit folgende Beziehungen:

The following general relations between the Centigrade and Fahrenheit temperature scales hold good:

$$0\,^{\circ}C = 32\,^{\circ}F$$
$$0\,^{\circ}F = 17{,}78\,^{\circ}C$$
$$100\,^{\circ}C = 212\,^{\circ}F$$

Der Sprung zwischen zwei Einheiten Grad Fahrenheit entspricht 1,8 Grad Celsius. Demnach gelten für die Umrechnung die Formeln:

The spread between two units $^{\circ}F$. corresponds to 1,8 $^{\circ}C$. Thus, the following formulae apply for the conversion:

<u>Von $^{\circ}C$ in $^{\circ}F$:</u>

<u>From $^{\circ}C$. into $^{\circ}F$.:</u>

oberhalb / above $0\,^{\circ}C$: $^{\circ}F = (^{\circ}C \times 1{,}8) \quad 32$

unterhalb / below $0\,^{\circ}C$: ist −32 zu setzen / substitute −32

<u>Von $^{\circ}F$ in $^{\circ}C$:</u>

<u>From $^{\circ}F$. into $^{\circ}C$. :</u>

oberhalb / above $0\,^{\circ}F$: $^{\circ}C = \frac{^{\circ}F - 32}{1{,}8}$

unterhalb $0\,^{\circ}F$: ist 32 zu setzen

below $0\,^{\circ}F$. : substitute 32

Umrechnung: Fahrenheit in Celsius
Celsius in Fahrenheit

F / C	F	C	F / C	F	C
0	+ 32.0	- 17.8			
- 1	+ 30.2	- 18.3	- 46	- 50.8	- 43.3
2	28.4	18.9	47	52.6	43.9
3	26.6	19.4	48	54.4	44.4
4	24.8	20.0	49	56.2	45.0
5	23.0	20.6	50	58.0	45.6
6	+ 21.2	- 21.1	51	- 59.8	- 46.1
7	19.4	21.7	52	61.6	46.7
8	17.6	22.2	53	63.4	47.2
9	15.8	22.8	54	65.2	47.8
10	14.0	23.3	55	67.0	48.3
11	+ 12.2	- 23.9	56	- 68.8	- 48.9
12	10.4	24.4	57	70.6	49.4
13	8.6	25.0	58	72.4	50.0
14	6.8	25.6	59	74.2	50.6
15	5.0	26.1	60	76.0	51.1
16	+ 3.2	- 26.7	61	- 77.8	- 51.7
17	1.4	27.2	62	79.6	52.2
18	- 0.4	27.8	63	81.4	52.8
19	2.2	28.3	64	83.2	53.3
20	4.0	28.9	65	85.0	53.9
21	- 5.8	- 29.4	66	- 86.8	- 54.4
22	7.6	30.0	67	88.6	55.0
23	9.4	30.6	68	90.4	55.6
24	11.2	31.1	69	92.2	56.1
25	13.0	31.7	70	94.0	56.7
26	- 14.8	- 32.2	71	- 95.8	- 57.2
27	16.6	32.8	72	97.6	57.8
28	18.4	33.3	73	99.4	58.3
29	20.2	33.9	74	101.2	58.9
30	22.0	34.4	75	103.0	59.4
31	- 23.8	- 35.0	76	- 104.8	- 60.0
32	25.6	35.6	77	106.6	60.6
33	27.4	36.4	78	108.4	61.1
34	29.2	36.7	79	110.2	61.7
35	31.0	37.2	80	112.0	62.2
36	- 32.8	- 37.8	81	- 113.8	- 62.8
37	34.6	38.3	82	115.6	63.3
38	36.4	38.9	83	117.4	63.9
39	38.2	39.4	84	119.2	64.4
40	40.0	40.0	85	121.0	65.0
41	- 41.8	- 40.6	86	- 122.8	- 65.6
42	43.6	41.1	87	124.6	66.1
43	45.4	41.7	88	126.4	66.7
44	47.2	42.2	89	128.2	67.2
45	49.0	42.8	- 90	130.0	67.8

Umrechnung: Fahrenheit in Celsius
Celsius in Fahrenheit

C / F	C → F	F → C	C / F	C → F	F → C
1 +	+ 33.8	- 17.2	51	+ 123.8	+ 1o.6
2	35.6	16.7	52	125.5	11.1
3	37.4	16.1	53	127.4	11.7
4	39.2	15.6	54	129.2	12.2
5	41.o	15.o	55	131.o	12.8
6	+ 42.8	- 14.4	56	+ 132.8	+ 13.3
7	44.6	13.9	57	134.6	13.9
8	46.4	13.3	58	136.4	14.4
9	48.2	12.8	59	138.2	15.o
1o	5o.o	12.2	6o	14o.o	15.6
11	+ 51.8	- 11.7	61	+ 141.8	+ 16.1
12	53.6	11.1	62	143.6	16.7
13	55.4	1o.6	63	145.4	17.2
14	57.2	1o.o	64	147.2	17.8
15	59.o	9.4	65	149.o	18.3
16	+ 6o.8	- 8.9	66	+ 15o.8	+ 18.9
17	62.6	8.3	67	152.6	19.4
18	64.4	7.8	68	154.4	2o.o
19	66.2	7.2	69	156.2	2o.6
2o	68.o	6.7	7o	158.o	21.1
21	+ 69.8	- 6.1	71	+ 159.8	+ 21.7
22	71.6	5.6	72	161.6	22.2
23	73.4	5.o	73	163.4	22.8
24	75.2	4.4	74	165.2	23.3
25	77.o	3.9	75	167.o	23.9
26	+ 78.8	- 3.3	76	+ 168.8	+ 24.4
27	8o.6	2.8	77	17o.6	25.o
28	82.4	2.2	78	172.4	25.6
29	84.2	1.7	79	174.2	26.1
3o	86.o	1.1	8o	176.o	26.7
31	+ 87.8	- 0.6	81	+ 177.8	+ 27.2
32	89.6	0.o	82	179.6	27.8
33	91.4	+ 0.6	83	181.4	28.3
34	93.2	1.1	84	183.2	28.9
35	95.o	1.7	85	185.o	29.4
36	+ 96.8	+ 2.2	86	+ 186.8	+ 3o.o
37	98.6	2.8	87	188.6	3o.6
38	1oo.4	3.3	88	19o.4	31.1
39	1o2.2	3.9	89	192.2	31.7
4o	1o4.o	4.4	9o	194.o	32.2
41	+1o5.8	+ 5.o	91	+ 195.8	+ 32.8
42	1o7.6	5.6	92	197.6	33.3
43	1o9.4	6.1	93	199.4	33.9
44	111.2	6.7	94	2o1.2	34.4
45	113.o	7.2	95	2o3.o	35.o
46	+114.8	+ 7.8	96	+ 2o4.8	+ 35.6
47	116.6	8.3	97	2o6.6	36.1
48	118.4	8.9	98	2o8.4	36.7
49	12o.2	9.4	99	21o.2	37.2
5o	122.o	1o.o	1oo	212.o	38.8

Umrechnung: Fahrenheit in Celsius
Celsius in Fahrenheit

F / C	F	C	F / C	F	C
101	+ 213.8	+ 38.3	151	+ 303.8	+ 66.1
102	215.6	38.9	152	305.6	66.7
103	217.4	39.4	153	307.4	67.2
104	219.2	40.0	154	309.2	67.8
105	221.0	40.6	155	311.0	68.3
106	+ 222.8	+ 41.1	156	+ 312.8	+ 68.9
107	224.6	41.7	157	314.6	69.4
108	226.4	42.2	158	316.4	70.0
109	228.2	42.8	159	318.2	70.6
110	230.2	43.3	160	320.0	71.1
111	+ 231.8	+ 43.9	161	+ 321.8	+ 71.7
112	233.6	44.4	162	323.6	72.2
113	235.4	45.0	163	325.4	72.8
114	237.2	45.6	164	327.2	73.3
115	239.0	46.1	165	329.0	73.9
116	+ 240.8	+ 46.7	166	+ 330.8	+ 74.5
117	242.6	47.2	167	332.6	75.0
118	244.4	47.8	168	334.4	75.6
119	246.2	48.3	169	336.2	76.1
120	248.0	48.9	170	338.0	76.7
121	+ 249.8	+ 49.4	171	+ 339.8	+ 77.2
122	251.6	50.0	712	341.6	77.8
123	253.4	50.6	173	343.4	78.3
124	255.2	51.1	174	345.2	78.9
125	257.0	51.7	175	347.0	79.4
126	+ 258.8	+ 52.2	176	+ 348.8	+ 80.0
127	260.6	52.8	177	350.6	80.6
128	262.4	53.3	178	352.4	81.1
129	264.2	53.9	179	354.2	81.7
130	266.0	54.4	180	356.0	82.2
131	+ 267.8	+ 55.0	181	+ 356.8	+ 82.8
132	269.6	55.6	182	359.6	83.3
133	271.4	56.1	183	361.4	83.9
134	273.2	56.7	184	363.2	84.4
135	275.0	57.2	185	365.0	85.0
136	+ 276.8	+ 57.8	186	+ 366.8	+ 85.6
137	278.6	58.3	187	368.6	86.1
138	280.4	58.9	188	370.4	86.7
139	282.2	59.4	189	372.2	87.2
140	284.0	60.0	190	374.0	87.8
141	+ 285.8	+ 60.6	191	+ 375.8	+ 88.3
142	287.6	61.1	192	377.6	88.9
143	289.4	61.7	193	379.4	89.4
144	291.2	62.2	194	381.2	90.0
145	293.0	62.8	195	383.0	90.6
146	+ 294.8	+ 63.3	196	+ 384.8	+ 91.0
147	296.6	63.9	197	386.6	91.7
148	298.4	64.4	198	388.4	92.2
149	300.2	65.0	199	390.2	92.8
150	302.0	65.6	200	392.0	93.3

Umrechnung: Fahrenheit in Celsius
Celsius in Fahrenheit

F C	F	C	F C	C	C
201	+ 393.8	+ 93.9	251	+ 483.8	+ 121.7
202	395.6	94.4	252	485.6	122.2
203	397.4	95.0	253	487.4	122.8
204	399.2	95.6	254	489.2	123.3
205	401.0	96.1	255	491.0	123.9
206	+ 403.8	+ 96.7	256	+ 492.8	+ 124.4
207	404.6	97.2	257	494.6	125.0
208	406.4	97.8	258	496.4	125.6
209	408.2	98.3	259	498.2	126.1
210	410.0	98.9	260	500.0	126.7
211	+ 411.8	+ 99.4	261	+ 501.8	+ 127.2
212	413.6	100.0	262	503.6	127.8
213	415.4	100.6	263	505.4	128.3
214	417.2	101.1	264	507.2	128.3
215	419.0	101.7	265	509.0	129.4
216	+ 420.8	+ 102.2	266	+ 510.8	+ 130.0
217	422.6	102.8	267	512.6	130.6
218	424.4	103.3	268	514.4	131.1
219	426.2	103.9	269	516.2	131.7
220	428.0	104.4	270	518.0	132.2
221	+ 429.8	+ 105.0	271	+ 519.8	+ 132.8
222	431.6	105.6	272	521.6	133.3
223	433.4	106.1	273	523.4	133.9
224	435.2	106.7	274	525.2	134.4
225	437.0	107.2	275	527.0	135.0
226	+ 438.8	+ 107.8	276	+ 528.8	+ 135.6
227	440.6	108.3	277	530.6	136.1
228	442.4	108.9	278	532.4	136.7
229	444.2	109.4	279	534.2	137.2
230	446.0	110.0	280	536.0	137.8
231	+ 447.8	+ 110.6	281	+ 537.8	+ 138.3
232	449.6	111.1	282	539.6	138.9
233	451.4	111.7	283	541.4	139.4
234	453.2	112.2	284	543.2	140.0
235	455.0	112.8	285	545.0	140.6
236	+ 456.8	+ 113.3	286	+ 546.8	+ 141.1
237	458.6	113.9	287	548.6	141.7
238	460.4	114.4	288	550.4	142.2
239	462.2	115.0	289	552.2	142.8
240	464.0	115.6	290	554.0	143.3
241	+ 465.8	+ 116.1	291	+ 555.8	+ 143.9
242	467.6	116.7	292	557.6	144.4
243	469.4	117.2	293	559.4	145.0
244	471.2	117.8	294	561.2	145.6
245	473.0	118.3	295	563.0	146.1
246	+ 474.8	+ 118.9	296	+ 564.8	+ 146.7
247	476.6	119.4	297	566.6	147.2
248	478.4	120.0	298	568.4	147.8
249	480.2	120.6	299	570.2	148.3
250	482.0	121.1	300	572.0	148.9